普通高等教育系列教材

MATLAB建模与仿真实用教程

王 健 赵国生 宋一兵 等编著

机 械 工 业 出 版 社

本书对 MATLAB 进行了详细的介绍和讲解，力争做到深入浅出，并配有大量实例，使读者能够达到零起点入门和快速提高的目的。

本书主要内容包括 MATLAB 建模基础、MATLAB 数值与符号计算、MATLAB 程序设计、图形图像、Simulink 建模与仿真、科学计算、通信系统建模与仿真、自动控制系统建模与仿真、蚁群算法建模与仿真及神经网络建模与仿真。

本书可作为高等院校的理工科学生的专业教材，也可以作为科研技术人员的参考书。

图书在版编目（CIP）数据

MATLAB 建模与仿真实用教程/王健等编著 .—北京：机械工业出版社，2018.5（2025.1 重印）
普通高等教育系列教材
ISBN 978-7-111-59850-3

Ⅰ.①M… Ⅱ.①王… Ⅲ.①Matlab 软件-高等学校-教材 Ⅳ.①TP317

中国版本图书馆 CIP 数据核字（2018）第 088311 号

机械工业出版社（北京市百万庄大街 22 号 邮政编码 100037）
策划编辑：和庆娣 责任编辑：和庆娣 范成欣
责任校对：张艳霞 责任印制：郜 敏
中煤（北京）印务有限公司印刷

2025 年 1 月第 1 版 · 第 6 次印刷
184mm×260mm · 20.5 印张 · 509 千字
标准书号：ISBN 978-7-111-59850-3
定价：59.90 元

电话服务
客服电话：010-88361066
010-88379833
010-68326294

网络服务
机 工 官 网：www.cmpbook.com
机 工 官 博：weibo.com/cmp1952
金 书 网：www.golden-book.com
机工教育服务网：www.cmpedu.com

前　言

MATLAB（MATrix LABoratory，矩阵实验室）是由美国 Mathwork 公司于 1984 年推出的一款高性能的科学计算、可视化、建模和仿真以及交互式程序设计软件，是一种面向科学与工程计算的高级语言。MATLAB 还有一个配套软件包 Simulink，它提供了一个可视化开发环境，常用于系统模拟、动态/嵌入式系统的建模与仿真开发等方面。

MATLAB 从发布至今已有 40 余个版本，其功能日趋完善，具有编程简单、功能强大、应用范围广泛、编程效率高、易学易懂、移植性强和开放性好等特点。MATLAB 目前已经发展成为多种学科必不可少的计算和分析工具，在国际上被广泛认可和使用，是日常学习、科学及应用研究，或者在高端领域进行科学实践的一种有效工具。

本书以 MATLAB R2013b 版本为平台，对 MATLAB 建模与仿真进行了详细的介绍，并配以图片说明和大量实例讲解，章节最后还有相应的习题供读者练习巩固所学知识，使读者能够尽快掌握使用 MTALAB 进行科学建模计算、数据可视化及仿真分析等内容。

本书共分为 10 章，读者可以根据以下章节内容简介和自身的需要有选择地进行阅读。除特别说明外，每一章节中的例题指令都是独立完整的，读者可以轻松地在自己的计算机上进行实践。各章主要内容如下：

第 1 章主要对 MATLAB R2013b 的基本操作进行介绍，包括软件的安装、MATLAB 通用命令、应用窗口、MATLAB 外部接口及 MATLAB 数学建模等基础知识。

第 2 章主要介绍了 MATLAB 的数据类型和数值计算的几种重要方法，包括数组、矩阵和多项式运算，以及符号运算、符号表达式运算和符号矩阵的计算。

第 3 章对 MATLAB 程序设计（即 M 文件编程）进行讲解，主要包括 M 文件的创建和打开、保存与调用、脚本文件和函数文件、函数类型、程序流程控制及 M 文件的调试等。

第 4 章着重介绍二维和三维图形的画法，以及图形窗口的建立与控制，图形和图像文件操作以及图形和图像的处理。

第 5 章详细地介绍了 Simulink 的基本知识、Simulink 建模的基本步骤、模型的运行及调试、S-函数、子系统及其封装等内容。

第 6 章主要介绍了经常用到的用 MATLAB 进行科学计算的求解方法，包括线性方程、非线性方程及常微分方程的求解，数据统计处理，常用数据插值方法以及常用数据拟合方法等内容。

第 7 章主要介绍通信系统的建模与仿真，首先对通信系统进行了简要介绍，然后对通信系统的建模与仿真、模拟和数字通信系统的建模与仿真分析等进行了详细的介绍。

第 8 章主要介绍自动控制系统的建模与仿真，首先对自动控制系统进行了概述，然后分别介绍了自动控制系统的数学建模、自动控制系统的稳定性分析及时域分析等内容。

第 9 章主要介绍蚁群算法的建模与仿真，首先对蚁群算法和人工蚁群算法进行了简要的介绍，接下来主要介绍蚁群算法的数学建模及 MATLAB 验证，最后介绍了两个蚁群算法的实际应用——使用蚁群算法求解旅行商问题。

第 10 章主要介绍神经网络的建模与仿真，首先介绍了神经网络的发展和研究现状，然后对人工神经网络的结构及学习方式和规则等进行了详细介绍，并对 BP 神经网络自适应控制算法进行了介绍。

本书主要由王健、赵国生、宋一兵编写，哈尔滨理工大学王健编写第 1~2 章，哈尔滨师范大学赵国生编写第 3~9 章；其他章节由宋一兵、管殿柱、谈世哲、王献红、段辉、李文秋、管玥、赵景波、汤爱君、任孟其编写。

本书得到了以下项目的支持：国家自然科学基金项目“可生存系统的自主认知模式研究”（61202458）、国家自然科学基金项目“基于认知循环的任务关键系统可生存性自主增长模型与方法”（61403109）、高等学校博士点基金项目（20112303120007）、中国博士后科学基金面上资助项目（20090460882）、哈尔滨市科技创新人才研究专项（2016RAQXJ036）和黑龙江省自然科学基金（F2017021）。

由于编者水平有限，书中不足之处在所难免，望广大读者批评指正。

编　者

目　录

前言
第1章　MATLAB 建模基础 ………… 1
1.1　MATLAB 简介………… 1
1.1.1　MATLAB 的安装 ………… 1
1.1.2　MATLAB 通用命令 ………… 4
1.1.3　MATLAB 应用窗口简介 ………… 5
1.2　MATLAB 数学建模概述………… 8
1.2.1　建模方法和基本步骤 ………… 8
1.2.2　建模的意义………… 9
1.2.3　数学模型的特点………… 10
1.2.4　数学模型的分类………… 10
1.3　数学建模函数及应用 ………… 11
1.3.1　数学建模基本函数………… 11
1.3.2　数学建模应用………… 13
1.4　MATLAB 外部接口 ………… 14
1.4.1　数据文件 ………… 14
1.4.2　MATLAB 和 Word 的混合使用 ………… 25
1.4.3　MATLAB 和 Excel 的混合使用 ………… 30
1.5　本章小结 ………… 35
1.6　习题 ………… 36
第2章　MATLAB 数值与符号计算 ………… 37
2.1　数据类型 ………… 37
2.1.1　字符串类型 ………… 37
2.1.2　数值类型 ………… 44
2.1.3　函数句柄 ………… 46
2.1.4　逻辑类型 ………… 47
2.1.5　结构类型 ………… 49
2.1.6　细胞数组类型 ………… 54
2.2　数组 ………… 59
2.2.1　数组的创建 ………… 59
2.2.2　数组操作 ………… 60
2.3　矩阵 ………… 65
2.3.1　矩阵的创建 ………… 65
2.3.2　矩阵运算 ………… 67
2.3.3　稀疏矩阵及其运算 ………… 69
2.4　多项式 ………… 70
2.4.1　多项式的创建和操作 ………… 70
2.4.2　多项式运算 ………… 71
2.5　符号运算 ………… 73
2.5.1　符号对象的创建………… 73
2.5.2　符号运算中的运算符 ………… 74
2.5.3　符号运算的精度………… 74
2.6　符号表达式运算………… 76
2.6.1　数值转换 ………… 76
2.6.2　变量替换 ………… 76
2.6.3　化简与格式化 ………… 77
2.7　符号矩阵的计算 ………… 79
2.7.1　基本算术运算 ………… 79
2.7.2　线性代数运算 ………… 79
2.8　本章小结 ………… 81
2.9　习题 ………… 81
第3章　MATLAB 程序设计 ………… 83
3.1　M 文件概述………… 83
3.1.1　M 文件的创建与打开………… 83
3.1.2　M 文件的基本内容………… 84
3.1.3　M 文件的保存与调用………… 86
3.2　M 文件的分类………… 87
3.2.1　脚本文件 ………… 87
3.2.2　函数文件 ………… 89
3.2.3　P 码文件 ………… 90
3.3　函数类型 ………… 92
3.3.1　主函数 ………… 92
3.3.2　子函数 ………… 92
3.3.3　私有函数 ………… 93
3.3.4　嵌套函数 ………… 93
3.3.5　重载函数 ………… 96
3.4　程序流程控制 ………… 96
3.4.1　顺序结构 ………… 96

3.4.2 分支结构 …………………… 98
3.4.3 循环结构……………………… 101
3.4.4 其他流程控制结构 ……………… 102
3.5 M 文件调试……………………… 111
3.5.1 M 文件出错信息 ………………… 112
3.5.2 M 文件调试方法………………… 112
3.6 本章小结……………………………… 120
3.7 习题………………………………… 120
第 4 章 图形图像 ………………… 121
4.1 二维图形……………………………… 121
4.1.1 基本绘图函数…………………… 121
4.1.2 特殊函数………………………… 126
4.2 三维图形……………………………… 130
4.2.1 基本绘图函数…………………… 130
4.2.2 特殊函数………………………… 133
4.3 图形处理技术………………………… 137
4.3.1 坐标轴调整 …………………… 137
4.3.2 图注及其他文字标示 …………… 141
4.3.3 颜色控制………………………… 142
4.3.4 图形控制………………………… 143
4.3.5 网格控制………………………… 144
4.3.6 图形窗口的分割 ………………… 145
4.4 图形窗口的创建与控制………………… 145
4.4.1 图形窗口的创建 ………………… 145
4.4.2 图形窗口的常用属性 …………… 146
4.5 图形文件操作………………………… 149
4.5.1 图形文件的保存和打开 ………… 149
4.5.2 图形文件的导出 ………………… 150
4.6 图像文件操作………………………… 150
4.6.1 图像文件的打开和保存 ………… 150
4.6.2 图像文件的读取和显示 ………… 151
4.7 图像分析……………………………… 153
4.7.1 像素及其处理…………………… 154
4.7.2 常用函数………………………… 156
4.8 本章小结……………………………… 160
4.9 习题………………………………… 160
第 5 章 Simulink 建模与仿真 ………… 161
5.1 Simulink 简介 ……………………… 161
5.1.1 Simulink 工作窗口 ……………… 161
5.1.2 Simulink 建模原理 ……………… 164
5.2 Simulink 建模的基本步骤 ………… 165
5.2.1 创建模型………………………… 165
5.2.2 模块操作………………………… 166
5.2.3 仿真参数的配置 ………………… 171
5.3 模型的运行及调试…………………… 174
5.3.1 过零检测和代数环 ……………… 174
5.3.2 运行 …………………………… 175
5.3.3 调试 …………………………… 176
5.4 子系统及其封装……………………… 178
5.4.1 子系统的创建 ………………… 178
5.4.2 子系统的封装 ………………… 180
5.5 S-函数 ……………………………… 184
5.5.1 S-函数的基本概念 ……………… 184
5.5.2 S-函数的工作原理 ……………… 185
5.5.3 S-函数模板……………………… 185
5.5.4 创建 S-函数 …………………… 187
5.6 建模与仿真分析实例………………… 190
5.6.1 简单连续系统的建模与仿真 …… 190
5.6.2 简单离散系统的建模与仿真 …… 192
5.7 本章小结……………………………… 194
5.8 习题………………………………… 194
第 6 章 科学计算 ……………………… 195
6.1 方程求解……………………………… 195
6.1.1 线性方程组求解 ………………… 195
6.1.2 非线性方程（组）求解 ………… 199
6.1.3 常微分方程求解 ………………… 202
6.2 数据统计处理………………………… 207
6.2.1 随机数…………………………… 207
6.2.2 最大值和最小值………………… 208
6.2.3 求和与求积 …………………… 210
6.2.4 平均值和中值 ………………… 210
6.2.5 标准差和方差 ………………… 211
6.2.6 协方差和相关系数 ……………… 211
6.2.7 排序 …………………………… 212
6.3 常用数据插值方法…………………… 213
6.3.1 一维插值………………………… 213
6.3.2 二维插值………………………… 218
6.3.3 三维插值………………………… 220

6.3.4 样条插值 …… 222
6.3.5 拉格朗日插值 …… 223
6.4 常用数据拟合方法 …… 224
6.4.1 多项式拟合 …… 224
6.4.2 正交最小二乘拟合 …… 226
6.4.3 曲线拟合工具箱 …… 228
6.5 本章小结 …… 231
6.6 习题 …… 231
第7章 通信系统建模与仿真 …… 232
7.1 通信系统概述 …… 232
7.1.1 通信系统的组成 …… 232
7.1.2 通信系统的分类 …… 233
7.1.3 通信系统模型的分类 …… 233
7.2 通信系统建模 …… 235
7.2.1 信源编码与信源译码 …… 235
7.2.2 调制与解调分析 …… 239
7.2.3 通信系统主要的性能指标 …… 242
7.3 通信系统仿真 …… 242
7.3.1 通信系统仿真的相关概念 …… 243
7.3.2 滤波器的模型分析 …… 243
7.3.3 仿真数据的处理 …… 247
7.4 模拟和数字通信系统的建模与仿真 …… 250
7.4.1 通信系统基本模型分析 …… 250
7.4.2 模拟通信系统的建模与仿真分析 …… 251
7.4.3 数字通信系统的建模与仿真分析 …… 253
7.5 本章小结 …… 257
7.6 习题 …… 257
第8章 自动控制系统建模与仿真 …… 258
8.1 自动控制系统概述 …… 258
8.1.1 自动控制系统的基本形式及特点 …… 258
8.1.2 自动控制系统的分类 …… 259
8.1.3 自动控制系统的标准及评价 …… 259
8.2 基于MATLAB的自动控制系统数学建模 …… 260
8.2.1 自动控制系统的传递函数模型 …… 260
8.2.2 自动控制系统的零极点函数模型 …… 262
8.2.3 自动控制系统的状态空间函数模型 …… 264
8.2.4 系统模型之间的转换 …… 267
8.3 自动控制系统的稳定性分析 …… 268
8.3.1 MATLAB直接判定 …… 268
8.3.2 MATLAB图形化判定 …… 270
8.3.3 稳定性判定 …… 271
8.4 自动控制系统的时域分析 …… 275
8.4.1 典型输入信号 …… 275
8.4.2 动态性能指标 …… 276
8.4.3 稳态性能指标 …… 278
8.4.4 MATLAB时域响应仿真的典型函数应用 …… 280
8.5 本章小结 …… 282
8.6 习题 …… 282
第9章 蚁群算法建模与仿真 …… 283
9.1 蚁群算法简介 …… 283
9.1.1 蚁群算法的基本原理 …… 283
9.1.2 蚁群智能 …… 284
9.1.3 蚁群基本习性 …… 285
9.1.4 群体迷失现象 …… 286
9.1.5 问题空间的描述 …… 287
9.2 蚁群算法的数学模型分析 …… 287
9.2.1 蚁群算法基本数学模型简介 …… 288
9.2.2 蚁群算法的数学模型建模 …… 290
9.2.3 蚁群算法的实现步骤 …… 291
9.2.4 蚁群算法的MATLAB验证 …… 293
9.3 旅行商问题的蚁群算法建模求解 …… 295
9.3.1 问题描述与算法思想 …… 296
9.3.2 实现过程 …… 297
9.3.3 算法验证及结论 …… 301
9.4 本章小结 …… 302
9.5 习题 …… 302
第10章 神经网络建模与仿真 …… 303
10.1 神经网络概述 …… 303
10.1.1 生物意义上的神经元 …… 303

10.1.2 神经网络研究现状 ………………… 304
10.2 人工神经网络结构 ………………… 304
10.2.1 神经网络的基本功能与特征 … 304
10.2.2 神经网络的数学建模 ………… 305
10.2.3 人工神经网络的典型结构 …… 307
10.3 人工神经网络的学习方式和规则 ………………………… 308
10.3.1 人工神经网络的运作过程 …… 308
10.3.2 基本的神经网络学习规则 …… 309
10.4 BP 神经网络设计与仿真………… 311
10.4.1 BP 神经网络的 MATLAB 实现 … 311
10.4.2 BP 神经网络算法实例………… 317
10.5 本章小结 ………………………… 320
10.6 习题 ……………………………… 320

第1章　MATLAB建模基础

MATLAB（MATrix LABoratory，矩阵实验室）是由美国MathWorks公司发布的一款主要面向科学计算、可视化、建模和仿真以及交互式程序设计的高科技计算环境，具有编程效率高、用户使用方便、扩充能力强、移植性好等特点。尽管MATLAB主要用于数值计算，但利用为数众多的附加工具箱（Toolbox），它也适合不同领域的应用，如图形图像处理、通信系统建模与仿真、控制系统设计与分析、信号处理与通信、算法建模和分析等。另外，还有一个配套软件包Simulink，提供了一个可视化开发环境，常用于系统模拟、动态/嵌入式系统的建模与仿真开发等方面。目前很多大型公司在将产品投入实际应用之前都会采用仿真工具Simulink对其产品进行仿真试验。

本章是学习MATLAB建模与仿真的基础，简单介绍了MATLAB R2013b的基本操作，包括软件的安装、MATLAB通用命令、应用窗口简介、MATLAB外部接口、工具箱及MATLAB数学建模等基础知识。通过对本章的学习，使初学者可以轻松地进入MATLAB建模学习的殿堂，初步掌握MATLAB的主要功能，熟悉MATLAB的操作环境及建模方法，为后面的进一步学习打下坚实的基础。

1.1　MATLAB简介

MATLAB和Mathematica、Maple并称为三大数学软件。MATLAB在矩阵计算和仿真能力方面具有强大的优势，MathWorks公司在发布MATLAB的同时也会发布仿真工具Simulink。MATLAB将数值分析、矩阵计算、科学数据可视化以及非线性动态系统的建模和仿真等诸多强大功能集成在一个易于使用的视窗环境中，为科学研究、工程设计以及必须进行有效数值计算的众多科学领域提供了一种全面的解决方案，并在很大程度上摆脱了传统非交互式程序设计语言（如C、C++、FORTRAN）的编辑模式，使得MATLAB成为工程师和科研工作者的首选工具。

1.1.1　MATLAB的安装

MATLAB的安装非常简单，打开下载好的安装包，然后直接运行setup. exe进行安装。本书以MATLAB R2013b为例进行介绍。

1）双击setup. exe，开始安装，如图1-1所示。

2）选中“不使用Internet安装”单选按钮，单击“下一步”按钮，如图1-2所示。

3）安装许可协议，选中“是”单选按钮，单击“下一步”按钮，如图1-3所示。

4）选中“我已有我的许可证的文件安装密钥：”单选按钮，并在文本框中输入安装密钥，单击“下一步”按钮，如图1-4所示。

5）在图1-5所示的对话框中，选中“典型”或“自定义”单选按钮均可，单击“下一步”按钮，都会进入如图1-6所示的对话框。选中“典型”单选按钮会自动安装所有默认已经许可的产品，而选中“自定义”单选按钮则可以自己指定想要安装的产品。一般选中“典型”单选按钮即可，并无太大影响。

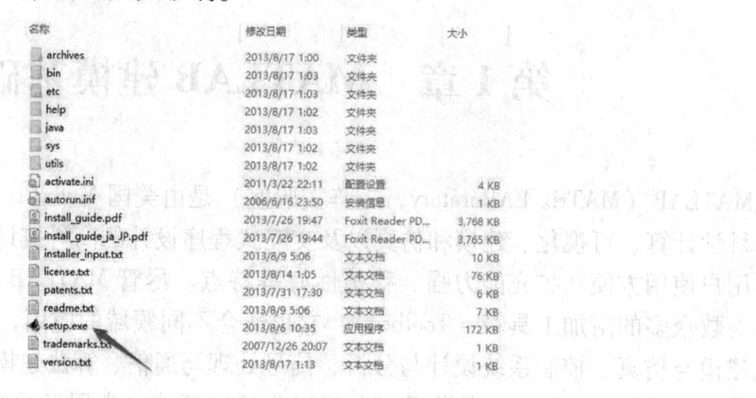

图 1-1　MATLAB R2013b 的安装方式

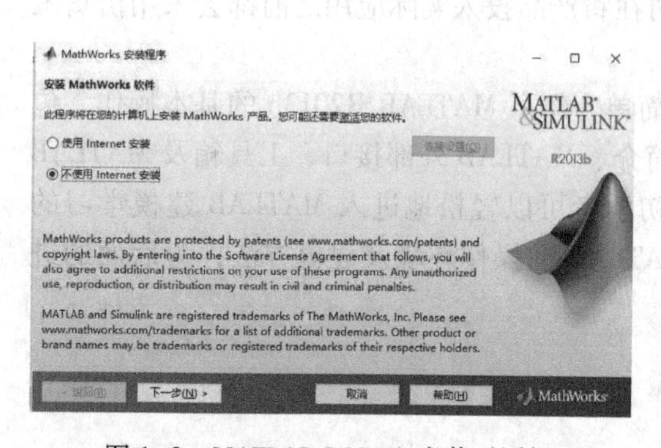

图 1-2　MATLAB R2013b 安装对话框

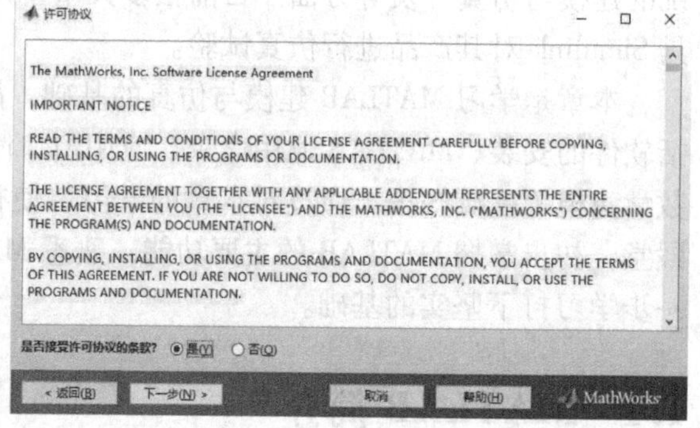

图 1-3　“许可协议”对话框

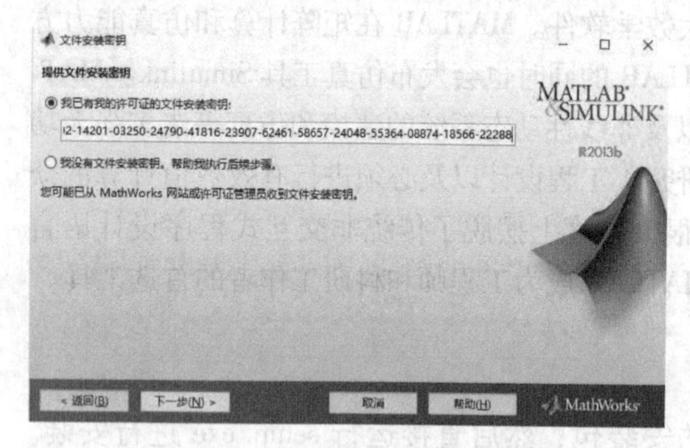

图 1-4　“文件安装密钥”对话框

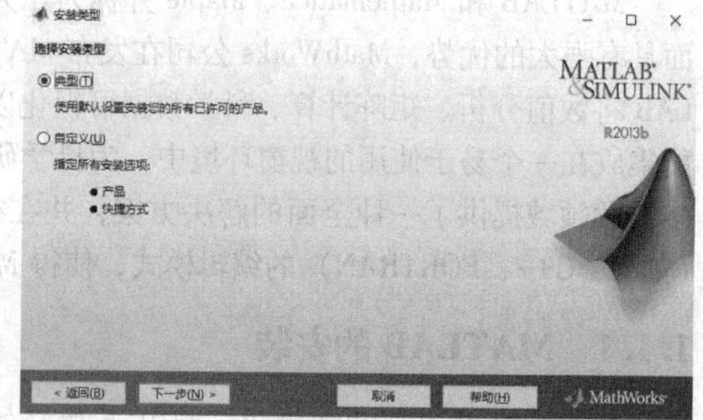

图 1-5　“安装类型”对话框

6）指定安装文件夹，输入安装文件夹的完整路径，也可以单击“浏览”按钮选择安装目录，然后单击“下一步”按钮，如图 1-6 所示。

此处需要注意的是，尽量不要把软件安装到系统盘（即 C 盘中），想要安装 MATLAB R2013b 需要 7.0625 GB 的空间，建议安装路径下有 10 GB 以上可用空间。

7）在图 1-7 所示的对话框中单击“是”按钮。

8）在图 1-8 所示的对话框中单击“安装”按钮，接下来会显示安装进度，如图 1-9 所示。安装的过程需要 20~40 分钟。

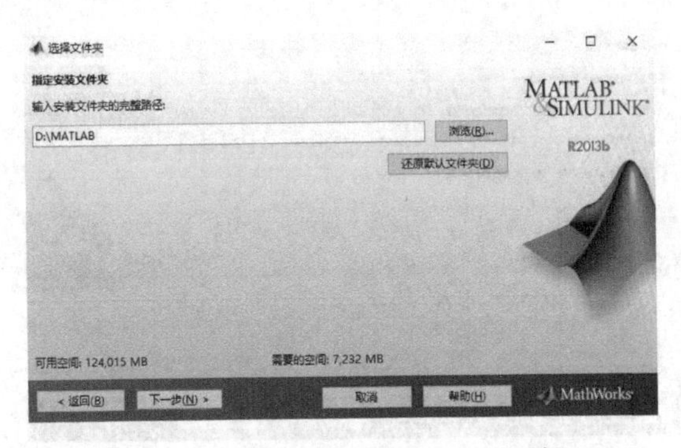

图 1-6 “指定安装文件夹”对话框

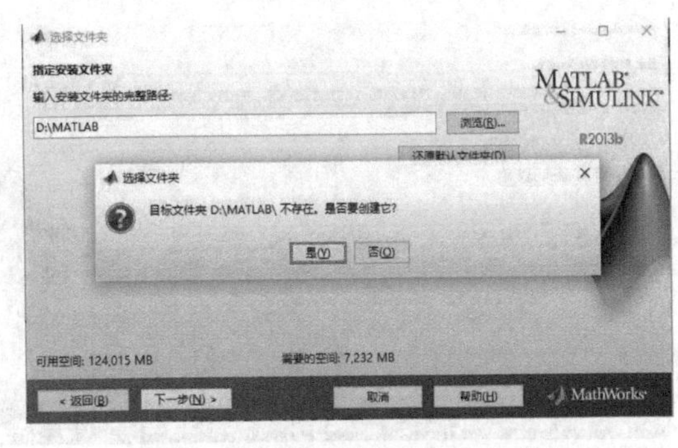

图 1-7 创建安装文件夹对话框

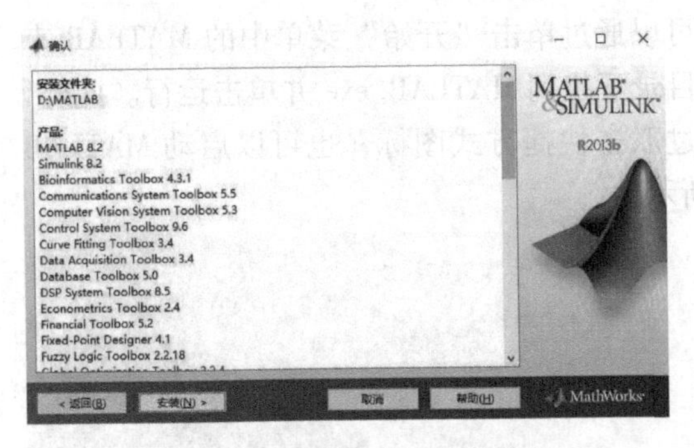

图 1-8 “确认”对话框

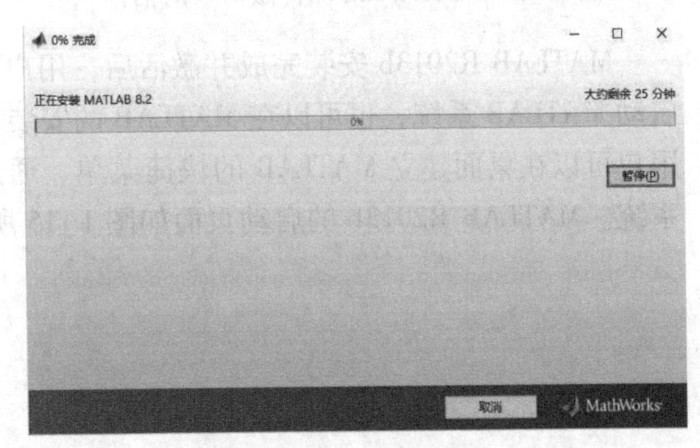

图 1-9 安装进度对话框

9）安装完成后会显示产品配置说明，如图 1-10 所示，单击“下一步”按钮。

10）显示安装已完成，但仍需要激活 MATLAB 才可以使用，单击“下一步”按钮，如图 1-11 所示。在弹出的对话框中选中“不使用 Internet 手动激活”单选按钮，如图 1-12 所示。

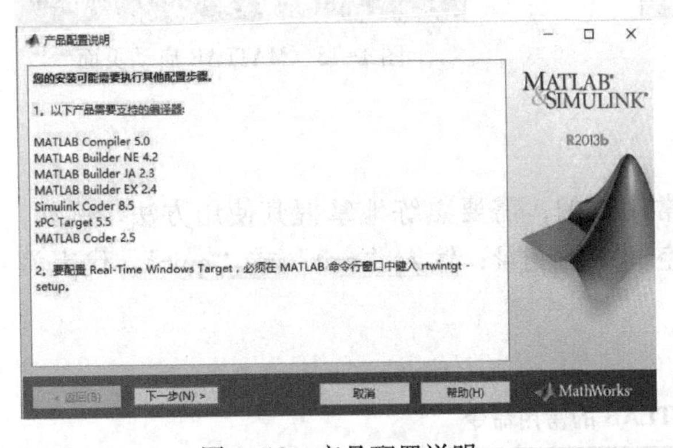

图 1-10 产品配置说明

图 1-11 安装完成激活 MATLAB

11）单击“浏览”按钮，找到 MATLAB R2013b 的安装包，如图 1-13 所示的路径，找到并选择 matlab_std. dat 媒体文件，单击“下一步”按钮，显示激活已完成，如图 1-14 所示。

📖 **注意**：每个版本的软件安装和激活过程不尽相同，请严格按照提示步骤进行安装和激活操作，否则可能会发生不可预知的错误，导致安装失败。

图 1-12 “MathWorks 软件激活”对话框　　　图 1-13 “离线激活”对话框

MATLAB R2013b 安装完成并激活后，用户可以通过单击“开始”菜单中的 MATLAB 来启动 MATLAB 系统，也可以在 MATLAB 的安装目录下找到 MATLAB. exe 并单击运行。此外，用户可以在桌面建立 MATLAB 的快捷菜单，通过双击快捷方式图标，也可以启动 MATLAB 系统。MATLAB R2013b 的启动页面如图 1-15 所示。

图 1-14 激活完成

图 1-15 MATLAB 启动页面

1.1.2 MATLAB 通用命令

在 MATLAB 中，有很多的命令是会经常用到的，需要熟练地掌握其使用方法。例如，在命令行窗口输入“clear”，代表清除工作空间中的变量；输入“exit”或“quit”，代表关闭 MATLAB。

MATLAB 的常用命令见表 1-1。

表 1-1 MATLAB 的常用命令

命　令	说　明	命　令	说　明
cd	改变当前目录	!	调用 DOS 命令
dir 或 ls	列出当前文件夹下的文件	edit	打开 M 文件编辑器
clc	清除命令行窗口的内容	mkdir	创建目录
type	显示文件内容	pwd	显示当前工作目录
clear	清除工作空间中的变量	what	显示当前目录下的 M 文件、MAT 和 MEX 文件

（续）

命　令	说　明	命　令	说　明
disp	显示文字内容	which	函数或文件的位置
exit 或 quit	关闭 MATLAB	help	获取函数的帮助信息
save	保存变量到磁盘	pack	收集内存碎片
load	从磁盘调入数据变量	path 或 genpath	显示搜索路径
who	列出工作空间中的变量名	clf	清除图形窗口的内容
whos	显示变量的详细信息	delete	删除文件

MATLAB 中的一些标点符号有特殊的含义。例如，利用分号“;”区分矩阵的行或取消运行结果的显示，利用“...”进行程序的续行。

MATLAB 中常用的标点符号的含义见表 1-2。

表 1-2　MATLAB 中常用标点符号的含义

标点符号	说　明	标点符号	说　明
:	冒号，具有多种应用	.	小数点或对象的域访问
;	分号，区分矩阵的行或取消运行结果的显示	..	父目录
,	逗号，区分矩阵的列	...	续行符号
( )	括号，指定运算的顺序	!	感叹号，执行 DOS 命令
[ ]	方括号，定义矩阵	=	等号，用来赋值
{ }	大括号，构造单元数组	'	单引号，定义字符串
@	创建函数句柄	%	百分号，程序的注释

在 MATLAB 中，键盘按键能够方便地进行程序的编辑，有时可以起到事半功倍的效果。常用的键盘按键及其作用见表 1-3。

表 1-3　常用的键盘按键及其作用

键盘按键	说　明	键盘按键	说　明
↑	调出前一个命令	←	光标向右移动一个字符
↓	调出后一个命令	Ctrl+←	光标向左移动一个单词
→	光标向左移动一个字符	Ctrl+→	光标向右移动一个单词
Home	光标移动到行首	Del	清除光标后的字符
End	光标移动到行尾	Backspace	清除光标前的字符
Esc	清除当前行	Ctrl+C	中断正在执行的程序

1.1.3　MATLAB 应用窗口简介

窗口是指某一应用程序的使用界面，是用户界面中最重要的部分。在图形界面操作系统中，窗口是其最重要的组成部分之一。下面介绍 MATLAB R2013b 运行中的一系列具体的应用窗口。

MATLAB R2013b 的工作界面如图 1-16 所示，主要包括菜单、工具栏、当前工作目录、命令行窗口、工作空间窗口和历史命令窗口。

MATLAB 加载任何文件、执行任何命令都是从当前工作目录（Current Folder）开始的。当前目录是指所有文件的保存和读取都是在这个默认目录下进行的，这个路径可以直接修改任何一级的目录名，操作十分方便。

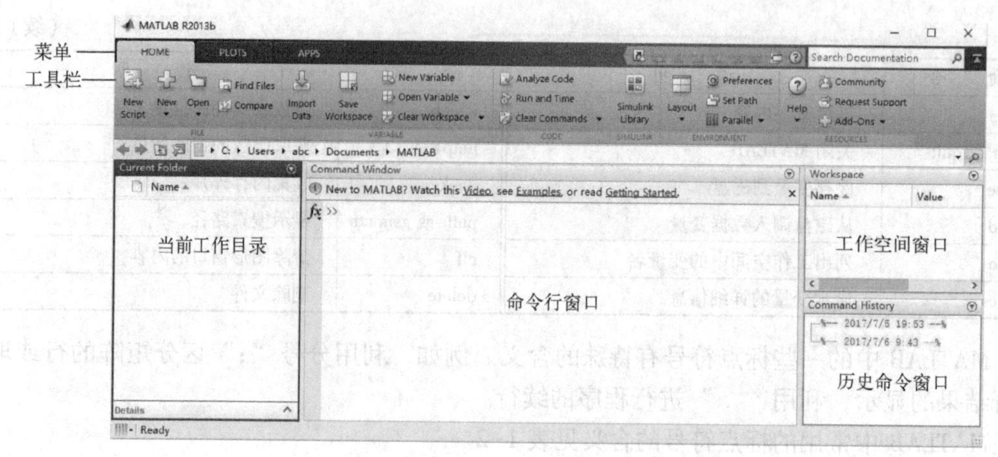

图 1-16　MATLAB R2013b 的工作界面

MATLAB 的命令行窗口（Command Window）是用户使用 MATLAB 进行工作的窗口，是用于输入数据，运行 MATLAB 函数和脚本并显示结果的窗口，同时也是实现 MATLAB 各种功能的主窗口。MATLAB 的各种操作命令都是由命令行窗口开始的。命令行窗口中的“>>”为运算提示符，表示 MATLAB 正处于准备状态，用户可以直接在 MATLAB 命令行窗口中输入 MATLAB 命令，输入命令后按〈Enter〉键，实现其相应的功能或提示错误信息。MATLAB 的命令行窗口提供了非常友好的交互能力，用户可以在此环境中边思考边验证。

工作空间窗口（Workspace）就是 MATLAB 处理各种各样的数据时，保存在内存中的 MATLAB 变量名、数学结构、字节数以及类型等专门的空间，且不同的变量类型分别对应不同的变量名图标。数据存放在工作空间中，可以随时被调用。工作空间窗口是 MATLAB 重要的组成部分。

历史命令窗口（Command History）不仅记录了 MATLAB 命令行窗口中输入的所有命令，还包括每次启动 MATLAB 的时间。这些命令不仅仅只是记录在历史命令窗口，还可以被再次执行。通过历史命令窗口执行历史命令的方法有以下几种：

1）用鼠标双击某一条命令，就可以将这条命令再次发送到命令行窗口。

2）选中想要再次执行的历史命令，然后复制到命令行窗口中就可以再次执行这条历史命令。

3）选中想要执行的历史命令，然后单击鼠标右键，在弹出的快捷菜单中选择“Evaluate Selection”选项，就可以执行相应的命令。此方法可以一次执行多条命令。

MATLAB R2013b 的工作界面按钮如图 1-17 所示。MATLAB R2013b 的工作界面按钮的含义见表 1-4。

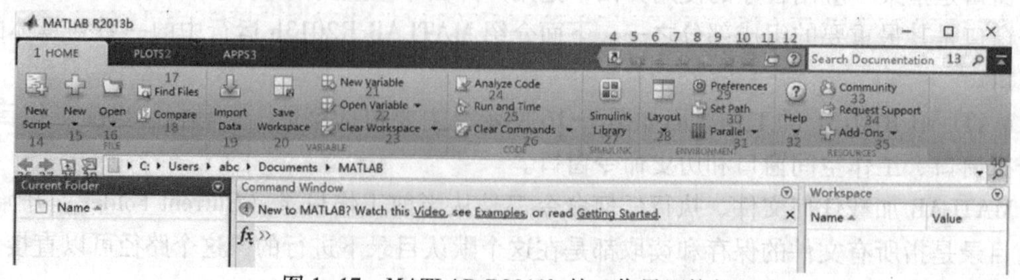

图 1-17　MATLAB R2013b 的工作界面按钮

表 1-4　MATLAB 的工作界面按钮的含义

按钮序号	图标	含　义	按钮序号	图标	含　义
1	HOME	主页	21	New Variable	新变量
2	PLOTS	绘图	22	Open Variable	打开变量
3	APPS	应用	23	Clear Workspace	清空工作区
4		新建快捷命令	24	Analyze Code	分析代码
5		保存到文件	25	Run and Time	运行和测速
6		剪切选取	26	Clear Commands	清空命令
7		复制选取的内容到剪贴板	27	Simulink Library	Simulink 库
8		粘贴剪贴板内容	28	Layout	布局
9		撤销上次改动	29	Preferences	参数选择
10		恢复上次撤销	30	Set Path	设置路径
11		切换窗口	31	Parallel	并行
12	?	浏览产品参考资料（帮助）	32	Help	帮助
13	Search Documentation	查找参考资料	33	Community	社区论坛
14	New Script	新建代码	34	Request Support	请求支持
15	New	新建	35	Add-Ons	插件
16	Open	打开	36		针对文件夹操作后退一步
17	Find Files	查找文件	37		针对文件夹操作前进一步
18	Compare	比较	38		返回上一层文件目录
19	Import Data	导入数据	39		浏览文件夹
20	Save Workspace	保存工作区	40		搜索当前文件夹和子文件夹

单击“New Script”按钮，或者单击“New”按钮，在下拉菜单中选择“script”，进入 M 文件编辑/调试器窗口。M 文件编辑/调试器是用户在 MATLAB 中进行程序设计、实现函数功能的重要编辑器之一，其窗口界面如图 1-18 所示。

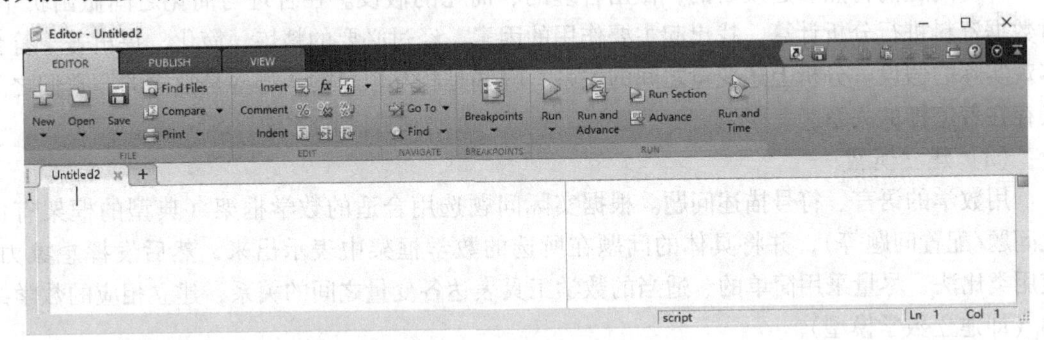

图 1-18　M 文件编辑/调试器窗口

MATLAB 的图形窗口是 MATLAB 绘图功能的基础，使用极其方便。单击“New”按钮，在下拉菜单中选择“figure”，进入图形窗口，如图 1-19 所示。

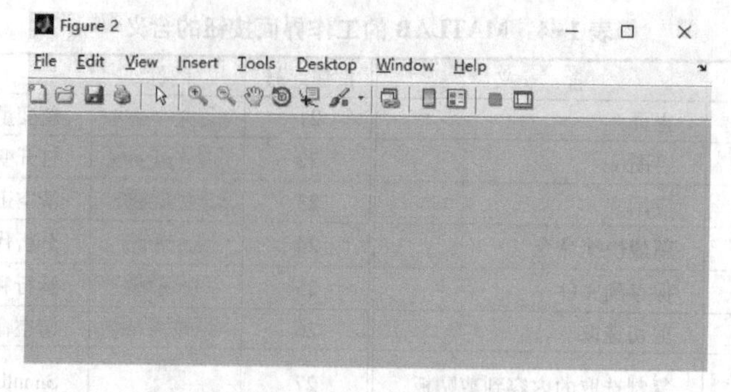

图 1-19　图形窗口

1.2　MATLAB 数学建模概述

MATLAB 数学建模即用数学方法解决实际的应用问题。MATLAB 有什么功能，数学建模大多可以用到，如简单的数值计算，符号计算，图形图像处理，还有复杂的算法模拟和系统仿真等功能，这些具体应用将在后续的章节为读者详细介绍。本节主要是让读者对 MATLAB 数学建模有一个大致的了解。

1.2.1　建模方法和基本步骤

简要地讲，数学建模是一个多次迭代的过程，每一次迭代大体上包括实际问题的抽象、简化，做出假设，明确变量和参数；形成明确的数学问题，以解析形式或者数值形式求解该数学模型；对结果进行解释、分析以及验证；若符合实际即可，不符合实际则要进行修改，进入下一个迭代。

1. 数学建模的一般步骤

（1）模型准备

首先要了解建模对象的实际背景，明确建模目的，搜集有关的信息，掌握对象特征，形成一个比较清晰的“问题”，分析实际问题中的各种因素，并用变量表示。

（2）模型假设

针对问题的特点和建模目的，做出合理的、简化的假设。在合理与简化之间做出折中。对数据资料进行分析计算，找出起主要作用的因素，经过必要的精炼、简化，提出若干符合客观实际的假设。分析上述变量之间的关系，哪些是相互依存的，哪些是独立的，它们之间又存在着怎样的关系。

（3）建立模型

用数学的语言、符号描述问题。根据实际问题选用合适的数学框架（典型的框架有优化问题/配置问题等），并将具体的问题在所选的数学框架中表示出来，然后发挥想象力，使用类比法，尽量采用简单的、适当的数学工具表达各变量之间的关系，建立相应的数学结构（即建立数学模型）。

（4）模型求解

在利用各种数学方法、数学软件和计算机技术难以得出解析解时借助计算机求出数值解。

（5）模型分析

选取合适的算法求解所建立的数学模型表述的问题，对模型的结果进行误差分析和模型的稳定性分析。

（6）模型检验

使用计算结果解决实际问题，将模型计算结果与实际现象、数据进行比较，检验模型的合理性、适用性和可靠性。

（7）模型应用

通过检验，证明所建立的模型与实际应用问题相符后，则可以投入到实际应用当中，解决实际应用问题。

2. 建立的数学模型的基本原则

（1）简化原则

现实世界的原型都是具有多因素、多变量、多层次的比较复杂的系统，对原型进行一定的简化即抓住主要矛盾，数学模型应比原型简化，数学模型本身也应该是“最简单”的。

（2）可推导原则

由数学模型的研究可以推导出一些确定的结果，如果建立的数学模型在数学上是不可推导的，得不到确定的可以应用于原型的结果，则这个数学模型就是无意义的。

（3）反映性原则

数学模型实际是人对现实世界的一种反映形式，因此数学模型和现实世界的原型就应有一定的“相似性”，抓住与原型相似的数学表达式或数学理论就是建立数学模型的关键性技巧。

1.2.2 建模的意义

数学模型就是对于一个特定的对象，为了一个特定的目标，根据特有的内在规律，做出一些必要的简化假设，从而得到由数字、字母或者其他数学符号所组成的，描述特定对象数量规律的数学公式、算法或图形等。

进行数学建模需要具备以下几种能力：

1）数学思维的能力。

2）分析问题本质的能力。

3）资料检索能力。

4）编程能力。

MATLAB 强大的数值计算、数据处理和图形图像处理的功能，使其在数学建模中有巨大优势，无论是在建立模型的哪个阶段，MATLAB 都有其他语言无法比拟的高效、快捷、方便的功能，大大提高了数学建模的效率，丰富了数学建模的方法和手段，有力地促进了问题的解决。另外，将 MATLAB 应用于实际的教学过程中，可以激发学生学习数学相关知识的兴趣和热情，从而提高学生运用所学数学知识分析、解决实际问题的能力。

MATLAB 因为其容易上手、计算功能强大，并且拥有丰富的数据可视化函数等特点，使其成为数学建模领域重要的、应用广泛的工具软件。MATLAB 提供了运用所学知识建立数学模型，使用计算机解决实际问题的能力。

1.2.3 数学模型的特点

数学模型是运用数理逻辑方法和数学语言建构的科学或工程模型。数学模型的历史可以追溯到人类开始使用数字的时代。建立数学模型是沟通实际问题与数学工具之间联系的一座必不可少的桥梁，所建模型一般有以下几点要求。

1. 真实完整

1）真实地、系统地、完整地、形象地反映客观现象。

2）必须具有代表性。

3）具有外推性，即能得到原型客体的信息。在模型的研究实验时，能得到关于原型客体的原因。

4）必须反映完成基本任务所达到的各种业绩，而且要与实际情况相符合。

2. 简明实用

在建模过程中，要把本质的东西及其关系反映进去，把非本质的、对反映客观真实程度影响不大的东西去掉，使模型在保证一定精确度的条件下，尽可能地简单和可操作，数据易于采集。

3. 适应变化

随着有关条件的变化和人们认识的发展，通过相关变量及参数的调整，能很好地适应新情况。

数学模型是针对参照某种事物系统的特征或数量依存关系，采用数学语言概括地或近似地表述出的一种数学结构，这种数学结构是借助于数学符号刻画出来的某种系统的纯关系结构。从广义理解，数学模型包括数学中的各种概念、各种公式和各种理论。因为它们都是由现实世界的原型抽象出来的。从这意义上讲，整个数学也可以说是一门关于数学模型的科学。从狭义理解，数学模型只指那些反映了特定问题或特定事物系统的数学关系结构，这个意义上也可理解为一个系统中各变量间关系的数学表达。

数学模型所表达的内容可以是定量的，也可以是定性的，但必须以定量的方式体现出来。因此，数学模型法的操作方式偏向于定量形式。

1.2.4 数学模型的分类

数学模型可以按照不同的方式分类，常用的分类方式有按照模型的应用领域分类、按照建立模型所用的数学方法分类、按照模型的表现特性分类、按照建模目的分类及按照对模型结构的了解程度分类。

1）按模型的应用领域（或所属学科）分类，数学模型可以分为以下几种模型：生物学数学模型、医学数学模型、工程学数学模型、地质学数学模型、气象学数学模型、经济学数学模型、社会学数学模型、物理学数学模型、化学数学模型、天文学数学模型。

例如：人口模型、交通模型、环境模型、生态模型、城镇规划模型、水资源模型、再生资源利用模型、污染模型等。

2）按照建立模型所用的数学方法（或所属数学分支）分类，数学模型可以分为以下几种模型：初等数学模型、几何模型、微分方程模型、图论模型、马氏链模型、规划论模型。

3）按照模型的表现特性分类，数学模型可以分为以下几种模型：确定性模型和随机性模型、突变性模型和模糊性模型、静态模型和动态模型、线性模型和非线性模型、离散模型和连续模型。

其中，确定性模型和随机性模型取决于是否考虑随机因素的影响；静态模型和动态模型取决于是否考虑时间因素引起的变化；线性模型和非线性模型取决于模型的基本关系，如微分方程是否是线性的；离散模型和连续模型指模型中的变量（主要是时间变量）取为离散的还是连续的。

虽然从本质上讲大多数实际问题是随机的、动态的、非线性的，但是由于确定性模型、静态模型、线性模型容易处理，并且往往可以作为初步的近似来解决问题，因此建模时常先考虑确定性模型、静态模型、线性模型。连续模型便于利用微积分方法求解，作理论分析；而离散模型便于在计算机上作数值计算，所以用哪种模型要看具体问题而定。在具体的建模过程中，将连续模型离散化，或将离散变量视作连续，也是常采用的方法。

4）按照建模目的分类，数学模型可以分为以下几种模型：有描述模型、分析模型、预报模型、优化模型、决策模型、控制模型。

5）按照对模型结构的了解程度分类，数学模型可以分为以下几种模型：白箱模型、灰箱模型、黑箱模型。

白箱模型把研究对象比喻成一只箱子里的机关，要通过建模来揭示它的奥妙。白箱主要包括用力学、热学、电学等一些机理相当清楚的学科描述的现象以及相应的工程技术问题，这方面的模型大多已经基本确定，还需深入研究的主要是优化设计和控制等问题。灰箱模型主要指生态、气象、经济、交通等领域中机理尚不十分清楚的现象，在建立和改善模型方面都还不同程度地有许多工作要做。黑箱模型主要指生命科学和社会科学等领域中一些机理（数量关系方面）很不清楚的现象。有些工程技术问题虽然主要基于物理、化学原理，但由于因素众多、关系复杂和观测困难等原因也常作为灰箱模型或黑箱模型处理。白箱模型、灰箱模型、黑箱模型之间并没有明显的界限，而且随着科学技术的发展，箱子的“颜色”必然是逐渐由暗变亮的。

1.3 数学建模函数及应用

数学建模是一种数学的思考方法，是运用数学的语言和方法，通过抽象、简化，建立能近似刻画并解决实际问题的一种强有力的数学手段。数学建模在解决问题中使用非常广泛，并且 MATLAB 为用户提供了大量的函数，方便快捷，大大提高了使用者的效率。

1.3.1 数学建模基本函数

MATLAB 数学建模需要用到许多函数，如一些基本的内部数学常数、基本的数学运算符和常用的内部数学函数等。

1）MATLAB 内部数学常数见表 1-5。

表 1-5 MATLAB 内部数学常数

常数名称	含　义	常数名称	含　义
pi	圆周率	eps	计算机中的最小数 2^{-52}
I 或 j	虚数单位	inf	无穷大，如 1/0

2）基本数学运算符见表1-6。

表 1-6　基本数学运算符

数学运算符	含　义	数学运算符	含　义
+	加法	\	矩阵右除
-	减法	./	数组左除
*	矩阵乘法	.\	数组右除
.*	数组乘法	^	矩阵乘方
/	矩阵左除	.^	数组乘方

3）关系运算符见表1-7。

表 1-7　关系运算符

关系运算符	含　义	关系运算符	含　义
==	等于	<=	小于或等于
<	小于	>=	大于或等于
>	大于	~=	不等于

4）常用内部数学函数见表1-8。

表 1-8　常用内部数学函数

函数分类	函数名	含　义
指数函数	exp	以 e 为底数
对数函数	log	自然对数，即以 e 为底的对数
	log10	常数对数，即以 10 为底的对数
	log2	以 2 为底的对数
开方函数	sqrt	x 的算术平方根
绝对值函数	abs	实数的绝对值及复数的模
三角函数（自变量的单位为弧度）	sin	正弦函数
	cos	余弦函数
	tan	正切函数
	cot	余切函数
	sec	正割函数
	csc	余割函数
反三角函数	arcsin	反正弦函数
	arccos	反余弦函数
	arctan	反正切函数
	arccot	反余切函数
	arcsec	反正割函数
	arccsc	反余割函数
双曲函数	sinh	双曲正弦函数
	cosh	双曲余弦函数
	tanh	双曲正切函数
	coth	双曲余切函数
	sech	双曲正割函数
	csch	双曲余割函数

（续）

函数分类	函数名	含　义
反双曲函数	arsinh	反双曲正弦函数
	arcosh	反双曲余弦函数
	artanh	反双曲正切函数
	arcoth	反双曲余切函数
	arsech	反双曲正割函数
	arcsch	反双曲余割函数
对数函数	real	实部函数
	imag	虚部函数
	abs	求复数的模
	angle	求复数的辐角
	conj	求复数的共轭复数
最大/最小函数	max	求最大数
	min	求最小数

MATLAB 中还有许多函数，这里暂时不一一介绍，在后续的章节中通过综合应用对这些函数的应用方法进行具体说明。

1.3.2　数学建模应用

MATLAB 是当前优秀的数学软件，随着其版本的不断升级，其强大的数据计算、图形图像处理和建模与仿真等功能也得到了加强和完善。数学建模的方法有很多，常用方法及应用见表 1-9。

表 1-9　数学建模常用方法及其应用

方 法 名 称	具体应用场景
常规方法	数据处理（数据预处理、数值计算、数据拟合）、图形图像绘制、建议预测
规划问题解法	多约束线性规划、整体规划、整数规划和不太复杂的多约束非线性规划
灰色预测	数据量较少的情况下预测
遗传算法	求解多约束规划模型、训练人工神经网络
粒子群算法	求解无约束多元非线性规划模型、训练人工神经网络
人工神经网络	数学建模中的一切聚类、评价及模式预测的问题
蚁群算法	NP 问题、旅行商问题、智能组卷系统
小波分析	海量数据趋势挖掘、组建小波神经网络
模拟退火算法	经典 TSP 问题、背包问题，求解复杂多约束非线性规划模型
计算机虚拟	动态（动画）展现的数学模型、动态系统仿真、复杂非线性规划问题粗略求解

数据处理是数学建模的基础，通常我们所遇到的问题都需要先对所采集到的数据进行处理和分析，从而得到这些数据所反映的真实的信息或者情况。从数学建模的角度来说，将数据所反映出的信息或者情况转化成数学表达式的方式是数学建模的基础，所以对数据的处理就变得尤为重要。当数据量较大时，MATLAB 充分体现了其强大的数据处理和分析的优势。

用户通过 MATLAB 进行科学计算时，不可避免地要处理大量的数据，而方便的数据处理方式会让用户使用 MATLAB 的过程变得更加得心应手。MATLAB 提供了多种数据处理方式，一种方法是将数据输出，然后复制、粘贴到软件中进行处理，这种方法在数据量庞大时使用多有不便；另外一种方法是同 Word 或者 Excel 进行数据交互，这种方法无论数据大小，操作起来都非常方便。MATLAB 提供了多种应用的接口，提升了自身的开发效率，下面进行详细介绍。

1.4 MATLAB 外部接口

MATLAB 为用户提供了广泛的外部应用程序接口（API），能够与外部应用程序实现“无缝”结合，MATLAB 的外部接口使得 MATLAB 可以与外部设备和程序实现数据交互和程序移植，以增强 MATLAB 的建模和仿真、图形图像处理和显示等功能，从而弥补其执行效率较低的缺点，同时增强其他应用程序进行软件开发的功能，提高了软件开发效率。通过 MATLAB 接口编程，可以充分利用现有资源，更容易地编写出功能强大、结构简洁的应用程序。

MATLAB 和外部程序的编程接口总得来说分为以下两大类：

1）在 MATLAB 中调用其他的语言编写的代码。

2）在其他语言程序中调用 MATLAB。

这些技术拓宽了 MATLAB 的使用范围，给开发者提供了多种解决问题的方式，并且提升了自身的竞争力。

1.4.1 数据文件

在 MATLAB 中可以直接对磁盘文件进行访问。MATLAB 提供了很多文件输入和输出的内建函数，而且大多数函数都是基于 C 语言的文件 I/O 函数，它们可对二进制文件或 ASCII 文件进行打开、关闭、存储等操作。数据文件 I/O 操作函数见表 1-10。

表 1-10 数据文件 I/O 操作函数

函数名	含义	函数名	含义
fopen	打开文件	fscanf	从文件中读取格式化数据
fclose	关闭文件	fprintf	将数据按照指定格式写入文本文件中
fgetl	读文件的行，忽略回行符	fwrite	把二进制数据写到文件中
fgets	读文件的行，包括回行符	ferror	查询文件 I/O 错误状态
fread	读取二进制文件的数据		

MATLAB 提供的处理文件能力，可以实现数据的写入、读取等操作，支持的文件类型包括 MATLAB 自带文件、文本文件、科学数据文件、音频文件、视频文件、图像文件、表单文件和扩展标记文件。下面简单介绍几种文件的操作。

1. 打开文件

根据操作系统的要求，在程序中要使用或者创建一个磁盘文件时，必须向操作系统发出打开文件的命令，当使用完毕后，则必须关闭这个文件。

在 MATLAB 中，使用 fopen 函数打开二进制形式的文件，具体方法如下：

```
fid=fopen(filename,permission)
[fid,message]=fopen(filename,permission)
```

1）fid 参数是由操作系统设定的一个整数，用来表示文件操作的状态及标识已打开的文件，如果返回的值大于 0，则说明文件打开成功；如果返回值为-1，则表示 fopen 无法打开该文件；如果返回值为非负值，则为文件的标识。

2）filename 表示待打开的数据文件，注意文件名要有扩展名。

3）message 参数用来表示文件操作的相关信息。

4）permission 参数用来表示文件处理方式，其选项见表 1-11。

表 1-11　permission 参数选项

字　符	含　义
'r'	以只读方式处理文件
'w'	以更新方式处理文件，如果文件名不存在，则生成新文件；如果文件名存在，则覆盖文件原有内容
'a'	以修改方式处理文件，如果文件名不存在，则生成新文件；如果文件名存在，则在文件原有内容末尾增加新内容
'r+'	以读/写文件方式处理读/写文件，但不生成文件
'w+'	如果文件名不存在，则生成新文件，并可进行读/写操作；如果文件名存在，则覆盖文件原有内容，并可进行读/写操作
'a+'	如果文件名不存在，则生成新文件，并可进行读/写操作；如果文件名存在，则在文件原有内容末尾增加新内容，并可进行读/写操作
'W'	以更新方式处理文件时没有自动格式
'A'	以修改方式处理文件时没有自动格式

当文件以文本形式打开时，需要在上述指定的 permission 字符（串）后加字符 t，如 rt、wt 等。

【例 1-1】 以只读方式依次打开 sin 函数、cos 函数以及不存在的 sincos 函数对应文件。在命令行窗口中输入语句如下。

```
[fid1,message1]=fopen('sin.m','r')
[fid2,message2]=fopen('cos.m','r')
[fid3,message3]=fopen('sincos.m','r')
```

命令行窗口的输出结果如下。

```
fid1=
    5
message1=
       ''
fid2=
    6
message2=
       ''
fid3=
    -1
message3=
No such file or directory
```

需要说明的是，前两条语句为已存在的文件，分别给出文件标识 5 和 6，这两个数字仅仅是一个标识，不同情况下运行得到的数值可能不同。如果文件打开失败，则得到如第三条语句的输出结果。

为了后续操作的顺利进行，程序设计中每次打开文件，都要进行该操作是否正确的判断，具体如下：

```
[fid,message]=fopen(filename,'r');
if fid==-1
    disp(message);
end
```

2. 关闭文件

在打开文件后，如果完成了对应的读/写工作，则应该及时关闭文件。这样做一是为了提高程序的可靠性，以免数据丢失；二是可以避免系统资源的浪费。在 MATLAB 中，使用与 C 语言同名的 fclose 函数关闭打开的文件并返回文件操作码，具体方法如下。

```
status=fclose(fid)
```

其中，fid 参数即为要关闭文件的文件标识，它也是打开该文件时的返回值。如果关闭成功，则 status 的返回值为 0，否则返回值为-1。

【例 1-2】 关闭已打开的文件。

在命令窗口中输入如下语句。

```
fid=fopen('sin.m','r')
status=fclose(fid)
```

命令窗口中的输出结果如下。

```
fid=
    5
status=
     0
```

对于 MATLAB 来说，二进制文件相对比较容易处理。常见的二进制文件包括 .m、.dat、.txt 等。下面介绍以二进制形式读取和写入文件。

3. 读取文件

在 MATLAB 中使用 fread 函数读取二进制文件的数据，并将文本内容看成一个整数序列，存入矩阵，具体使用方法如下。

```
a=fread(fid)
a=fread(fid,size)
a=fread(fid,size,precision)
```

1）fid 参数是打开文件时得到的文件标识。

2）size 参数表示读取整数的个数，其选项见表 1-12。

3）precision 参数表示读取的数据类型，默认情况是 uchar（即 8 位字符型）。常用的数据类型见表 1-13。

表 1-12　size 参数选项

字　符	含　义
n	读取后 n 个整数，并写入一个列向量中
inf	读取至文件末尾的整数
[m,n]	读出 n 个数据，构成列向量，填入 M×N 矩阵

表 1-13　常用的数据类型

数据类型	描　述	数据类型	描　述
'uchar'	无符号字符型	'uint16'	无符号整型（16 位）
'schar'	带符号字符型（8 位）	'uint32'	无符号整型（32 位）
'int8'	整型（8 位）	'uint64'	无符号整型（64 位）
'int16'	整型（16 位）	'single'	浮点数（32 位）
'int32'	整型（32 位）	'float32'	浮点数（32 位）
'int64'	整型（64 位）	'double'	浮点数（64 位）
'uint8'	无符号整型（8 位）	'float64'	浮点数（64 位）

【例 1-3】 以二进制的方式读取文件 example1_3. m，其内容由 y=randi(1000,6,6)获得，大致如下所示。

```
404    60   169   297   626   436
97    235   650   745   781   447
132   354   732   189    82   307
943   822   648   687   930   509
957    16   451   184   776   511
576    44   548   369   487   818
```

在命令行窗口中输入如下语句。

```
fclose('all');
clear
clc
fid=fopen('example1_3. m','r');
a=fread(fid);
a1=a'
a=fread(fid,8);
a2=a'
fclose(fid);
```

命令行窗口的输出结果如下。

```
a1 =
Columns 1 through 15
52   48   52   32   32   32   32   54   48   32   32   32   49   54   57
Columns 16 through 30
32   32   32   50   57   55   32   32   32   54   50   54   32   32   32
Columns 31 through 45
52   51   54   13   10   57   55   32   32   32   50   51   53   32   32
Columns 46 through 60
32   54   53   48   32   32   32   55   52   53   32   32   32   55   56
```

```
Columns 61 through 75
49    32    32    32    52    52    55    13    10    49    51    50    32    32    32
Columns 76 through 90
51    53    52    32    32    32    55    51    50    32    32    32    49    56    57
Columns 91 through 105
32    32    32    32    56    50    32    32    32    51    48    55    13    10    57
Columns 106 through 120
52    51    32    32    32    56    50    50    32    32    32    54    52    56    32
Columns 121 through 135
32    32    54    56    55    32    32    32    57    51    48    32    32    32    53
Columns 136 through 150
48    57    13    10    57    53    55    32    32    32    32    49    54    32    32
Columns 151 through 165
32    52    53    49    32    32    32    49    56    52    32    32    32    55    55
Columns 166 through 180
54    32    32    32    53    49    49    13    10    53    55    54    32    32    32
Columns 181 through 195
32    52    52    32    32    32    53    52    56    32    32    32    51    54    57
Columns 196 through 207
32    32    32    52    56    55    32    32    32    56    49    56
a2=
     []
```

由结果可以看出，a2 是一个空矩阵，并没有得到预期结果。其原因是读语句执行后会影响文件内的控制位置。语句“a=fread(fid)”执行后，文件内的控制位置位于文件末尾，所以无法向下读取 8 字节。每次文件打开，都将文件内的控制位置置于开始处。

4. 写入文件

在 MATLAB 中使用 fwrite 函数实现将二进制数据写入已打开的文件，具体方法如下。

```
count=fwrite(fid,a,precision)
```

【例 1-4】 将矩阵写入 example1_4. txt 文件中。

在命令行窗口中输入如下语句。

```
clear
clc
A=[1 2 3; 7 8 9;4 5 6];
fid=fopen('example1_4. txt','w');
count=fwrite(fid,A,'int32')
closestatus=fclose(fid)
```

运行结果如下：

```
count=
     9
```

```
closestatus =
        0
```

再输入如下代码。

```
clear
clc
fid=fopen('example1_4.txt','r');
A=fread(fid,[3 4],'int32');
closestatus=fclose(fid);
B=magic(3);
C=A*B
```

运行结果如下。

```
C =
    26    38    26
   116   128   116
    71    83    71
```

前面介绍了以二进制形式读取和写入文件，下面介绍如何以普通的形式读取和写入文件。

5. 普通形式读取文件

在 MATLAB 中使用 fgetl 函数和 fgets 函数实现将文本文件中的某一行读出，并将该行的内容以字符串的形式返回。这两种函数的区别在于 fgetl 函数会忽略回行符，而 fgets 函数会保留回行符。具体使用方法如下。

```
tline=fgetl(fid)
tline=fgets(fid)
```

【例 1-5】 用 fgetl 函数实现读取功能。

在命令行窗口输入如下代码。

```
fid=fopen('sinc.m')
while 1
tline=fgetl(fid);
    if ~ischar(tline)
        break;
    else
        disp(tline)
    end
end
fclose(fid);
```

运行结果如下。

```
fid =
    3
```

```
function y=sinc(x)
%SINC Sin(pi * x)/(pi * x) function.
%   SINC(X) returns a matrix whose elements are thesinc of the elements
%   of X,i.e.
%        y=sin(pi * x)/(pi * x)      if x ~=0
%          =1                         if x==0
%   where x is an element of the input matrix and y is the resultant
%   output element.
%   % Example of asinc function for a linearly spaced vector:
%   t=linspace(-5,5);
%   y=sinc(t);
%   plot(t,y);
%   xlabel('Time (sec)');ylabel('Amplitude'); title('Sinc Function')
%
%   See also SQUARE,SIN,COS,CHIRP,DIRIC,GAUSPULS,PULSTRAN,RECTPULS,
%   and TRIPULS.
%   Author(s): T. Krauss,1-14-93
%   Copyright 1988-2004 The MathWorks,Inc.
%   $Revision: 1.7.4.1 $  $Date: 2004/08/10 02:11:27 $
i=find(x==0);
x(i)=1;      % From LS: don't need this is /0 warning is off
y=sin(pi * x)./(pi * x);
y(i)=1;
```

假如已知写入时的格式，想要按照写入时的格式将文件内容完整读出，则可以使用 fscanf 函数实现已知格式文件的读取，当确定文件的 ASCII 码格式时，用 fscanf 进行精确读取，具体方法如下。

```
a=fscanf(fid,format)
a=fscanf(fid,format,size)
[a,count]=fscanf(fid,format,size)
```

fid 参数是打开文件时得到的文件标识。size 参数可以参考表 1-7。a 用来存放读取的数据，count 返回的是读取数据元素的个数。format 参数用于指定读取数据的格式，常用的选项见表 1-14。

表 1-14　format 参数读取数据的格式选项

选　项	读取数据的格式
%s	按字符串进行输入转换
%d	按十进制数据进行转换
%f	按浮点数进行转换

在格式说明中，除了单个的空格字符可以匹配任意个数的空格字符外，通常字符在转换时将一一匹配，函数 fscanf 将输入的文件看作一个输入流，MATLAB 根据格式来匹配输入

流，并将匹配后的数据读取到 MATLAB 中。

【例 1-6】 读取文本文件(example1_6. txt)中的数据，这些数据由 y=rand(5,6)随机产生。随机序列如下。

```
0.7513   0.9593   0.8407   0.3500   0.3517   0.2858
0.2551   0.5472   0.2543   0.1966   0.8308   0.7572
0.5060   0.1386   0.8143   0.2511   0.5853   0.7537
0.6991   0.1493   0.2435   0.6160   0.5497   0.3804
0.8909   0.2575   0.9293   0.4733   0.9172   0.5678
```

接下来，在命令窗口中输入如下语句。

```
clear
clc
fid=fopen('example1_6.txt','r');
d1=fscanf(fid,'%s',[5 6])
fclose(fid);
fid=fopen('example1_6.txt','r');
d2=fscanf(fid,'%f',[5 6])
fclose(fid);
fid=fopen('example1_6.txt','r');
d=fscanf(fid,'%f');
d3=d'
fclose(fid);
```

命令窗口中的输出结果如下所示。

```
d1=
    03943.08542.08701.01556.05643.05979.
    .03053.01751.02638.03391.00988.03315
    7.07052.02498.00812.07942.07092.0376
    59.00182.03637.06455.01946.04059.027
    158.07555.06055.03187.03315.09724.08
d2=
    0.7513    0.2858    0.8308    0.2511    0.2435    0.2575
    0.9593    0.2551    0.7572    0.5853    0.6160    0.9293
    0.8407    0.5472    0.5060    0.7537    0.5497    0.4733
    0.3500    0.2543    0.1386    0.6991    0.3804    0.9172
    0.3517    0.1966    0.8143    0.1493    0.8909    0.5678
d3=
    Columns 1 through 9
    0.7513    0.9593    0.8407    0.3500    0.3517    0.2858    0.2551    0.5472    0.2543
    Columns 10 through 18
    0.1966    0.8308    0.7572    0.5060    0.1386    0.8143    0.2511    0.5853    0.7537
```

```
Columns 19 through 27
0.6991    0.1493    0.2435    0.6160    0.5497    0.3804    0.8909    0.2575    0.9293
Columns 28 through 30
0.4733    0.9172    0.5678
```

📖 **注意**：按格式读取时，必须选择正确的格式才能读取出正确的数据。

6. fprintf 函数写入文件

在 MATLAB 中使用 fprintf 函数实现将数据按给定格式写入文件，具体方法如下。

```
count=fprintf(fid,format,y)
```

fid 参数是打开文件时得到的文件标识，y 参数用于指定要写入的数据，count 参数用于返回成功写入的字节数。format 参数用于指定写入文件的数据格式，常用的格式见表 1-15。

表 1-15　format 参数写入文件的数据格式选项

选　项	写入文件的数据格式
%e	科学计数形式，即数值表示成形式
%f	固定小数点位置的数据形式
%g	在上述两种格式中自动选择较短的格式

📖 **注意**：写入文件的数据格式还可以包括数据占用的最小宽度和数据精度的说明。可同时使用\n、\r、\t、\b 等分别代表换行、回车、Tab、退格等字符，用\\代表反斜线\,%%代表百分号%。

【例 1-7】 向文件 example1_7.dat 中写入数据。

在命令行窗口中输入如下代码。

```
clear
clc
y=rand(6)
fid=fopen('example1_7.dat','w');
fprintf(fid,'%6.3f',y);
fclose(fid);
clear
fid=fopen('example1_7.dat','r');
ey=fscanf(fid,'%f');
ey1=ey'
fclose(fid);
fid=fopen('example1_7.dat','r');
ey2=fscanf(fid,'%f',[5 5])
fclose(fid);
```

输出结果如下所示。

```
y=
    0.1174    0.2625    0.5785    0.2316    0.9880    0.2619
    0.2967    0.8010    0.2373    0.4889    0.0377    0.3354
    0.3188    0.0292    0.4588    0.6241    0.8852    0.6797
    0.4242    0.9289    0.9631    0.6791    0.9133    0.1366
    0.5079    0.7303    0.5468    0.3955    0.7962    0.7212
    0.0855    0.4886    0.5211    0.3674    0.0987    0.1068
ey1=
  Columns 1 through 9
    0.1170    0.2970    0.3190    0.4240    0.5080    0.0860    0.2620    0.8010    0.0290
  Columns 10 through 18
    0.9290    0.7300    0.4890    0.5790    0.2370    0.4590    0.9630    0.5470    0.5210
  Columns 19 through 27
    0.2320    0.4890    0.6240    0.6790    0.3960    0.3670    0.9880    0.0380    0.8850
  Columns 28 through 36
    0.9130    0.7960    0.0990    0.2620    0.3350    0.6800    0.1370    0.7210    0.1070
ey2=
    0.1170    0.0860    0.7300    0.9630    0.6240
    0.2970    0.2620    0.4890    0.5470    0.6790
    0.3190    0.8010    0.5790    0.5210    0.3960
    0.4240    0.0290    0.2370    0.2320    0.3670
    0.5080    0.9290    0.4590    0.4890    0.9880
```

本例中，'%6.3f'表示占 6 个字符位，小数点后的精度是 3 位。MATLAB 默认设置是小数点后 4 位。

另外，在打开文件读/写数据时，需要判断和控制文件的读/写位置，需要读/写指定位置上的数据等。在读/写文件时，MATLAB 会自动创建一个文件位置指针来管理维护文件读/写数据的起始位置。

读/写数据时，系统默认的方式是从文件头顺序向后读/写数据至文件尾。操作系统通过文件指针来指示当前的文件位置，通过控制指针实现文件内的位置控制。MATLAB 提供表 1-16 所示的文件位置控制函数。

表 1-16　文件位置控制函数

函　　数	功　　能	函　　数	功　　能
feof	判断指针是否在文件尾	ftell	获取文件指针位置
fseek	设定文件指针位置	frewind	设置指针至文件头位置

1）feof 函数的具体用法如下。

```
status=feof(fid)
```

fid 参数是打开文件时得到的文件标识。文件指针 fid 到达文件末尾时返回“真”值，否则返回“假”。

2）fseek 函数的具体用法如下。

```
status=fseek(fid,offset,origin)
```

fid 参数是打开文件时得到的标识。offset 参数是偏移量，以字节为单位（正整数表示往文件尾方向移动指针，0 表示不移动指针，负整数表示往文件头方向移动指针）。origin 参数是基准点（“bof” 和−1 表示文件头位置，“cof” 和 0 表示目前位置，“eof” 和 1 表示文件尾位置）。操作成功 status 值为 0，否则为 1。

3）ftell 函数的具体用法如下。

```
position=ftell(fid)
```

fid 参数是打开文件时得到的文件标识。position 参数表示距离文件头位置的字节数，如果为-1 表示操作失败。

4）frewind 函数的具体用法如下。

```
frewind(fid)
```

fid 参数是打开文件时得到的文件标识。

【例 1-8】 利用文件内的位置控制读取文件。

在命令行窗口中输入如下语句。

```
clc
clear
fid=fopen('magic.m','r');
p1=ftell(fid)
a1=fread(fid,[3 3])
status=fseek(fid,10,'cof');
p2=ftell(fid)
a2=fread(fid,[3 3])
frewind(fid);
p3=ftell(fid)
a3=fread(fid,[3 3])
status=fseek(fid,0,'eof');
p4=ftell(fid)
d=feof(fid)
fclose(fid);
```

输出结果如下所示。

```
p1=
    0
a1=
    102   99  111
    117  116  110
    110  105   32
p2=
    19
a2=
    110   37   71
    41    77   73
    10    65   67
```

```
p3 =
    0
a3 =
    102    99   111
    117   116   110
    110   105    32
p4 =
    1042
d =
    0
```

由本例结果可以看出，文件头位置是0，文件经过读取指针会相应地移动，文件指针受到指定函数的控制。

1.4.2 MATLAB 和 Word 的混合使用

Notebook 集合了 Word 强大的文字处理功能和 MATLAB 丰富的数值计算能力。MATLAB 与 Microsoft Word 的结合使得用户可以在 Word 环境下灵活使用 MATLAB 的功能，为用户提供了文字处理、图形演示工程设计以及科学计算等为一体的工作环境。Notebook 将文字编辑与 MATLAB 计算命令的实时演示相结合，可用于科技报告、论文、专著等方面，使得文稿做到了动静结合、图文并茂，且可以随时验证运算的正确性。下面将介绍 MATLAB 中 Notebook 的一些基本应用方法，主要包括 Notebook 的安装、启动、实例及使用 Notebook 需要注意的事项。

1. Notebook 的安装

由于 Notebook 的安装程序同 MATLAB 的主程序集成为一体，因此 Notebook 的安装非常简单。在安装了 Word 的环境下，启动 MATLAB，在命令行窗口中输入如下语句。

```
>> notebook -setup
```

显示如下结果。

```
Welcome to the utility for setting up the MATLAB Notebook
for interfacing MATLAB to Microsoft Word
Setup complete
```

此时表示安装已经完成，若安装失败，则安装程序无法找到所需要的文件，也会提示用户指定“winword. exe”和“normal. exe”文件的路径。

注意：在输入“notebook -setup”时，“notebook”同“-”之间要有一个空格，否则系统可能会提示出错。在输入“notebook -setup”后需要等待几分钟，因为 Notebook 的安装需要一定的时间。

Notebook 的安装比较简单，而 MATLAB 的安装比较复杂，上述 Notebook 的安装方法独立于 MATLAB 的安装。假如用户重新安装了其他版本的 Word，则不需要重新安装 MATLAB，只要重复上述安装步骤即可。

2. Notebook 的启动

Notebook 安装完成后，有以下两种启动方法。

1）直接从 MATLAB 中启动 Notebook，在 MATLAB 命令窗口输入“notebook”命令就可以启动 Notebook。具体语法如下。

```
notebook                    %打开一个新的 M-book 文档
notebook FileName           %打开已存在的 M-book 文档
```

其中 FileName 应包含文件的完整路径及文件名。在命令窗口中打开已经建立的 M-book 文件的命令如下。

```
notebook 'D:\My Documents\Mbook_1.doc'
```

执行完此命令，则会出现新的“M-book”文档式样的 Word 窗口，如图 1-20 所示。

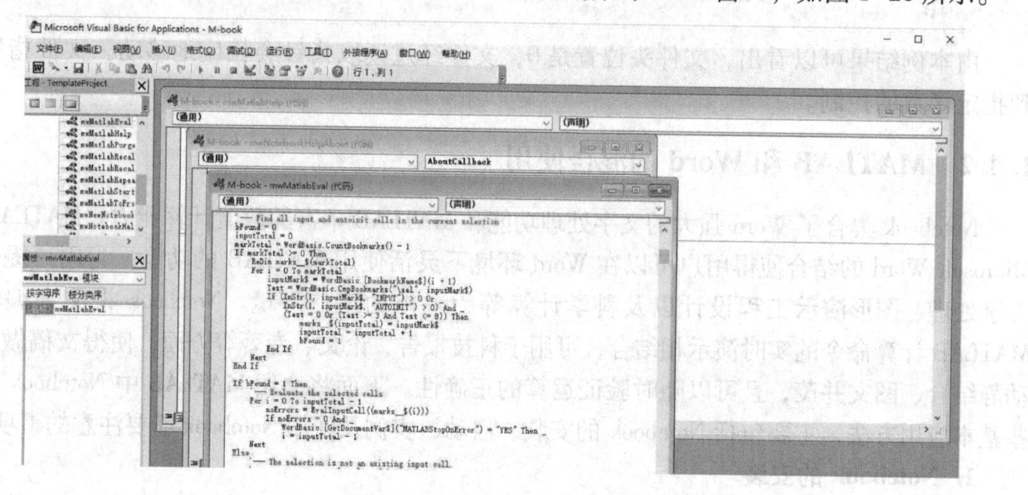

图 1-20　M-book 启动页面

M-book 模板是 Notebook 的核心，该模板定义了 Word 和 MATLAB 之间进行通信的宏指令、文档格式和工具栏。用户一般在使用 M-book 之前都要对模板进行初始化设置。

2）从 Word 中也可以启动 Notebook。新建 M-book 文件的步骤如下。

在 Word 窗口中单击“文件”→“新建”命令，在弹出的对话框中找到并选择“m-book. dot”，单击“确定”按钮，如图 1-21 所示。

图 1-21　新建 m-book. dot

若此时 MATLAB 尚未启动，则 MATLAB 自动启动，出现新的“m-book. dot”文档样式的 Word 窗口如图 1-22 所示。

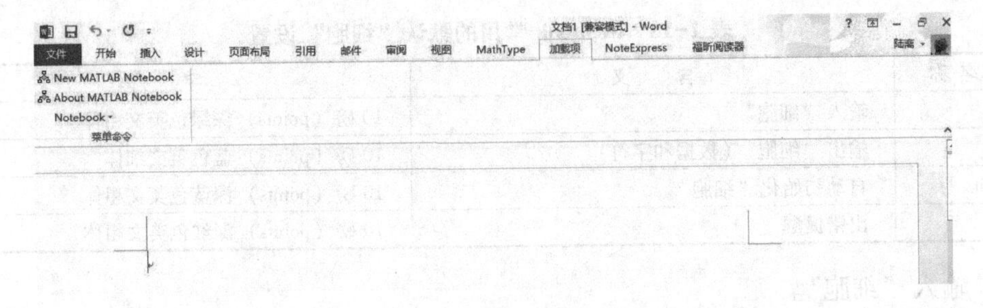

图 1-22　M-book 文档 Word 窗口

从图 1-22 中可以看出，在 Word 菜单栏的“加载项”中添加了 Notebook 的选项，用户可以选择“New MATLAB Notebook”菜单项新建 M-book 文档，选择“About MATLAB Notebook”菜单项查看版本信息。Notebook 的菜单命令包含了所有 M-book 文档的功能选项，如图 1-23 所示。Notebook 菜单命令选项功能及快捷键见表 1-17。

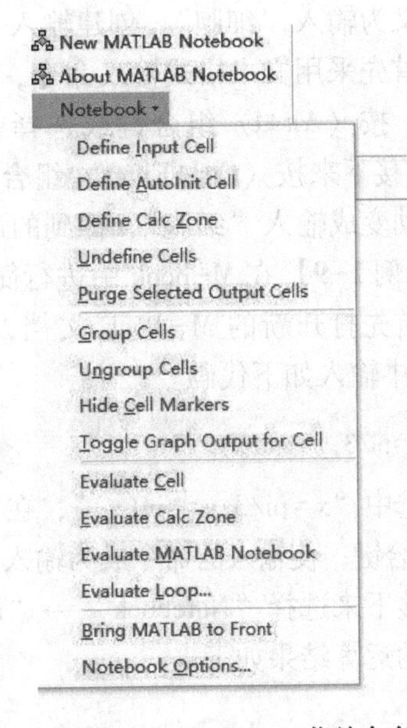

图 1-23　Notebook 菜单命令

3. Notebook 应用实例

使用 Notebook 从某种意义上来说就是使用 Word 的 M-book 模板文档，Notebook 同 MATLAB 之间通过动态链接来进行交互，基本交互单元成为“细胞”（Cell）或“细胞群”（Cell Group）。M-book 需要把 Word 中输入的 MATLAB 命令或者执行语句组建成“细胞”，然后再传回到 MATLAB 中执行，执行的输出结果再以“细胞”的方式传到 Notebook 中。M-book 常用的默认“细胞”设置见表 1-18。

表 1-17　Notebook 菜单命令的功能及快捷键

菜单命令	快捷键	功能
Define Input Cell	Alt+I	定义输入单元
Define AutoInit Cell	Alt+A	定义自动初始化单元
Define Calc Zone	Alt+Z	定义计算区
Undefine Cells	Alt+U	将单元转换为文本
Purge Selected Output Cells	Alt+P	清除输出单元
Group Cells	Alt+G	定义单元组
Ungroup Cells	Alt+p	将单元组转换为单个单元
Hide/Show Cell Markers	Alt+C	隐藏/显示单元标志
Toggle Graph Output for Cell		为每个单元锁定图形输出
Evaluate Cell	Ctrl+Enter	运行当前单元或单元组
Evaluate Calc Zone	Alt+Enter	运行当前计算区
Evaluate MATLAB Notebook	Alt+M	运行 M-book 中所有单元
Evaluate Loop	Alt+L	循环运行单元
Bring MATLAB to Front		将 MATLAB 置于屏幕之前
Notebook Options	Alt+O	定义输出显示选项

表 1-18　M-book 常用的默认“细胞”设置

样式名称	含　义	字　体
Input	输入“细胞”	10 磅（points）深绿色英文粗体
Output	输出“细胞”（数据和字符）	10 磅（points）蓝色英文细体
AutoInit	自动初始化“细胞”	10 磅（points）深蓝色英文粗体
Error	出错提醒	10 磅（points）深红色英文粗体

1）输入“细胞”。

Notebook 采用输入“细胞”（Input）在 MATLAB 中输入命令，合法的命令、注释都可以定义为输入“细胞”。创建输入“细胞”的具体操作步骤如下。

首先采用文本格式输入命令，在输入结束后不要按〈Enter〉键和空格键，然后选中该命令，按〈Alt+I〉组合键或选择“Notebook”→“Define Input Cell”，用来定义输入“细胞”。接下来按〈Ctrl+Enter〉组合键或选择“Notebook”→“Evaluate Cell”，则被选中的文本自动变成输入“细胞”，得到的运算结果即为输出“细胞”。

【例 1-9】在 M-book 中进行简单的三角函数运算。

首先打开新的 M-book 文档，在 MATLAB 命令行窗口中输入“notebook”；接下来在 Word 中输入如下代码。

```
x=pi/3;y=sin(x)
```

选中“x=pi/3;y=sin(x)”，在 Notebook 菜单命令中选择“Define Input Cell”或按〈Alt+I〉组合键，使输入的命令成为输入 cell，输入 cell 后的命令被“[ ]”包围，显示为深绿色。

接下来选择“Notebook”→“Evaluate Cell”或按〈Ctrl+Enter〉组合键，执行输入 cell，得到的运算结果如下。

```
[y=
  0.8660]
```

📖 **注意：**初学者常常会混淆输入 cell 和并行输入 cell 两个不同的输入命令，其中输入 cell 只是创建输入 cell，并不执行所输入的命令；而后者会显示命令的执行结果，即输出 cell。

2）输出“细胞”。

输出 cell 包含 MATLAB 的输出结果，包括数据、图形和出错信息。输出 cell 是输入“细胞”或者“细胞”群运算后产生的，总是紧跟在输入“细胞”或“细胞”组之后。若输入 cell 修改后重新运行，则新的输出 cell 将会替换原有的输入 cell。

“Notebook Options”是输出细胞的格式控制选项，用户可以选择 Notebook 菜单命令中的此选项或按〈Alt+O〉组合键，将弹出 Notebook 设置对话框，如图 1-24 所示。该对话框可以对输出 cell 的各种常用属性，主要包括输出数据类型、输出数据间隔、图形嵌入和图形嵌入尺寸。

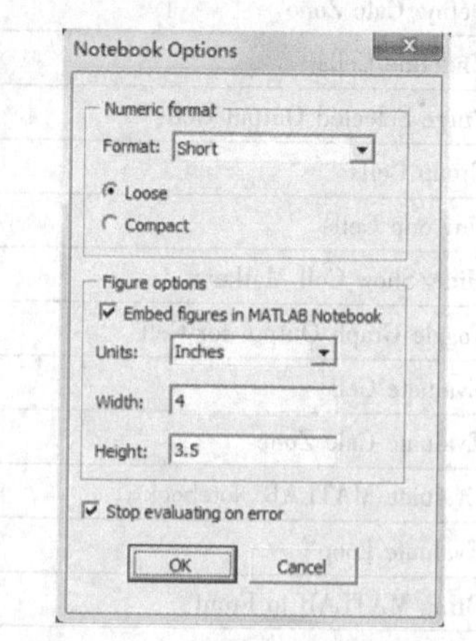

图 1-24　Notebook 设置对话框

其中，输出数据类型有 8 种，分别为 Short、Long、Hex、

Bank、Plus、Short e、Long e 和 Rational；输出数据间隔有两个选项，分别为“疏松”和“紧密”，选择“疏松”，则输入 cell 和输出 cell 中间会有一个空行；图形嵌入选项如果不勾选，则在输出 cell 中将不会出现图形；图形嵌入尺寸有 3 个选项，分别为单位-unit、宽度-width 和高度-height，图形一旦被嵌入到 M-book 中，就可以像在 Word 中的其他图形一样，进行剪切和缩放等操作。

【例 1-10】 运行单元组查看输出单元。

利用“冒号”生成法来生成向量，如：x=1:0.1:3;

```
y=sin(x)
plot(x,y)     #画出正弦波形
```

选中创建的“细胞”组，按〈Ctrl+Enter〉组合键，输出 cell 如下。

```
y=
Columns 1 through 10
0.8415  0.8912  0.9320  0.9636  0.9854  0.9975  0.9996  0.9917  0.9738  0.9463
Columns 11 through 20
0.9093  0.8632  0.8085  0.7457  0.6755  0.5985  0.5155  0.4274  0.3350  0.2392
Column 21
0.1411
```

画出的正弦波形如图 1-25 所示。

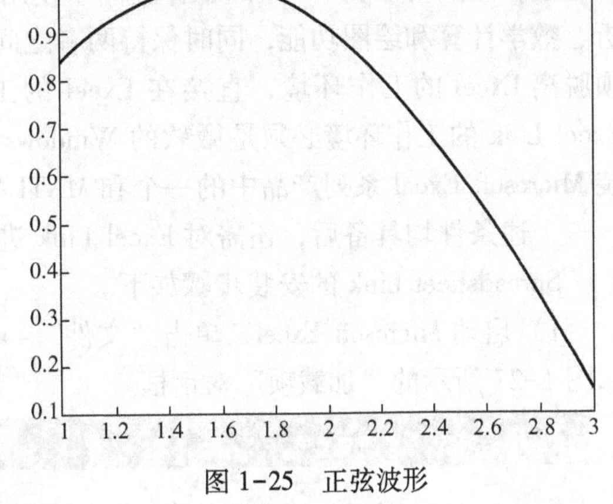

图 1-25 正弦波形

4. 使用 Notebook 的注意事项

Notebook 的使用涉及 MATLAB 和 Word 之间的互联，所以难免会出现一些问题。下面对可能出现的问题，给予以下几点说明。

1）M-book 文档即在 Word 中输入的 MATLAB 文本型指令，其输入的指令与标点符号必须都是在英文字符状态下的输入，不能在 MATLAB 命令、命令组、输入 cell（群）时使用中文标点，否则可能会出现错误或者死机。

2）Notebook 不包括 MATLAB 的交互式操作、动画和程序调试等功能。包含上述指令的操作都不能在 Notebook 中执行，同时 Notebook 也不支持 Simulink。

3）禁止使用续行号，无论输入 cell 的一条命令有多长，只要不使用〈Enter〉键手动换行，就可以被鼠标选中，并正确执行。

4）Notebook 中指令的执行要比 MATLAB 命令行窗口慢得多，所以在运行 M-book 时，最好不要运行其他的程序或者执行其他的任务，以免影响 M-book 中指令的正确执行，引起出错或死机等情况。

5）由于计算机硬件与软件的配合存在许多不确定因素，会影响软件的正常使用，因此针对 M-book 文档执行命令或者程序可能出现的异常情况给出以下可能的解决方法：①在 MATLAB 主界面中用 clear 语句清除内存中的变量和函数；②重启计算机后，再执行 M-book 文档中的命令；③将 M-book 文档中的命令复制到 MATLAB 命令行窗口中执行。

1.4.3 MATLAB 和 Excel 的混合使用

MATLAB 作为一款功能强大的软件，其在数据计算和图形图像显示方面有很大的优势，而微软的 Excel 同样具有较强的数据统计和显示功能。MATLAB 提供了 Spreadsheet Link 将 Microsoft Excel 和 MATLAB 完美结合起来。

Excel Link 的运行机制如图 1-26 所示。

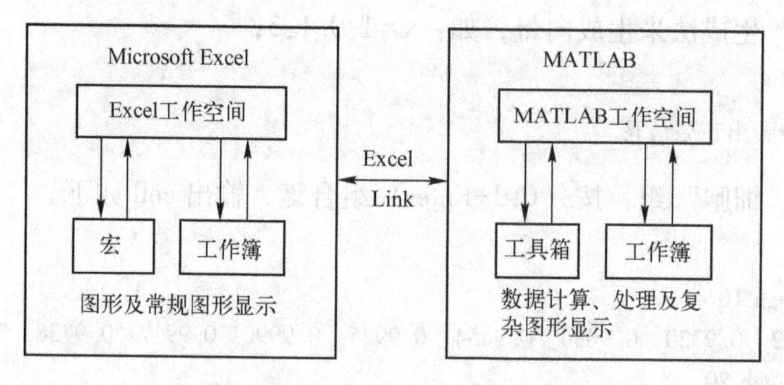

图 1-26　Excel Link 的运行机制

1. Excel Link 的安装

Excel Link 是一个插件软件，用于实现 Excel 和 MATLAB 之间的链接。通过 Excel Link 的链接，用户可以在 Excel 的工作空间中使用 Excel 的宏编程工具，实现 MATLAB 的数值分析、数学计算和绘图功能，同时保持两者之间数据的同步交换和更新。使用 Excel Link 时无须脱离 Excel 的工作环境，直接在 Excel 的工作区或者宏操作中调用 MATLAB 函数即可。Excel Link 的工作环境必须是微软的 Windows，如 Windows XP、Windows 7 等，系统必须安装 Microsoft Excel 系列产品中的一个和 MATLAB，并且在安装 MATLAB 时安装 Excel Link。

上述条件均具备后，还需对 Excel Link 进行配置，以实现 MATLAB 与 Excel 的链接。

Spreadsheet Link 的安装步骤如下。

1）启动 Microsoft Excel，单击“文件”→“选项”→“加载项”→“转到”命令，弹出如图 1-27 所示的“加载项”对话框。

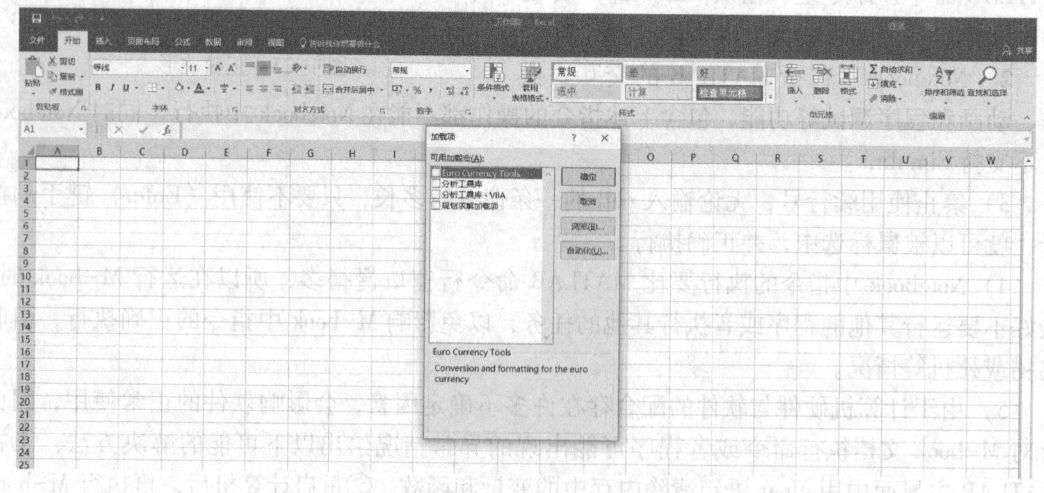

图 1-27　“加载项”对话框

2）在“加载项”对话框中单击“浏览”按钮，选择 MATLAB 安装路径下的“toolbox”→“exlink”文件夹中的 excllink2003. xla 文件，然后单击“确定”按钮，如图 1-28 所示。

3）返回“加载宏”对话框，此时已经添加并选中“Spreadsheet Link EX 3. 2 for use with MATLAB”选项，如图 1-29 所示。

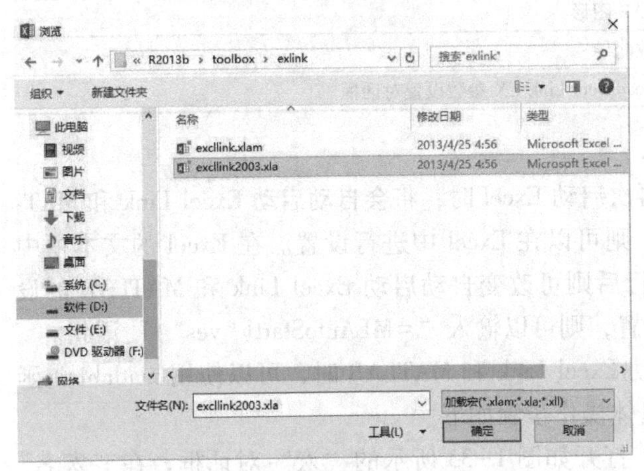

图 1-28　加载宏文件

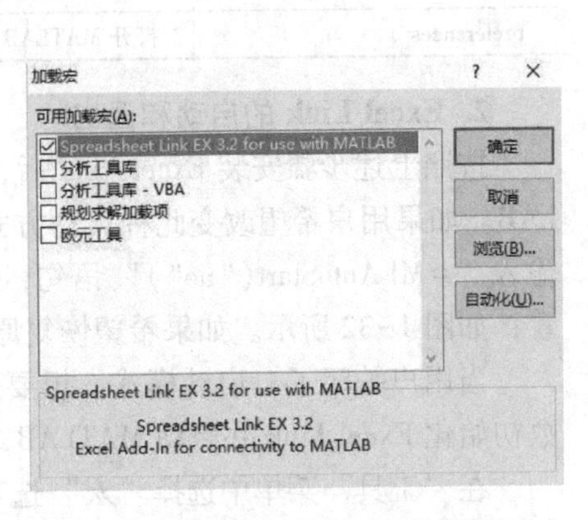

图 1-29　选中“Spreadsheet Link EX 3. 2 for use with MATLAB”选项

单击“确定”按钮即可加载 MATLAB，并弹出如图 1-30 所示的 Excel 窗口。

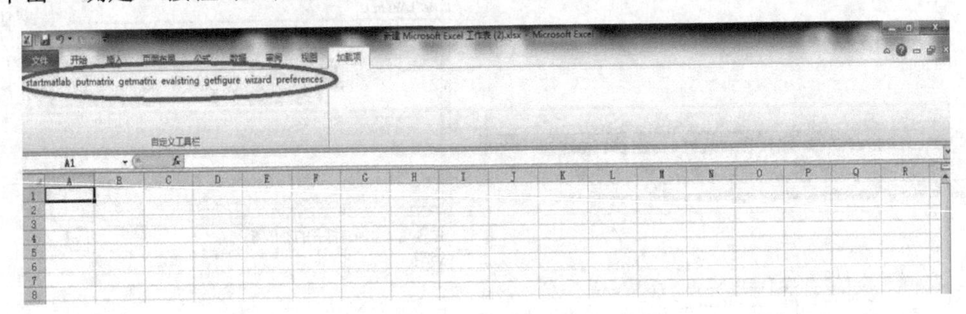

图 1-30　Excel 窗口

可见在加载项下增加了 Spreadsheet Link 的工具条，如图 1-31 所示。Spreadsheet Link 工具条中有 7 个 MATLAB 的命令按钮，它们的含义见表 1-19。

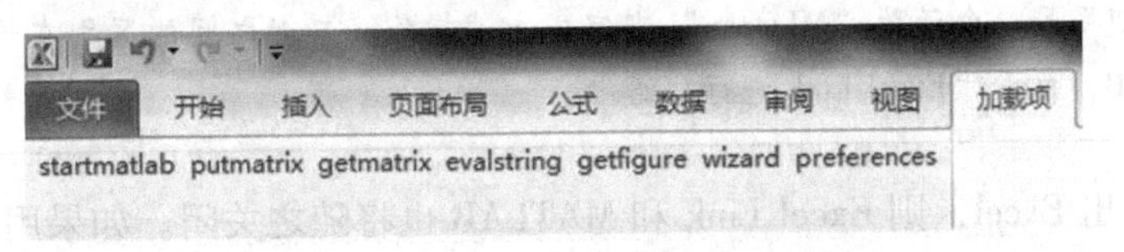

图 1-31　Spreadsheet Link 工具条

表 1-19　Spreadsheet Link 工具条的命令按钮

命 令 按 钮	含　义
startmatlab	启动 MATLAB
putmatrix	把数据传给 MATLAB

（续）

命令按钮	含　义
getmatrix	从 MATLAB 提取数据
evalstring	执行 MATLAB 命令
getfigure	获取当前的 MATLAB 图形
wizard	打开 MATLAB 函数向导
preferences	打开 MATLAB/Spreadsheet Link EX 参数设置对话框

2. Excel Link 的启动和退出

按照上述步骤安装 Excel Link 后，再次启动 Excel 时，将会自动启动 Excel Link 和 MATLAB。如果用户希望改变此种启动方式，则可以在 Excel 中进行设置。在 Excel 的文本框中输入“=MLAutoStart("no")”语句，执行后则可改变自动启动 Excel Link 和 MATLAB 的设置，如图 1-32 所示。如果希望恢复原设置，则可以输入“=MLAutoStart("yes")”语句。

当用户关闭了自启动模式，想要启动 Excel Link 和 MATLAB 时，可以使用 matlabinit 函数初始化 Excel Link 并启动 MATLAB，具体操作步骤如下。

在“工具”菜单中选择“宏”选项，打开如图 1-33 所示的“宏”对话框，在“宏名”文本框内输入“MATLABinit”，单击“执行”按钮，即可初始化 Excel Link 并启动 MATLAB。

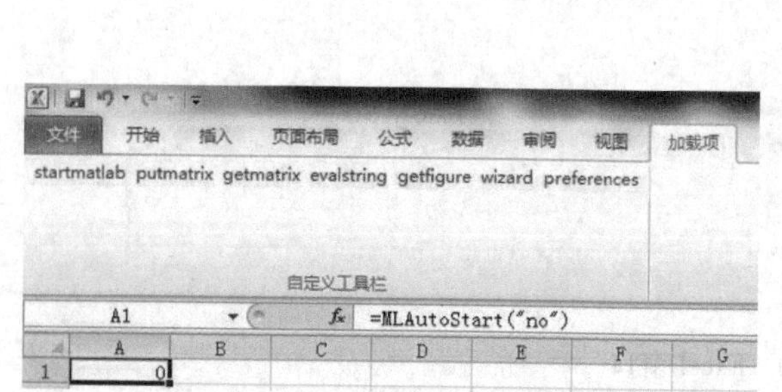

图 1-32　改变 Excel Link 和 MATLAB 自启动模式

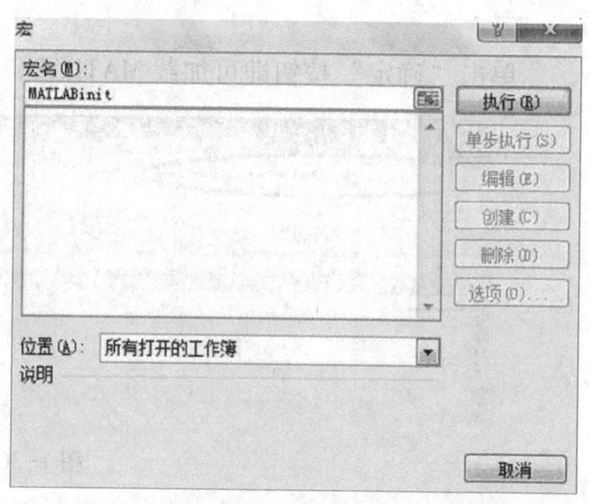

图 1-33　手动启动 Spreadsheet Link 和 MATLAB

📖 **注意：** 还可以使用另一个函数“MLOpen”来完成上述操作，二者之间的区别在于，函数“MLOpen”只启动 MATLAB，而不对 Excel Link 进行初始化。

如果用户退出 Excel，则 Excel Link 和 MATLAB 也将随之关闭。如果用户希望关闭 Excel Link 和 MATLAB 时不关闭 Excel，则可以使用“MLClose”函数，在 A1 单元文本框中输入“=MLClose()”，确认后，Excel Link 和 MATLAB 将会关闭，而 Excel 仍处于工作状态，如图 1-34 所示。

3. Excel Link 函数

前面已经介绍了部分 Excel Link 函数，如 MATLABinit、MLOpen、MLClose 等。由于 Excel Link 的函数名对字母的大小写不作区分，这与 MATLAB 的标准函数命名规则不同，所

图 1-34　手动退出 Spreadsheet Link 和 MATLAB

以本书在描述这些函数时，并没有严格规范其大小写。

Excel Link 函数按照功能可以分为以下两类：链接管理函数和数据管理函数。Excel Link 函数的名称和功能见表 1-20。

表 1-20　Excel Link 函数的名称和功能

	函数名称	功　能
链接管理函数	MATLABinit	初始化 Excel 并启动 MATLAB
	MLAutoStart	自动启动 MATLAB
	MLOpen	启动 MATLAB
	MLClose	关闭 MATLAB
数据管理函数	MATLABfcn	用 Excel 中的数据作为输入参数调用 MATLAB 函数进行计算
	MATLABsub	在函数 MATLABfcn 的基础上，指定输出位置
	MLAppendMatrix	用 Excel 中的数据创建或者修改 MATLAB 矩阵
	MLDeleteMatrix	删除 MATLAB 矩阵
	MLEvalString	在 MATLAB 中运算指令
	MLGetMatrix	在 Excel 工作表中写入矩阵内容
	MLGetVar	在 Excel 的 VBA 变量中写入矩阵内容
	MLPutMatrix	用 Excel 工作表中的数据创建或者重置 MATLAB 矩阵
	MLPutVar	用 Excel 的 VBA 变量中的数据创建或者重置 MATLAB 矩阵

4. Excel Link 应用实例

在应用 Spreadsheet Link 时，主要是实现 Excel 数据的读入、MATLAB 的数据处理和显示，以及如何在 Excel 显示处理结果。下面通过一个实例来进行具体说明。

【例 1-11】一个 Spreadsheet Link 应用实例。

本例采用数据表执行方式运行，同时使用了回归分析和曲线拟合两种方式，利用 Excel 管理和显示数据，Excel Link 函数把 Excel 中的数据复制到 MATLAB 中执行，宏命令执行模式再将执行结果返回到 Excel 中。该实例 ExliSample. xls 位于 MATLAB 安装路径下的\toolbox\excel2003link 子目录中。

启动 Excel、Spreadsheet Link 和 MATLAB，打开示例文件 ExliSample. xls。

单击 ExliSample. xls 中的"Sheet1"选项卡，可以看到 Excel 数据表中包含一个名为 DATA 的数据区 A4:C28，如图 1-35 所示。

该数据区包含了本例中所使用的数据集，具体操作步骤如下：

1）选中 Sheet1 中的 E5 单元格，按〈F2〉键，然后按〈Enter〉键执行 Excel Link 函数 MLPutMatrix("data",DATA)，将 DATA 复制到 MATLAB 中。已知 DATA 中包含 3 个变量的 25 次观测值，并且这些值之间线性相关。

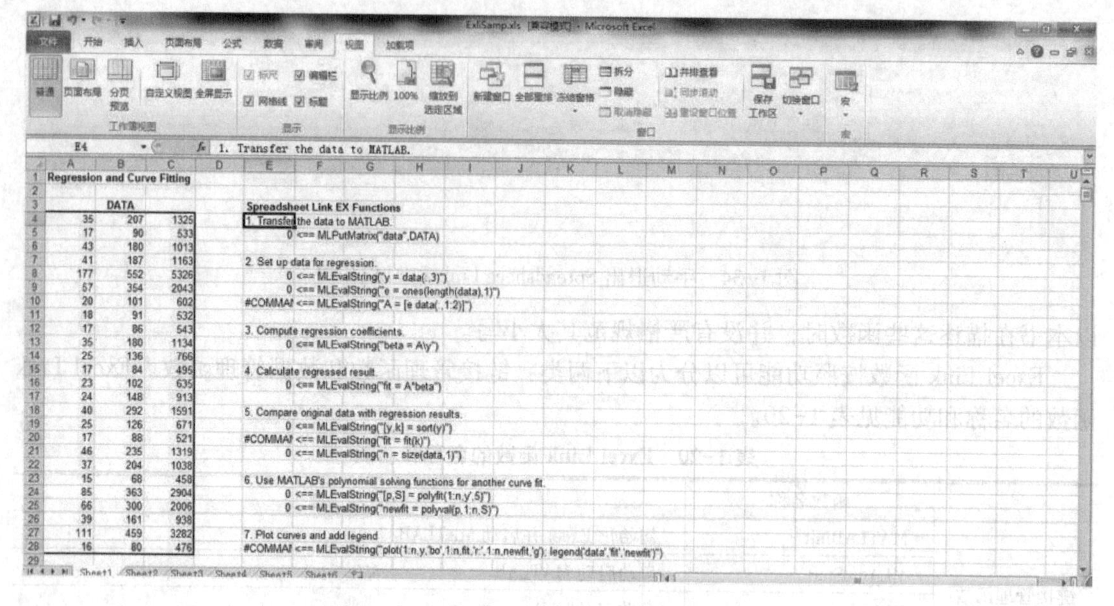

图 1-35　ExliSample.xls 中的 Sheet1 数据页

2）选中 E8 单元格，在 Excel 中输入如下语句，E9 和 E10 单元格的操作和 E8 单元格的操作相同。

```
MLEvalString("y=data(:3)")
MLEvalString("e=ones(length(data),1)")
MLEvalString("A=[e data(:,1:2)]")
```

其中，变量 y 用来存储第三列数据，e 为单位向量，变量 A 的第一列为单位向量，第二列为原 data 的第一列，第三列为原 data 的第二列。

这些 Excel Link 函数实现对回归目标数据的设置，让 MATLAB 以第 1 列和第 2 列的数据对应的变量为自变量，以第 3 列数据对应的变量为应变量进行回归。

3）运行 E13 中的函数命令，输入语句如下。

```
MLEvalString("beta=A\y")
```

使用 MATLAB 的“\”操作符求解线性方程 A * beta=y 回归系数。

4）运行 E16 中的函数命令，输入语句如下。

```
MLEvalString("fit=A * beta")
```

使用 MATLAB 矩阵-向量乘法生成回归结果（fit）。

5）运行 E19、E20、E21 中的函数命令，输入语句如下。

```
MLEvalString("[y,k]=sort(y)")
MLEvalString("fit=fit(k)")
MLEvalString("n=fsize(data,1)")
```

上述语句将原始数据与 fit 进行比较，将数据按升序进行排列，然后拟合，并创建一个表示观测数据的标量。

6）运行 E24、E25 中的函数命令，输入语句如下。

```
MLEvalString("[p,S]=ployfit(1:n,y,5)")
MLEvalString("newfit=ployval(p,1:n,S)")
```

上述语句用于拟合多项式，ployfit 函数生成一个 5 阶多项式，并计算每个数据点上多项式的结果，确定拟合精度（newfit）。

7）运行 E28 中的函数命令，输入语句如下。

```
MLEvalString("plot(1:n,y,'bo',1:n,fit,'r',1:n,newfit,'g');legend('data','fit','newfit')")
```

利用 MATLAB 的 plot 函数画出的图形如图 1-36 所示。其中“○”代表原始数据 data，“……”代表回归结果 fit，“——”代表多项式拟合结果 newfit。

比较图 1-36 中的 data、fit 和 newfit 三条曲线，可以发现这些数据具有很强的相关性，不是线性独立的，回归分析结果和原始数据并不是十分吻合，而 5 阶多项式拟合则显示了更加精确的数学模型。

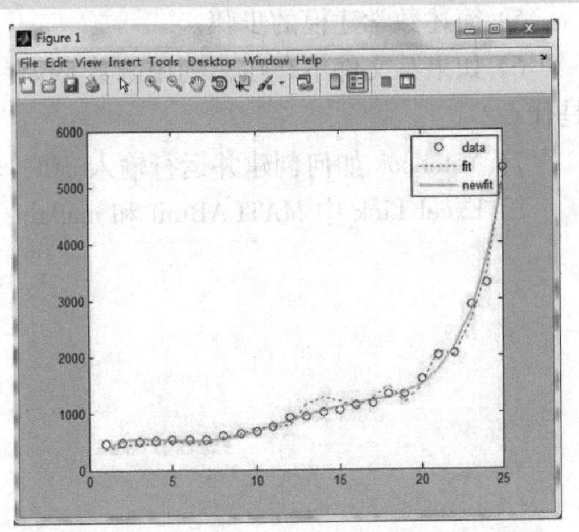

图 1-36　利用 MATLAB 的 plot 函数画出的图形

5. 使用 Excel Link 的注意事项

1）Excel Link 函数执行的是一个特定的操作，而 Excel 函数返回的是一个确定的数值，所以 Excel Link 函数和 Excel 下的操作会有不同的结果。

2）Excel 的工作表通常以“+”或者“=”为起始标记，如=MLPutMatrix("a",C13)。

3）Excel Link 函数中的变量有以下两种定义方式：第一种为直接定义，即将变量用""标记，如 MLGetMatrix("rainbow")，函数中不加""则被视为间接变量。

4）Excel 表单的执行语句一般加等号，如“=MLGetMatrix("b" ,"C9:L10")”，并且函数的参数用圆括号括起来。在宏中，函数名和第一个参数之间隔一个空格，不能使用圆括号。

5）在 Excel Link 函数命令执行的过程中，其所在的工作单元将一直显示函数命令的内容，直到函数命令执行结束后，其所在的数据单元将被赋值为 0。

6）当在 Excel 中创建新的函数命令时，在电子表格中直接输入函数即可，不要使用 Excel 的函数向导，否则会产生不可预知的结果。

7）Excel Link 只能处理 MATLAB 二维的数值数组和一维的字符数组（字符串）以及二维的细胞数组，而不能操作 MATLAB 的多维数组和结构体。

1.5　本章小结

本章首先介绍了 MATLAB 的应用领域，MATLAB 的安装与激活，MATLAB 通用命令及应用窗口；然后对 MATLAB 数学建模方法和步骤等进行了简要的介绍，对 MATLAB 数学建模基础函数及应用进行了相应的讲解。通过本章的学习，用户将对 MATLAB 及建模与仿真有一个大致的了解。

1.6 习题

1）MATLAB 的突出特点有哪些？

2）MATLAB 主操作界面由哪几部分组成？

3）简述 MATLAB 常用命令“clc”和“clear”的区别。

4）如何启动 M 文件编辑/调试器？

5）简述数学建模的步骤。

6）如果某文件不存在，则用函数 fopen 按只读方式打开文件的输入语句和输出结果分别是什么？

7）Notebook 如何创建并运行输入 cell？输入 cell 和并行输入 cell 有什么区别？

8）Excel Link 中 MATLABinit 和 matlabinit 有什么区别？为什么？

第 2 章　MATLAB 数值与符号计算

MATLAB 具有强大的数学计算功能，数学计算又分为数值计算和符号计算。数值计算是指有效使用计算机求解数学问题的方法与过程，数值计算主要研究如何利用计算机更好地解决各种数学问题，包括数组、矩阵和多项式的求解，并考虑误差、收敛性和稳定性等问题。符号运算与数值计算一样，都是科学研究中的重要内容，且两者之间有着密切的关系。MATLAB 的符号计算可以对未赋值的符号对象（如常数、变量、表达式等）进行运算和处理。运用符号运算，可以轻松解决许多公式和关系式的推导问题。

本章将学习 MATLAB 的重要数据类型和数值计算的重要方法（数组、矩阵、多项式、符号运算、符号表达式运算和符号矩阵的计算）。本章每一节中的例题指令都是独立完整的，读者可以轻松地在自己的计算机上进行实践。

2.1　数据类型

MATLAB 中一共定义了 15 种数据类型，包括基本数据类型、字符串、函数句柄、逻辑类型等。其中基本的数据类型（也可称为数值类型）由单精度类型、双精度类型和整数类型共同组成。通常，不同数据类型的变量或对象占用的内存空间是不同的，不同的数据类型的变量或对象也具有不同的操作函数。本节将讨论几种主要的数据类型及其用法。

2.1.1　字符串类型

在 MATLAB 中需要对字符和字符串（string）进行操作。字符串可以显示在屏幕上，也可用于一些命令的构成，这些命令将在其他的命令中进行求值或被执行。字符串在数据的可视化、应用程序的交互方面起到了非常重要的作用。

一个字符串存储在一个行向量的文本中，这个行向量中的每一个元素代表一个字符，每一个字符占用 2 字节的内存。实际上，元素中存放的是字符的内部代码（ASCII 码）。在屏幕上显示出来的是文本，而不是 ASCII 数字。由于字符串是以向量的形式来存储的，因此可以通过它的下标对字符串中的任何一个元素进行访问。字符矩阵也以同样的形式进行存储，但它的每行字符数必须相同。

1. 字符串的创建

在进行字符串的创建时，只需将字符串的内容用单引号括起来即可。

【例 2-1】创建字符串。

```
>> a=135
a=
135
```

```
>> class(a)
ans =
double
>> size(a)
ans =
     1     1
>> b = '135'
b =
135
>> class(b)
ans =
char
>> size(b)
ans =
     1     3
```

使用 char 函数可以创建一些无法使用键盘进行输入的字符。该函数的作用是将输入的整数参数转变为相应的字符。

【例 2-2】 char 函数的创建。

```
>> A1 = char('Good','Morning!')
A1 =
Good
Morning!
>> A2 = char('祝','你','生日','快乐')
A2 =
    祝
    你
    生日
    快乐
```

2. 字符串的基本操作

1）字符串拼接。

字符串可以利用“[ ]”运算符进行拼接。

若使用“,”作为不同字符串之间的间隔，则相当于扩展字符串成为更长的字符串向量；若使用“;”作为不同字符串之间的间隔，则相当于扩展字符串成为二维数组或者多维数组，此时不同行上的字符串必须具有同样的长度。

2）字符串操作函数见表 2-1。

表 2-1 字符串操作函数

函 数 名	说 明
char	创建字符串，将数值转变为字符串
double	将字符串转变为 Unicode 数值

（续）

函 数 名	说 明
blanks	空白字符串的创建（由空格组成）
deblank	删除字符串尾部空格
ischar	判断变量是否是字符型
strcat	水平组合字符串，构成更长的字符向量
strvcat	垂直组合字符串，构成字符串矩阵
strcmp	比较字符串，判断是否一致
strncmp	比较字符串前 n 个字符，判断是否一致
strcmpi	比较字符串，忽略字符大小写
strncmpi	比较字符串前 n 个字符，忽略字符的大小写
findstr	在较长的字符串中查寻较短的字符串出现的索引
strfind	在第一个字符串中查寻第二个字符串出现的索引
strjust	对齐排列字符串
strrep	替换字符串中的子串
strmatch	查询匹配的字符串
upper	将字符串的字母都转变成为大写字母
lower	将字符串的字母都转变成为小写字母

下面简单介绍其中几个函数操作，以具体应用为例。

【例 2-3】创建空白字符串（Blanks）。

```
>> a=blanks(6)
a=
```

空字符串如图 2-1 所示。

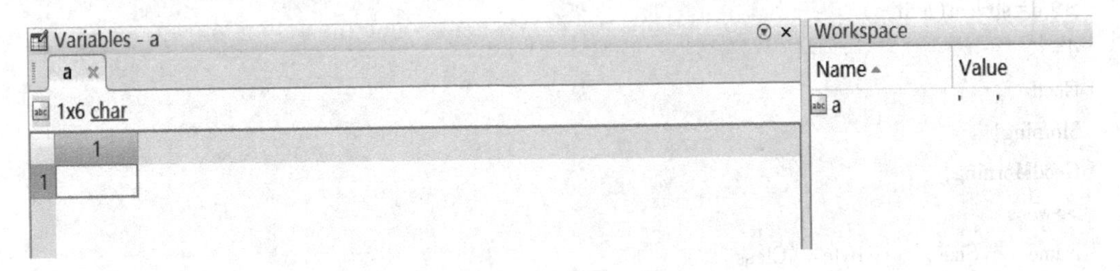

图 2-1 空字符串

【例 2-4】删除字符串尾部空格（deblank）。

```
>> a='Good morning!      '
a=
Good morning!
>>deblank(a)
ans=
```

```
Good morning!
>>whos
  Name          Size                    Bytes  Class
  a             1x18                       36  char
  ans          1x13                        26  char
```

【例 2-5】判断变量是否为字符类型（ischar）。

```
>> a='Good morning!'
a=
Good morning!
>>ischar(a)
ans=
     1
>> b=4;
>>ischar(b)
ans=
     0
```

📖 **注意**：如果变量是字符类型，则结果为 1，否则结果为 0。

【例 2-6】使用组合字符串（strcat 和 strvcat）对字符串 a 和 b 进行组合。

```
>> a='Good';
>> b='Morning!';
>> c=strcat(a,b)
c=
GoodMorning!
>> d=strvcat(a,b,c)
d=
Good
Morning!
GoodMorning!
>>whos
Name      Size      Bytes   Class
  a         1x4         8   char
  b         1x8        16   char
  c         1x12       24   char
  d         3x12       72   char
```

【例 2-7】使用比较字符串（strcmp 和 strncmp）对字符串 a 和 b 进行比较。

```
>> a='Good Morning!';
>> b='Good afternoon!';
>> c=strcmp(a,b)
```

```
c=
    0
>> d=strncmp(a,b)
d=
    1
```

📖 **注意**：比较结果一致时，值为1；否则值为0。

3）字符串转换函数。

MATLAB提供了相应的转换函数，在MATLAB中允许不同类型的数据和字符串类型的数据之间进行转换。数字与字符之间的转换函数见表2-2。

表2-2 数字与字符之间的转换函数

函 数 名	说 明
num2str	数字→字符串
int2str	整数→字符串
mat2str	矩阵→被eval函数使用的字符串
str2double	字符串→双精度类型的数据
str2num	字符串→数字
sprinf	输出数字→字符串（格式化输出数据到命令行窗口）
sscanf	读取格式化字符串→数字

注："→"表示转换。

数值之间的转换函数见表2-3。

表2-3 数值之间的转换函数

函 数 名	说 明
hex2num	十六进制整数字符串→双精度数据
hex2dec	十六进制整数字符串→十进制整数
dec2hex	十进制整数→十六进制整数字符串
bin2dec	二进制整数字符串→十进制整数
dec2bin	十进制整数→二进制整数字符串
base2dec	指定数制类型的数字字符串→十进制整数
dec2base	十进制整数→指定数制类型的数字字符串

注："→"表示转换。

在使用函数str2num时需要注意，被转换的字符串仅能包含数字、小数点、字符"e"或"d"、数字的正号或负号、复数的虚部字符"i"或"j"，使用时要注意空格。

【例2-8】 将字符串转换为数字（str2num）。

```
>> a=str2num('2+2i')
```

```
a=
     1.0000+2.0000i
>> b=str2num('2 +2i')
b=
     2.0000          0+2.0000i
>> c=str2num('2+2i')
c=
     1.0000+2.0000i
>>whos
Name   Size   Bytes   Class
  A     1x1      16   double array (complex)
  B     1x2      32   double array (complex)
  C     1x1      16   double array (complex)
```

4）格式化的输入与输出。

MATLAB 中可以进行格式化的输入与输出，其 C 语言的格式化控制符就可用于格式化的输入与输出，见表 2-4。

表 2-4 格式化的输入/输出函数

字 符	说 明	字 符	说 明
%c	显示内容为单一字符	%d	含符号的整数
%e	科学计数法，用小写的 e	%E	科学计数法，用大写的 E
%f	浮点数据	%g	不定，%e 和%f 中选择一种形式
%G	不定，%E 和%F 中选择一种形式	%o	八进制表示
%s	字符串	%u	无符号整数
%x	十六进制表示，使用小写字符	%X	十六进制表示，使用大写字符

在 MATLAB 中，以下函数可以用来进行格式化的输入和输出。

① sscanf（读取格式化字符串）。

```
A=sscanf(s,format)          A=sscanf(s,format,size)
```

② sprintf（格式化输出数据到命令行窗口）。

```
S=sprintf(format,A,…)
```

【例 2-9】 分别使用 sscanf(s,format)、sscanf(s,format,size)、sprintf(format,A,…)对字符串 a、b、c 进行格式化输出。

```
>> a='1.6983 2.1336';
>> b='1.6983e3 2.1336e3';
>> c='0 2 4 8 16';
>> A=sscanf(a,'%f')
A=
     1.6983
```

```
    2.1336
>> B=sscanf(b,'%e')
B=
    1.0e+003 *
    1.6983
    2.1336
>> C=sscanf(S3,'%d')
C=
     0
     2
     4
     8
    16
>> a='0 2 4 8 16';
>> A=sscanf(c,'%d')
A=
     0
     2
     4
     8
    16
>> B=sscanf(S3,'%d',1)
B=
     0
>> C=sscanf(S3,'%d',3)
C=
     0
     2
     4
>> A=1/eps;
>> B=-eps;
>> C=[65,66,67,pi];
>> D=[pi,65,66,67];
>> S1=sprintf('%+15.5f',A)
S1=
+4503599627370496.00000
>> S2=sprintf('%+.5e',B)
S2=
-2.22045e-016
>> S3=sprintf('%s%f',C)
S3=
ABC3.141593
```

```
>> S4=sprintf('%s%f%s',D)
S4=
3.141593e+00065.000000BC
```

2.1.2 数值类型

在 MATLAB 中，数值类型（Numeric）包含整数类型、单精度浮点类型和双精度浮点类型。通常，MATALAB 中还存在着其他的特殊数据，如常量、inf 与 NaN 等。

1. 基本数值类型

MATLAB 中的基本数值类型见表 2-5。

表 2-5　MATLAB 中的基本数值类型

数值类型	说　明	字节数
single	单精度数值类型	4
double	双精度数值类型	8
sparse	稀疏矩阵数值类型	N/A
uint8	无符号 8 位整数	1
uint16	无符号 16 位整数	2
uint32	无符号 32 位整数	4
uint64	无符号 64 位整数	8
int8	有符号 8 位整数	1
int16	有符号 16 位整数	2
int32	有符号 32 位整数	4
int64	有符号 64 位整数	8

2. 整数类型数据运算

整数类型数据运算的函数见表 2-6。

表 2-6　整数类型数据运算的函数

函 数 名	说　明	函 数 名	说　明
bitand	数据位“与”运算	bitor	数据位“或”运算
bitxor	数据位“异或”运算	bitset	指定的数据位设为 1
bitget	获取指定的数据位数值	bitshift	数据位移操作
bitmax	最大浮点整数数值	bitcmp	按指定数据位数求数据补码

【例 2-10】 对数据 a 和 b 进行“与”“或”和“异或”操作（bitor）。

```
>> a=35;b=42;
>> c=bitand(a,b)
c=
    34
>> d=bitor(a,b)
d=
```

```
    43
>> e=bitxor(a,b)
e=
     9
>>whos
  Name      Size            Bytes  Class
  a         1x1                 8  double
  b         1x1                 8  double
  c         1x1                 8  double
  d         1x1                 8  double
  e         1x1                 8  double
```

3. 常量

MATLAB 中常用的常量见表 2-7。

表 2-7 MATLAB 中常用的常量

常　量	说　明
ans	最近的运算结果
eps	浮点数相对精度（定义为 1.0 到最近浮点数的距离）
realmin	能表示的实数的最小绝对值
realmax	能表示的实数的最大绝对值
pi	圆周率的近似值 3. 1415926
i，j	复数的虚部数据最小单位
inf 或 Inf	正的无穷大，定义为 1/0
NaN 或 nan	不明确的数值结果（产生于 0× inf、0/0、inf/inf 等运算）

注：eps、realmin、realmax 这三个常量的具体数值与实际运行的 MATLAB 计算机相关，不同的计算机系统通常具有不同的数值。

在 MATLAB 中，常量可以被赋予新的值，并且赋予了新的值以后原有的值将会被取代，若想恢复到原有的值，则可以使用 clear 命令进行恢复。

【例 2-11】将 pi 值进行恢复。

```
>> pi=10
pi=
    10
>> clear
>> pi
ans=
    3.1416
```

4. 空数组

空数组类型的变量在 MATLAB 中是存在的。一般在创建数组或者矩阵时，可以使用空数组或者空的矩阵辅助创建数组或者矩阵。

【例 2-12】空数组的创建。

```
>> a=[]
   a=
      []
   >> b=ones(1,4,0)
   b=
      Empty array:1-by-4-by-0
   >> C=randn(1,3,4,0)
   C=
     Empty array:1-by-3-by-4-by-0
   >>whos
   Name        Size          Bytes  Class
   A              0x0              0      double
   B              2x3x0            0      double
   C              4-D              0      double
```

【例 2-13】使用空数组对大数组进行行删除。

```
>> a=reshape(1:20,5,4)
a=
      1     6    11    16
      2     7    12    17
      3     8    13    18
      4     9    14    19
      5    10    15    20
>>  %删除第 2,3 行
>> a([2 3],:)=[]
a=
      1     6    11    16
      4     9    14    19
      5    10    15    20
```

2.1.3 函数句柄

函数句柄（function handle）是 MATLAB 中的一种数据类型，可以将其理解成一个函数的代号，在实际调用时可以调用函数句柄，而不需调用该函数。

函数句柄的优点见表 2-8。

表 2-8 函数句柄的优点

优 点	说 明
可靠性强	使 feval 及借助于它的泛函指令工作更加可靠
效率高	使“函数调用”像“变量调用”一样方便灵活，可以迅速获得同名重载函数的位置、类型信息
速度快	提高了函数的调用速度和软件重用性，扩大子函数和私用函数的可调用范围

综上，使用函数句柄可以使函数成为输入变量，调用起来十分方便，最终提高了函数的可用性和独立性。

创建函数句柄需要用到操作符@。函数句柄语法的创建如下：

```
fhandle=@ function_filename
```

通过调用该句柄就可以实现该函数的调用。

例如，fhandle=@ tan，创建了 tan 的句柄，输入 fhandle(x)就是调用了 tan(x)的功能。

2.1.4 逻辑类型

逻辑（logical）运算又可称为布尔运算。布尔使用数学方法来研究逻辑问题，成功地建立了逻辑演算。布尔用等式表示判断，把推理看作等式变换。这种变换的有效性不依赖人们对符号的解释，只依赖于符号的组合规律。人们把这一逻辑理论称为布尔代数。在 20 世纪 30 年代，逻辑代数在电路系统上已获得较为广泛的应用。随后，由于电子技术与计算机的发展，出现了各种复杂的大系统，它们的变换规律也遵守布尔所揭示的规律。逻辑运算（logical operators）常用于测试真假值。现实中，最常见的逻辑运算就是对循环的处理，以此判断是否离开循环或继续执行循环内的指令。

关系运算通常分为以下两类：

1）传统的集合运算，如并集、差集和交集等。

2）专业的关系运算。这些查询通常需要多个基本运算进行组合并进行多个步骤查询才可实现运算，如选择、投影、连接和除法等。

1. 数据类型

在 MATLAB 中，通常使用 0 和 1 分别表示逻辑类型的 true 和 false。使用 logical 函数可将任何非零的数值转换为 true，也可将数值 0 转换为 false。逻辑类型的数组中的每一个元素仅占用一个字节的内存空间。

逻辑类型数据的创建函数见表 2-9。

表 2-9 逻辑类型数据的创建函数

函 数 名	说 明
logical	任意类型的数组转变为逻辑类型，其中零元素为假，非零元素为真
true	产生逻辑真值数组
false	产生逻辑假值数组
isnumeric(*)	判断输入的参数是否为数值类型
islogical(*)	判断输入的参数是否为逻辑类型

【例 2-14】判断输入参数的类型。

```
>> a=true
a=
    1
>> b=false
b=
    0
```

```
>> c=1
c=
     1
>>isnumeric(a)
ans=
0
>>isnumeric(c)
ans=
     1
>>islogical(a)
ans=
     1
>>islogical(b)
ans=
     1
>>islogical(c)
ans=
     0
```

2. 逻辑运算

逻辑运算（布尔运算）是指可以处理逻辑类型数据的运算。

逻辑运算符及其作用见表 2-10。

表 2-10　逻辑运算符及其作用

运　算　符	说　明
&	元素与操作
&&	具有短路作用的逻辑与操作（仅处理标量）
|	元素或操作
||	具有短路作用的逻辑或操作（仅处理标量）
~	逻辑非操作
xor	逻辑异或操作
all	当向量中的元素都是非零元素时，返回真
any	当向量中的元素存在非零元素时，返回真

【例 2-15】对数据进行与操作（&&）和或操作（||）。

```
>> a=0;b=1;c=2;d=3;
   >> a&&b&&c&&d
ans=
     0
>> a||b||c||d
ans=
     1
```

3. 关系运算

MATLAB 的关系运算符见表 2-11。

表 2-11　MATLAB 的关系运算符

运算符	说　明	运算符	说　明
==	等于	~=	不等于
>	大于	>=	大于等于
<	小于	<=	小于等于

参与关系运算的操作数可以是各种数据类型的变量或常数，运算结果是逻辑类型的数据。标量可以和数组（或矩阵）进行比较，比较时自动扩展标量，返回的结果是和数组同维的逻辑类型数组，若比较的是两个数组，则数组必须是同维的，且每一维的尺寸必须一致。

利用“括号()”和各种运算符相结合，可以完成复杂的关系运算。

MATLAB 中的运算符优先级排序见表 2-12。

表 2-12　MATLAB 中的运算符优先级排序

优先级（降序）	符　号
第 1 级	括号（）
第 2 级	数组转置（.’），数组幂（.^），矩阵转置（’），矩阵幂（^）
第 3 级	一元加（+），一元减（-），逻辑非（~）
第 4 级	数组乘法（.*），数组右除（./），数组左除（.\），矩阵乘法（*），矩阵右除（/），矩阵左除（\）
第 5 级	加法（+），减法（-）
第 6 级	冒号运算符（:）
第 7 级	小于（<），小于或等于（<=），大于（>），大于或等于（>=）等于（==），不等于（~=）
第 8 级	元素与（&）
第 9 级	元素或（|）
第 10 级	短路逻辑与（&&）
第 11 级	短路逻辑或（||）

2.1.5　结构类型

一些不同类型的数据组合成一个整体，虽然各个属性分别具有不同的数据类型，但是它们之间是密切相关的，结构（Structure）类型就是包含一组记录的数据类型。结构类型的变量多种多样，可以是一维数组、二维数组或者多维数组。一般在访问结构类型数据的元素时，需要使用下标配合字段的形式。

1. 创建结构

一般创建结构的方法有以下两种：直接赋值法和使用 struct 函数创建法。

1）直接赋值法。该方法直接使用结构的名称并配合“.”操作符和对应的字段名称进行结构的创建。在创建时是直接给字段赋上具体的值。

【例 2-16】学生结构的创建。

```
>> Student. name='Jack';
>> Student. age=18;
>> Student. grade=uint16(1);
>>whos
  Name      Size      Bytes   Class
  Student 1x1    546    struct
>>Student
Student=
    name:'Jack'
     age:18
   grade:1
```

2）使用 struct 函数创建法。struct 函数创建方法的基本语法如下。

```
struct-name=struct(field1,val1,field2,val2,…)
struct-name=struct(field1,{val1},field2,{val2},…)
```

同时也可使用 repmat 函数给结构制作副本。

【例 2-17】使用 struct 函数和 repmat 函数创建学生结构并制作副本。

```
>> Student=struct('name','Jack','age',18,'grade',uint16(1))
Student=
        name:'Jack'
   age:18
        grade:1
>>whos
  Name      Size      Bytes   Class
  Student 1x1    546    struct
>> Student=struct('name',{'Jack','Mike'},'age',{18,16},'grade',{4,2})
Student=
1x2 struct array with fields:
  name
  age
  grade
>>whos
 Name          Size              Bytes   Class
 Student       1x2               912     struct
>>clear
>>clc
>>Student=repmat(struct('name','Jack','age',18,'grade',uint16(1)),1,2)
Student=
1x2 struct array with fields:
```

```
    name
    age
    grade
>> Student=repmat(struct('name','Jack','age',18,'grade',uint16(1)),1,3)
Student=
1x3 struct array with fields:
    name
    age
grade

>> Student(1)
ans=
    name:'Jack'
        age:18
    grade:1
```

2. 基本操作

结构的基本操作包括对结构记录数据的访问、对结构数据进行计算和内嵌结构的创建。MATLAB 中的基本操作函数见表 2-13。

表 2-13　MATLAB 中的基本操作函数

函 数 名	说 明
struct	创建结构或其他数据类型转变成结构
isstruct	判断给定的数据对象是否为数据类型
getfield	获取结构字段的数据
setfield	设置结构字段的数据
rmfield	删除结构的指定字段
fieldnames	获取结构的字段名称
isfield	判断给定的字符串是否为结构的字段名称
oderfields	对结构字段进行排序
cell2struct	将细胞数组转为结构
struct2cell	将结构转为细胞数组
deal	处理标量时，将标量数值依次赋值给相应输出

【例 2-18】使用 deal 函数给 A、B、C 赋值。

```
>> X=3;
>> [A,B,C]=deal(X)
A=
    3
B=
    3
C=
```

```
    3
>>%给细胞数组赋值并输出
>>clear
>>clc
>> X={rand(3),'2',1};
>> [A,B,C]=deal(X{:})
A=
     0.8147     0.9133     0.2784
     0.9057     0.6323     0.5468
     0.1269     0.0975     0.9575
B=
2
C=
     1
```

（1）对结构记录数据的访问

对结构记录数据访问有以下两种方法：①直接使用结构数组的名称和字段名称及“.”操作符完成相应的操作；②利用动态字段形式访问结构数组元素，便于利用函数完成对结构字段数据的重复操作。

基本语法结构：

```
struct-name(expression)
```

【例 2-19】 对结构记录数据的访问。

```
>> Student=struct('name',{'Jack','Mike'},'age',{18,16},'grade',{4,2},'score',{rand(2)*10,
randn(2)*10});
>> Student
Student=
1x2 struct array with fields:
    name
    age
    grade
score
>> Student(2).score
ans=
  -0.6305     -2.0496
   7.1473     -1.2414
>> %使用动态字段
>>  Student(2).score(1,:)
ans=
  -0.6305     -2.0496
>> Student.name
ans=
```

```
Jack
ans=
Mike
>> Student. ('name')
ans=
Jack
ans=
Mike
```

（2）对结构数据进行计算

当对结构数组的某一个元素的字段中所代表的数据进行计算时，使用操作与 MATLAB 中普通的变量操作一样；当对结构数组的某一个字段的所有数据进行相同操作时，则需要使用“［］”符号将该字段包含起来进行操作。

【例 2-20】求学生的平均值。

```
>> mean(Student(1). score)
ans=
    5.6125    9.6387
>> mean([Student. score])
ans=
    5.6125    9.6387    3.2584    -1.6455
```

（3）内嵌结构创建。

内嵌结构创建的方法通常有以下两种：直接赋值法和使用 struct 函数创建法。

【例 2-21】内嵌结构创建。

```
>> %直接赋值法
>> Student=struct('name',{'Jack','Mike'},'age',{18,16},'grade',{4,2},'score',{rand(2) * 10,
randn(2) * 10});
>> Class. numble=1;
>> Class. Student=Student;
>>whos
Name          Size          Bytes    Class
  Class       1x1           1624     struct
  Student     1x2           1264     struct
>> Class
Class=
     numble:1
    Student:[1x2 struct]
>>%struct 函数创建
>> Class=struct('numble',1,'Student',struct('name',{'Jack','Mike'}))
Class=
     numble:1
    Student:[1x2 struct]
```

2.1.6 细胞数组类型

在 MATLAB 中，细胞数组是一种特殊的数据类型。一般组成细胞数组的元素可以是任何一种数据类型的常数或常量。其数据的类型可以是字符串、双精度数、稀疏矩阵、细胞数组、结构或其他 MATLAB 数据类型。

标量、向量、矩阵、N 维数组都可以是一个细胞数据，每一个元素可以具有不同的尺寸和内存空间，内容也可以完全不同。细胞数组的元素叫作细胞。细胞数组的内存空间是动态分配的，维数也不受限制。访问细胞数组的元素可以使用单下标方式或全下标方式。

细胞数组与结构数组的特点见表 2-14。

表 2-14 细胞数组和结构数组的特点

内　　容	细胞数组对象	结构数组对象
基本元素	细胞	结构
基本索引	全下标方式、单下标方式	全下标方式、单下标方式
包含的数据类型	任何数据类型	任何数据类型
数据的存储	细胞	字段
访问元素的方法	花括号和索引	圆括号、索引和字段名

1. 创建细胞数组

创建细胞数组的方式有以下 4 种。

1）对不同类型和尺寸的数据可以使用运算符“{}”进行组合，以此构成细胞数组。

2）将数组中的每个元素使用“{}”括起来，接着使用数组创建符号“[ ]”进行组合，以此构成细胞数组。

3）使用“{}”创建一个细胞数组，MATLAB 可自动扩展数组尺寸，若没有赋值，则可以作为空细胞数组存在。

4）使用 cell 函数创建细胞数组，该函数可以创建一维、二维或者多维细胞数组，但都为空细胞数组。

【**例 2-22**】细胞数组的创建。

```
>> %第一种方法
>> A={zeros(3,3,3),'A';1.23,1:10}
A=
    [3x3x3 double]        'A'
    [    1.2300]    [1x10 double]
>> %第二种方法
>> B=[{zeros(2,2,2)},{'B'};{1.23},{1:10}]
B=
    [2x2x2 double]        'B'
    [    1.2300]    [1x10 double]
>> %第三种方法
>> C={3}
C=
```

```
    [3]
>> %第四种方法
>> D=cell(2,3)
D=
    []    []    []
    []    []    []
```

2. 细胞数组的基本操作

细胞数组的基本操作可分以下 4 个部分：访问细胞数组、扩充细胞数组、收缩和重组细胞数组、细胞数组的操作函数。

（1）访问细胞数组

细胞数组的访问有两种方式：若想获得细胞数组数据，则使用“()”进行细胞数组的细胞访问；若想获得字符串数据，则需使用“{}”进行细胞数组的细胞访问。

【例 2-23】使用“()”和“{}”进行访问。

```
>> a=[{zeros(3,3,3)},{'Jack'};{1.23},{1:10}]
a=
    [3x3x3 double]     'Jack'
    [        1.2300]   [1x10 double]
>> d=a{1,2}(4)
d=
k
>> e=a{2,2}(6:end)
e=
    6    7    8    9    10
>> class(e)
ans=
Double
>>whos
  Name    Size              Bytes   Class
  a          2x2               760   cell
  ans        1x6               12    char
  d          1x1               2     char
  e          1x5               40    double
```

（2）扩充细胞数组

扩充细胞数组的方法与数值数组的方法大体相同，这里不进行详细介绍，后面以例题形式进行说明。

（3）收缩和重组细胞数组

收缩和重组细胞数组的方法与数值数组的方法大体相同，这里不进行详细介绍，后面以例题形式进行说明。

【例 2-24】扩充、收缩和重组细胞数组。

```
>>%扩充细胞数组
>> a=[{zeros(3,3,3)},{'Jack'};{1.23},{1:10}]
a=
    [3x3x3 double]     'Jack'
    [          1.2300]     [1x10 double]
>> b=cell(2)
b=
     []     []
     []     []
>> b(:,1)={char('Jack','Welcome');10:-1:5}
b=
    [2x7 char   ]      []
[1x6 double]      []
>> c=[a,b]
c=
    [3x3x3 double]     'Jack'                  [2x7 char   ]      []
    [          1.2300]     [1x10 double]     [1x6 double]      []
>> d=[a,b;c]
d=
    [3x3x3 double]     'Jack'                  [2x7 char   ]      []
    [          1.2300]     [1x10 double]     [1x6 double]      []
    [3x3x3 double]     'Jack'                  [2x7 char   ]      []
    [          1.2300]     [1x10 double]     [1x6 double]      []
>> %收缩细胞数组
>> d(2,:)=[]
d=
    [3x3x3 double]     'Jack'                  [2x7 char   ]      []
    [3x3x3 double]     'Jack'                  [2x7 char   ]      []
    [          1.2300]     [1x10 double]     [1x6 double]      []
>>%重组细胞数组
>> e=reshape(d,2,2,3)
e(:,:,1)=
    [3x3x3 double]     [1.2300]
    [3x3x3 double]     'Jack'
e(:,:,2)=
    'Jack'             [2x7 char]
    [1x10 double]      [2x7 char]
e(:,:,3)=
    [1x6 double]      []
              []      []
```

(4) 细胞数组的操作函数

细胞数组中的基本操作函数见表 2-15。

表 2-15 细胞数组中的基本操作函数

函数名	说明
cell	创建空细胞数组
iscell	判断输入是否为细胞数组
cellfun	细胞数组中的每个细胞执行指定的函数
celldisp	显示所有细胞的内容
cellplot	使用图形方式显示细胞数组
cell2mat	细胞数组→普通矩阵
mat2cell	普通矩阵→细胞数组
cell2struct	细胞数组→结构数组
struct2cell	结构数组→细胞数组
num2cell	数值数组→细胞数组
deal	将输入参数赋值给输出

注：“→”表示转换。

【例 2-25】 细胞数组部分操作函数的综合应用。

```
>>%cell2mat 函数
>> A={[1] [2 3 4];[5;6] [7 8 9;10 11 12]}
A=
    [            1]    [1x3 double]
    [2x1 double]    [2x3 double]
>> b= cell2mat(A)
b=
    1    2    3    4
    5    7    8    9
    6   10   11   12
>>%mat2cell 函数
>> X=[1 2 3;4 5 6;7 8 9]
X=
    1    2    3
    4    5    6
    7    8    9
>> Y=mat2cell(X,[1 2],[1 2])
Y=
    [            1]    [1x2 double]
    [2x1 double]    [2x2 double]
>>%num2cell 函数
>> num2cell(X)
ans=
```

```
    [1]    [2]    [3]
    [4]    [5]    [6]
    [7]    [8]    [9]
>> clear
>>clc
>> A={rand(3,3,3),'Jack',pi;magic(3),1+2i,1.23}
A=
    [3x3x3 double]    'Jack'                 [3.1416]
    [5x5 double]      [1.0000+ 2.0000i]      [1.2300]
>>%celldisp 函数
>>celldisp(A)
A{1,1}=
(:,:,1)=
    0.8234    0.9502    0.3816
    0.6948    0.0344    0.7655
    0.3171    0.4387    0.7951
(:,:,2)=
    0.1869    0.6463    0.2760
    0.4898    0.7094    0.6797
    0.4456    0.7547    0.6551
(:,:,3)=
    0.1626    0.9598    0.2238
    0.1190    0.3404    0.7513
    0.4984    0.5853    0.2551
A{2,1}=
    8    1    6
    3    5    7
    4    9    2
A{1,2}=
Jack
A{2,2}=
    1.0000+2.0000i
A{1,3}=
    3.1416
A{2,3}=
    1.2300
>>%cellplot 函数
>>cellplot(A)
```

细胞数组 A 的图形如图 2-2 所示。

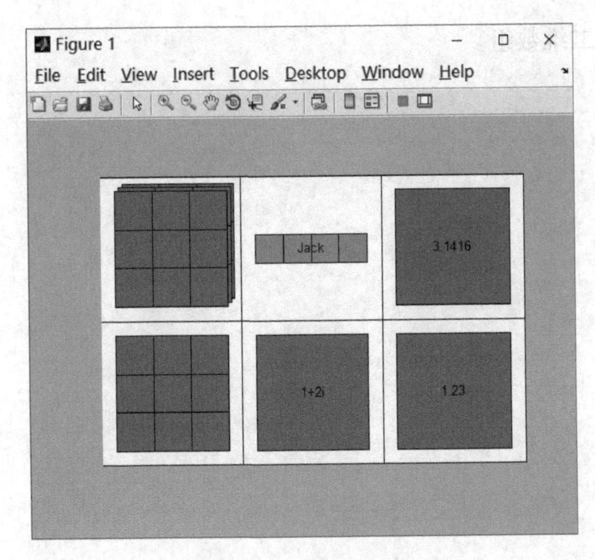

图 2-2　cellplot 函数图

2.2　数组

相同数据类型的元素按一定的顺序排列的集合称为数组。数组名是将有限个类型相同的变量进行组合所形成的一种集合命名。在组成的数组中的每个变量都可称为数组的分量，也称为数组的元素或下标变量。用于区分数组的各个元素的数字编号称为下标。在程序设计中，为了处理方便，把具有相同类型的若干变量按有序的形式组织起来，这些按序排列的同类数据元素的集合统称为数组。

MATLAB 数值计算中的一个重要功能就是进行向量与矩阵的运算，向量和矩阵主要是用数组进行表示的，因此对数组的学习就变得尤为重要。

2.2.1　数组的创建

数组的创建包含一维数组的创建和二维数组的创建。一维数组的创建包括一维行向量和一维列向量的创建。两者之间的主要区别在于创建的数组是按行排列还是按列排列。

一维行向量的创建以“(”开始，以“,”或空格作为间隔进行元素值的输入，最后以“)”结束。创建一维列向量时，需要把所有数组元素用“;”隔开，并用“[ ]”把数组元素括起来。也可通过转置运算符“'”将已创建好的行向量转置为列向量。MATLAB 中可以利用“:”生成等差数组。注意，数组元素值以空格隔开，当使用复数作为数组元素时，中间不能输入空格。

具体语法如下：

```
数组名=起始值:增量:结束值
```

增量为正，代表递增，反之，代表递减，默认增量为 1。

二维数组的创建与一维数组的创建方式类似。在创建二维数组时，用“,”或者空格区分同一行中的不同元素，使用“;”或者〈Enter〉键区分不同行的不同元素。

【例 2-26】创建二维数组。

```
>> A=[1,2,3,4]
A=
     1     2     3     4
>> A=1:2:8
A=
     1     3     5     7
>>A=[1;2
A=
     1
     2
>> A=[2 2+i 2-i];
>> B=A '
B=
    2.0000
    2.0000-1.0000i
    2.0000+1.0000i
```

生成特殊数组的库函数见表 2-16。

表 2-16　生成特殊数组的函数

函 数 名	说　　明	语　　法
linspace	生成线性分布的向量	Y=linspace(a,b)、Y=linspace(a,b,n)
eye	生成单位矩阵	Y=eye(n)、Y=eye(m,n)、 Y= eye(size(A))
zeros	生成全部元素为 0 的数组	Y=zeros(n)、Y=zeros(m,n) Y=zeros(size(A))
ones	生成全部元素为 1 的数组	Y=ones(n)、Y=ones(m,n) Y=ones([m n])、Y=ones(size(A))
rand	生成随机数组，元素值均匀分布	Y=rand、Y=rand(n) Y=rand(m,n)、Y=rand(size(A))
randn	生成随机数组，元素值正态分布	Y=randn、Y=randn(n) Y=randn(m,n)、Y=randn(size(A))

2.2.2　数组操作

数组操作主要从以下 5 部分进行介绍：数组寻址、数组元素的删除、数组查找和排序、数组运算和数组操作函数。

1. 数组寻址

数组中含有多个元素，因此对数组的单个元素或多个元素进行访问操作时，需要对数组进行寻址操作。在 MATLAB 中，数组寻址是通过对数组下标的访问实现的。MATLAB 在内存中以列的形式进行二维数组的保存，对于一个 m 行 n 列的数组，i 表示行的索引、j 表示列的索引。对二维数组的寻址可以表示为$A(i,j)$；若采用单下标寻址，则数组中元素的下标k表示为$(j-1)*m+i$。

【例 2-27】数组寻址。

```
>> A=randn(1,4)
A=
     -0.4686    -0.2724    1.0984    -0.2778
>> A(2)
ans=
     -0.2724
>> A([1 2])
ans=
     -0.4686    -0.2724
>> A(3:end)
ans=
      1.0984    -0.2778
```

2. 数组元素的删除

可以通过将该位置的数组元素赋值为"[ ]"（一般配合冒号使用）实现数组中的某些行、列元素的删除。注意，进行数组元素的删除时，索引值必须是完整的行或列，不能是数组内部的元素块或单个元素。

【例 2-28】数组删除。

```
>> A=rand(3,3)
A=
      0.8530    0.5132    0.2399
      0.6221    0.4018    0.1233
      0.3510    0.0760    0.1839
>> A([1],:)=[]
A=
      0.6221    0.4018    0.1233
      0.3510    0.0760    0.1839
```

思考： 如何删除第 2 列？

3. 数组查找和排序

（1）数组查找

MATLAB 中提供的查找函数为 find 函数。find 函数的语法见表 2-17。

表 2-17　find 函数的语法

语　法	说　明
indices=find(A)	找出矩阵 **A** 中所有的非零元素，将这些元素的线性索引值返回到向量 indices 中
indices=find(A,k)	返回第一个非零元素 k 的索引值

(续)

语　法	说　明
indices=find(A,k,'first')	返回第一个非零元素 k 的索引值
indices=find(A,k,'last')	返回最后一个非零元素 k 的索引值
[i,j]=find(...)	返回矩阵 **A** 中非零元素的行和列的索引值
[i,j,v]=find(...)	返回矩阵 **A** 中非零元素的值 v，同时返回行和列的索引值

注：indices 表示非零元素的下标值，i，j 分别表示行下标和列下标，v 表示非零元素。

在实际应用中，元素的查找经常通过多重逻辑关系组合产生的逻辑数组并判断元素是否满足某种比较关系，然后通过 find 函数返回符合比较关系的元素索引。

（2）数组排序

数组排序中采用 sort 函数进行排序，语法如下。

```
B=sort(A)
B=sort(A,dim)
B=sort(...,mode)
[B,IX]=sort(...)
```

A 为输入等待排序的数组，B 为返回的排序后的数组，当 A 为多维数组时，dim 表示排序的维数（默认为 1）；mode 表示排序的方式，取值为升序（ascend）或降序（descend），默认排序方法为升序；IX 表示存储排序后的下标数组。

【例 2-29】 数组查找和排序。

```
>> A=[1 3 4;-3 6 4;3 5 9]
A=
     1     3     4
    -3     6     4
     3     5     9
>> sort(A,1)
ans=
    -3     3     4
     1     5     4
     3     6     9
>> sort(A,1,'descend')
ans=
     3     6     9
     1     5     4
    -3     3     4
```

4. 数组运算

MATLAB 中数组的简单运算是按照元素对元素一一对应的方式来进行的。数组运算的符号及说明如表 2-18 所示。

表 2-18　数组运算的符号及说明

符　号	说　明	符　号	说　明
+	实现数组相加	./	实现数组相除
-	实现数组相减	.^	实现数组幂运算
.*	实现数组相乘		

注：两个数组必须具有相同的维数才可实现数组运算。

【例 2-30】数组运算。

```
>> a=magic(3);
>> a=magic(3)
a=
    8     1     6
    3     5     7
    4     9     2
>> b=ones(3,3)
b=
    1     1     1
    1     1     1
    1     1     1
>> c=a+b
c=
    9     2     7
    4     6     8
    5    10     3
>> d=a.*b
d=
    8     1     6
    3     5     7
    4     9     2
>> e=(a.^b)-c
e=
   -1    -1    -1
   -1    -1    -1
   -1    -1    -1
```

5. 数组操作函数

MATLAB 中对数组进行特定操作的库函数见表 2-19。

表 2-19　MATLAB 中对数组进行特定操作的库函数

函 数 名	语　法	说　明
cat	C=cat(dim,A,B)	按指定维方向扩展数组
diag	X=diag(v,k)、X=diag(v) v=diag(X,k)、v=diag(X)	生成对角矩阵，$k=0$ 表示主对角线，$k>0$ 表示在对角线上方，$k<0$ 表示在对角线下方

（续）

函数名	语法	说明
flipud	B=flipud(A)	对称轴为数组水平中线，交换上下对称位置上的数组元素
fliplr	B=fliplr(A)	对称轴为数组垂直中线，交换左右对称位置上的数组元素
repmat	B=repmat(A,m,n)	指定的行数和列数复制数组 *A*
reshape	B=reshape(A,m,n)	指定的行数和列数重新排列数组 *A*
size	[m,n]=size(X)、m=size(X,dim)	返回数组的行数和列数
length	n=length(X)	返回 max(size(x))

【**例 2-31**】操作数组函数应用。

```
>> a=ones(2,2)
a=
    1     1
    1     1
>> b=magic(2)
b=
    1     3
    4     2
>> cat(1,a,b)
ans=
    1     1
    1     1
    1     3
    4     2
>> cat(2,a,b)
ans=
    1     1     1     3
    1     1     4     2
>> c=rand(4)
c=
    0.0430    0.6477    0.7447    0.3685
    0.1690    0.4509    0.1890    0.6256
    0.6491    0.5470    0.6868    0.7802
    0.7317    0.2963    0.1835    0.0811
>> x=diag(c,1)
x=
    0.6477
    0.1890
    0.7802
>> d=flipud(c)
```

```
d=
    0.7317    0.2963    0.1835    0.0811
    0.6491    0.5470    0.6868    0.7802
    0.1690    0.4509    0.1890    0.6256
    0.0430    0.6477    0.7447    0.3685
>> e=fliplr(c)
e=
    0.3685    0.7447    0.6477    0.0430
    0.6256    0.1890    0.4509    0.1690
    0.7802    0.6868    0.5470    0.6491
    0.0811    0.1835    0.2963    0.7317
>> a=randn(2)
a=
    1.2607   -0.0679
    0.6601   -0.1952
>> b=repmat(a,1,2)
b=
    1.2607   -0.0679    1.2607   -0.0679
    0.6601   -0.1952    0.6601   -0.1952
>> c=reshape(b,4,2)
c=
    1.2607    1.2607
    0.6601    0.6601
   -0.0679   -0.0679
   -0.1952   -0.1952
>> size(c)
ans=
     4     2
```

2.3 矩阵

矩阵是 MATLAB 进行数据处理的基本单元，MATLAB 的大部分运算都是在矩阵的基础上进行的。MATLAB 中的变量或常量都代表矩阵，标量应看作 1×1 的矩阵。矩阵运算也是 MATLAB 最重要的运算。

矩阵运算是数值分析领域的重要问题。将复杂的矩阵分解为多个简单的矩阵组合，可以在理论和实际应用上简化矩阵的运算。对于一些应用广泛的特殊矩阵，如稀疏矩阵和准对角矩阵等，一般具有特定的快速运算算法。在天体物理、量子力学等领域，无穷维矩阵的出现则是矩阵的一种推广。

2.3.1 矩阵的创建

在 MATLAB 中存在多种创建矩阵的方法，读者可根据自身实际情况选择最为适合的方法。

1. 直接输入法（最基本的方法）

使用“[ ]”，并按照矩阵行的顺序进行元素输入，同一行的元素使用“,”隔开，不同行的元素使用“;”隔开。

2. 在M文件中建立（适合较大且复杂的矩阵）

具体方法：启动有关编辑程序或MATLAB文本编辑器，输入待建矩阵，进行保存（设文件名为1.m）。运行该M文件，就会自动建立一个矩阵，便于以后使用。

3. 从外部文件装入

从现有磁盘中读入.mat文件，或读入排列成矩阵的.txt文件。具体方法如下：已知文件所在目录为C:\Program Files\MATLAB\R2013b\work\matlab_training下的学生信息文件stu_da ta.txt，在命令窗口输入“load('C:\Program Files\MATLAB\R2013b\work\matlab_training\stu_data.txt')”即可创建该矩阵。

4. 使用语句和创建函数

特殊矩阵的创建函数见表2-20。

表2-20 特殊矩阵的创建函数

函数名	说明	函数名	说明
zeros	生成全0元素矩阵	ones	生成全1元素矩阵
tril	生成下三角矩阵	triu	生成上三角矩阵
eye	生成单位矩阵	magic	生成魔方阵
pascal	生成帕斯卡矩阵（杨辉三角形）	hilb	生成希尔伯特矩阵
toeplitz	生成托普利兹矩阵	compan	生成伴随矩阵
vander	生成范德蒙矩阵	diag	生成对角矩阵
rand	生成均匀分布的随机数矩阵，范围为(0,1)	randn	产生均值为0、方差为1的正太分布随机数矩阵

【例2-32】部分特殊矩阵函数的实现。

```
>>%生成0矩阵
>> zeros(2,3)
ans=
     0     0     0
     0     0     0
>>%生成[10,20]内均匀分布的3阶随机矩阵
>> a=10+(20-10) * rand(5)
a=
    14.4678   17.9483   13.5073   15.8704   18.4431
    13.0635   16.4432   19.3900   12.0774   11.9476
    15.0851   13.7861   18.7594   13.0125   12.2592
    15.1077   18.1158   15.5016   14.7092   11.7071
    18.1763   15.3283   16.2248   12.3049   12.2766
>>%获取对角线元素
```

```
>> diag(a)
ans=
    14.4678
    16.4432
    18.7594
    14.7092
    12.2766
>>%生成3阶帕斯卡矩阵
>> b=pascal(3)
b=
    1    1    1
    1    2    3
    1    3    6
>>%生成3阶希尔伯特矩阵
>> format rat   %以有理形式输出
>> e=hilb(3)
e=
     1          1/2         1/3
     1/2        1/3         1/4
     1/3        1/4         1/5
```

2.3.2 矩阵运算

矩阵运算包括矩阵算术运算和关系运算。

1. 矩阵算术运算

（1）加减运算

对于矩阵 ***A*** 和矩阵 ***B***，则可以由 ***A+B*** 和 ***A−B*** 实现矩阵的加减运算。注意，矩阵 ***A*** 和矩阵 ***B*** 的维数需相同，若不同 MATLAB 将会报错。

（2）乘法运算

对于矩阵 ***A*** 和矩阵 ***B***，若 ***A*** 为 $m\times n$ 矩阵，***B*** 为 $n\times p$ 矩阵，则 ***C=A×B*** 为 $m\times p$ 矩阵。

（3）除法运算

在 MATLAB 中，有\ 和/两种矩阵除法运算，分别表示左除和右除。如果 A 矩阵是非奇异方阵，则 A\B 和 B/A 运算均可以实现。A\B 等效于 A 的逆左乘 B 矩阵，也就是 inv(A) * B，而 B/A 等效于 A 矩阵的逆右乘 B 矩阵，也就是 B * inv(A)。对于含有标量的运算，两种除法运算的结果相同。对于矩阵来说，左除和右除表示两种不同的除数矩阵和被除数矩阵的关系，一般 A\B≠B/A。

（4）乘方和开方运算

一个矩阵的乘方运算可以表示成 A^x。矩阵的开方由 sqrtm 函数实现，且矩阵的开方运算和乘方运算互为逆运算。注意，A 为方阵，x 为标量。

（5）指数和对数运算

矩阵的指数运算函数和对数运算函数分别为 expm 和 logm。

（6）转置运算

对实数矩阵进行行列互换，对复数矩阵进行共轭转置。

（7）点运算

矩阵之间进行对应元素的运算称为矩阵的数组运算或点运算。点运算有以下 3 种：乘法 A. * B 称为数乘或点乘，运算结果为两矩阵对应元素相乘；除法 A. /B 称为数除或点除，运算结果为两矩阵对应元素相除；乘方 A. ^n。注意，两矩阵进行点运算时，要求其维数必须相同。

【例 2-33】 已知 A、B、C 三个矩阵，求 A+B、A * C、A/B、A^2 和 A. ^2。

```
>> A=[1 2 3;4 5 6;7 8 9];
>> B=magic(3);
>> C=[1;2;3];
>> A+B
ans=
      9          3          9
      7         10         13
     11         17         11
>> D=A * C
D=
     14
     32
     50
>> E=A/B
E=
     -1/30       7/15      -1/30
      1/6        2/3        1/6
     11/30      13/15      11/30
>> F=A^2
F=
     30         36         42
     66         81         96
    102        126        150
>> A.^2
ans=
      1          4          9
     16         25         36
     49         64         81
```

📖 **注意**：A^2 与 A. ^2 是不一样的。

2. 关系运算

表 2-11 已总结了 MATLAB 的 6 种关系运算符。其中关系运算符的运算法则如下：

1）当比较量为标量时，可以直接比较两数的大小。若关系成立，则关系表达式结果为1，否则为0。

2）当参与比较的量是两个维数相同的矩阵时，关系比较则是对两个矩阵相同位置的元素按标量关系运算规则进行逐个比较，并给出元素的比较结果。最终的关系运算的结果是一个与原矩阵维数相同的矩阵，它的元素由0或1组成。

3）当参与比较的一个是标量，一个是矩阵时，则把标量与矩阵的每一个元素按标量关系运算规则逐个比较，并给出元素比较结果。最终的关系运算的结果也是一个与原矩阵维数相同的矩阵，它的元素由0或1组成。

2.3.3 稀疏矩阵及其运算

在工程和科学计算中经常会出现稀疏矩阵（sparse matrix），稀疏矩阵是指在大规模矩阵中通常含有大量的0元素，且稀疏度近似等于1的矩阵。MATLAB支持稀疏矩阵，只存储矩阵中的非零元素，节省了大量的内存空间和计算时间。对于低密度的矩阵来说，采用稀疏方式存储是一种很好的选择。

1. 创建稀疏矩阵

创建稀疏矩阵有多种方法，表2-21列出了5种创建方法。

表2-21 稀疏矩阵的创建方法

方　法	函　数	说　明
完全存储方式转化为稀疏存储方式	A=sparse(B)	矩阵 ***B*** 转化为稀疏矩阵 ***A***
	B=full(A)	稀疏矩阵 ***A*** 转化为矩阵 ***B***
	sparse(m,n)	生成一个 $m \times n$ 的所有元素都是0的稀疏矩阵
	sparse(u,v,A)	u,v,A是3个等长的向量，建立一个max(u)行、max(v)列且以 ***A*** 为稀疏元素的稀疏矩阵
直接创建稀疏矩阵	B=sparse(i,j,x,m,n)	*i* 和 *j* 分别是矩阵非零元素的行和列指标向量，***x*** 是非零元素值向量，*m*、*n* 分别是矩阵的行数和列数
在文件中创建稀疏矩阵	load 1.txt B=spconvert(T)	利用load和spconvert函数可以从包含一系列下标和非零元素的文本文件中输入稀疏矩阵
稀疏带状矩阵创建	B=spdiags(C,d,m,n)	*m* 和 *n* 分别是矩阵的行数和列数；d是长度为 *p* 的整数向量，它指定矩阵 ***B*** 的对角线位置；***C*** 是全元素矩阵，用来给定 ***B*** 对角线位置上的元素，行数为min(m,n)，列数为 *p*
其他方法	B=speye(size(A))	和 ***A*** 拥有同样尺寸的稀疏矩阵
	B=buchy	一个内置的稀疏矩阵（邻接矩阵）

2. 稀疏矩阵运算

稀疏矩阵与一般矩阵只是存储方式的不同，它的运算规则与普通矩阵是一样的，可以直接进行矩阵运算。这里对稀疏矩阵的运算不再进行介绍，读者可自行参照之前普通矩阵的运算方法。

3. 其他操作

稀疏矩阵的其他操作见表2-22。

表 2-22 稀疏矩阵的其他操作

函 数 名	说 明
nnz(B)	返回非零元素的个数
nonzeros(B)	返回列向量，包含所有的非零元素
nzmax(B)	返回分配给稀疏矩阵中非零项的总的存储空间
spy(B)	查看稀疏矩阵的形状
[i,j,s]=find(B)、[i,j]=find(B)	返回 ***B*** 中所有非零元素的下标和数值，***B*** 可以是稀疏矩阵或满矩阵

2.4 多项式

多项式是由若干的单项式的和所组成的一种代数式。多项式中的每一个单项式都可叫作多项式的一个项，通常这些单项式中的最高次数就是这个多项式的次数。由于 MATLAB 运算功能强大，因此在多项式运算中使用 MATLAB 可以提高其工作效率。本节将从多项式的创建和多项式的计算这两方面进行介绍。

2.4.1 多项式的创建和操作

在 MATLAB 中创建多项式的方法多种多样，下面将对这些方法进行一一介绍。

1. 直接法创建多项式

直接法创建多项式最为简单，在 MATLAB 中使用 ploy2sym(p)函数就可实现多项式的创建。

【例 2-34】 直接法创建多项式。

```
>> A=[1 2 3 4 5]
A=
     1     2     3     4     5
>> y=poly2sym(A)
y=
x^4+2*x^3+3*x^2+4*x+5
```

2. poly(AR)函数创建多项式

若已知多项式的全部根，则可以用 poly 函数建立该多项式；也可用该函数求矩阵的特征多项式。调用它的命令格式是：A=poly(x)。

若 ***x*** 为具有 N 个元素的向量，则 poly(x)建立以 x 为其根的多项式，且将该多项式的系数赋值给向量 ***A***。若 ***x*** 为 $N\times N$ 的矩阵，则 poly(x)返回一个向量赋值给 A，该向量的元素为矩阵 ***x*** 的特征多项式的系数：A(1),A(2),…,A(N),A(N+1)。

【例 2-35】 使用指令函数创建多项式。

```
>> A=[1 2 3;2 4 6;3 5 7]
A=
     1     2     3
```

```
    2     4     6
    3     5     7
>> p=poly(A)
p=
    1.0000   -12.0000   -4.0000   -0.0000
```

3. 其他操作

多项式的其他操作函数见表 2-23。

表 2-23　多项式的其他操作函数

函 数 名	说　明
roots(p)	长度为 n 的向量，表示 n 阶多项式的根，即方程 $p(x)=0$ 的根，可以为复数
conv(p,q)	表示多项式 p，q 的乘积
poly(A)	计算矩阵 $\boldsymbol{A}$ 的特征多项式向量
poly(p)	由长度为 n 的向量中的元素为根建立的多项式，结果长度为 $n+1$ 的向量
polyval(p,x)	若 x 为数值，则计算多项式在 x 处的值；若 $\boldsymbol{x}$ 为向量，则计算多项式在 x 中每一元素处的值

2.4.2　多项式运算

1. 多项式的基本运算（加、减、乘、除）

（1）多项式加、减法运算

在 MATLAB 中并没有提供专门用于多项式加、减法运算的函数。一般，对于次数相同的多项式，计算较为简单，可以直接进行计算；若次数不同的多项式进行计算时，需要将低次多项式中的高次系数进行补 0 操作，然后进行多项式的加、减法运算。

【例 2-36】多项式的加、减运算。

```
>> a=[1,3,5,7,9]
a=
    1     3     5     7     9
>> b=[2,4,6,8,10]
b=
    2     4     6     8    10
>> a-b
ans=
   -1    -1    -1    -1    -1
>> a+b
ans=
    3     7    11    15    19
```

（2）多项式乘、除法运算

在 MATLAB 中使用 k=conv(p,q)函数实现多项式的乘法运算。

在 MATLAB 中使用[k,r]=deconv(p,q)函数实现多项式的除法运算，其中 k 为商，r 为余数。

【例 2-37】计算多项式 x^4+2x^2-x+4 和 x^2+2x+5 的乘、除结果。

```
>> p=[1,0,2,-1,4];
>> q=[1,2,5];
>> k=conv(p,q)
k=
     1     2     7     3    12     3    20
>> [a,b]=deconv(p,q)
a=
     1    -2     1
b=
     0     0     0     7    -1
```

2. 求导

在 MATLAB 主要有以下函数进行求导：

求多项式 p 的一阶导（k=polyder(p)）；求多项式 p 与 q 乘积的一阶导（k=polyder(p,q)）；求多项式 p 与 q 相除的一阶导（[k,d]=polyder(p,q)）。

【例 2-38】已知 $p(x)=x^4+2x^2-x+4$，$q(x)= x^2+2x+5$，在 MATLAB 中求 p '、(p*q)'、(p/q)'。

```
>> p=[1,0,2,-1,4];
>> q=[1,2,5];
>> k1=polyder(p)
k1=
     4     0     4    -1
>> k2=polyder(p,q)
k2=
     6    10    28     9    24     3
>> [k3,d]=polyder(p,q)
k3=
     2     6    20     5    12   -13
d=
     1     4    14    20    25
```

3. 求值和求根

在 MATLAB 中，使用 y=polyval(p,x) 函数实现多项式在某一点的值，其中求得的 x 可以是复数，也可以是矩阵。

在 MATLAB 中，使用 x=roots(p) 函数实现求解多项式的根。注意，多项式是行向量，根是列向量。

【例 2-39】已知 $p(x)=x^4+2x^2-x+4$，求取 $x=3$ 和 x 为 2 阶魔方矩阵时，$p(x)$的值，并求 $p(x)$的根。

```
>> p=[1,0,2,-1,4];
>> x=3;
```

```
>>polyval(p,x)
ans =
     100
>> x = magic(2);
>>polyval(p,x)
ans =
       6     100
     288      26
>> x = roots(p)
x =
    -0.7177+1.3651i
    -0.7177-1.3651i
     0.7177+1.0801i
     0.7177-1.0801i
```

2.5 符号运算

符号计算是指在运算时，无须事先对变量进行赋值，而是将所有得到的结果以标准的符号形式表示出来。符号计算是以符号对象和符号表达式作为运算对象的表达形式，最终给出的是解析解；在运算过程中不会受到计算误差累积问题的影响，其计算指令较为简单，但占用的资源较多，计算的耗时长。

2.5.1 符号对象的创建

在 MATLAB 中提供了以下两种建立符号对象的函数：sym 和 syms。这两种函数的使用方法是不同的，下面分别进行介绍。

1. sym 函数

在 MATLAB 中，sym 函数是用来创建单个符号变量的，也可以用于创建符号表达式或符号矩阵，其调用格式如下：

```
符号变量名+sym('符号字符串')
```

通常，该函数可以创建一个符号变量。符号字符串可以是常量、变量、函数或表达式。

【例 2-40】 使用符号运算解方程组$\begin{cases}ax-by=1\\ax+by=4\end{cases}$，其中 a、b、x、y 均为符号运算量。

```
>> a=sym('a');b=sym('b');
>> x=sym('x');
>> y=sym('y');
>> [x,y]=solve(a*x-b*y-1,a*x+b*y-4,x,y)
x=
5/(2*a)
y=
3/(2*b)
```

2. syms 函数

在 MATLAB 中，syms 函数与 sym 函数类似，syms 函数可以用来定义一条语句中的多个符号变量的，其调用格式如下：

```
syms 符号变量名 1 符号变量名 2 … 符号变量名 n
```

当使用这种格式定义符号变量时，不需要在变量名上加上字符串分界符，变量之间使用空格进行分隔。

2.5.2 符号运算中的运算符

符号运算中的运算符见表 2-24。

表 2-24 运算符

符号	说明	符号	说明
+ −	加/减	* .*	矩阵相乘/点乘
^ .^	矩阵求幂/点幂	/ ./	右除/点右除
\ .\	左除/点左除	,	分隔符
[ ]	创建数组、向量、矩阵或字符串	{ }	创建单元矩阵或结构
%	注释符	…	表达式换行标记
=	赋值符号	==	等于关系运算符
< >	小于/大于关系运算符	.'	转置
&	逻辑与	|	逻辑或
~	逻辑非	xor	逻辑异或
;	写在表达式后面时，运算后不显示计算结果 在创建矩阵的语句中指示一行元素的结束	'	定义字符串用 向量或矩阵的共轭转置符
:	创建向量的表达式分隔符；a(:,j)表示 j 列的所有行元素；a(i,:)表示 i 行的所有列元素	kron	矩阵积

符号运算的运算符，无论在形状上、名称上或是在使用方法上，都与数值计算的运算符几乎完全相同，这无疑为用户的使用提供了便利。

2.5.3 符号运算的精度

符号计算的一个显著的特点是，由于计算的过程中不会出现舍或入的误差，因此可以得到任意精度的数值解。假如用户希望计算结果非常精确，就必须花费更多的计算时间和存储空间，用以获得足够高的计算精度。

MATLAB 符号运算工具箱中提供了以下 3 种不同的算术运算。

1）数值类型：浮点算术运算。

2）有理数类型：Maple 的精确符号计算。

3）VPA 类型：Maple 的任意精度算术运算。

这 3 种运算都有各自的优缺点，在进行具体的运算时应根据计算时间、精度、存储空间等进行合理的选择。下面看一下浮点数和有理数运算的例子。

【例 2-41】浮点数和有理数运算。

```
>> format long
>> 1/2+1/3
>> sym(1/2+1/3)
ans =
     0.833333333333333
ans =
     5/6
```

其中，浮点运算的速度最快，需要的计算机内存最小，但是计算的结果不够精确；有理数运算所需要的时间和内存都是最大的，只要有足够大的内存和时间，就能产生精确的运算结果。

一般符号运算的结果都是字符串，有些计算结果从形式上看是数值，如【例 2-41】中的“5/6”，实际上就是字符串。如果想要从精确解中获得任意精度的解，并改变默认精度，还需要用到 MATLAB 提供的以下几个函数。

1）digits(d)：调用该函数后的近似解的精度变成 d 位有效数字，d 的默认值是 32。

📖 **注意**：调用不加任何参数的 digits 命令可以得到当前运算所采用的精度。

2）vpa(A,d)：求符号解 A 的近似解，该近似解的有效位由参数 d 来定义。

📖 **注意**：如果不指定参数 d，则按照 digits(d)指令设置的有效位来输出计算结果。其中 vpa 函数的输入既可以是符号对象，也可以是数值对象，但是其输出为符号对象。

3）double(A)：把符号矩阵或者任意精度表示的矩阵转换为双精度矩阵。

【例 2-42】创建一个符号矩阵，并将它转换成任意精度矩阵和双精度矩阵。

```
>> A=[1.100 2.300 3.500;4.900 5.400 6;9.100 7.890 4.230];
>> S=sym(A)
```

生成的符号矩阵如下。

```
S=
[  11/10,   23/10,   7/2]
[  49/10,   27/5,   6]
[  91/10,   789/100,    423/100]
```

转换为 4 位有效数字任意精度矩阵如下。

```
>> digits(4)
>>vpa(A)
ans =
[1.100,2.300,3.500]
[4.900,5.400,6.]
[9.100,7.890,4.230]
```

转换为双精度矩阵如下。

```
>> double(S)
ans=
   1.1000000000000   2.3000000000000   3.5000000000000
   4.9000000000000   5.4000000000000   6.0000000000000
   9.1000000000000   7.8900000000000   4.2300000000000
```

2.6 符号表达式运算

符号表达式同样可以进行多种运算，如数值转换、变量替换、化简和格式化等等。

2.6.1 数值转换

利用数据类型转换函数可以将数值转换为另一种数据类型的数值形式。常用的数据类型转换函数见表2-25。

表2-25 数据类型转换函数

函 数 名	说 明	函 数 名	说 明
logical	数值转化为逻辑值	uint32	转换为32字节数
char	转换为字符串数组	int64	转换为64字节整型数
int8	转换为8字节整型数	uint64	转换为64字节数
uint8	转换为8字节数	single	转换为单精度浮点数
int16	转换为16字节整型数	double	转换为64字节浮点数
uint16	转换为16字节数	cell	转换为细胞数组
int32	转换为32字节整型数	struct	转换为结构体类型

【例2-43】利用转换函数转换符号常量。

```
>> a=3.8495;
>> f=sym('6*a+2^(2*a)');
>> m=eval(f)
m=
  230.8895
>> int8(m)
ans=
  127
>> logical(m)
ans=
    1
```

2.6.2 变量替换

在MATLAB中，使用subs函数可以实现变量间的替换功能，这样可以使复杂的函数方程式在计算上变得简单。subs 函数的基本格式如下：

subs(X,old,new)：变量 X 中使用 new 变量去替换 old 变量，old 必须是 S 中的符号变量。

subs(X,new)：用 new 变量替换 S 中的自变量。

【例 2-44】 变量替换。

```
>>syms x x1 x2 x3;
>> y=1+2*x+3^x;
>> subs(y,'x','x1+2*x2+3*x3')
ans=
2*x1+4*x2+6*x3+3^(x1+2*x2+3*x3)+1
```

2.6.3 化简与格式化

1. 化简

在 MATLAB 中共提供了以下两种化简表达式的方法：simplify 和 simple 函数，它们的格式如下：

simplify(s)：对 s 进行简化，s 既可以是多项式，也可以是符号表达式矩阵。

simple(s)：使用 MATLAB 的其他函数对表达式进行综合化简，并显示化简的具体过程。

【例 2-45】 使用两种化简方法对函数 $y=2\sin x\cos x$ 进行化简。

```
>>syms x
>> y=2*sin(x)*cos(x);
>> %直接实现化简,得出最终表达式
>> simplify(y)
ans=
sin(2*x)
>> %实现化简,并将化简过程显示出来
>> simple(y)
simplify:
sin(2*x)
radsimp:
2*cos(x)*sin(x)
simplify(Steps=100):
sin(2*x)
combine(sincos):
sin(2*x)
combine(sinhcosh):
2*cos(x)*sin(x)
combine(ln):
2*cos(x)*sin(x)
factor:
2*cos(x)*sin(x)
expand:
```

```
2 * cos(x) * sin(x)
combine:
2 * cos(x) * sin(x)
rewrite(exp):
2 * (exp(-x * i)/2+exp(x * i)/2) * ((exp(-x * i) * i)/2-(exp(x * i) * i)/2)
rewrite(sincos):
2 * cos(x) * sin(x)
rewrite(sinhcosh):
-cosh(x * i) * sinh(x * i) * 2 * i
rewrite(tan):
-(4 * tan(x/2) * (tan(x/2)^2-1))/(tan(x/2)^2+1)^2
mwcos2sin:
-2 * sin(x) * (2 * sin(x/2)^2-1)
collect(x):
2 * cos(x) * sin(x)
ans =
sin(2 * x)
```

2. 格式化

在 MATLAB 中提供了多种函数以实现对符号表达式的因式分解和展开操作，如 factor（因式分解）、horner（多项式分解）和 expand（展开表达式函数），其格式函数和说明见表 2-26。

表 2-26　格式函数和说明

函 数 名	说　明
factor(s)	对符号表达式 s 进行分解因式
horner(s)	对符号多项式 s 转换成嵌套形式
expand(s)	对符号表达式 s 进行展开

下面通过一个例子对这 3 个函数进行功能展示。

【例 2-46】 已知表达式 $y1=x^2+2x+1$、$y2=x^3+2x^2+4$、$y2=(x+2y)^3$，对 $y1$ 使用 factor 函数、对 $y2$ 使用 horner 函数、对 $y3$ 使用 expand 函数。

```
>>syms x y
>> y1=x^2+2 * x+1;
>> y2=x^3+2 * x^2+4;
>> y3=(x+2 * y)^3;
>> factor(y1)
ans =
(x+1)^2
>> horner(y2)
ans =
x^2 * (x+2)+4
```

```
>> expand(y3)
ans =
x^3+6 * x^2 * y+12 * x * y^2+8 * y^3
```

2.7 符号矩阵的计算

符号矩阵的计算在形式上同数值计算十分相似，下面介绍符号矩阵的相关计算。

2.7.1 基本算术运算

对于符号对象的加、减法运算，如果两个对象都是符号矩阵，那么它们必须大小相同。符号矩阵也可以和符号标量进行加、减运算，运算按照数组的运算规则进行。

【例 2-47】符号矩阵的加、减运算。

```
>>syms a b c d                                    %求秩
>> A=sym('[a b;c d]');                            %定义符号矩阵
>> B=sym('[2 * a 3 * b;c+a d+8]');
>> A+B
ans =
[   3 * a,   4 * b]
[ 2 * c+a,2 * d+8]
```

关于符号矩阵的乘法和幂运算，要求参与运算的矩阵对象必须符合矩阵相乘的原则，如第一个矩阵的列数必须等于第二个矩阵的行数。对于这些基本操作，由于篇幅原因，这里不做过多赘述，读者可以参考数值计算部分多加练习。

2.7.2 线性代数运算

符号对象的线性代数运算和双精度的线性代数运算一样，其函数见表 2-27。

表 2-27 线性运算函数

函数名	说　明	函数名	说　明
inv	矩阵求逆	transpose	返回矩阵的转置
det	计算行列式的值	null	零空间的正交基
rank	计算矩阵的秩	colspace	返回矩阵列空间的基
diag	对角矩阵抽取	eig	特征值分解
triu	矩阵的上三角部分	jordan	约当标准型变换
tril	抽取矩阵的下三角部分	svd	奇异值分解
rref	返回矩阵的所见行阶梯矩阵		

【例 2-48】已知 3 阶魔方矩阵 A，求该矩阵的逆、行列式、秩、列空间基和转置。

```
>> A=magic(3)
A =
```

```
     8     1     6
     3     5     7
     4     9     2
>> A=sym(A);
>>%求矩阵的逆
>> inv(A)
ans=
[   53/360,-13/90,  23/360]
[ -11/180,    1/45,  19/180]
[   -7/360,  17/90,-37/360]
>>%求行列式
>> det(A)
ans=
-360
>>%求秩
>> rank(A)
ans=
3
>>%求列空间基
>>colspace(A)
ans=
[ 1,0,0]
[ 0,1,0]
[ 0,0,1]
>>%转置
>> transpose(A)
ans=
[ 8,3,4]
[ 1,5,9]
[ 6,7,2]
```

【例 2-49】 已知 5 阶希尔伯特矩阵 $\boldsymbol{B}$，求矩阵的第二条对角线；抽取矩阵 $\boldsymbol{B}$ 的第 k 条对角线以上的三角部分重新组成一个新的矩阵 $\boldsymbol{C}$，其余的用 0 填充；抽取矩阵 $\boldsymbol{B}$ 的第 k 条对角线以下的三角部分重新组成一个新的矩阵 $\boldsymbol{D}$，其余的用 0 填充。其中 $k=1$。

```
>> B=hilb(5)
B=
    1.0000    0.5000    0.3333    0.2500    0.2000
    0.5000    0.3333    0.2500    0.2000    0.1667
    0.3333    0.2500    0.2000    0.1667    0.1429
    0.2500    0.2000    0.1667    0.1429    0.1250
    0.2000    0.1667    0.1429    0.1250    0.1111
>> B=sym(B);
```

```
>>%求矩阵的第二条对角线
>> diag(B,2)
ans =
1/3
1/5
1/7
>>%求矩阵 C
>> C=triu(B,1)
C =
[ 0,1/2,1/3,1/4,1/5]
[ 0,   0,1/4,1/5,1/6]
[ 0,   0,   0,1/6,1/7]
[ 0,   0,   0,   0,1/8]
[ 0,   0,   0,   0,   0]
>>%求矩阵 D
>> D=tril(B,1)
D =
[   1,1/2,   0,   0,   0]
[ 1/2,1/3,1/4,   0,   0]
[ 1/3,1/4,1/5,1/6,   0]
[ 1/4,1/5,1/6,1/7,1/8]
[ 1/5,1/6,1/7,1/8,1/9]
```

思考： 若 $k=-2$ 时，形成的矩阵是什么样子的？

2.8 本章小结

本章首先着重学习了 MATLAB 的几种重要数据类型及其操作函数，然后向用户简要介绍了数值计算的数组、矩阵和多项式的创建方法、操作及运算，还有符号运算、符号表达式的运算和符号矩阵的运算。通过本章的学习，读者可初步掌握数值计算和符号计算的方式和使用方法。

2.9 习题

1）符号计算与数值计算的区别？

2）建立 7 阶魔方矩阵，将第一行元素乘以 1，第二行元素乘以 2…第五行元素乘以 5 的矩阵 $\boldsymbol{C}$ 进行上下翻转得到矩阵 $\boldsymbol{D}$，在矩阵 $\boldsymbol{D}$ 的基础上建立下三角矩阵 $\boldsymbol{D}$（对角线为第 3 条）。

3）求解方程组$\begin{cases}2x_1+x_2-5x_3+x_4=8\\x_1-3x_2-6x_4=9\\2x_2-x_3+2x_4=-5\\x_1+4x_2-7x_3+6x_4=0\end{cases}$。

4）输入字符串变量 a 为“GoodEvening!”，将 a 的每个字符向后移 2 个，然后再逆序排放赋给变量 b。

5）已知矩阵 $\boldsymbol{A}=\begin{pmatrix}1&1&1\\1&1&-1\\1&-1&1\end{pmatrix}$，$\boldsymbol{B}=\begin{pmatrix}1&2&3\\-1&-2&4\\0&5&1\end{pmatrix}$，求 $3\boldsymbol{AB}-2\boldsymbol{A}$ 及 $\boldsymbol{A}^{\mathrm{T}}\boldsymbol{B}$。

6）求符号表达式 $f=2x^2+3x+4$ 与 $g=5x+6$ 的代数运算。

第3章　MATLAB程序设计

MATLAB作为一种高级应用软件，提供了交互式的程序设计语言，即MATLAB语言。用户可以用MATLAB语言编写M文件。M文件就是将用户希望实现的命令写入一个以“m”为扩展名的文件中，然后再由MATLAB系统运行和解释。M文件是命令的集合。MATLAB中的许多函数都是由M文件扩展而成的。本章将对MATLAB程序设计（即M文件编程）进行讲解，主要包括M文件的创建和打开、保存与调用、脚本文件和函数文件、函数类型、流程控制及M文件的调试等。

3.1　M文件概述

M文件就是由一系列相关代码组成的一个扩展名为“m”的文件，其语法与其他高级程序设计语言一样。通常，用户想要灵活地应用MATLAB去解决实际的问题并充分调用MATLAB的技术资源，就需要编辑M文件。M文件具有简单、交互性好和易于调试的特点。

3.1.1　M文件的创建与打开

MATLAB提供的编辑器可以使用户更加方便地进行M文件的编写。当遇到输入命令较多或者需要重复输入命令的情况时，利用命令文件的优势就会突显出来。将所有需要执行的命令按顺序存到扩展名为“m”的文本文件中，每次运行时只需在MATLAB的命令行窗口输入M文件的文件名即可。注意，M文件名不应与MATLAB的内置函数名以及工具箱中的函数重名，以免发生执行错误命令的现象。

通常情况下，打开M文件编辑器的方法有以下几种。

1）M文件的类型是普通的文本文件，可以使用系统认可的文本文件编辑器来创建M文件，如Windows的记事本和Word等。

2）用MATLAB自带的编辑器来创建M文件，如图3-1所示，建议使用该方法。

在MATLABR2013b中创建M文件的3种方法如下。

1）单击工具栏上的“New Script”按钮，创建M文件。

2）单击“New”→“Script”，创建M文件。

3）在“Command Window”窗口直接输入edit命令，创建M文件。

🕮 **注意：** M文件编辑器一般不会随着MATLAB的启动而启动，需要用户通过命令才能进行开启。M文件编辑器不仅可以用来编辑M文件，还可以对M文件进行交互式调试。另外，M文件编辑器还可以用来阅读和编辑其他的ASCII码文件。

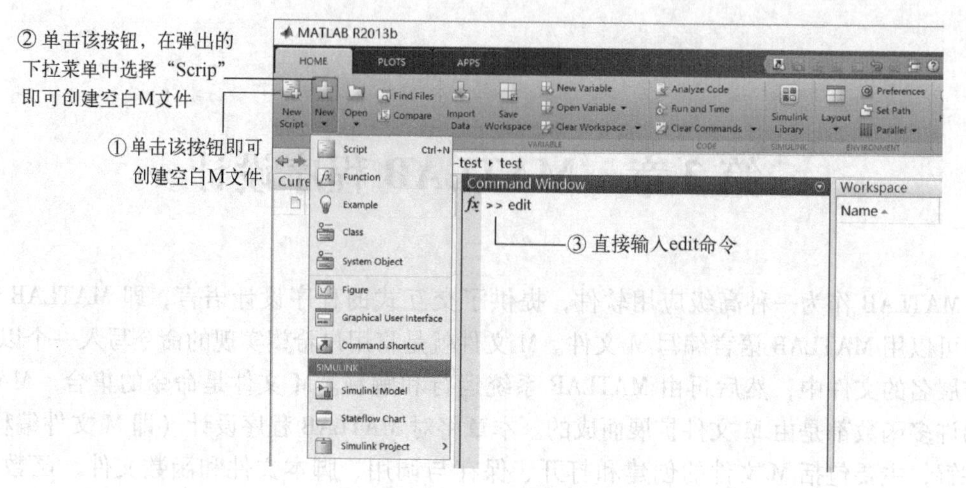

图 3-1　打开 M 文件编辑器的方法

使用以上任意方法，打开的 M 文件编辑器如图 3-2 所示。

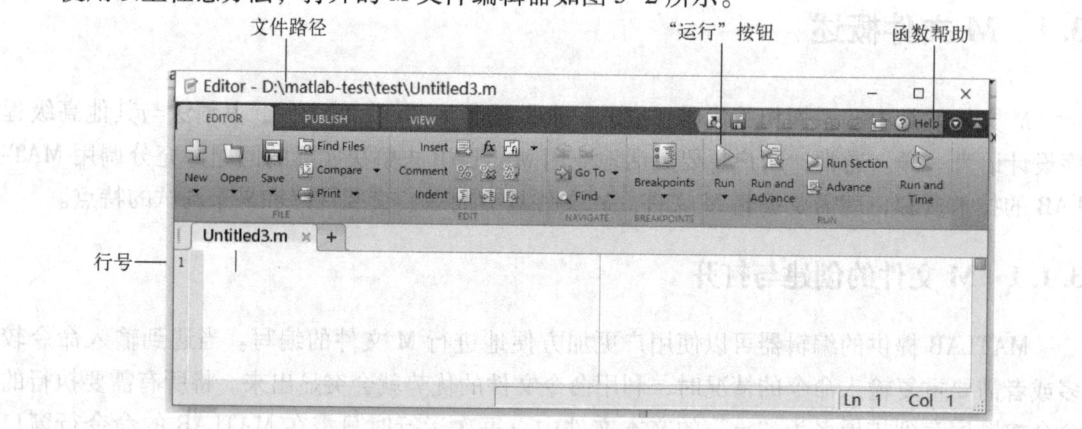

图 3-2　M 文件编辑器

图 3-2 中对 M 文件编辑器的主要内容进行了标注，M 文件编辑器的功能非常多，随着 MATLAB 版本的不断更新，逐渐增加了许多功能。

【例 3-1】编写 M 文件 a. m，实现 1~50 求和，并把它放到变量 x 中。

1）创建新的 M 文件。单击工具栏上的“New Script”按钮进行创建。

2）输入代码，如图 3-3 所示。

下面介绍打开文件名为 a. m 的 M 文件的 3 种方法。

1）单击“Open”按钮，找到对应的 M 文件名即可打开。

2）在“Command Window”窗口直接输入 edit a. m 即可打开。

3）单击工具栏上的📂按钮也可以打开对应的 M 文件。

3.1.2　M 文件的基本内容

M 文件是一个文本文件，一个完整的 M 文件需包含以下 5 个基本内容：函数定义行、H1 行、帮助文本、注释和函数体，见表 3-1。

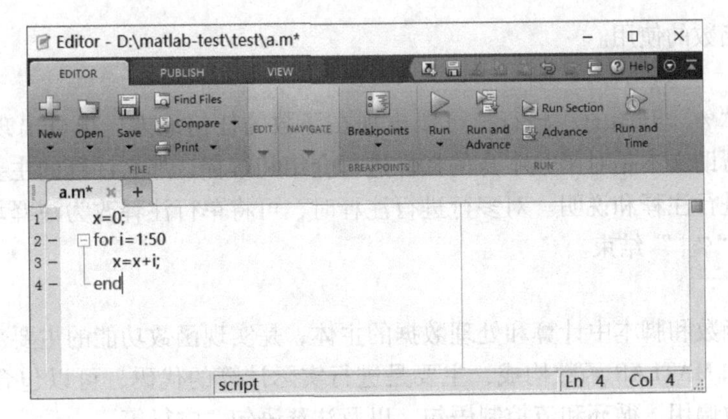

图 3-3　M 文件 a. m 代码

表 3-1　M 文件的基本内容

M 文件内容	功 能 分 类	说　明
函数定义行	实用	定义函数名及输入/输出参数的数量和顺序
H1 行	辅助	对程序的总体介绍
帮助文本		对程序的详细介绍
注释		程序编辑及后期修改注释
函数体	实用	解释程序功能的代码

1. 函数定义行

函数定义行的主要作用是定义函数名称、输入/输出变量的数量和顺序。在 MATLAB 中完整的函数定义语句如下。

```
function [outl,out2,out3,... ] =funName(in1,in2, in3,... )
```

其中，输入变量使用“()”，变量间使用“,”分隔。输出变量使用“[]”，若无输出，则函数定义语句如下。

```
functionfunName( inl,in2,in3,... )
```

注意： 在函数定义行中，函数的名字所能够允许的最大长度为 63 个字符，个别操作系统有所不同，用户可自行使用 namelengthmax 函数查询系统允许的最长文件名。

2. H1 行

帮助文本的第一行称为 H1 行，H1 行紧跟函数定义行。H1 行属于帮助文本中特殊的一行。H1 行的主要作用是对程序进行一行的总结。在 H1 行一般要包括大写的函数名和函数功能的简要介绍。

3. 帮助文本

帮助文本由 H1 行及其后面连续的以%开头的所有注释代码行组成。该文本是对程序进行详细的说明。通常，在调用 help 命令查询此 M 文件时，H1 行会一起显示在窗口。使用者在编写 M 文件时，可以建立帮助文本，将函数的功能、调用函数参数描述出来，便于使用者或别人查看函数的使用。

4. 注释

注释即以“%”开始的注释行，可以出现在函数的任何地方，也可出现在一行语句的右边。如果说帮助文本是对函数本身的特性进行介绍和解释，那么注释的主要功能就是对具体的语句功能进行注释和说明。对多行进行注释时，可将单行注释改为注释块，其操作符以“% {”开始，“%}”结束。

5. 函数体

函数体是函数和脚本中计算和处理数据的主体，是实现函数功能的主要部分，一般由具体的控制命令和 MATLAB 函数构成，主要是进行实际计算的代码，可以包含进行计算和赋值的语句、函数调用、循环和流控制语句，以及注释语句、空行等。

3.1.3 M 文件的保存与调用

M 文件的保存方法有以下 3 种。

1）按〈Ctrl+s〉组合键实现保存。

2）单击“保存”按钮实现保存。

3）单击▪按钮实现保存。

用户可以根据自身习惯选择保存 M 文件的方式。保存 M 文件对话框如图 3-4 所示。

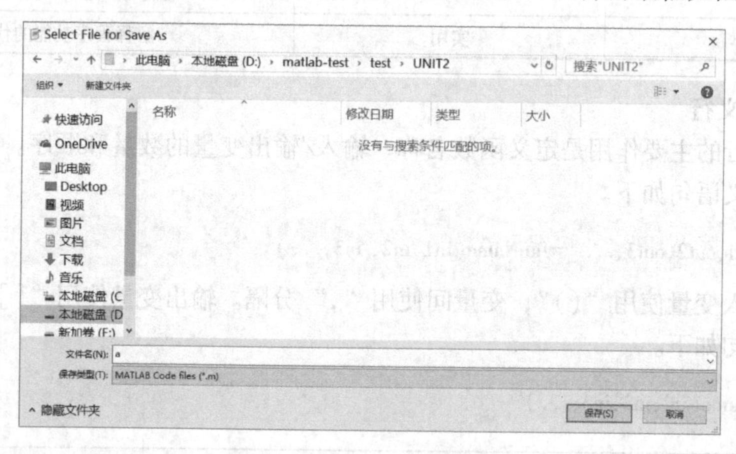

图 3-4 保存 M 文件对话框

M 文件命名的注意事项如下。

1）M 文件的命名需要符合变量名的命名规则。在 MATLAB 中，可使用 isvername 指令检查文件名是否符合规范。

2）必须保障所创建的 M 文件名具有唯一性。在 MATALAB 中，可使用 which 指令帮助用户检查 M 文件名的唯一性。

M 文件保存完成后，在 MATLAB 主界面中的当前工作目录中会出现刚刚编写的脚本文件。M 文件的调用方法如下。

1）在“Current Folder”中的“a. m”图标上单击鼠标右键，在弹出的快捷菜单中选择“Run”。

2）在 M 文件编辑器菜单栏中选择“Run”，并在其下拉菜单中选择“Run：a”。

3）直接在命令行窗口输入刚创建的脚本文件名“a”，按〈Enter〉键运行，在 MATLAB 主界面窗口中输入以下命令，即可实现 M 文件调用，如图 3-5 所示。

```
>>a
>>x
```

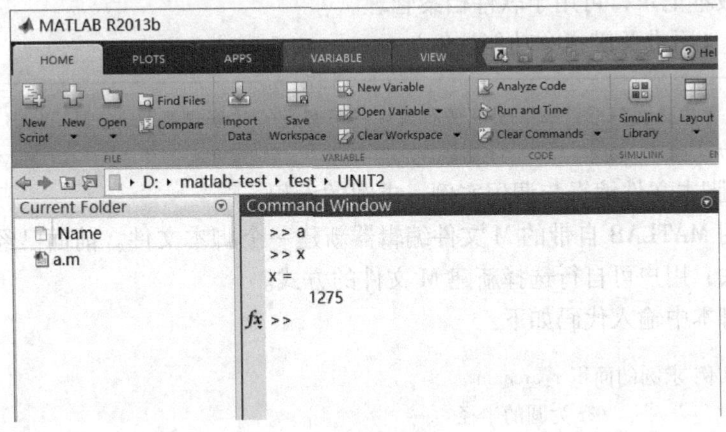

图 3-5　调用结果显示

3.2　M 文件的分类

M 文件可以根据调用方式的不同分为以下两类：脚本文件和函数文件。脚本文件是包含多条 MATLAB 命令的文件；函数文件可以包含输入变量，并把结果传送给输出变量。脚本文件和函数文件的对比见表 3-2。

表 3-2　脚本文件和函数文件的对比

M 文件	说　明
脚本文件	多条命令的综合体
	没有输入/输出变量
	使用 MATLAB 基本工作空间
	没有函数定义行
函数文件	常用于扩充 MATLAB 函数库
	可以包含输入/输出变量
	运算中所有生成的变量都保存在函数的工作空间中
	包含函数定义行

3.2.1　脚本文件

M 命令文件又可称为 M 脚本文件，当命令窗口运行中的指令越来越多，控制流的复杂度不断增加，或需要重复地运行相关命令时，若再从命令窗口直接输入命令进行计算就显得十分烦琐，此时使用 M 命令文件最为合适。

在 MATLAB 中 M 命令文件的基本结构如下。

1）由符号“%”起始的H1行，应包括文件名和功能简介。

2）由符号“%”起始的Help文本，H1行及其之后的所有连续注释行以此构成整个在线帮助文本。

3）编写和修改记录，该区域文本内容也都有符号“%”；标志编写及修改该M文件的作者、日期和版本记录，可用于软件档案管理。

4）程序体（附带关键指令功能注解）。

📖 **注意：** 在M文件中，由符号“%”引领的行或字符串都是“注解说明”，在MATLAB中不被执行。

【例3-2】 脚本文件编辑与调用实例：求圆的面积。

首先，使用MATLAB自带的M文件编辑器新建一个脚本文件。前面已经介绍了新建M文件的3种方法，用户可自行选择新建M文件的方式。

接下来在脚本中输入代码如下。

```
%脚本文件实例 求圆的面积 r_area. m
r=3. 14;                %r为圆的半径
s=(r^2) * pi            %s为圆的面积
```

保存脚本文件，文件名为“r_area. m”，保存路径为D:\Program files\MATLAB\R2013b，如图3-6所示。

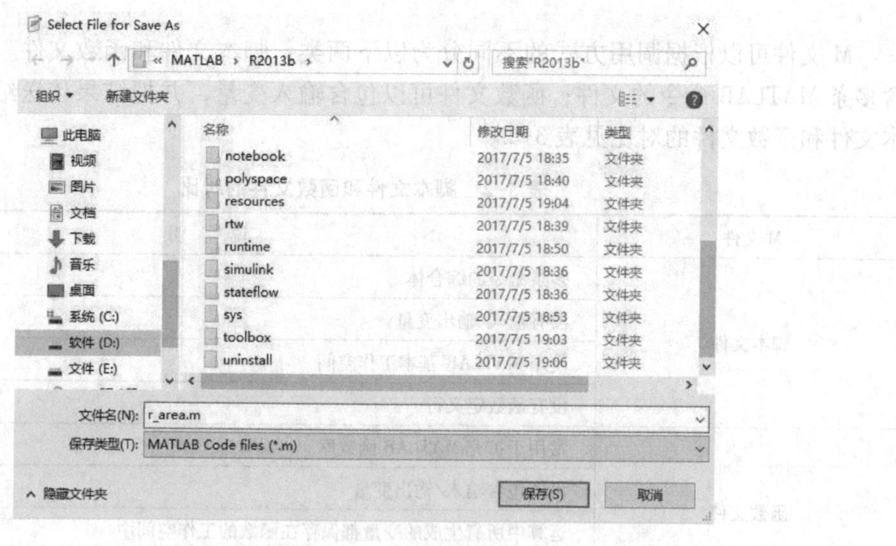

图3-6 保存“r_ area. m”脚本文件

保存完成后，在MATLAB主界面的当前工作目录中会出现刚编写的脚本文件，用户可以在“Current Folder”中的“r_area”图标上单击鼠标右键，在弹出的快捷菜单中选择“Run”；或者直接在命令行窗口输入创建的脚本文件名“r_area. m”，按〈Enter〉键运行；或者在M文件编辑器菜单栏中选择“Run”，并在其下拉菜单中选择“Run：r_area”，得到的结果如图3-7所示。

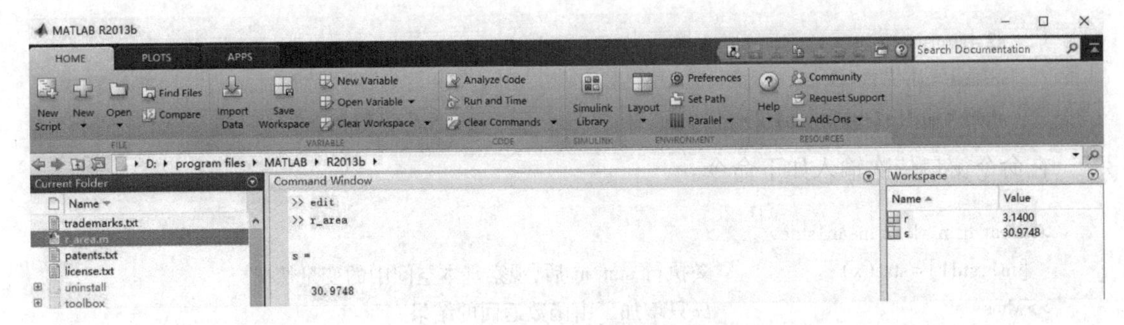

图 3-7　脚本文件运行结果

📖 **注意**：在【例 3-2】中，必须把脚本文件保存在当前搜索路径下，否则 MATLAB 找不到需要调用的函数，系统将会报错。

一般来说，MATLAB 在调用脚本文件时，都不显示文件中的代码，而只显示执行的结果。如果用户在命令行窗口逐条输入代码，则可得到上述同样的结果。

3.2.2　函数文件

与命令文件不同，函数文件犹如一个“黑箱”，且有特定的书写规范。

在 MATLAB 中，M 函数文件的基本结构如下。

1）函数声明行：位于函数文件的首行，以 MATLAB 关键字 function 开头，函数名以及函数的输入/输出量名都在这一行被定义。

2）H1 行：提供 lookfor 关键词查询和 help 在线使用帮助。

3）Help 文本：H1 行及其之后的所有连续注释行构成整个在线帮助文本。

注意，H1 行尽量使用英文表达，以便借助 lookfor 进行“关键词”搜索。

4）编写和修改记录：标志编写及修改该 M 文件的作者、日期和版本记录，可用于软件档案管理。

5）函数体：与前面的注释可以“空”行相隔。这部分内容由实现该 M 函数文件功能的 MATLAB 指令组成。

【例 3-3】编写出求取平均值与标准差的函数文件 stat. m。

在 MATLAB 命令行窗口中输入“edit”，打开 M 文件编辑器。在 M 文件编辑器中输入代码如下。

```
>>stat. m        %函数文件
    function [mean1,stdev]=stat(x)
    %STAT 函数文件
    %求阵列 x 的平均值和标准差
    [m,n]=size(x);
    if m==1
        m=n;
    end
    s1=sum(x);
```

```
s2=sum(x.^2);
mean1=s1/m;
stdev=sqrt(s2/m-mean1^2);
```

在命令窗口依次输入如下命令。

```
>>clear m n s1 s2 mean1stdev
  [m1,std1]=stat(x);            %执行 stat.m 后,观察基本空间中的变量情况
>>whos                          %只增加了由函数返回的结果
  Name      Size                %Bytes Class
  m1        1x4                 %32 double array
  std1      1x4                 %32 double array
  x         4x4                 %128 double array
>>disp([m1;std1])               %观察计算结果
  2.7891    2.3084    2.2860    2.3083
  0.2192    0.3196    0.1852    0.2699
```

对脚本文件和函数文件的说明如下。

1）运行脚本文件产生的所有变量都驻留在 MATLAB 基本工作空间，只要不使用 clear 且不关闭指令窗口，这些变量将一直保存着。基本工作空间随 MATLAB 的启动而产生，只有关闭 MATLAB 时，该基本空间才被删除。

2）运行函数文件，MATLAB 就会专门开辟一个临时工作空间，称为函数工作空间。所有中间变量都存放在函数工作空间中，当执行完最后一条指令或遇到 return 时，就结束该函数文件的运行，同时该临时函数工作空间及其所有中间变量就立即被清除。函数工作空间随具体的 M 函数文件的被调用而产生，随调用结束而删除。在 MATLAB 整个运行期间，可以产生任意多个临时的函数工作空间。

3）如果在函数文件中调用了某脚本文件，那么该脚本文件运行所产生的所有变量都放在该函数工作空间中，而不是放在基本工作空间中。

3.2.3 P 码文件

1. 语法分析过程和伪代码

一个 M 文件首次被调用（运行文件名或被 M 文本编辑器打开）时，MATLAB 将首先对该 M 文件进行语法分析，并把生成的相应内部伪代码（Psedecode，简称 P 码）文件存放在内存中。此后，当再次调用该 M 文件时，将直接调用该文件在内存中的 P 码文件，而不会对原码文件重复进行语法分析。值得注意的是，MATLAB 的分析器总是把 M 文件连同被它调用的所有函数 M 文件一起变换成 P 码文件。

P 码文件有与原码文件相同的文件名，但其扩展名是“p”。从本质上来说，P 码文件的运行速度高于原码文件。

在 MATLAB 中，假如存在同名的 P 码和原码文件，那么当该文件名被调用时，被执行的肯定是 P 码文件。

2. P 码文件的预生成

P 码文件不是仅当 M 文件被调用时才可产生。P 码文件也可被预先生成。具体如下。

```
pcode FunName                 %在当前目录上生成 FunName. p
pcode FunName -inplace        %在 FunName. m 所在目录上生成 FunName. p
```

3. 内存中 P 码文件的列表和清除

```
inmem                         %罗列出内存中所有 P 码文件名
clearFunName                  %清除内存中的 FunName. pP 码文件
clear functions               %清除内存中的所有 P 码文件
```

📖 **注意**：P 码文件与原码文件相比，有以下两大优点：①运行速度快，对于规模较大的问题其效果尤为显著；②由于 P 码文件是二进制文件，难于阅读，因此用户常借助其为自己的程序保密。

【例 3-4】 在 MATLAB 中，查看内存中的所有 P 码文件，然后清除所有 P 码文件，再次查看内存中的 P 码文件信息。

在 MATLAB 的命令窗口中输入以下代码。

```
>>inmem
ans =
     'matlabrc '
     'pathdef '
     'userpath '
     …
     'codetools\private\dataviewerhelper '
     'path '
     'mdbstatus '
     'breakpointsForAllFiles '
     '+editor\private\createJavaBreakpointsFromDbstatus '
     …
     'ismember '
     'iscellstr '
     'unique '
     'sortrows '

>>clear functions
>>inmem

ans =
     Empty cell array: 0-by-1
```

3.3 函数类型

MATLAB 中的函数的创建方法有以下两种：在命令行中进行定义和保存为 M 文件。匿名函数通常是指在命令行中创建的函数。使用 M 文件创建的函数有多种类型，如主函数、子函数、嵌套函数等。

3.3.1 主函数

主函数是指在 M 文件中排在最前面的函数。主函数与其 M 文件同名，并且是唯一可以在命令窗口或者其他函数中调用的函数。前面所涉及的所有的函数文件都是主函数，这里就不一一介绍了。

3.3.2 子函数

子函数是指排在主函数后面进行定义的函数，其排列没有固定的顺序。子函数与主函数在形式上是没有区别的，但子函数只能在同一个文件上的主函数或者其他子函数进行调用。每个子函数都有自己的函数定义行。

【例 3-5】 子函数示例。

```
>>newstats. m
    function[ avg,med] =newstats(u)                    %主函数
    %查找内部函数的均值和中位数
    n=length(u);
    avg=mean(u,n);
    med=median(u,n);
    function a=mean(v,n)                               %子函数
    %计算平均值
    a=sum(v)/n;
    function m=median(v,n)                             %子函数
    %计算中位数
    w=sort(v);
    if rem(n,2)= =1
        m=w((n+1)/2);
    else
        m=(w(n/2)+w(n/2+1))/2;
    end
```

运行结果如下。

```
>>newstats 5
ans=
    53
```

主函数 newstats 用于返回输入变量的平均值和中位值，而子函数 mean 和子函数 median

分别用来计算平均值和中位值，主函数在计算过程中调用了这两个子函数。注意，几个子函数虽然在同一个文件上，但各有自己的变量，子函数之间不能相互存取变量。

1. 调用一个子函数的查找顺序

从一个 M 文件中调用时，MATLAB 首先检查被调用的函数是否为 M 文件上的子函数。若是，则调用它；若不是，则再寻找是否有同名的私有函数；如果还不是，则从搜索路径中查找其他 M 文件。例如，【例 3-5】中的子函数名称 mean 和 median 是 MATLAB 的内建函数，但是通过子函数的定义，就可以实现调用自定义的 mean 和 median 函数。

2. 子函数的帮助文本

在 MATLAB 中，可以像为主函数写帮助文本的方式为子函数写帮助文本，但显示子函数的帮助文本是有区别的，需要将 M 文件名加在子函数名前面。其输入格式如下。

```
helpmyfile>mysubfile
```

已知子函数名为 mysubfile，位于 myfile. m 文件中。

📖 **注意：**“>”之前和之后都不能有空格。

3.3.3 私有函数

私有函数是子函数的一种特殊的形式，由于它是私有的，所以只有父 M 文件函数才能调用它。私有函数的存储需要在当前目录下创建一个子目录，且子目录的名字必须为 private，存放于 private 文件夹内的函数即为私有函数。它的上层目录称为父目录，只有父目录中的 M 文件才可以调用私有函数。私有函数有以下两个特点。

1）私有函数只有对其父目录中的 M 文件才是可见的，对于其他目录中的 M 文件是不可见的。

2）调用私有函数的 M 文件必须位于 private 子目录的直接父目录内。

设私有函数名为 myprivfile，为得到私有函数的帮助信息，需输入如下命令。

```
help private/myprivfile
```

由于私有函数只能被其父文件夹中的函数调用，因此使用者可以开发自己的函数库，函数名称可与系统标准 M 函数库名称相同，不必担心在函数调用时发生冲突。

3.3.4 嵌套函数

嵌套函数是指在某函数中定义的函数。

1. 嵌套函数的创建

MATLAB 允许在 M 文件的函数体中定义一个或多个嵌套函数，被嵌套的函数能包含进任何构成 M 文件的成分。

MATLAB 函数文件一般不需要使用 end 语句来结束函数。对于嵌套函数，无论是嵌套的还是被嵌套的，都必须以 end 语句结束。在一个 M 文件内，只要定义了嵌套函数，其他非嵌套函数也需要以 end 语句来结束。

嵌套函数有以下 3 种格式。

1）最基本的嵌套函数结构。

```
        function x=A(p1,p2)
    …
        function y=B(p3)
    …
        end
    …
    end
```

2）平行嵌套函数结构。

```
function x=A(p1,p2)
…
    function y=B(p3)
    …
    end
    function z=C(p4)
    …
    end
…
end
```

其中，函数A嵌套函数B和函数C，但函数B和函数C是并列关系。

3）多层嵌套函数结构。

```
function x=A(p1,p2)
…
    function y=B(p3)
  …
        function z=C(p4)
        …
        end
    …
    end
…
end
```

其中，函数A嵌套了函数B，而函数B嵌套了函数C。

2. 嵌套函数的调用

一个嵌套函数可以被以下3种函数进行调用。

1）该嵌套函数的直接上一层函数。

2）在同一母函数下的同一级嵌套函数。

3）任意低级别的函数。

【例3-6】嵌套函数调用示例。

```
>>function A(x,y)                    %主函数
    B(x,y);
    C(y);
        function B(x,y)              %嵌套在 A 内
            D(x);
            C(y);
            function D(x)            %嵌套在 B 内
                C(x);
            end
        end
        function C(x)                %嵌套在 A 内
            E(x);
            function E(x)            %嵌套在 C 内
                ...
            end
        end
    end
```

函数 A 包含嵌套函数 B 和嵌套函数 C，函数 B 和函数 C 分别嵌套了函数 D 和函数 E。其调用关系如下。

1）主函数为函数 A，可调用函数 B 和函数 C，但不能调用函数 D 和函数 E。

2）函数 B 和函数 C 为同一级嵌套函数，函数 B 可以调用函数 C 和函数 D，但无法调用函数 E，函数 C 可以调用函数 B 和函数 E，但无法调用函数 D。

3）函数 D 和函数 E 均可调用函数 B 和函数 C，但函数 D 和函数 E 分属于两个函数的嵌套函数；函数 D 和函数 E 虽属于同一级别的函数，但它们的母函数不同，所以无法相互调用。

3. 嵌套函数中变量的使用范围

函数之间，局部变量是不能共享的。即子函数之间或与主函数之间是不能共享变量的，每个函数都有自己的工作空间，用于存放其变量。在嵌套函数中，因为函数之间存在嵌套的关系，所以有些情况下可以共享变量。

【例 3-7】共享示例，创建文件 test5. m 和 test6. m。

test5. m 代码如下。

```
>>function test5
    x=5;
    nestfun;
        function y=nestfun
            y=x+1;
        end
    y
    end
```

test6. m 代码如下。

```
>>function test6
    x=5;
    z=nestfun;
        function y=nestfun
            y=x+1;
        end
    z
    end
```

在“Command Window”窗口运行如下代码并得到的结果如下。

```
>>test5
Undefined function or variable 'y '.
Error in test5 (line 7)
y
>>
>>test6
z=
    6
```

在 test5. m 文件中运行到第 7 行时发生错误，这是由于在嵌套函数中尽管计算了 y 的值并进行了返回，但是这个变量只存储在嵌套函数的工作空间中，无法被外层的函数所共享。在 test6. m 文件中将嵌套函数的赋值给了 z，最终实现了正确显示。

3. 3. 5 重载函数

重载函数是函数的一种特殊情况，它是已经存在的函数的另外一个版本。在 MATLAB 中每一个重载函数都有一个 M 文件存放在 MATLAB 目录中。其格式如下。

1）目录\@ double，输入变量数据类型为 double 时才可被调用。

2）目录\@ int32，输入变量数据类型为 int32 时才可被调用。

3. 4 程序流程控制

MATLAB 的基本结构为顺序结构，即代码的执行顺序为从上到下。在实际应用中顺序结构是远远不够的。为了编写更加实用、功能更加强大、代码更加简明的程序，则需要使用不同结构的程序实现。本节将介绍以下三大程序控制结构：顺序结构、分支结构和循环结构。在使用 MATLAB 进行程序设计时，经常会遇到提前终止循环、跳出子程序、显示错误信息等情况，因此还需要其他的控制语句来实现上面这些功能。

3. 4. 1 顺序结构

顺序结构是最简单的程序结构，使用者编写好程序以后，系统将按照程序的物理位置顺序执行。这种程序比较容易编制，适合初学者使用。对于简单的程序来说，使用该结构就可以较好地解决问题。由于它不包含其他的控制语句，程序结构简单，因此实现的功能比较单一。

1. 数据的输入

在 MATLAB 中，使用 input 函数即可实现数据的输入，函数的调用格式如下。

```
A=input(提示信息,选项);
```

其中提示信息为一个字符串，用于提示用户需要输入什么样的数据；若在 input 函数调用时采用“s”选项，则允许用户输入一个人的姓名。

2. 数据的输出

在 MATLAB 中，使用 disp 函数即可实现数据的输出，函数的调用格式如下。

```
disp(输出项);
```

其中输出项既可以为字符串，也可以为矩阵。

3. 数据的暂停

数据的暂停方法有以下 3 种。

1）若想暂停程序的执行，则可以使用 pause 函数，其调用格式为 pause（延迟数秒）。

2）若想省略延迟时间，则可以直接使用 pause 函数，暂停程序，直到用户按任意键以后程序才会继续执行。

3）若想强行中止程序的运行，则可按〈Ctrl+C〉键。

【例 3-8】 创建顺序结构的命令文件和函数文件，将华氏温度 f 转换为摄氏温度 c。

1）创建命令文件和函数文件。

```
>>%创建命令文件 test3. m
  f=input('Input f temperature ');
  c=5*(f-32)/9
>>%建立函数文件 test4. m
  function c=test4(f)
  c=5*(f-32)/9
```

2）调用命令文件。

```
>>test3
Input f temperature :99
c=
    37.2222
```

3）调用函数文件。

```
>>y=input('Input f temperature :');
Input f temperature :99
>>x=test4(y)
c=
    37.2222
x=
    37.2222
```

3.4.2 分支结构

在编写程序时，通常需要根据一定的条件进行判断后，再选择执行不同的语句。下面介绍分支结构。

1. if 语句（条件转移结构）

在 MATLAB 中，有以下 3 种 if 语句。

1）单分支 if 语句，其格式如下。

```
if 条件
    语句组
end
```

该语句表示当条件成立时（表达式为 true），执行语句组，执行完以后继续执行 if 语句的后继语句；若条件不成立（表达式为 false），则直接执行 if 语句的后继语句。

【例 3-9】 求一元二次方程 $ax^2+bx+c=0$ 的根。

```
>>a=input('a=');
a=6
b=input('b=');
b=4
c=input('c=');
c=-2
d=b*b-4*a*c;
if d>=0
x=[(-b+sqrt(d))/(2*a),(-b-sqrt(d))/(2*a)];
disp(['x1=',num2str(x(1)),'x2=',num2str(x(2))]);
end
x1=0.33333x2=-1
```

2）双分支 if 语句，其格式如下。

```
if 条件
    语句组 1
else
    语句组 2
end
```

该语句表示当条件成立时（表达式为 true），执行语句组 1，否则执行语句组 2，语句组 1 或语句组 2 执行后，再执行 if 语句的后继语句。

【例 3-10】 计算分段函数值。

```
>>x=input('请输入 x 的值：');
请输入 x 的值：8
>>if x<=0
y=(x+sqrt(pi))/exp2;
```

```
else
y=log(x+sqrt(1+x*x))/2;
end
>>y
y=
    1.3882
```

3）多分支 if 语句，其格式如下。

```
if 条件 1
    语句组 1
elseif 条件 2
    语句组 2
...
elseif 条件 m
    语句组 m
else
    语句组 n
end
```

该语句用于多分支选择结构的实现。如程序运行到某一条表达式为 true 时，则执行相应的语句，此时系统不再对其他表达式进行判断，即系统将直接跳到 end。

【例 3-11】 判断奇偶数。

```
>>x=input('请输入 x 的值：');
请输入 x 的值：99
```

```
>>if x<0
disp('Input must be positive');
elseif rem(x,2)==0
A=x/2;
else
A=(x+1)/2;
end
>>A
A=
    50
```

当使用 if 分支结构时，还需注意以下两个问题。

1）一个 if 分支结构中只能存在一个 if 语句和一个 end 语句，但不限制 elseif 语句的个数。

2）if 语句是可以相互嵌套的。根据实际需要将各个 if 语句进行嵌套可以解决比较复杂的实际问题。

2. switch 语句（开关结构）

Switch 语句根据表达式值的不同，将执行不同的语句，其格式如下。

```
switch 表达式
    case 表达式 1
        语句组 1
    …
    case 表达式 m
        语句组 m
    otherwise
        语句组 n
end
```

该语句表示当表达式的值等于表达式 1 的值时，执行语句组 1；当表达式的值等于表达式 2 的值时，执行语句组 2……当表达式的值等于表达式 m 的值时，执行语句组 m，当表达式的值不等于 case 所列的表达式的值时，执行语句组 n。当任意一个分支的语句执行完以后，直接执行 switch 语句的下一句。

【例 3-12】 判断学生成绩，其中，90≤mark≤100，则为 A；80≤mark<90，则为 B；70≤mark<80，则为 C；60≤mark<70，则为 D；0≤mark<60，则为 E。

```
>>mark=input('请输入学生成绩：');
请输入学生成绩：89
>>switch fix(mark/10)
case {10,9}
grade='A ';
case {8}
grade='B ';
case {7}
grade='C ';
case {6}
grade='D ';
otherwise
grade='E ';
end
>>grade
grade=
B
```

3. try 语句

try 语句主要是对异常情况进行处理，其格式如下。

```
try
    语句组 1
catch
    语句组 2
end
```

try 语句先试探性地执行语句组 1，如果语句组 1 在执行过程中出现错误，则将错误信息赋给保留的 lasterr 变量，并转去执行语句组 2。

【例 3-13】矩阵乘法运算要求两矩阵的维数相容，否则会出错。先求两矩阵的乘积，若出错，则自动转去求两矩阵的点乘。

```
>>A=[1,2,3;4,5,6];
  B=[1,3,5;2,4,6];
try
C=A*B;
catch
C=A.*B;
end
>>C
C=
     1     6    15
     8    20    36
>>lasterr
ans=
Error using  *
Inner matrix dimensions must agree.
```

3.4.3 循环结构

1. for 语句

在 MATLAB 中，for 语句的格式如下。

```
for 循环变量=表达式 1:表达式 2:表达式 3
    循环体语句
end
```

其中，表达式 1 的值为循环变量的初值，表达式 2 的值为步长，表达式 3 的值为循环变量的终值。当步长取 1 时，表达式 2 可以省略。

【例 3-14】求一个 3 位正整数的水仙花数。

```
>>for n=100:999
n1=fix(n/100);
n2=rem(fix(n/10),10);
n3=rem(n,10);
if n==n1*n1*n1+n2*n2*n2+n3*n3*n3
disp(n)
end
end
   153
   370
   371
   407
```

2. while 语句

在 MATLAB 中，while 语句的格式如下。

```
while(条件)
    循环体语句
end
```

该语句的执行过程是：若条件成立，则执行循环体语句，执行后再判断条件是否成立；如果不成立，就跳出循环。

【例 3-15】在 i 小于 10 以内循环并计算 i^3。

```
>>i=1;
while i<10
x(i)=i^3;
i=i+1;
end
>>x
x=
    1    8    27    64    125    216    343    512    729
>>i
i=
    10
```

3. break 语句和 continue 语句

在 MATLAB 中，与循环结构相关的语句还有 break 语句和 continue 语句，它们一般要与 if 语句配合使用。

break 语句用于终止循环的执行。当在循环体内执行到该语句时，程序将跳出循环，继续执行循环语句的下一个语句；而 continue 语句则控制跳过循环体中的某些语句。当在循环体内执行到该语句时，程序将跳过循环体中所有剩下的语句，继续下一次循环。

【例 3-16】求［50，100］中第一个能被 19 整除的整数。

```
>>for x=50:100
if rem(x,19)~=0
continue
end
break
end
>>x
x=
    57
```

3.4.4 其他流程控制结构

在 MATLAB 中，对应的控制语句有 return、input、keyboard 等。

1. return 语句（转换控制）

通常情况下，当被调函数执行完成以后，MATLAB 会自动把控制转至主调函数或指定的窗口。如果在被调函数中插入 return 语句，则不仅可以强制 MATLAB 结束执行该函数，还可以把控制转出。

return 语句可以使正在运行的函数正常退出，并返回调用它的函数继续运行，经常用于函数的末尾，用来结束正常函数的运行。在 MATLAB 的内置函数使用中，很多函数的程序代码中都会引入 return 命令。下面是一个简要的引用 det 函数代码。

```
function d=det(A)
%DET det(A) is the determinant of A.
if isempty(A)
    d=1;
    return
else
        ...
end
```

在以上程序代码中，首先通过函数语句来判断参数 A 的类型，当 A 是空数组时，直接返回 $d=1$，然后结束程序代码。

2. input 语句（输入控制权）

在 MATLAB 中，input 语句的主要功能是将 MATLAB 控制权暂时交给使用者，使用者可以通过键盘输入数值、字符串或表达式，按〈Enter〉键将输入的内容传送到工作空间中，并将控制权交还给 MATLAB，其调用格式如下。

user_entry=input('prompt')	将用户输入的内容赋给变量 user_entry
user_entry=input('prompt.s')	将用户输入的内容作为字符串赋给变量 user_entry

第二个调用格式与第一个调用格式的区别是，使用者无论输入数值、字符串、数组等各种形式的变量，第二种调用格式都会以字符串的形式赋给变量 user_entry。

【例 3-17】 在 MATLAB 中演示 input 语句。

1）在 M 文件编辑器中输入以下代码。

```
>>function test_input()
%在以下程序代码中,使用 isempty 函数接收用户输入的字符,当输入为空时,默认输入的是 Y
reply=input('Do you want more? Y/N[Y]:','s');
        if isempty(reply)
            reply='Y';
        end
        if reply=='Y'
            disp('you have selected more information');
        else
            disp('you have selected the end');
```

```
end
```

2）保存代码。在 MATLAB 的命令行窗口中进行以下操作即可。

```
>>test_input
Do you want more? Y/N[Y]:Y
you have selected more information
>>test_input
Do you want more? Y/N[Y]:N
you have selected the end
>>test_input
Do you want more? Y/N[Y]:
you have selected more information
```

3. keyboard 语句（使用键盘）

在 MATLAB 中，将 keyboard 命令放到 M 文件中，主要目的是停止文件的执行并将控制权交给键盘。通过提示符 K 来显示一种特殊状态，只有当使用 return 命令结束输入后，控制权才交还给程序。在 M 文件中使用该命令，有利于实现对程序的调试和修改在程序运行中的变量。

【例 3-18】 在 MATLAB 中演示 keyboard 语句。

```
>>keyboard
K>>for ii=1:5
if ii==3
continue
end
fprintf('ii=%d\n',ii);
if ii==2
break
end
end
ii=1
ii=2
K>>return
>>
```

📖 **注意：** 在 MATLAB 中，keyboard 命令允许用户输入任意 MATLAB 命令，而 input 命令只能输入赋值给变量的数值。

4. error 和 warning 语句（不同的警告样式）

在 MATLAB 中，编写 M 文件时经常需要一些警告信息。警告信息的命令列表见表 3-3。

表 3-3　警告信息的命令列表

命　令	说　明
error（'message'）	显示错误信息 message，终止程序
errordlg（'errorstring'，'dlgname'）	显示错误信息的对话框，对话框的标题为 dlgname
warning（'message'）	显示警告信息 message，程序继续进行

【例 3-19】 本例题将介绍几种不同的警告样式出现的不同错误提示。

1）创建 M 文件编辑器，输入以下程序代码。

```
% Script file error_message. m
	%
	% 目标：
	%  计算平均值和标准偏差
	%  包含任意数的输入数据集
	%  输入值
	%
	% 定义变量：
	%  n            输入样本数
	% std_dev       输入样本的标准偏差
	% sum1          输入值之和
	% sum2          输入值的平方和
	% x             输入的数据值
	% xvar          输入样本的平均值

	% 初始化变量
	sum1=0;sum2=0;

	% 获取的输入数
	n=input('Enter the number of points: ');

	% 检查是否有足够的输入数据
	if n<2
		errordlg('Not enough input data');
	else
	  % 构建 if 语句
	  for ii=1:n
		x=input('Enter value: ');
		sum1=sum1+x;
		sum2=sum2+x^2;
	  end

	%计算平均值和标准偏差
```

```
xvar=sum1/n;
std_dev=sqrt((n*sum2-sum1^2)/(n*(n-1)));

%打印结果
fprintf('The mean of this data set is: %f\n',xvar);
fprintf('The standard deviation is: %f\n',std_dev);
fprintf('The number of data is: %d\n',n);
end
```

2）在“Command Window”中输入 error_message，然后输入 1，将得到如图 3-8 所示的结果。

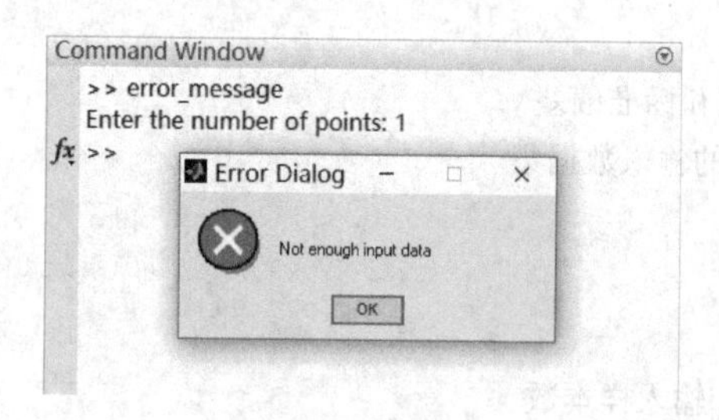

图 3-8　错误信息

在检查是否有足够的数据输入时已经规定不得少于 2 个，因此会出现以上错误。单击“OK”按钮将会自动退出程序代码。

3）打开 error_message. m 文件，修改部分代码（修改部分已加粗）并保存。修改代码如下。

```
%初始化变量
    sum1=0;sum2=0;

    % 获取的输入数
    n=input('Enter the number of points: ');

    % 检查是否有足够的输入数据
    if n<2

        %代码省略...
    end
```

4）在“Command Window”中输入 error_message，然后输入 1，将得到如下结果。

```
>>error_message
Enter the number of points: 1
Error using error_message (line 24)
Not enough input data
```

5）再次打开 error_message. m 文件，修改部分代码（修改部分已加粗）并保存。修改代码如下。

```
%初始化变量
        sum1=0;sum2=0;
         % 获取的输入数
        n=input('Enter the number of points: ');
        % 检查是否有足够的输入数据
        if n<2

            %代码省略...
        end
```

6）再次在“Command Window”中输入 error_message，然后输入 1，将得到如下结果。

```
>>error_message
Enter the number of points: 1
Warning: Not enough input data
>In error_message at 24
```

为了便于读者理解，下面将通过一个案例介绍程序控制结构的综合应用。

【例 3-20】使用 MATLAB 演示小球的抛物线轨迹。

1）分析。

确定小球的抛物线轨迹模型。假定用户抛小球的初始速度为 v_0，小球的抛射初始角度是 θ，则小球在水平方向和垂直方向上的速度分量分别为

$$\begin{cases} v_{x_0}=v_0\cos\theta \\ v_{y_0}=v_0\sin\theta \end{cases}$$

在本实例中，程序代码需要求解的是抛物线轨迹上水平距离的最长距离，其距离的求解公式为

$$\begin{cases} t=-\dfrac{2v_{y_0}}{g} \\ x_{\max}=v_{x_0}t \end{cases}$$

其中 g 代表重力加速度，为便于计算本实例中取 $g=-10$。对应的小球在垂直方向上的最高距离为

$$y_{\max}=\frac{v_{y_0}^2}{2g}$$

2）根据题目要求和分析，编写程序代码如下。

```
Ball. m
%创建脚本文件
%
%目标:
%   程序是计算球运动的距离
% 通过一个角度丢出
```

```
%忽略空气摩擦,计算角度
%计算最大范围并画出轨迹图
%
%定义变量:
%conv          角度转换因素
%grav          重力加速度
%ii,jj         循环指数
%index         数组的最大范围
%maxangle      给出最大的射程角度
%maxrange      最大范围
%range         指定角度的范围
%time          时间
%theta         初始角度
%fly_time      总的运动时间
%vo            初始速度
%vxo           x 轴的初始速度
%vyo           y 轴的初始速度
%x             x 轴球的位置
%y             y 轴球的位置
%定义常数数值
conv=pi/180;
grav=-10;
vo=input('Enter the initial velocity:');
range=zeros(1,91);
 %计算最大的水平距离
for ii=1:91
    theta=ii-1;
    vxo=vo * cos(theta * conv);
    vyo=vo * sin(theta * conv);
    max_time=-2 * vyo/grav;
    range(ii)=vxo * max_time;
end
%显示计算水平距离的列表
fprintf('Range versus angle theta"\n');
for ii=1:5:91
    theta=ii-1;
    fprintf('%2d %8.4f\n',theta,range(ii));
end
%计算最大的角度和水平距离
[maxrange index]=max(range);
maxangle=index-1;
fprintf('\n Max range is %8.4f at %2d degress.\n',maxrange,maxangle);
```

```
%绘制轨迹图形
for ii=5:10:80
    theta=ii;
    vxo=vo * cos(theta * conv);
    vyo=vo * sin(theta * conv);
    max_time=-2 * vyo/grav;
    %计算小球轨迹的 x,y 坐标数值
    x=zeros(1,21);
    y=zeros(1,21);
    for jj=1:21;
        time=(jj-1) * max_time/20;
        x(jj)= vxo * time;
        y(jj)= vyo * time+0.5 * grav * time^2;
    end
    plot(x,y,'g');
    if ii==5
        hold on;
    end
end
    %添加图形的标题和坐标轴名称
    title('初始速度图');
    xlabel('x');
    ylabel('y');
    axis([0 max(range)+5 0 -vo^2/2/grav]);
    grid on;
    %绘制最大水平的轨迹图形
    vxo=vo * cos(maxangle * conv);
    vyo=vo * sin(maxangle * conv);
    max_time=-2 * vyo/grav;
        %Calculate the (x,y)
        x=zeros(1,21);
        y=zeros(1,21);
        for jj=1:21
            time=(jj-1) * max_time/20;
            x(jj)= vxo * time;
            y(jj)= vyo * time+0.5 * grav * time^2;
        end
        plot(x,y,'r','Linewidth',2);
        hold off
```

3）输入代码完成后，对其进行保存，文件名为 ball. m。

4）在“Command Window”中输入 ball，按〈Enter〉键，然后输入 15，运行代码及结果如下。绘制出相应的图形如图 3-9 所示。

```
>>ball
Enter the initial velocity:15
Range versus angle theta"
 0     0.0000
 5     3.9071
10     7.6955
15    11.2500
20    14.4627
25    17.2360
30    19.4856
35    21.1431
40    22.1582
45    22.5000
50    22.1582
55    21.1431
60    19.4856
65    17.2360
70    14.4627
75    11.2500
80     7.6955
85     3.9071
90     0.0000
  Max range is   22.5000 at 45degress.
```

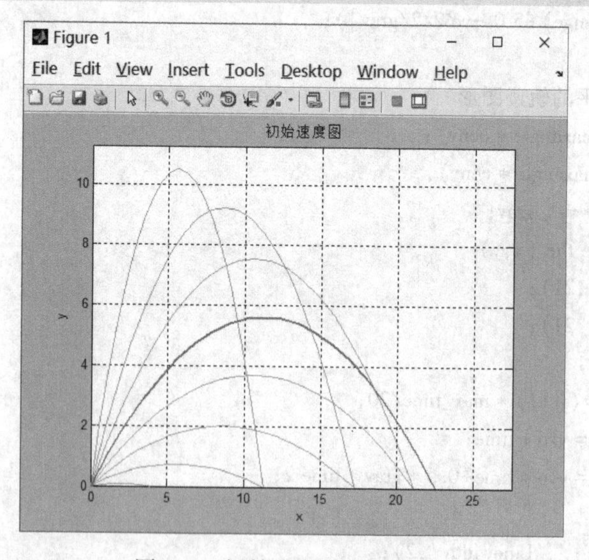

图 3-9　初始速度为 15 的轨迹

5）修改初始速度，将其改为 30，绘制出的图形如图 3-10 所示。

```
>>ball
Enter the initial velocity:30
```

```
Range versus angle theta"
  0     0.0000
  5    15.6283
 10    30.7818
 15    45.0000
 20    57.8509
 25    68.9440
 30    77.9423
 35    84.5723
 40    88.6327
 45    90.0000
 50    88.6327
 55    84.5723
 60    77.9423
 65    68.9440
 70    57.8509
 75    45.0000
 80    30.7818
 85    15.6283
 90     0.0000
Max range is   90.0000 at 45degress.
```

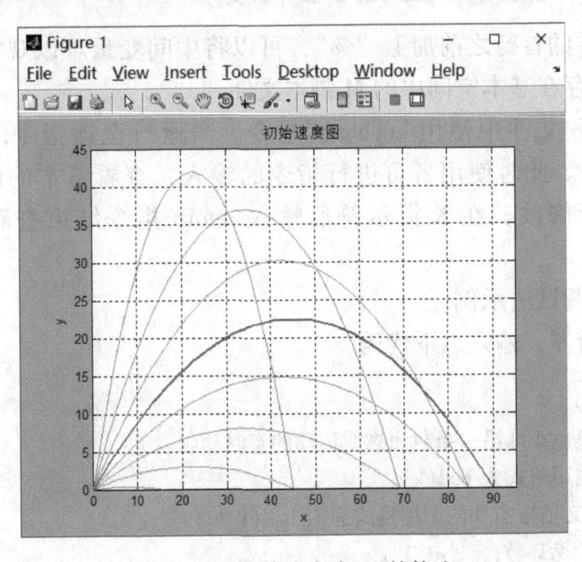

图 3-10　初始速度为 30 的轨迹

3.5　M 文件调试

使用者在编写 M 文件程序时，出现错误是无法避免的。熟练掌握调试的方法和技巧，可以提高工作效率。

3.5.1 M文件出错信息

M文件一般有两种错误：语法错误和执行错误。

1）语法错误发生在M文件程序代码的解释过程中，一般是由函数参数输入类型的不正确、矩阵运算的阶数不符合等引起的，如函数名的拼写错误、表达书写错误等。

2）执行错误通常是指程序运行中出现的错误，也可称为逻辑错误，包括溢出、死循环等，这些错误均与程序本身有关，且较难发现和解决。

3.5.2 M文件调试方法

下面介绍以下两种对Bug进行调试的方法：直接调试法和使用工具调试法。

1. 直接调试法

MATLAB语言其自身的向量化程度较高，因此使用MATLAB语言进行编写的程序一般较为简单，且MATLAB语言非常容易理解，语言的可读性较高。因此，使用直接调试的方法就可以取得较为优异的结果。通常，直接调试法包括以下手段。

1）在觉得有疑问的语句行、指令行最后的“;”进行删除或者将其改成“,”，这样可以使计算结果显示在屏幕上，便于观察。

2）在合适的位置或关键的位置加入某些关键变量值的语句。

3）在MATLAB中使用echo指令函数进行功能实现。echo函数如下。

```
echo on                %显示脚本文件
echo FirstName on      %显示名为FirstName的M函数文件
```

4）在原函数文件的首行之前加上“%”，可以将中间变量难以观察的M函数文件变成一个将所有变量都保存在基本空间中的M脚本文件。

5）在脚本或函数文件中使用keyboard指令。当运行至该指令时，文件执行将会暂停，并出现K提示符。此时使用者可进行指令的输入，查看基本的内存空间或变量，也可以对这些变量进行修改。在K提示符后输入return指令结束查看，原文件将会继续执行。

【例3-21】 直接调试法示例。

1）创建文件编辑器，输入以下代码。

```
function f=ball(k,ki)
%函数功能是演示黑色小球沿一条封闭螺线运动的实时动画
%演示实时动画的调用格式为ball(k)
%既演示实时动画,又拍摄照片的调用格式为f=ball(k,ki)
% k表示黑球运动的循环数(不小于1)
% ki表示拍摄照片的瞬间,范围是1~1034的任意整数
% f表示存储拍摄的照片数据,使用image(f.cdata)观察照片
%产生封闭的运动轨线
t1=(0:1000)/1000*10*pi;
x1=cos(t1);
y1=sin(t1);
```

```
z1=-t1;
t2=(0:10)/10;
x2=x1(end) * (1-t2);
y2=y1(end) * (1-t2);
z2=z1(end) * ones(size(x2));
t3=t2;
z3=(1-t3) * z1(end);
x3=zeros(size(z3));
y3=x3;
t4=t2;
x4=t4;
y4=zeros(size(x4));
z4=y4;
x=[x1 x2 x3 x4];
y=[y1 y2 y3 y4];
z=[z1 z2 z3 z4];
plot3(x,y,z, 'y','Linewidth',2 ), axis off      %绘制曲线
%定义线的颜色,点的形状,点的大小(20),擦除的方式(异或)
h=line( 'Color',[0 0 0], 'Marker', '.', 'MarkerSize',20, 'EraseMode', 'xor');
%小球运动
n=length(x);
i=1;
j=1;
while 1 %循环
set(h, 'xdata',x(i), 'ydata',y(i), 'zdata',z(i));
drawnow; % 刷新屏幕<21>
pause(0.0005) %球速的控制<22>
i=i+1;
ifnargin==2 & nargout==1                  % 当输入变量为2、输出变量为1时,才进行照片的拍摄
if (i==ki&j==1);
    f=getframe(gcf);
end %拍摄当前照片<25>
end
if i>n
i=1;
j=j+1;
if j>k;
    break ;
end
end
end
```

输入代码完毕后进行保存，文件名为 ball. m。

2）在命令行窗口中输入 ball（1，100），得到的图形如图 3-11a 所示，程序运行完成后得到的结果如图 3-11b 所示。

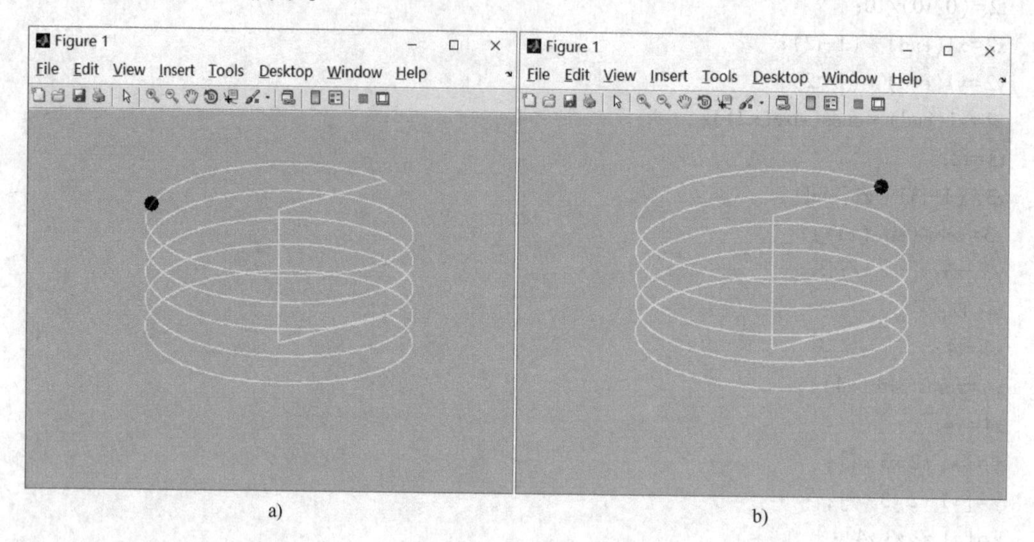

图 3-11　程序运行图

3）显示封闭曲线的坐标数值。打开 ball. m 文件，将程序进行如下修改（加粗部分为添加的代码）。

```
function f=ball(k,ki)
t1=(0:1000)/1000*10*pi;
x1=cos(t1);
y1=sin(t1);
z1=-t1;
t2=(0:10)/10;
x2=x1(end)*(1-t2);
y2=y1(end)*(1-t2);
z2=z1(end)*ones(size(x2));
t3=t2;
z3=(1-t3)*z1(end);
x3=zeros(size(z3));
y3=x3;
t4=t2;
x4=t4;
y4=zeros(size(x4));
z4=y4;
x=[x1 x2 x3 x4];
y=[y1 y2 y3 y4];
z=[z1 z2 z3 z4];

plot3(x,y,z, 'y ','Linewidth ',2 ), axis off   %绘制曲线
```

4）在“Command Window”中窗口输入 ball（1，100），得到的结果如下。

```
>>ball(1,100)
data=
    1.0000         0         0
    0.9995    0.0314   -0.0314
    0.9980    0.0628   -0.0628
    0.9956    0.0941   -0.0942
    0.9921    0.1253   -0.1257
……篇幅原因省略部分内容
         0         0   -3.1416
         0         0         0
         0         0         0
    0.1000         0         0
    0.2000         0         0
    0.3000         0         0
    0.4000         0         0
    0.5000         0         0
    0.6000         0         0
    0.7000         0         0
    0.8000         0         0
    0.9000         0         0
    1.0000         0         0
```

5）对小球位置进行显示，将程序进行如下修改（加粗部分为添加的代码）。

```
function f=ball(k,ki)
t1=(0:1000)/1000*10*pi;
x1=cos(t1);
%……以上代码与原代码一致
while 1 %循环
set(h, 'xdata',x(i), 'ydata',y(i), 'zdata',z(i));

drawnow; % 刷新屏幕<21>


i=i+1;
ifnargin==2 & nargout==1 % 当输入变量为2、输出变量为1时,才进行照片的拍摄
if (i==ki&j==1);
    f=getframe(gcf);
end %拍摄当前照片<25>
end
if i>n
i=1;
j=j+1;
```

```
if j>k;
    break ;
end
end
end
```

6）查看程序结果。在“Command Window”窗口中输入 ball（1，100），得到的结果如下。

```
bw=
     1      0      0
bw=
    0.9995    0.0314    -0.0314
bw=
    0.9980    0.0628    -0.0628
bw=
    0.9956    0.0941    -0.0942
…
```

2. 工具调试法

直接调试法适用于文件规模不是很大的函数，若函数文件的规模很大，文件的结构极其复杂，具有较多的函数、子函数、私有函数的调用，那么直接调试法就会受到较大程度的限制，这时就需要借助 MATLAB 提供的专门工具——调试器进行调试了。

图 3-12 中展示了 MATLAB 中的文件调试器功能，包括设置断点和程序暂停指针功能。

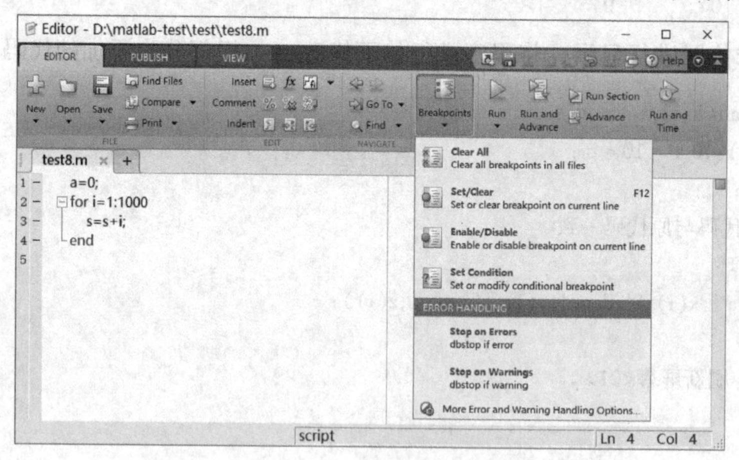

图 3-12　M 文件调试器功能

表 3-4 列出了 MATLAB 中比较常用的调试指令。

表 3-4　调试指令

指　令	说　明	指　令	说　明
Help debug	列出所有的调试命令	Set/Clear	设置或清除当前行断点
Set Condition	设置或修改断点	Enable/Disable	当前行断点有效或无效
Stop on Errors	停在出错处	Stop on Warnings	停在警告处

使用调试器可以准确地找到运行错误，通过设置断点可以使程序运行到某行停止，此时通过观察程序变量、表达式、调试输出信息等了解程序的运行情况并修改工作空间中的变量；也可以逐行运行程序，对执行的流程进行完全监控。调试的方法包括设置断点、跟踪和观察变量。

调试方法的步骤如下。

1）设置断点。选中要设置的语句，按〈F12〉键或单击工具条上的大红点，或单击菜单栏中的 Set Breakpoint。注意，断点设置成功后，窗口的左边框上会出现大红圆点。

2）单击工具栏中的“Run”按钮，程序便处于调试状态，在断点处程序会自动暂停。此时左边框上的对应位置会出现一个绿色箭头提示被中断的语句。

3）单步执行各语句：此时可以查看各变量的内容，以判断程序流程是否正确。

4）退出调试工具：选择“Exit Debug Mode”。

5）清除断点：与设置的方法相同。

【例 3-22】 调试器应用示例。

目标：根据随机向量，画出标志该随机向量的均值、标准差的频数直方图。

1）创建两个 M 文件，代码如下。

创建第一个 M 文件，命名为 example1. m。

```
function [xn,xx,xmu,xstd]=example1(x)
xmu=mean(x);
xstd=std(x);
[xn,xx]=hist(x);
ifnargout==0
    example2(xn,xx,xmu,xstd)
end
```

创建第二个 M 文件，命名为 example2. m。

```
function example2(xn,xx,xmu,xstd)
clf,
bar(xx,xn);hold on
Ylimit=get(gca,'YLim');
yy=0:Ylimit(2);
xxmu=xmu * size(yy);
xxL=xxmu/xmu * (xmu-xstd);
xxR=xxmu/xmu * (xmu+xstd);
plot(xxmu,yy,'r','Linewidth',4)
plot(xxL,yy,'rx','MarkerSize',6)
plot(xxR,yy,'rx','MarkerSize',6),hold off
```

2）运行以下代码，得到的结果如下。运行结果如图 3-13 所示。

```
>>randn('seed',1),x=randn(1,100);
>>example1(x);
Error using plot
```

```
Vectors must be the same lengths.
Error in example2 (line 10)
plot(xxmu,yy,'r','Linewidth',4)
Error in example1 (line 7)
example2(xn,xx,xmu,xstd)
```

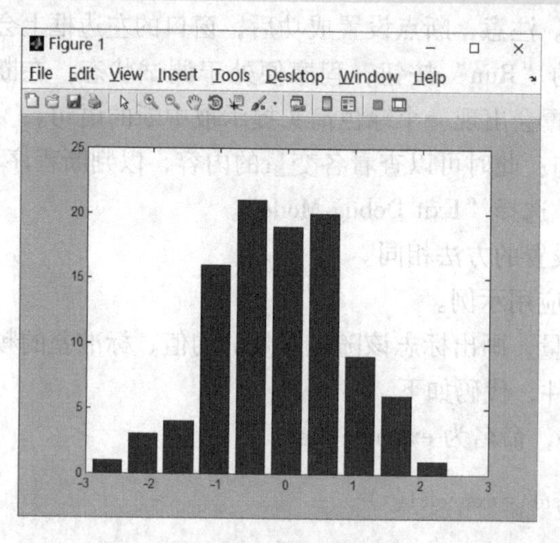

图 3-13　运行结果

3）对图像进行分析。

通过错误提示可知，错误发生在 example2. m 文件中的第 10 行，对 xxmu 和 yy 两个向量的定义长度不一样，因此将使用调试器进行调试。

4）对断点进行设置。

单击 example1. m 第 6 行“断点位置条”中的“短线条”，会出现断点标记●（红点），如图 3-14 所示。在 example2. m 函数的第 10 行进行类似的操作，实现断点设置。

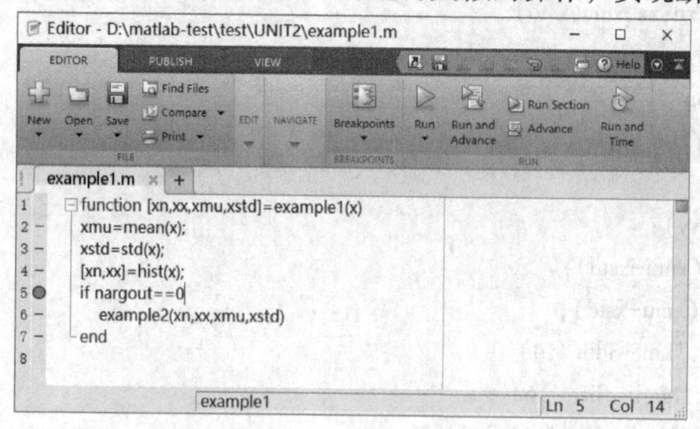

图 3-14　断点标记

5）调试状态的进入。

在“Command Window”中输入以下指令，进入动态调试的状态。

```
>>randn('seed',1),x=randn(1,100);
>>example1(x);
```

该指令将会使两个窗口发生变化。

① 指令窗口的控制权将会转给标志符 K>>，如图 3-15 所示。

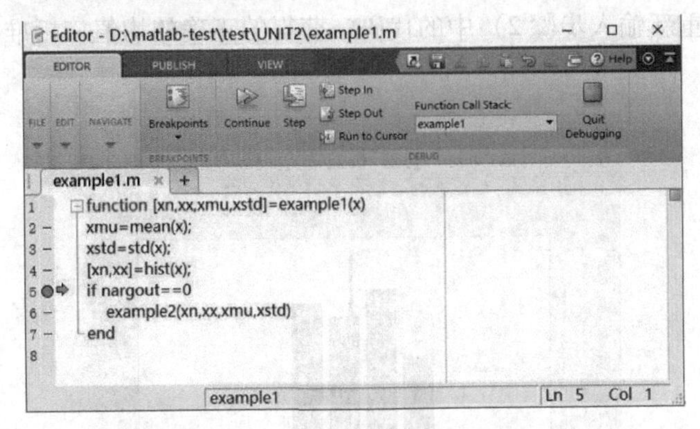

图 3-15　进入调试状态的命令窗口

② 图中出现了绿色的箭头，这表明运行中断在此行之前。

6）进入文件 example2. m 函数内部。

单击“continue”按钮进入 example2. m 文件，发现箭头停止在第 9 行指令处。

7）观察运行后产生的中间结果，确定错误的准确位置。

观察 example2. m 文件中的“yy”变量，通过观测，发现生成的变量有以下 3 种方法。

① 鼠标观测法（适合较小规模观察）。将鼠标移动到变量“yy”上即可以实现观测，如图 3-16 所示。

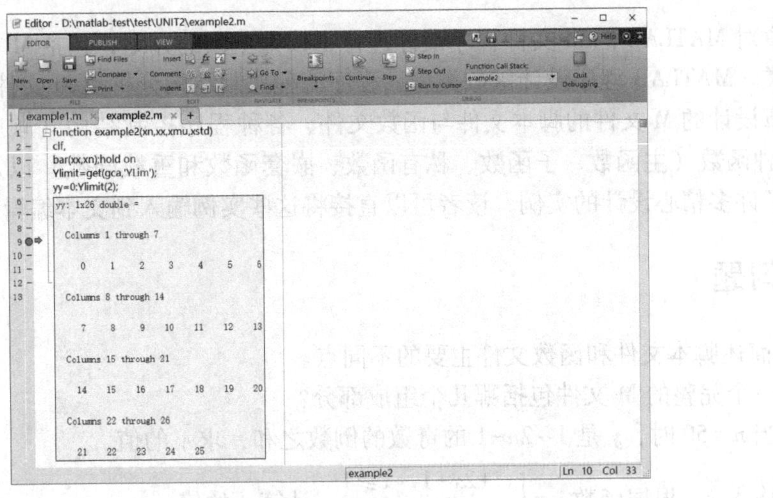

图 3-16　鼠标观测法

② 指令观察法（适合较大规模观察）。在 K 提示符后输入变量名后，会显示出相应的变量值。

③ 变量编辑器观察法（适合大规模观察）。在 MATLAB 操作桌面上的“工作空间浏览器”中，展现 example2. m 函数内存空间中的所有变量，双击待观察的变量进行观察。

通过观察可知这个错误发生在第 7 行，该指令的目标是产生一个与“yy”长度相同的“xxmu”向量，用于绘制垂直横轴的直线，但是该指令写错，因此产生错误。修改后的命令为 xxmu = xmu * ones(size(yy))。

8）修改后重新运行。

退出调试器，重新输入步骤 2）中的代码，获得的正确的均值、标准差的频数直方图如图 3-17 所示。

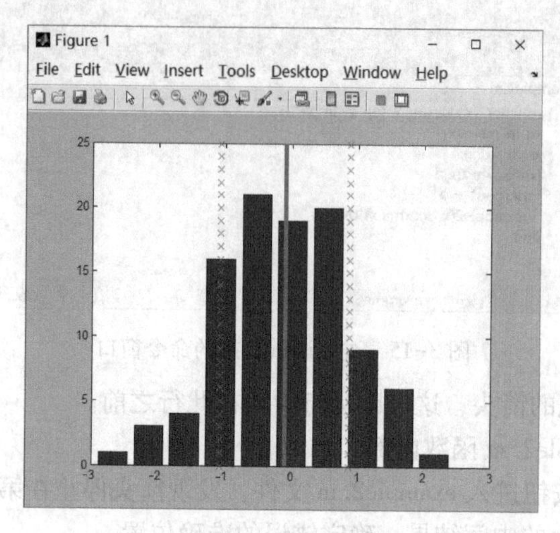

图 3-17　均值、标准差的频数直方图

3.6　本章小结

本章对 MATLAB 的 M 文件程序设计进行了较为全面的介绍，包括 M 文件的概述、M 文件的分类，MATLAB 程序设计函数类型、程序流程控制结构分析及 M 文件调试。

本章设计的 M 文件的脚本文件与函数文件、各种程序控制结构（顺序控制、分支和循环）、5 种函数（主函数、子函数、私有函数、嵌套函数和重载函数）以及最后的文件调试都配备了许多精心设计的实例，读者可以直接将这些实例输入到文本编辑器中进行实践。

3.7　习题

1）简述脚本文件和函数文件主要的不同点。

2）一个完整的 M 文件包括哪几个组成部分？

3）当 $n=50$ 时，y 是 $1\sim 2n-1$ 的奇数的倒数之和，求 y 的值。

4）输入 x，根据函数 $y=\begin{cases} x^3+2x+1 & x\geqslant 1 \\ -x^2+3 & x<1 \end{cases}$ 计算 y 的值。

5）找出 1~100 中 6 的倍数和尾数是 6 的数，按降序进行排列。

6）用循环求解法求最小的 m，满足条件为 $\sum\limits_{i=1}^{m} i > 1000$。

7）画出 $p(x_1, x_2)=\begin{cases} 0.5457\mathrm{e}^{-0.75x_2^2-3.75x_1^2-1.5x_1} & x_1+x_2>1 \\ 0.7575\mathrm{e}^{-x_2^2-6x_1^2} & -1<x_1+x_2\leqslant 1 \\ 0.5457\mathrm{e}^{-0.75x_2^2-3.75x_1^2+1.5x_1} & x_1+x_2\leqslant -1 \end{cases}$ 的图线。

第4章 图形图像

MATLAB 有出色的数据可视化功能，并提出了句柄图形学的概念，还为面向对象的图形处理提供了十分丰富的工具软件支持。MATLAB 可以绘制出数据的二维图形、三维，甚至多维的图形。MATLAB 所提供的强大的绘图功能，使得用户从烦琐的绘图细节中脱离出来，从而能够看到许多数据的本质及内在联系。通过数据可视化的方法，工程科研人员可以对自己的样本数据的分布、趋势特性有一个直观的了解。

本章着重介绍二维图形和三维图形的绘制，图形窗口的建立与控制，图形、图像文件操作以及图形、图像的处理。通过本章的学习，读者不仅能够熟练掌握基本的绘图方法，而且能熟练使用 MATLAB 中相应的函数命令来对图形和图像进行相应的操作。

4.1 二维图形

二维图形的绘制是 MATLAB 图形处理的基础，也是在绝大多数计算中所用到的绘图形式。MATLAB 提供了丰富的绘图函数，既可以绘制基本的二维图形，又可以绘制特殊的二维图形。本节主要介绍 plot、fplot、ezplot 三个基本的二维图形绘制函数，其他特殊绘图函数做简要介绍。

4.1.1 基本绘图函数

1. plot 函数

plot 函数是 MATLAB 中最核心的二维绘图函数，它有多种语法格式可以实现多种功能。

plot 函数的基本调用格式如下。

(1) plot(y)

当 **y** 为向量时，是以 y 的分量为纵坐标、元素序号为横坐标，用直线依次连接数据点，绘制曲线。若 **y** 为实矩阵，则按列绘制每列对应的曲线。

(2) plot(x,y)

若 **y** 和 **x** 为同维向量，则以 x 为横坐标、y 为纵坐标绘制连线图。若 **x** 是向量，**y** 是行数或列数与 x 长度相等的矩阵，则绘制多条不同色彩的连线图，x 作为这些曲线的共同横坐标。若 **x** 和 **y** 为同型矩阵，则以 **x**、**y** 对应元素分别绘制曲线，曲线条数等于矩阵列数。

(3) plot(x1,y1,x2,y2,…)

在此格式中，每对 x，y 必须符合 plot(x,y)中的要求，不同坐标对之间没有影响，命令将对每一对 x，y 绘制曲线。

以上 3 种格式中的 x，y 都可以是表达式。plot 是绘制二维曲线的基本函数，但在使用此函数之前，需先定义曲线上每一点的 x 及 y 坐标。

【例 4-1】plot 函数应用举例。

在命令行窗口中输入如下代码。

```
>>x=linspace(-2*pi, 2*pi, 100); % 在 x 轴取 100 个点
    y=sin(x); %对应的 y 坐标
    plot(x,y);
```

运行以上程序代码后，得到如图 4-1 所示的图形。

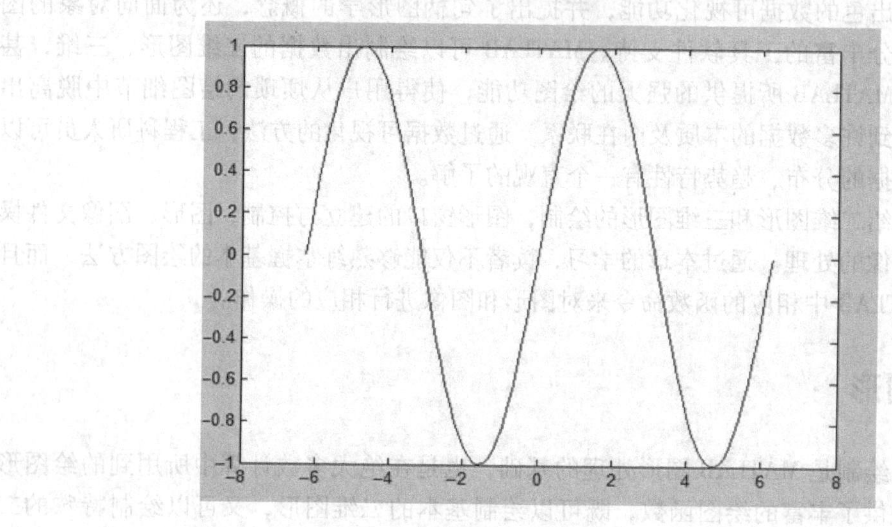

图 4-1 正弦曲线图

如果想要画出多条曲线，则只需将坐标对依次放入 plot 函数即可，如：

```
>>plot(x, sin(x), x, cos(x));
```

若要改变颜色，则在坐标对后面加上相应符号即可，如：

```
>>plot(x, sin(x), 'c', x, cos(x), 'g');
```

若要同时改变颜色及图线形态（Line style），则在坐标对后面加上相应符号即可。图形控制符号及含义见表 4-1。

表 4-1 图形控制符号

颜色符号	含义	线形符号	含义	线形符号	含义
b	蓝色	·	点	<	左三角
g	绿色	+	+号	>	右三角
r	红色	*	星号	-	实线
c	蓝绿色	p	五角星形	:	点线
m	紫红色	h	六角星形	-.	点画线
y	黄色	s	方形	--	虚线
k	黑色	d	菱形	（空白）	不画线

📖 **注意：**①表示属性的符号必须放在同一个字符串中；②可同时指定2~3个属性；③指定的属性与先后顺序无关；④指定的属性中，同一种属性不能有两个以上。

【**例 4-2**】同时绘制正弦和余弦曲线，并改变曲线的颜色和形态。

解：在命令窗口中输入以下代码。

```
>>x=linspace(-2*pi, 2*pi, 200);                %在 x 轴取 200 个点
    y=sin(x);                                   %对应的 y 坐标
    plot(x, sin(x), 'bh ', x, cos(x), 'g* ');
```

运行以上程序代码后，得到如图 4-2 所示的图形。

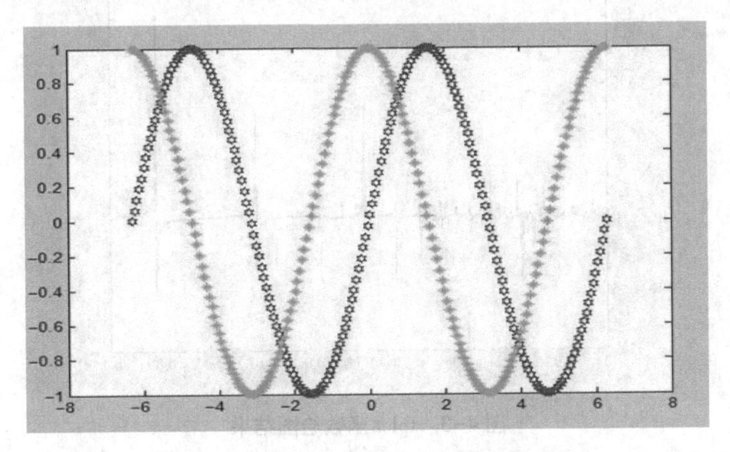

图 4-2　同时改变颜色和线条形态的曲线

2. fplot 函数

前面介绍的 plot 函数是将外部输入或者通过函数数值计算得到的数据矩阵转化为二维图形。在实际的应用中，用户可能并不知道所要绘制的二维图形中函数随着变量变化的趋势，假如此时用 plot 函数来绘制图形，则可能会由于变量的取值间隔不合理而导致所绘制的二维图形不能很好地反映数据之间的关系。

对于变化剧烈的函数，fplot 函数可用来进行较精确的绘图，对剧烈变化处进行较密集的取样。该绘图函数通过内部自适应算法来动态改变变量之间的间隔，当函数变化缓慢时，间隔相对大一点；当变化剧烈时，间隔相对小一点。

fplot 函数的使用格式如下。

```
fplot(function,limits)
fplot(function,limits,LineSpec)
fplot(function,limits,tol)
fplot(function,limits,tol,LineSpec)
fplot(function,limits,n)
fplot(axex_handle,…)
[X,Y]=fplot(function,limits,…)
[…]=fplot(function,limits,tol,n,LineSpec,P1,P2,…)
```

其中，function 为待绘制的图形名称；limits 是一个指定 x 轴范围的向量［xmin xmax］，或者是 x 轴和 y 轴范围的向量［xmin xmax ymin ymax］；LineSpec 定义绘图的线条、颜色和数据点等；tol 为相对误差容忍度，其默认值为 2e-3；n 控制图形绘制的点的数量，当 $n \geqslant 1$ 时，至少绘制 $n+1$ 个点，n 的默认值为 1；axex_ handle 为坐标轴句柄，函数图形的绘制就在这个坐标轴中显现。

【例 4-3】 利用 fplot 函数在指定的范围内画出函数图形。

```
>>fplot('tan(1/x)', [0 0.1]);            % [0 0.1]是绘图范围
```

运行以上程序代码后，得到的函数图形如图 4-3 所示。

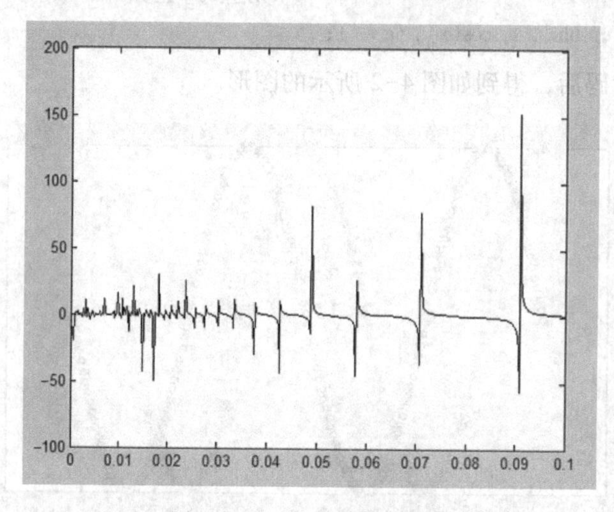

图 4-3　fplot 函数绘图结果

3. ezplot 函数

ezplot 函数与 fplot 函数类似，该函数可以绘制显函数图形、隐函数图形和参数方程图形。ezplot 函数的调用格式如下。

```
ezplot(f)
ezplot(f,[min,max])
ezplot(f,[xmin,xmax,ymin,ymax])
ezplot(x,y)
ezplot(x,y,[tmin,tmax])
ezplot(...,figure_handle)
ezplot(axes_handle,...)
h=ezplot(...)
```

1）当 $f=f(x)$ 时，各参数含义如下。

ezplot(f)：绘制 $f=f(x)$ 在默认区域 2 * pi<x<2. * pi 内的图形。

ezplot(f,[min,max])：用于绘制显函数 y=f(x) 的图形，函数区间为[min,max]。

2）当 $f=f(x,y)$ 时，各参数的含义如下。

ezplot(f)：绘制函数 $f(x,y)=0$ 在默认区域 2 * pi<x<2. * pi，2 * pi<y<2. * pi 内的图形。

ezplot(f,[min,max])：用于绘制 $f(x,y)=0$ 在区域 min<x<max、min<y<max 内的图形。

ezplot(f,[xmin,xmax,ymin,ymax])：用于绘制隐函数 $f(x,y)=0$ 的图形，函数区间为

xmin$<x<$xmax、ymin$<y<$ymax。

3）当 $x=x(t)$，$y=y(t)$ 时，各参数含义如下。

ezplot(x,y)：用于绘制参数方程组 $x=x(t)$，$y=y(t)$ 的图形，默认区域为 $0<t<2*pi$。

ezplot(x,y,[tmin,tmax])：用于绘制 $x=x(t)$，$y=y(t)$ 的图形，默认区域为 min$<t<$tmax。

ezplot(...,figure_handle)：在句柄为 figure_handle 的窗口中绘制给定函数在给定区域内的图形。

ezplot(axes_handle,...)：在句柄为 axes_handle 的坐标系内绘制图形。

h=ezplot(...)：返回直线对象的句柄到 h 变量中。

【例 4-4】 绘制显函数 $\cos x$ 的二维曲线；绘制隐函数 $f(x,y)=x^2\sin(x+y^2)+y^2e^x+6\cos(x^2+y)=0$ 的二维曲线。

1）输入以下代码，生成显函数的图形，如图 4-4 所示。

```
>>syms x;
    f=cos(x);
    ezplot(f);
    xlabel('x');
    ylabel('y');
    title('cosx 函数图形')
```

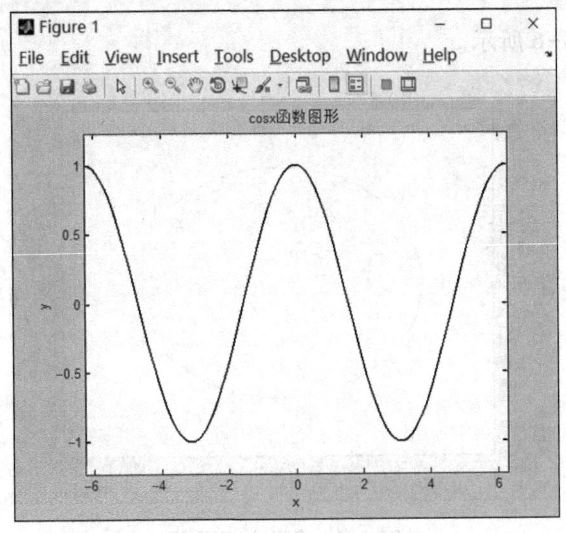

图 4-4　显函数图形

2）输入以下代码，生成隐函数的图形，如图 4-5 所示。

```
>>syms x;
    syms y
    f=x^2 * sin(x+y^2)+y^2 * exp(x)+6 * cos(x^2+y);
    ezplot(f)
    xlabel('x');
    ylabel('y');
    title('隐函数图形')
```

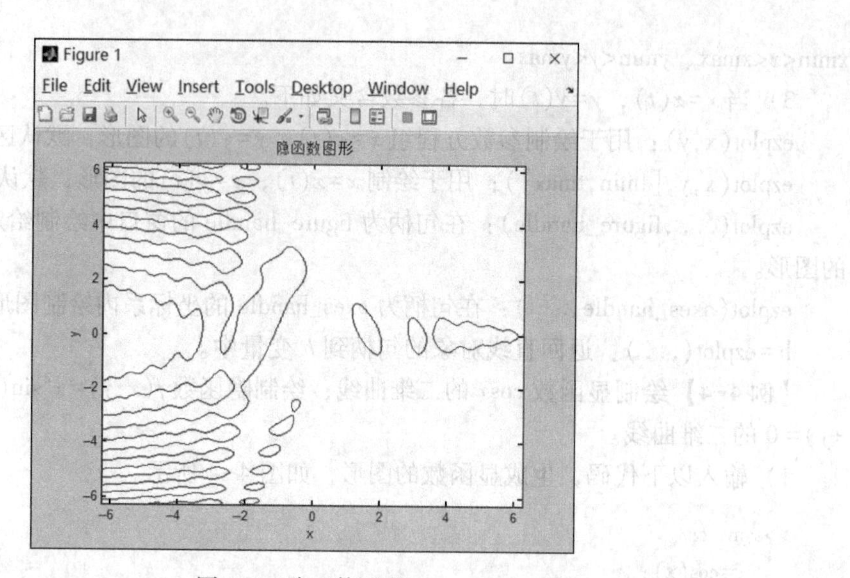

图 4-5　隐函数图形

【例 4-5】绘制参数方程 $x^2+y^2-4=0$ 在区域[-3,3,-3,3]内的图形。

输入代码如下。

```
>>ezplot('x^2 +y^2-4',[-3,3,-3,3]);
```

绘制的结果如图 4-6 所示。

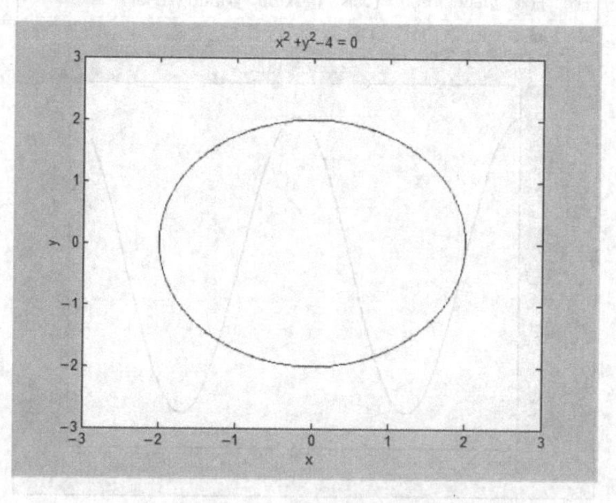

图 4-6　参数方程图形

4.1.2　特殊函数

常见的二维特殊绘图函数见表 4-2。

表 4-2　二维特殊绘图函数

函 数 名	含　义	函 数 名	含　义
area	填充绘图	hist	柱状图
bar	垂直条形图	contour	等高线图

（续）

函 数 名	含 义	函 数 名	含 义
barh	水平条形图	pie	饼状图
comet	彗星图	plotmatrix	分散矩阵图
errorbar	误差带图	ribbon	三维图的二维条状显示
ezpolar	简单绘制极坐标图	scatter	散射图
feather	羽毛图	stem	离散序列火柴杆状图
fill	多边形填充图	stairs	阶梯图
gplot	拓扑图	rose	极坐标系下的柱状图
compass	罗盘图	quiver	向量场

表 4-2 中的绘图函数均有不同的使用方法，下面介绍其中较常用的函数，并通过具体实例来熟悉其使用方法。

1. 条形图

bar 命令用于绘制二维的垂直条形图，用垂直的条形显示向量或者矩阵的值，可以显示矢量数据和矩阵数据。使用格式如下。

```
bar(y)                %为每一个 y 中元素画出条形
bar(x,y)              %在指定的横坐标 x 上画出 y,其中 x 为严格单增的向量
bar(…,width)          %设置每个条形相对距离,默认值为 0.8
bar(…, 'style ')      %定义条的形状类型,选项为'group '或者'stack '
bar(…, 'bar_color ')  %定义条形的颜色
```

【例 4-6】绘制条形图。

```
>>y=rand(6,4);            %随机生成 6 组数据,每组包含 4 个数据
  bar(y);                 %绘制 y 条形图
```

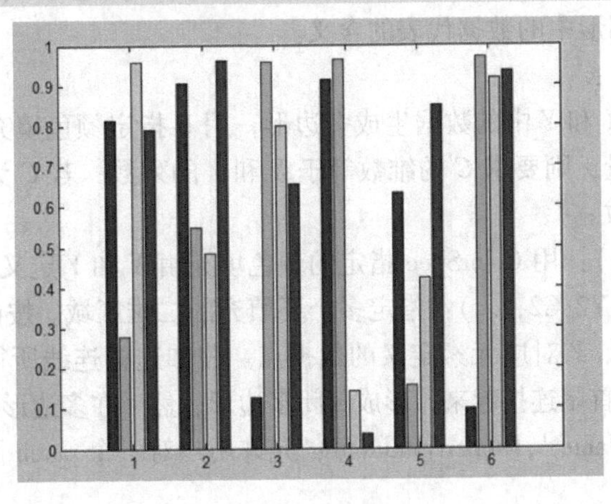

图 4-7 条形图

📖 **注意：** barh 函数用于绘制水平条形图，其用法与 bar 函数类似，读者可以参考 bar 函数的用法自行练习。

2. 饼状图

函数 pie 用于绘制二维饼状图。饼状图用于表示矢量或矩阵中各元素所占有的比例。具体使用方法如下：

pie(x)：使用 x 中的数据绘制饼图，x 中的每一个元素用饼图中的一个扇区表示。

pie(x,explode)：绘制向量 $\boldsymbol{x}$ 的饼图，如果向量 $\boldsymbol{x}$ 的元素和小于 1，则绘制出不完全的饼图。explode 为一个与 x 尺寸相同的矩阵，非零元素所对应的 $\boldsymbol{x}$ 矩阵中的元素从饼图中分离出来。

【例 4-7】 绘制饼状图。

```
>>x=[1 3 0.5 2.5 2];
  explode=[0 1 0 0 0];
  pie(x, explode)
```

得到的饼状图如图 4-8 所示。

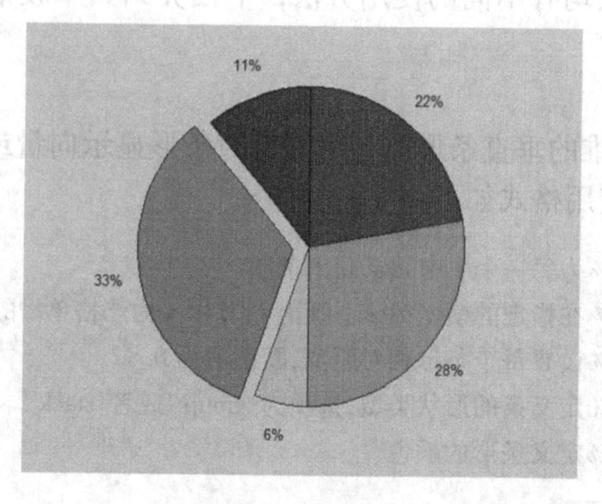

图 4-8　饼状图

3. 多边形填充图

fill 函数用于绘制并填充二维多边图形。将数据点视为多边形顶点，并将此多边形涂上颜色，便于用户理解图形中的数据代表的含义。

具体调用方法如下：

fill(X,Y,C)：用 X 和 Y 中的数据生成多边形，用 C 指定颜色填充。其中 $\boldsymbol{C}$ 为色图向量或矩阵。若 $\boldsymbol{C}$ 是行向量，则要求 $\boldsymbol{C}$ 的维数等于 X 和 Y 的列数；若 $\boldsymbol{C}$ 为列向量，则要求 $\boldsymbol{C}$ 的维数等于 X 和 Y 的行数。

fill(X,Y,ColorSpec)：用 ColorSpec 指定的颜色填充由 X 和 Y 定义的多边形。

fill(X1,Y1,C1,X2,Y2,C2,...)：指定多个要填充的二维区域。按向量元素的下标渐增次序依次用直线段连接 X，Y 对应元素定义的数据点。假如这样连线所得的折线不封闭，那么 MATLAB 会自动将折线首尾连接起来，形成封闭多边形，然后在多边形内部填充指定颜色。

fill(...,'PropertyName ',PropertyValue)：允许用户对一个 patch 图形对象的某个属性设定属性值。

【例 4-8】 绘制填充图。

```
>>x=linspace(-4*pi,4*pi,100);                %绘图区域为 0~10,取 100 个点
y=sin(x).*cos(x);
```

```
fill(x,y,'g');                    % 'g'为绿色
```

绘制的 fill 函数填充图如图 4-9 所示。

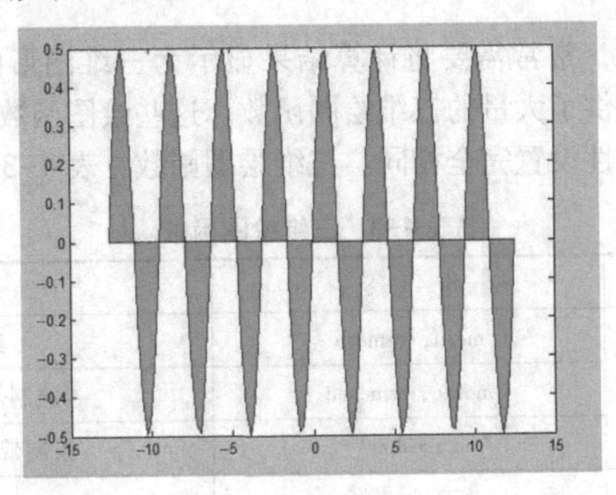

图 4-9　fill 函数填充图

4. 罗盘图

compass 函数用于绘制罗盘图，利用直角坐标系，在圆形栅格上绘制图形，整个形状类似一个“罗盘”，具体使用格式如下。

1）compass(x,y)：函数绘制一个由原点出发、由(x,y)组成的向量箭头图形。

2）compass(z)：等价于 compass(real(z),imag(z))。

3）compass(...,LineSpec)：用参量 LineSpec 指定箭头的线型、标记符号、颜色等属性。

4）h=compass(...)：函数返回 line 对象的句柄给 h。

对于表示方向的自变量，要进行角度和弧度的转换，一般格式为 rad=ang * pi/180。

【**例 4-9**】绘制 12 小时的风力和风向的罗盘图。

```
>>wdir=[45 90 90 45 360 335 360 270 335 270 335 335];     %风向
  knots=[6 6 8 6 3 9 6 8 9 10 14 12];                     %风力
  rdir=wdir * pi/180;                                     %将风向转换为弧度
  [x,y]=pol2cart(rdir, knots);                            %极坐标和直角坐标转换
  compass(x,y);                                           %绘制图形
```

绘制的结果如图 4-10 所示。

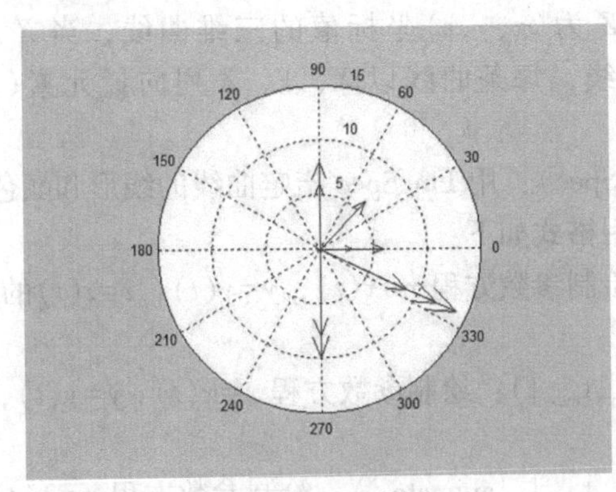

图 4-10　罗盘图

4.2 三维图形

在实际的工程计算中，常常需要将计算结果显示为三维图形的形式。MATLAB 具有强大的三维绘图能力，并提供了大量的三维绘图函数。这些绘图函数的用法与二维绘图有很多相似之处，其中曲线的属性设置完全相同。三维绘图函数见表 4-3。

表 4-3 三维绘图函数

类别	指令	说明
网状图	mesh，ezmesh	绘制立体网状图
	meshc，ezmeshc	绘制带有等高线的网状图
	meshz	绘制带有“围裙”的网状图
曲面图	surf，ezsurf	立体曲面图
	surfc，ezsurfc	绘制带有等高线的曲面图
	surfl	绘制带有光源的曲面图
曲线图	plot3，ezplot3	绘制立体曲线图
底层函数	surface	surf 函数用到的底层指令
	line3	plot3 函数用到的底层指令
等高线	contour3	绘制等高线
水流效果	waterfall	在 x 方向或 y 方向产生水流效果
影像表示	pcolor	在二维平面中以颜色表示曲面的高度

4.2.1 基本绘图函数

最常用的三维绘图是三维曲线图、三维网格图和三维曲面图，对应的 MATLAB 函数分别为 plot3/ezplot3、mesh/ezmesh 和 surf/ezsurf，其中加“ez”的函数用于绘制符号函数图形，不加“ez”的函数用于绘制数值函数的图形。下面分别介绍这 3 种绘图函数的用法。

1. plot3/ezplot3

1）plot3 是三维绘图的基本函数，调用格式如下。

① plot3(X,Y,Z)：绘制简单的三维曲线，当 X、Y、Z 是长度相同的向量时，plot3 命令将绘制以向量 X、Y、Z 为 (x,y,z) 坐标值的三维曲线；当 X、Y、Z 是 $m\times n$ 矩阵时，plot3 命令将绘制 m 条曲线，每条曲线以 X、Y、Z 列向量元素 (x,y,z) 坐标值绘制多条曲线。

② plot3(X,Y,Z,LineSpec)：用 LineSpec 指定曲线的线形和颜色。

2）ezplot3 函数的调用格式如下：

① ezplot3(x,y,z)：绘制参数方程 $x=x(t)$，$y=y(t)$，$z=z(t)$ 的三维曲线图，t 的取值范围为［0，2］。

② ezplot3(x,y,z,[t_{min},t_{max}])：绘制参数方程 $x=x(t)$，$y=y(t)$，$z=z(t)$ 的三维曲线图，t 的取值范围为[t_{min},t_{max}]。

③ ezplot3(x,y,z,[t_{min},t_{max}],'animate ')：绘制参数方程 $x=x(t)$，$y=y(t)$，$z=z(t)$ 的空

间曲线的动态轨迹，t 的取值范围为$[t_{min}, t_{max}]$。

【例 4-10】plot3 函数绘制三维曲线。

```
>>x=0: pi/6: 10*pi;
    y=cos(x);
    z=sin(x);
    plot3(x, y, z)
```

运行以上代码，得到如图 4-11 所示的图形。

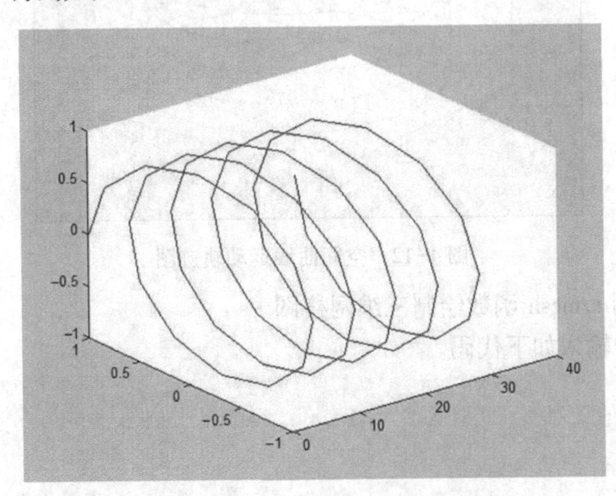

图 4-11 plot3 函数绘制的三维曲线图

【例 4-11】利用 ezplot3 函数绘制 $x=\sin t$、$y=\cos t$ 和 $z=t$ 的空间曲线动态轨迹，$t\in[0, 10\pi]$。

在命令行窗口中输入如下代码，即可生成图 4-12 所示的空间曲线动态轨迹图。

```
>>syms t;
  x=sin(t);
  y=cos(t);
  z=t;
ezplot3(x,y,z,[0,10*pi],'animate');
```

2. mesh/ezmesh

1）mesh 函数生成由 X、Y 和 Z 指定的网线面，由 C 指定颜色的三维网格图。具体调用方法如下。

mesh(Z)：分别以矩阵 **Z** 的行、列下标作为 x 轴和 y 轴的自变量绘图。

mesh(X,Y,Z)：最常用的一般调用格式。

mesh(X,Y,Z,C)：完整的调用格式，C 用于指定图形的颜色，如果没有给定 C，则系统默认 $C=Z$。

2）ezmesh 的调用格式如下。

ezmesh(FUN,DOMAIN)：FUN 为函数表达式，DOMAIN 为自变量的取值范围。

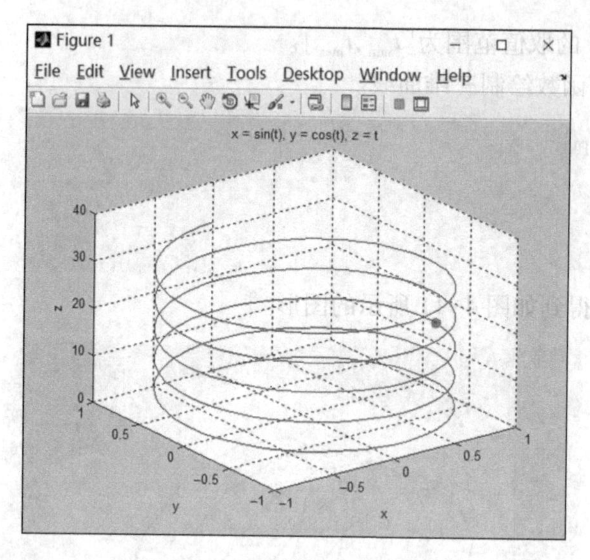

图 4-12　空间曲线运动轨迹图

【例 4-12】使用 ezmesh 函数绘制三维网格图。

在命令行窗口中输入如下代码。

```
>>syms x;
syms t;
f=x * sin(t);
ezmeshz(f,[-pi,pi]);
```

绘制的结果如图 4-13 所示。

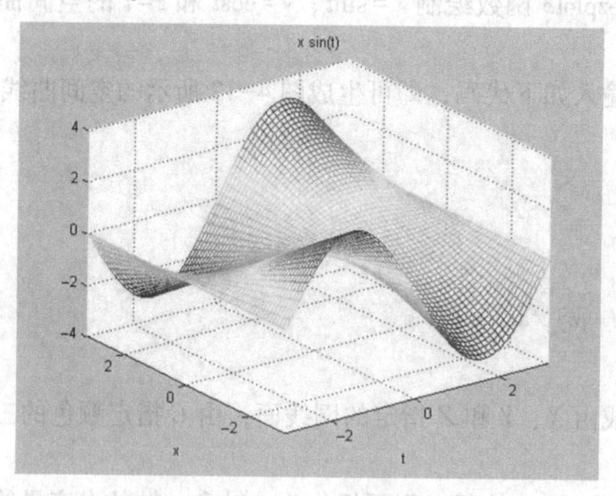

图 4-13　网格图

另外，mesh 函数还有以下两个扩展函数：meshc 和 meshz 函数，它们的功能和调用方法同 mesh 函数类似，均是在 mesh 函数绘图的基础上绘制。其中，meshc 函数在原有图像上添加等高线，meshz 函数在原有图形上添加绘图边界。需要注意的是，ezmesh 函数只有 ezmeshc。

3. surf/ezsurf

1）surf 函数的用法和 mesh 函数类似，MATLAB 中 surf 函数专门用于绘制三维着色曲面图和 surfc 是通过矩形区域来观测数学函数的函数。surf 和 surfc 能够产生由 X、Y、Z 指定的有色参数化曲面，即三维有色图。具体调用方法如下。

① surf(Z)：生成一个由矩阵 **Z** 确定的三维带阴影的曲面图，其中［m,n］=size(Z)，而 $X=n$，$Y=1:m$。高度 Z 为定义在一个几何矩形区域内的单值函数，Z 同时指定曲面高度数据的颜色，所以颜色相同的曲面高度是相当的。

② surf(X,Y,Z)：数据 Z 同时为曲面高度，也是颜色数据。X 和 Y 为定义 X 坐标轴和 Y 坐标轴的曲面数据。若 X 与 Y 均为向量，length(X)= n，length(Y)= m，而[m,n]=size(Z)，在这种情况下，空间曲面上的结点为(X(I),Y(j),Z(I,j))。

③ surf(X,Y,Z,C)：用指定的颜色 C 画出三维网格图。MATLAB 会自动对矩阵 **C** 中的数据进行线性变换，以获得当前色图中可用的颜色。

2）ezsurf 的调用格式如下。

ezsurf(FUN,DOMAIN)：FUN 为函数表达式，DOMAIN 为自变量的取值范围。

【例 4-13】立体曲面图。

```
>>x=linspace(-2, 2, 25);                % 在 x 轴上取 25 点
y=linspace(-2, 2, 25);                  % 在 y 轴上取 25 点
[xx,yy]=meshgrid(x, y);                 % xx 和 yy 都是 25×25 的矩阵
zz=xx. * exp(-xx.^2-yy.^2);             %计算函数值,zz 也是 25×25 的矩阵
surf(xx, yy, zz);                       %画出立体曲面图
```

绘制的结果如图 4-14 所示。

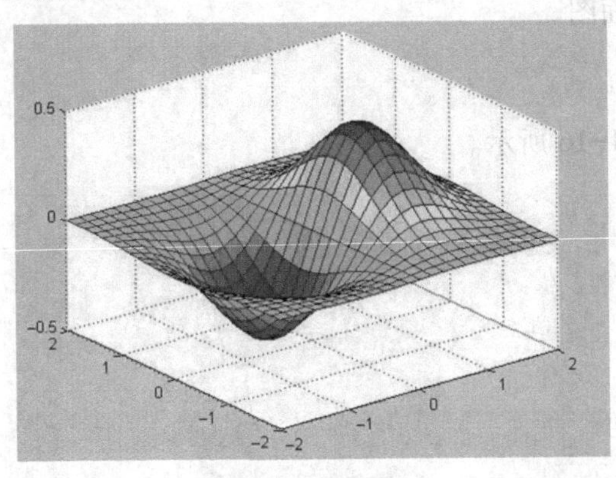

图 4-14　立体曲面图

同 mesh 函数类似，surf 函数也有两个扩展函数：surfc 函数和 surfl 函数。surfc 函数是在 surf 函数绘图的基础上添加等高线，surfl 函数为在 surf 函数绘图的基础上绘制带有光源的曲面图。需要注意的是：surf 函数没有 surfz 函数，ezsurf 函数只有 ezsurfc 函数。

4.2.2　特殊函数

1. pie3 函数

pie3 函数用于生成三维饼图（即有一定厚度的饼图），调用方法与二维饼图相同。

【例 4-14】绘制三维饼图。

```
>>pie3([2,3,4,5])  %分别占比 14%、21%、29%、36%
```

绘制的三维饼图如图 4-15 所示。

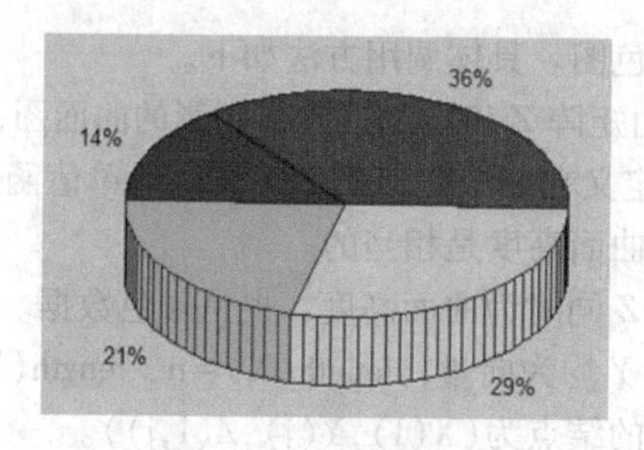

图 4-15　三维饼图

2. cylinder 函数

cylinder 函数用于生成圆柱图形。该命令生成一单位圆柱体的 x，y，z 轴的坐标值。用户可以用命令 surf 或命令 mesh 画出圆柱形对象，或者用没有输出参量的形式立即画出图形。

用法：[X,Y,Z]=cylinder 返回一个半径为 1、高度为 1 的圆柱体的 x，y，z 轴的坐标值，圆柱体的圆周有 20 个距离相同的点。

[X,Y,Z]=cylinder ®返回一个半径为 r、高度为 1 的圆柱体的 x，y，z 轴的坐标值，圆柱体的圆周有 20 个距离相同的点。

[X,Y,Z]=cylinder(r,n)返回一个半径为 r、高度为 1 的圆柱体的 x，y，z 轴的坐标值，圆柱体的圆周有指定的 n 个距离相同的点。

cylinder(…)没有任何的输出参量，直接画出圆柱体。

【**例 4-15**】绘制柱面图。

```
>>cylinder([2,3,4,5])
```

绘制的柱面图如图 4-16 所示。

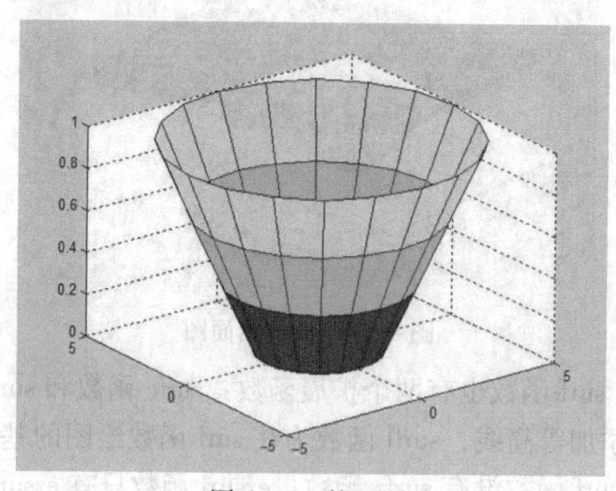

图 4-16　柱面图

3. sphere 函数

sphere 函数用于生成球体，具体调用方法如下。

1）sphere：生成三维直角坐标系中的单位球体，该单位球体有 20×20 个面。

2）sphere(n)：在当前坐标系中画出有 n×n 个面的球体。

[X,Y,Z]=sphere(n)返回 3 个阶数为(n+1)×(n+1)的直角坐标系中的坐标矩阵。该命令没有画图，只是返回矩阵。用户可以用命令 surf(X,Y,Z)或 mesh(X,Y,Z)画出球体。

【**例 4-16**】绘制球面图。

```
>>sphere(20)
```

绘制的球面图如图 4-17 所示。

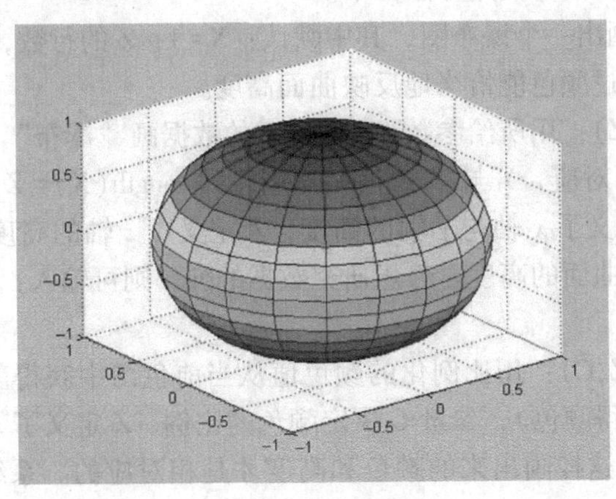

图 4-17　球面图

4. peaks 函数

为了方便测试立体绘图，MATLAB 提供了一个 peaks 函数，可产生一个凹凸有致的曲面，包含了 3 个局部极大点和 3 个局部极小点，其方程式为

$$y=3(1-x)^2\mathrm{e}^{-x^2(y+1)^2}-10\left(\frac{x}{5}-x^3-y^5\right)\mathrm{e}^{-x^2-y^2}-\frac{1}{3}\mathrm{e}^{-(x+1)^2-y^2}$$

要画出此函数的最快方法就是使用 peaks 函数。

【例 4-17】peaks 函数绘制图形。

```
>>peaks
    z=3*(1-x).^2.*exp(-(x.^2) - (y+1).^2) - 10*(x/5 - x.^3-y.^5).*exp(-x.^2-y.^2) - 1/
3*exp(-(x+1).^2 - y.^2)
```

绘制的结果如图 4-18 所示。

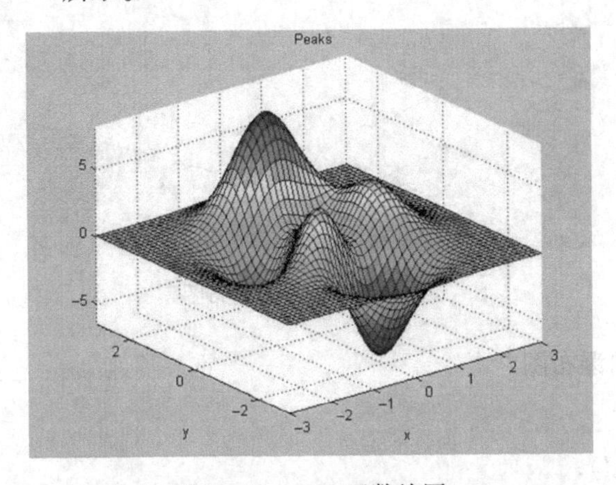

图 4-18　peaks 函数绘图

5. waterfall 函数

Waterfall 函数用于绘制三维瀑布图，瀑布图中的曲线有以下两种走向：一种为 x 轴方向，另一种为 y 轴方向，具体调用方法如下。

1）waterfall(Z)：画出一个瀑布图，其中默认：X=1：Z 的行数，Y=1：Z 的行数，且 Z 同时确定颜色，因此通过颜色能恰当地反映曲面高度。

2）waterfall(X,Y,Z)：用所给参数 X、Y 与 Z 的数据画“瀑布”效果图。若 X 与 Y 都是向量，则 X 与 Z 的列相对应，Y 与 Z 的行相对应，即 length(X)= Z 的列数，length(Y)= Z 的行数。参数 X 与 Y 定义了 x 轴与 y 轴的高度，Z 定义了 z 轴的高度，Z 同时确定了颜色，所以颜色能恰当地反映曲面的高度。若想研究数据的列，则可输入：waterfall(Z′)或 waterfall(X′,Y′,Z′)。

3）waterfall(X,Y,Z,C)：用比例化的颜色值从当前色图中获得颜色（系统使用一线性变换，从当前色图中获得颜色），参量 C 决定颜色的比例，Z 定义了 z 轴的高度和曲面颜色，所以 C 必须与 Z 同型，这样画出来的颜色和高度才是相对应的。系统使用一线性变换，从当前色图中获得颜色。

【例 4-18】 x 方向瀑布图。

```
>>[x,y,z]=peaks;
  waterfall(x,y,z);
```

绘制的结果如图 4-19 所示。

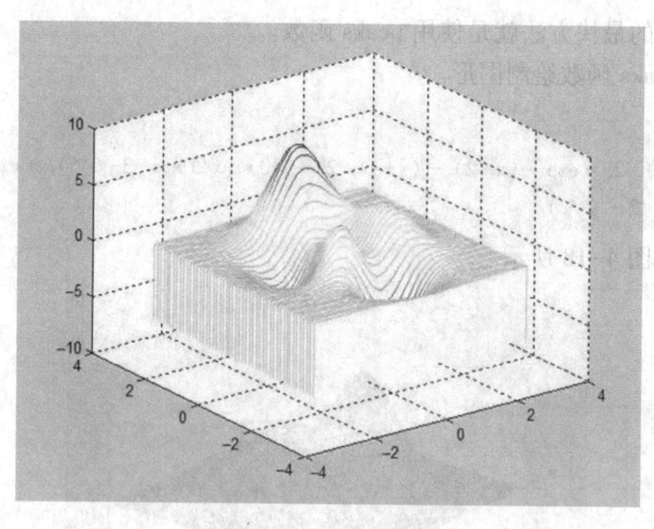

图 4-19　x 方向瀑布图

【例 4-19】 y 方向瀑布图。

```
>>[x,y,z]=peaks;
  waterfall(x',y',z');
```

绘制的结果 4-20 所示。

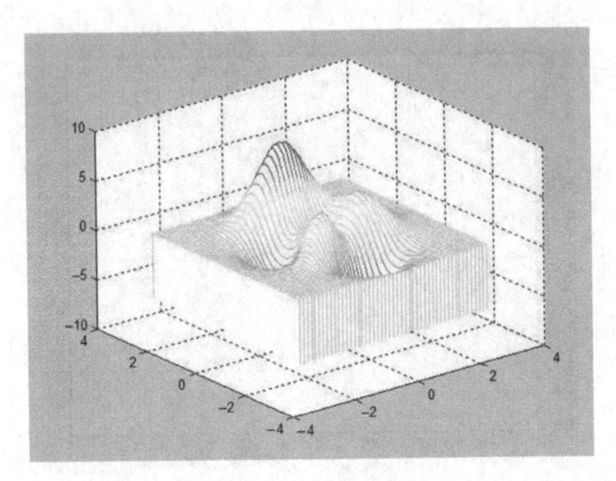

图 4-20　y 方向瀑布图

4.3　图形处理技术

MATLAB 绘制图形中的每个图形元素（如坐标轴、曲线和文字等）都是一个独立的对象，用户可以对图形中任何一个元素进行单独修改，而不影响图形中的其他部分。MATLAB 除了提供强大的绘图功能外，还提供了强大的图形处理功能。

4.3.1　坐标轴调整

1. axis 函数

axis 函数具体调用方法如下。

1）axis([xmin xmax ymin ymax])：设置当前坐标轴的 x 轴与 y 轴的范围。

2）axis([xmin xmax ymin ymax zmin zmax cmin cmax])：设置当前坐标轴的 x 轴、y 轴与 z 轴的范围，当前颜色刻度范围。

3）v=axis：返回一个包含 x 轴、y 轴与 z 轴刻度因子的行向量，其中 v 为一个四维或六维向量，这取决于当前坐标是二维还是三维。

4）axis auto：自动计算当前轴的范围，这取决于输入的 x，y 与 z 数据中的最大值和最小值。用户也可以指定对某一坐标轴单独进行自动操作。例如，axis 'auto x'为自动计算 x 轴的范围；axis 'auto yz'为自动计算 y 轴与 z 轴的范围。

5）axis manual：把坐标固定在当前的范围内，若需保持此状态，则后面所绘图形仍用相同的界限。

6）axis on：显示坐标轴上的标记、单位和格栅。

7）axis off：关闭坐标轴上的标记、单位和格栅显示，但保留由 text 和 gtext 设置的对象。

8）[mode,visibility,direction]=axis('state')：返回表明当前坐标轴设置属性的字符串。

【例 4-20】 axis 函数应用举例。

```
>>x=-2:.015:pi;
  plot(x,exp(x).*cos(2*x),'g*')
  axis([-2  2  -2  2])
```

绘制的结果如图 4-21 所示。

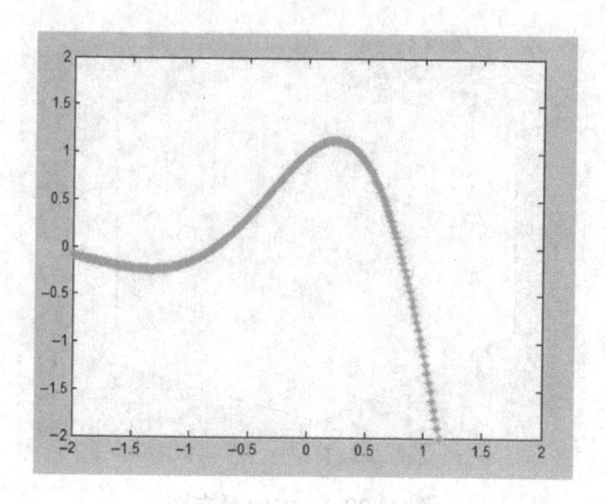

图 4-21　axis 函数举例

2. hidden 函数

hidden 函数用于在一网格图中显示隐含线条，即显示那些从观察角度观看被图形所遮住的线条，设置或取消隐藏线模式。

具体调用方法如下。

1）hidden on：开启“隐藏”，即不显示被当前图形遮住部分的网格线条。

2）hidden off：关闭“隐藏”，即显示被当前图形遮住部分的网格线条。

【例 4-21】hidden 函数应用举例。

```
>>mesh(peaks)
  hidden off
```

绘制的结果如图 4-22 所示。

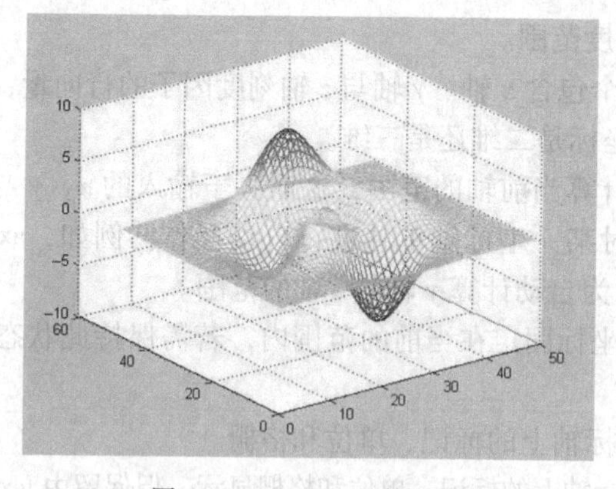

图 4-22　hidden 函数举例

3. shading 函数

shading 函数用于设置网格图形中坐标网格颜色的色调属性。该命令控制曲面与补片等的图形对象的颜色色调，同时设置当前坐标轴中的所有曲面与补片图形对象的属性 EdgeColor 与 FaceColor。具体调用方法如下。

1）shading flat：使网格图上的每一线段与每一小面有相同的颜色。

2）shading faceted：带重叠的黑色网格线的平面色调模式，这是默认的色调模式。

3）shadinginterp：使每一段曲面上显示不同的颜色，通过对曲面或图形对象的颜色着色进行色彩的插值处理，使色彩平滑过渡。

【例 4-22】shading 函数应用举例。

```
>>sphere(20)
shadinginterp
```

绘制的结果如图 4-23 所示。

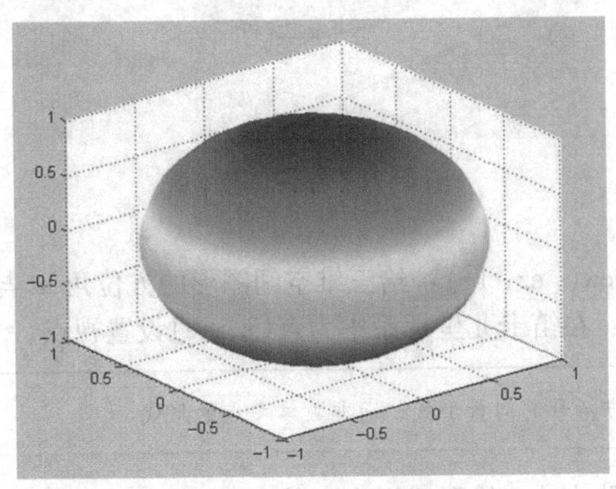

图 4-23 shading 函数举例

4. caxis 函数

caxis 函数控制着对应色图的数据值的映射图。它影响下面对象之一的、用带索引的颜色数据（CData）与颜色数据映射（CDataMapping）控制的刻度的图形对象：surface、patches 与 images；它不会影响用颜色数据（CData）或颜色数据映射（CDataMapping）直接设置颜色的图形对象。具体调用方法如下。

1）caxis([cmin cmax])：用指定的最大值与最小值设置颜色范围。数据值中小于 cmin 或大于 cmax 的将分别映射于 cmin 与 cmax，处于 cmin 与 cmax 之间的数据将线性地映射于当前色图。

2）caxis auto：让系统自动地计算数据的最大值与最小值对应的颜色范围，这是系统的默认动作。数据中的正无穷大（Inf）对应最大颜色值，负无穷大（-Inf）对应最小颜色值，颜色值设置为非负（NaN）将不显示面或者边界。

3）caxis manual：冻结当前颜色坐标轴的刻度范围。当设置为 hold on 时，可使后面的图形命令使用相同的颜色范围。

4）v=caxis：返回一个包含当前正在使用的颜色范围的二维向量 v=[cmin cmax]。

5）caxis(axes_handle,…)：使用由参量 axis_handle 指定的坐标轴，而非当前坐标轴。

【例 4-23】caxis 函数应用举例。

```
>>sphere(20);
caxis([-2 2])
```

绘制的结果如图 4-24 所示。

5. view 函数

view 函数用于指定立体图形的视点，视点的位置决定了坐标轴的方向。不同的视点绘制的图形是不一样的，用户可以用方位角（azimuth）和仰角（elevation）或者用空间中的一点来确定视点的位置。

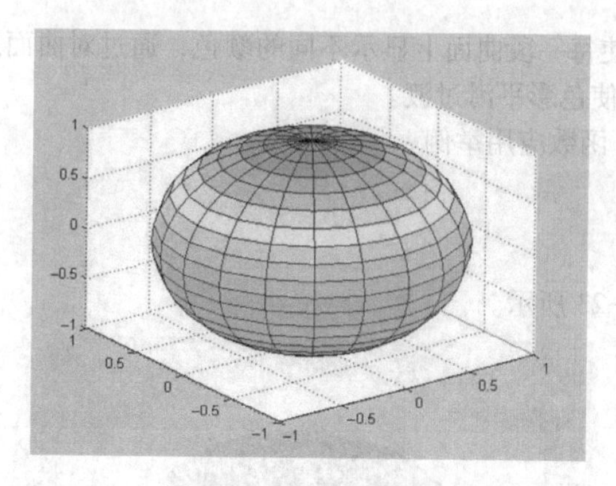

图 4-24　caxis 函数举例

具体调用方法如下。

1）view(az,el)、view([az,el])：给三维空间图形的方位角 az 与仰角 el 设置视点。

2）view([x,y,z])：在笛卡儿坐标系中为点(x,y,z)设置视点。

📖 **注意**：输入参量只能是方括号的向量形式，而非数学中点的形式。

3）view(2)：设置默认的二维形式视点。其中，az=0，el=90，即从 z 轴上方观看。

4）view(3)：设置默认的三维形式视点。其中，az=−37.5，el=30。

5）view(T)：根据转换矩阵 ***T*** 设置视点。其中，***T*** 为 4×4 阶的矩阵，如同用命令 viewmtx 生成的透视转换矩阵。

6）[az,el]=view：返回当前视点的方位角 az 与仰角 el。

7）T=view：返回当前的 4×4 阶的转换矩阵 ***T***。

【例 4-24】 view 函数应用举例。

```
>>sphere(20);
  az=90;el=0;
  view(az, el)
```

绘制的结果如图 4-25 所示。

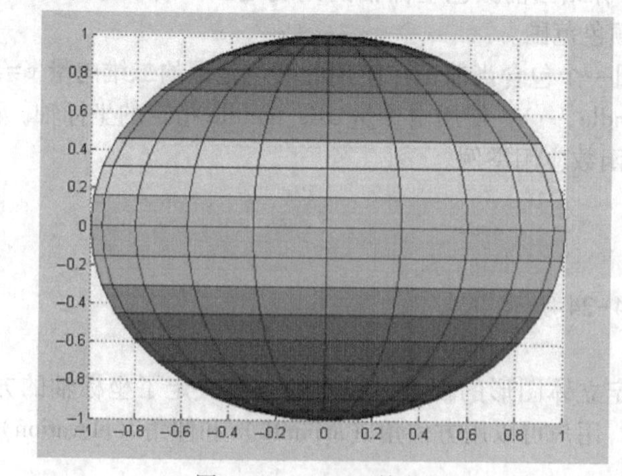

图 4-25　view 函数举例

4.3.2 图注及其他文字标示

MATLAB 提供的函数可以为图形加标题、为图形的坐标轴加标注、为图形加图例，也可以把说明、注释文本放到图形的任何位置。图注及其他标示句柄见表 4-4。

表 4-4 图注及其他标示句柄

句 柄	功 能
Title	为图形添加标题
Xlable	为 X 轴添加标注
Ylable	为 Y 轴添加标注
Zlable	为 Z 轴添加标注
Legend	为图形添加注解
Text	在指定位置添加文本
Otext	用鼠标在图形上放置文本

1. 图形标题和坐标轴标示

1）Title：图形标题句柄，其内容由 title 函数设定。

2）XLabel：x 轴标注句柄，其内容由 xlabel 函数设定，类似地，还有 YLabel 和 ZLabel 等。

3）XDir：x 轴方向，可选项为“normal”（正向）和“rev”（逆向）。

4）XGrid：x 轴是否加网格线，可选项为“off”和“on”。

5）XLim：x 轴上下限，以向量[xm,xM]给出。此外，还有 YLim 和 ZLim 属性。

6）XScale：x 轴刻度类型设置，可选项为“linear”（线性的）和“log”（对数的）。此外，还有 YScale 和 ZScale。

7）XTick 和 XTickLabel：XTick 属性将给出 x 轴上标尺点值的向量，而 XTickLabel 将存放这些标尺点上的标记字符串。对 y 轴和 z 轴也有相应的标尺属性。

2. 文本标示

1）text(x,y,'string')：在图形中指定的位置(x,y)上显示字符串 string。

2）text(x,y,z,'string')：在三维图形空间中的指定位置(x,y,z)上显示字符串 string。

3）text(x,y,z,'string'.'PropertyName',PropertyValue…)：对引号中的文字 string 定位于用坐标轴指定的位置，且对指定的属性进行设置。

3. 特殊字符标注

1）^{supeerstring}：进行上标文本的注释。

2）_{substring}：进行下标文本的注释。

3）\bf：加粗字体。

4）\it：斜字体。

5）\sl：斜字体。

6）\rm：正常字体。

7）\fontname {fontname}：定义使用特殊的字体名称。

8）\fontsize {fontsize}：定义使用特殊的字体大小。

【例 4-25】绘制带注释的图形。

在命令行窗口中输入如下代码。

```
>>x=linspace(0, 2*pi, 100);                         % 100 个点的 x 坐标
  y=sin(x);                                         %对应的 y 坐标
  plot(x, sin(x), 'bh', x,cos(x),'g*');
  xlabel('Input Value');                            % x 轴注解
  ylabel('Function Value');                         % y 轴注解
  title('Two Trigonometric Functions');             %图形标题
  legend('y=sin(x)','y=cos(x)');                    %图形注解
  grid on;   %显示网格线
```

运行上述程序代码后，得到如图 4-26 所示的图形。

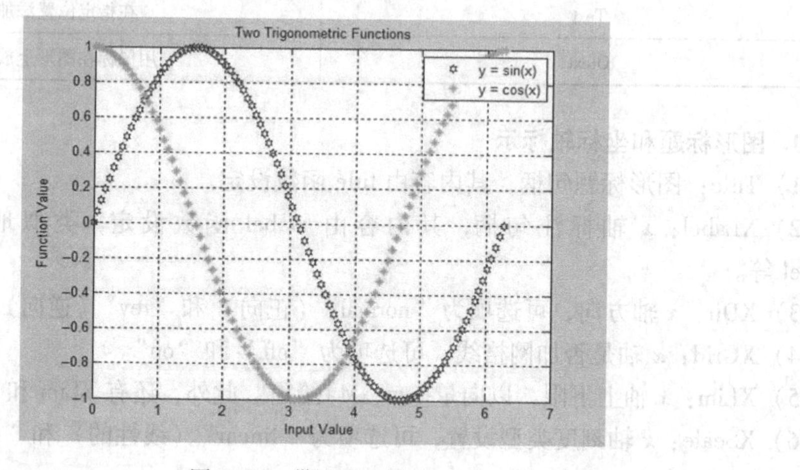

图 4-26　带注释的图形

4.3.3　颜色控制

用户可以通过插入菜单的颜色条选项（Colorbar）或者 colorbar 函数为图形添加颜色条。colorbar 函数的具体调用方法如下。

1）colorbar：在当前坐标轴的右侧添加新的垂直方向的颜色条。如果在当前位置已经存在颜色条，将使用新的颜色条替代。如果在非默认的位置存在颜色条，则保留该颜色条。

2）colorbar('off'), colorbar('hide')和 colorbar('delete')：删除所有与当前坐标轴关联的颜色条。

3）colorbar(…,'peer',axes_handle)：创建与 axes_handle 所代表的坐标轴相关联的颜色条。

4）colorbar(…,'location')：在相对于坐标轴的指定方位添加颜色条。如果在指定的方位存在颜色条，则将使用新的颜色条替代。location 可选项为 North、South、West、East、NorthOutside、SouthOutside、WestOutside、EastOutside。

5）colorbar(…,'PropertyName',propertyvalue)：用来创建颜色条坐标轴属性名称和属性值。

6）cbar_axes=colorbar(…)：返回新的颜色条对象的句柄，颜色条对象是当前窗口的子对象。如果颜色条已经存在，则创建一个新的颜色条。

7）colorbar(cbar_handle, PropertyName',propertyvalue,…)：为 cbar_handle 所代表的颜色条对象设置属性值。

8）cbar_handle=findobj(figure_handle,'tag','Colorbar')：获取已存在的颜色条的句柄。

4.3.4 图形控制

MATLAB 提供了 hold 命令保持当前图形。系统默认的是在当前图形窗口中绘图，如果一个图形绘制完成后，需要继续绘图，则系统将原图形覆盖，并在原窗口中绘制图形。要想保持原有图形，并在原有图形中添加新的内容，就会用到 MATLAB 的保持当前图形的功能。

hold 函数的调用方法如下。

1）hold on：保持当前图形。

2）hold off：解除 hold on 命令。

【例 4-26】 hold 函数应用举例。

```
>>x=linspace(0,2*pi,100);
  y=sin(x);
  plot(x,y)
```

先画好 sin(*x*)的图形（见图 4-27），然后再在此图形的基础上绘制 cos(*x*)的图形：

```
>>hold on
  z=cos(x);
  plot(x,z)
  hold off
```

执行上述代码后的图形如图 4-28 所示。

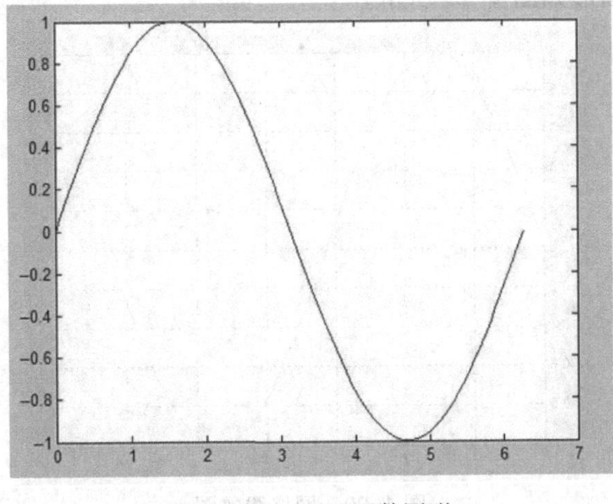

图 4-27　sin(*x*)函数图形

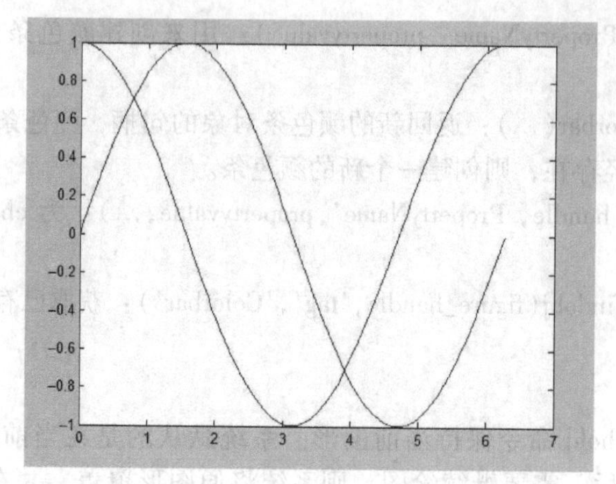

图 4-28　执行 hold on 后的图形

4.3.5　网格控制

MATLAB 提供了控制网格显示和坐标轴闭合的函数，分别为 grid 函数和 box 函数，默认的形式是不划分网格且坐标轴封闭。具体调用方法如下。

1）Grid：是否划分网格线的切换指令。
2）grid on：添加网格线。
3）grid off：取消网格线。
4）box 函数：坐标形式在封闭和开启间切换。
5）box on：坐标呈封闭形式，默认形式。
6）box off：坐标呈开启形式。

【例 4-27】 为 sin(*x*) 函数图形添加网格线。

```
>>x=linspace(0,2*pi,100);
  y=sin(x);
  plot(x,y)
  grid on
```

添加网格线后的图形如图 4-29 所示。

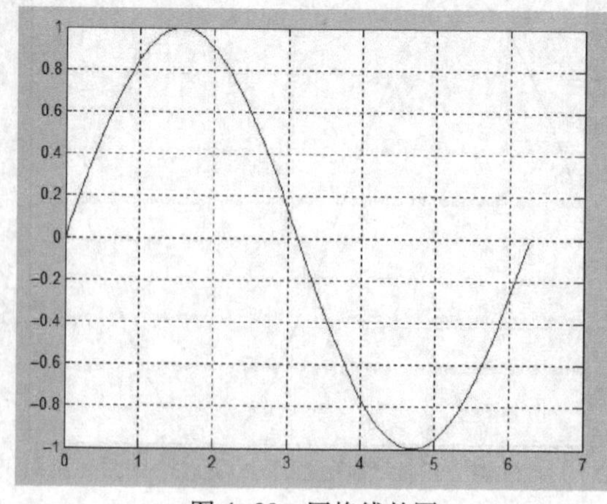

图 4-29　网格线的图

4.3.6 图形窗口的分割

MATLAB 使用 subplot 函数对图形窗口进行分割。subplot 函数的功能是将绘图窗口分割成多个矩形子区域，并在指定的子区域绘图，具体调用方法如下。

1）subplot(m,n,p)：将当前绘图窗口分割成 $m \times n$ 个子区域，并在编号为 p 的子区域绘图。子区域编号的原则为："从上到下，从左到右"。

2）subplot(m,n,p,'replace')：如果指定区域已存在坐标系，则删掉已有坐标系，创建新坐标系。

3）subplot(m,n,p,'align')：将坐标系对齐。

4）subplot(h)：在句柄 h 指定的坐标系中绘图。

5）subplot('position',[left bottom width height])：在由 4 个元素指定的位置上创建一个单位坐标。

【例 4-28】subplot 函数应用举例。

```
>>subplot(1,2,1); plot(x, sin(x));
  subplot(1,2,2); plot(x, cos(x));
```

运行上述代码，得到的图形如图 4-30 所示。

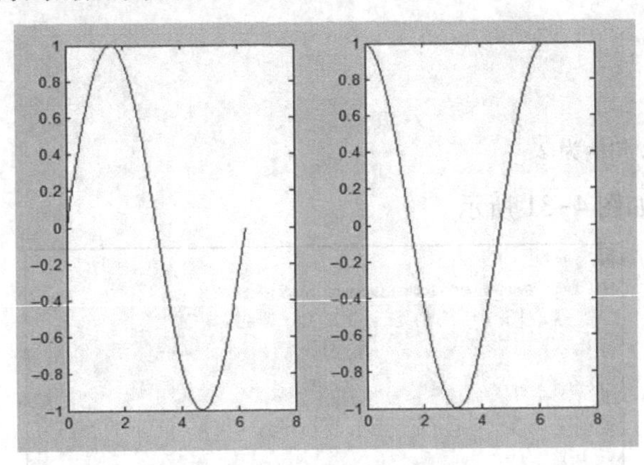

图 4-30　subplot 函数绘图

4.4 图形窗口的创建与控制

MATLAB 不仅为用户提供了各种绘图函数，而且提供了图形绘制窗口。图形窗口包含菜单栏和工具栏，用户可以不调用绘图函数，通过图形窗口对所绘图形进行操作。

4.4.1 图形窗口的创建

在前面章节中，用户在绘制图形时，图形窗口都是自动生成的。其实，用户在不调用任何绘图函数时，也可以创建图形窗口。创建图形窗口有以下 4 种方式。

1）在绘制图形调用绘图函数时，系统自动创建图形窗口。

2）采用 figure 函数创建图形窗口。

3）在 MATLAB 主界面中单击“New”→“Figure”，创建图形窗口。

4）在已经存在的图形窗口中单击“File”→“New”→“Figure”，新建一个图形窗口。

采用 figure 函数创建图形窗口，具体调用用法如下。

1）figure：创建一个图形窗口，每执行一次 figure 就产生一个图形窗口，可以同时产生若干个图形窗口，MATLAB 自动为这些窗口的名字添加序号，如 Figure 1、Figure 2，这些窗口都将被自动分配一个句柄。

2）figure(h)：如果 h 句柄所对应的窗口对象已存在，则该命令使得该图形窗口成为当前窗口；如果不存在，则新建一个以 h 为句柄的窗口。

3）h=figure(...)，返回图形窗口对象的句柄。

说明：

① 当前窗口句柄可以由 MATLAB 函数 gcf 获得。

② 在任何时刻，只有唯一的一个窗口是当前的图形窗口（活跃窗口）。

在运行绘图程序前若已打开图形窗口，则绘图函数不再打开，而直接利用已打开的图形窗口；若运行程序前已存在多个图形窗口，并且没有指定哪个窗口为当前窗口时，则以最后使用过的窗口为当前窗口输出图形。

【**例 4-29**】调用 figure 函数创建一个名为 figure2 的图形窗口，并返回其句柄。

```
>>figure(2);
   h=figure(2)
   h=
   2   %返回 figure2 句柄为 2
```

figure2 图形窗口如图 4-31 所示。

图 4-31　figure2 图形窗口

使用 figure 函数创建图形窗口后，对窗口控制的方法有以下两种。一种是使用属性编辑器，另外一种是使用 MATLAB 提供的 get 函数和 set 函数来设置和查看图形窗口的属性。

关闭图形窗口由 close 函数命令来完成，每执行一次 close 命令，则关闭一个当前的图形窗口；若要同时关闭所有窗口，则用 close all 来完成。

4.4.2　图形窗口的常用属性

图形窗口主要包含标题栏、菜单栏、工具栏和图形显示窗口。菜单栏主要包括 File

（文件）、Edit（编辑）、View（视图）、Insert（插入）、Tools（工具）、Desktop（桌面）、Window（窗口）和 Help（帮助）。本节主要介绍其中几个常用的菜单命令。

1. File

MATLAB 中 File 菜单中的命令和 Windows 系统中 File 的命令类似，都包括 New、Open、Save、Close 和 SaveAs 等命令，如图 4-32 所示。

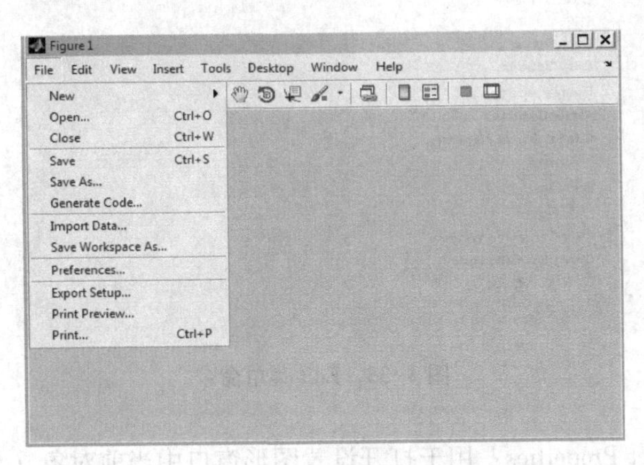

图 4-32　File 菜单命令

1）New 命令有 5 个选项。“Script” 选项会打开 M 文件编辑/调试窗口，“Figure” 选项表示新建一个图形窗口，“Model” 选项表示新建一个 simulink 模型，“Variable” 选项表示新建变量，“GUI” 选项表示新建一个图形用户界面。

2）Open：打开已经存在的文件。

3）Save：保存文件。

4）Save As 另存为文件。

5）Generate Code：生成 M 文件，当执行某个绘图操作后，选择此选项能够把相应的操作命令转换为相应的代码，并生成完整的 M 文件。

6）Import Data：导入数据。

7）Save Workspace As：该选项用于将图形数据存储在二进制文件 mat 中。

8）Preferences：设置图形窗口属性。

9）Export Setup：输出图形，输出格式包括 emf、bmp、jpg 和 pdf 等。

10）Print Preview：打印预览。

11）Print：打印。

2. Edit

Edit 菜单包括图形操作、图形对象属性设置和清除图形等命令，如图 4-33 所示。

1）Copy Figure：用于复制图形。

2）Copy Options：可以设置图形复制的格式、图形背景颜色和图形大小等。

3）Figure Properties：可以对图形的属性进行设置，如图形窗口的标题、颜色映射表。单击“More Properties”按钮可以获得更多属性设置。

4）Axes Properties：用于打开设置坐标轴属性对话框。

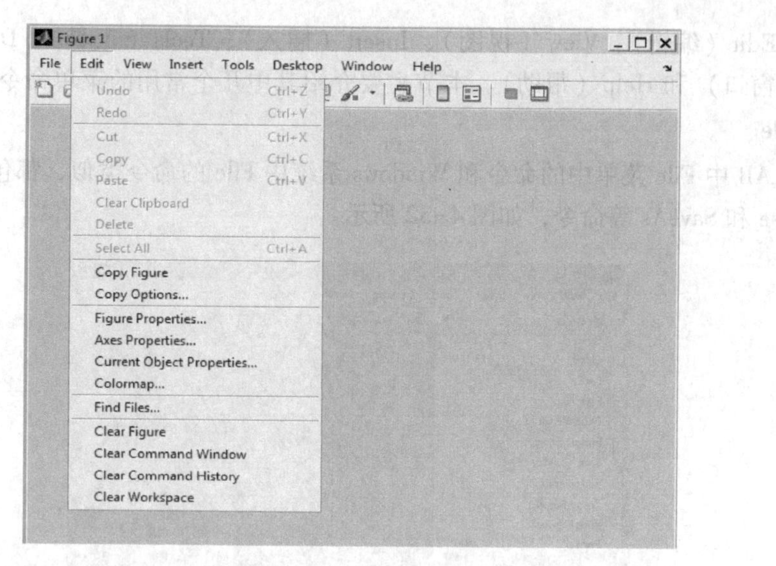

图 4-33　Edit 菜单命令

5）Current Object Properties：用于打开设置图形窗口中当前对象（如窗口的坐标轴、图形等）属性对话框。

6）Colormap：用于打开色图编辑对话框，设置图形的颜色表。

3. Insert

Insert 菜单主要用于向当前图形中插入各种标注图形，如坐标轴、箭头、标题、直线和图例，如图 4-34 所示。

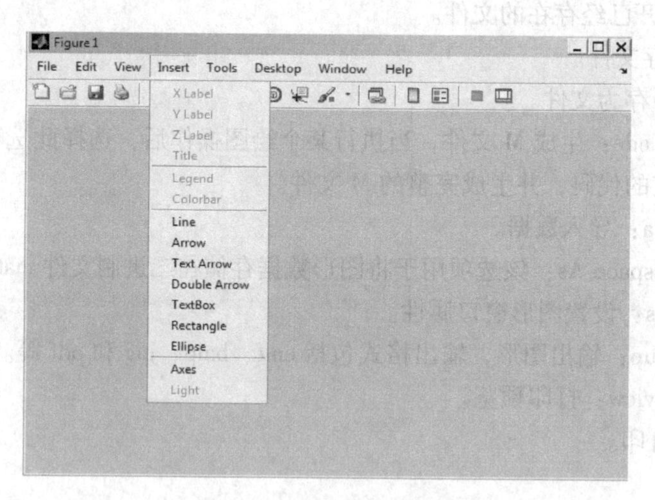

图 4-34　Insert 菜单命令

4. Tools

Tools 菜单包括一些常用的图形工具，如平移、旋转、缩放和观点控制等。Tools 菜单还提供了以下两个图形分析工具：Basic Fitting 工具和 Data Statics 工具，用于对图形中的数据进行拟合和分析，如图 4-35 所示。

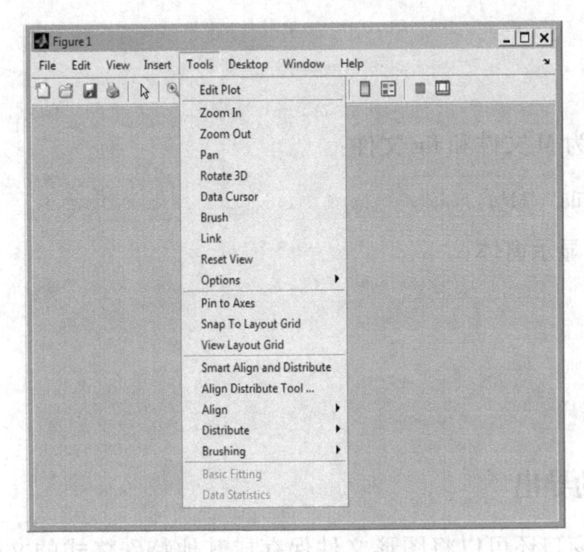

图 4-35　Tools 菜单命令

4.5　图形文件操作

图形文件操作主要包括保存和打开图形文件以及导出文件。MATLAB 使图形文件操作的过程变得方便快捷，使操作不再那么复杂。

4.5.1　图形文件的保存和打开

MATLAB 使用一种类似于 MAT 格式的文件来保存所绘制的图形，这种文件的扩展名为“.fig”，这种格式的图形文件只能在 MATLAB 中使用。MATLAB 中有两种保存和打开图形文件的方法。

1. 第一种方法

保存：在图形窗体中单击“File”→“Save”命令，在弹出的对话框中选择保存类型为 .fig，再输入文件名，然后单击“保存”按钮，或直接单击工具栏上的“保存”按钮。

打开：

1）通过菜单命令或单击工具栏中的按钮。

2）在 MATLAB 的 Current Directory 窗口中双击文件名。

2. 第二种方法

保存：使用 saveas 函数，调用方法如下。

1）saveas(h,'filename.ext')：h 为图形的句柄，filename 为保存的文件名，ext 为保存的文件格式。

2）saveas(h,'filename','format')：format 直接说明文件的保存格式。

打开：使用 open 函数。open 函数根据文件的扩展名不同而调用相应的辅助函数文件，调用方法如下。

```
open('filename.ext')
```

【例 4-30】open 函数应用举例。

绘制图形：

```
>>surf(peaks(30))
```

将图形文件保存为 M 文件和 fig 文件：

```
>>saveas(gcf,'peakfile','M')
```

调用 M 文件重新显示窗体：

```
>>peakfile
```

打开文件：

```
>>open('peakfile.fig')
```

4.5.2 图形文件的导出

MATLAB 的图形窗口还可以将图形文件保存成其他特殊格式的文件。将图形文件保存成其他的特殊图形格式文件的方法有以下 3 种。

1）单击“File”→“Export”命令，然后在弹出的对话框中选择需要导出的图形文件格式，给出文件名，单击“保存”按钮。

2）使用 saveas 函数，调用方法如下。

```
saveas(h,'filename.ext');
saveas(h,'filename','format');
```

【例 4-31】将图形文件导出为 tif 格式的文件。

```
>>z=peaks(30);
  surf(z)
  saveas(gcf,'f','tif')
```

或

```
>>saveas(gcf,'f.tif')
```

3）使用 print 函数。

4.6 图像文件操作

图像文件操作包括文件的打开、保存、文件的读取和显示。

4.6.1 图像文件的打开和保存

1. 打开

为了方便用户的使用，MATLAB 通过对话框的形式来选择文件，使用 uigetfile 函数来实现。由于 GUI 程序的操作对象是图像文件，因此这里的默认扩展名为“bmp”。

【例 4-32】打开文件对话框。

```
>>uigetfile
```

打开文件对话框如图 4-36 所示。

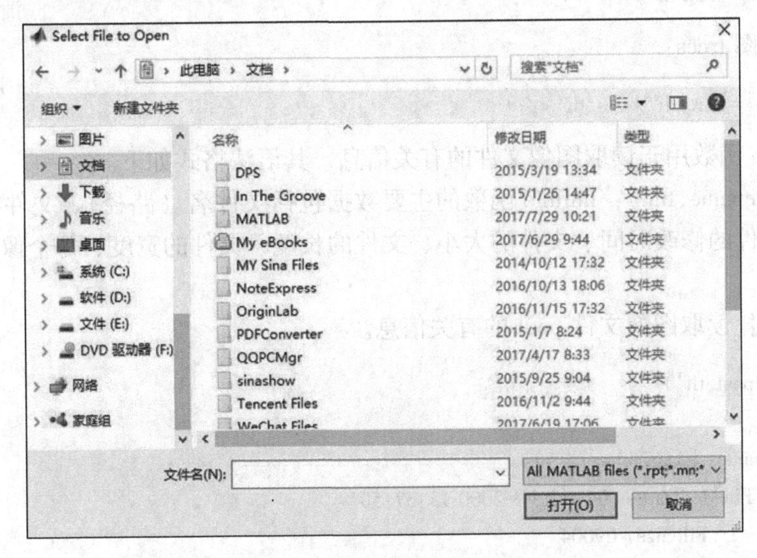

图 4-36　打开文件对话框

2. 保存

通过对话框的形式来保存图像数据，用 getimage(gca)取出坐标 2 变换后的图像数据保存到变量 *i*，最后用 imwrite 函数，把数据 *i* 存到指定的文件。

3. 退出

在命令行窗口中输入如下代码，即可实现退出操作。

```
>>clc;
  close all;
  close(gcf);
```

4.6.2　图像文件的读取和显示

1. 图像文件的读取

1）MATLAB 使用 imread 函数实现各种图像文件的读入，imread 函数支持大多数常用的图像格式，具体使用方法如下。

① A=imread(filename,fmt)：读入二值图、灰度图或彩色图（主要是 RGB 图）。如果读入的图像为二值图，则 *A* 为 $M\times N$ 数组；如果读入的图像为 RGB 图，则 *A* 为 $M\times N\times 3$ 数组。filename 为读入的图像文件名，如果该图像文件不在当前的 MATLAB 搜索路径下，则 filename 应包含文件的路径，fmt 为图像的格式。

② [X,map]=imread(filename,fmt)：读入索引图。其中，X 为读入的图像数据，map 为颜色表数据 colormap。如果该图像不是索引图，则 map 为空。

为了方便用户使用 MATLAB 图像工具箱，MATLAB 提供了丰富的图像资源，保存在…\toolbox\images\imdemo 文件夹下。

【例 4-33】 imread 读入文件举例。

读入灰度图 pout：

```
>>I=imread('pout.tif');
```

读入索引图 trees：

```
>>[M,map]=imread('trees.tif');
```

2）imfinfo 函数用于读取图像文件的有关信息，其语法格式如下。

imfinfo(filename,fmt)：imfinfo 函数的主要数据包括文件名（路径）、文件格式、文件格式版本号、文件的修改时间、文件的大小、文件的长度、文件的宽度、每个像素的位数、图像的类型等。

【例 4-34】读取图像文件 pout 的有关信息。

```
>>imfinfo('pout.tif')
ans=
        Filename: [1x62 char]
             FileModDate: '04-12月-2000 13:57:50'
                  FileSize: 69004
                    Format: 'tif'
           FormatVersion: []
                     Width: 240
                    Height: 291
                  BitDepth: 8
                ColorType: 'grayscale'
         FormatSignature: [73 73 42 0]
                 ByteOrder: 'little-endian'
          NewSubFileType: 0
           BitsPerSample: 8
              Compression: 'PackBits'
PhotometricInterpretation: 'BlackIsZero'
             StripOffsets: [8 7984 15936 23976 32089 40234 48335 56370 64301]
          SamplesPerPixel: 1
             RowsPerStrip: 34
          StripByteCounts: [7976 7952 8040 8113 8145 8101 8035 7931 4452]
              XResolution: 72
              YResolution: 72
           ResolutionUnit: 'Inch'
                 Colormap: []
     PlanarConfiguration: 'Chunky'
                TileWidth: []
               TileLength: []
              TileOffsets: []
           TileByteCounts: []
              Orientation: 1
                FillOrder: 1
```

```
GrayResponseUnit: 0.0100
  MaxSampleValue: 255
   MinSampleValue: 0
     Thresholding: 1
          Offset: 68754
```

2. 图像文件的显示

图像文件显示函数见表 4-5。

表 4-5 图像文件显示函数

函　数	说　明
imshow	直接从文件显示多种类型的图像
image	将矩阵作为图像显示
coloebar	显示颜色条
montage	可以将多幅图像显示在一个图形对象窗口中

其中，imshow 函数为图像显示最常用的函数，其调用方法如下。

1）imshow(A)：这里的 A 与读入时的 A 对应。

2）imshow(X,map)：$\boldsymbol{X}$ 为图像数据矩阵，map 是其对应的颜色矩阵，若进行图像处理后不清楚图像数据的值域，则可以用[]代替。

需要显示多幅图像时，可以使用 figure 语句。它的功能就是重新打开一个图像显示窗口。

【例 4-35】显示前面已经读入的图像文件。

```
>>imshow(I);
  figure,imshow(M,map);
```

运行上述代码，得到的图像文件如图 4-37 所示。

图 4-37　显示图像文件

4.7　图像分析

MATLAB 的图像处理工具箱支持多种标准的图像分析和处理操作，主要包括获取像素值及其统计数据、分析图像（抽取其主要结构信息）、调整图像（突出其某些特征或抑制噪声）和图像质量的分析与处理等。

4.7.1 像素及其处理

MATLAB 的图像处理工具箱提供了多个函数，用以返回与构成图像的数据值相关的信息。这些函数能够以多种形式返回图像数据的信息，其主要包括像素处理、强度描述图、图像轮廓图和图像柱状图。

1. 像素处理

图像处理工具箱中包含以下两个函数可以返回用户指定的图像像素的颜色数据值。

1）pixval 函数。当光标在图像上移动时，该函数以交互的方式显示像素的数据值。另外，该函数还可以显示两个像素之间的 Euclidean 距离。

2）impixel 函数。impixel 函数可以返回选中像素或像素集的数据值。用户可以直接将像素坐标作为该函数的输入参数，或者用鼠标选中像素。

【例 4-36】impixel 函数应用举例。

首先调用 impixel 函数，代码如下。

```
>>imshow canoe. tif
vals = impixel
```

然后在显示的 conoe. tif 图像中选择 3 个像素点，如图 4-38 所示。

图 4-38　选择像素点

按〈Enter〉键得到如下返回值。

```
vals =

    0. 2588    0. 2902    0. 2235
    0. 4510          0          0
    0. 3529    0. 3529    0. 2235
```

如图 4-38 所示，像素点的选择为从上至下，可以看到第二个点位于小船上，其颜色为红色，因此其返回的像素值中绿色和蓝色均为 0。对于索引图像，pixval 函数和 impixel 函数都将其显示存储在颜色映像表中，但注意是 RGB 值而不是索引值。

2. 强度描述图

improfile 函数用于沿着图像中一条直线段或直线路径计算并绘制其强度（灰度）值。

【例 4-37】improfile 函数应用举例。

```
>>imshow pout. tif
  improfile
```

执行上述代码后，得到运行界面，单击鼠标左键确定直线段或直线路径后，单击鼠标右键或者按〈Enter〉键，则得到如图 4-39 所示的轨迹强度分布（灰度）图。

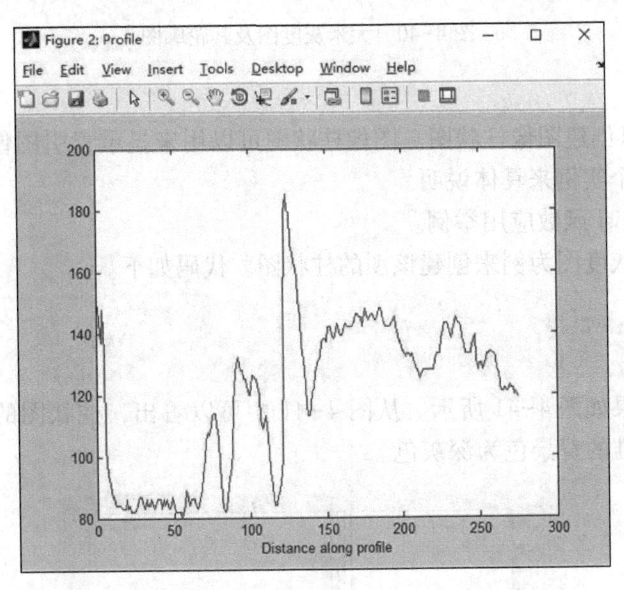

图 4-39　轨迹强度分布（灰度）图

说明：强度分布图中的峰值对应于灰度图中的黑色或白色。

---

3. 图像轮廓图

imcontour 函数可以用来显示灰度图中数据的轮廓图。该函数与 contour 函数类似，但是相比 contour 函数来说，功能更全。它能够自动设置坐标轴对象，从而使得其方向和纵横比能够与要显示的图形相匹配。

【例 4-38】imcontour 函数应用举例。

显示一堆大米的灰度图及其轮廓图，在命令行窗口中输入代码如下。

```
>>I=imread('rice. png');
  subplot(121)
  imshow(I)
  subplot(122)
  imcontour(I)
```

上述代码执行后，得到的大米灰度图及其轮廓图如图 4-40 所示。

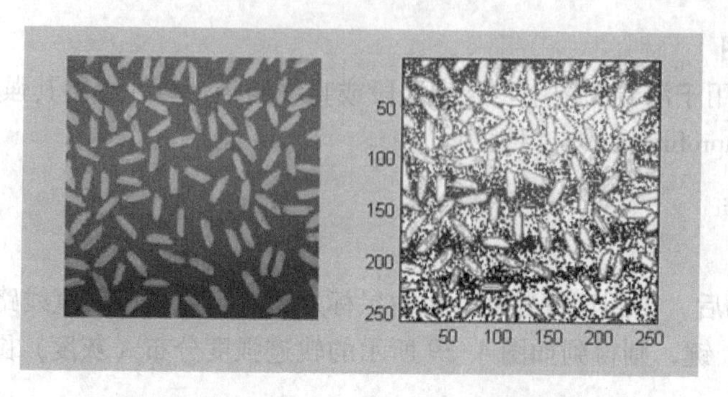

图 4-40　大米灰度图及其轮廓图

4. 图像柱状图

imhist 函数可以创建图像柱状图。图像柱状图可以用来显示索引图像或灰度图像中的灰度分布，下面以一个实例来具体说明。

【例 4-39】 imhist 函数应用举例。

以前面的大米灰度图为例来创建该图的柱状图。代码如下。

```
>>I=imread('rice.png');
  imhist(I,64)
```

代码执行的结果如图 4-41 所示。从图 4-41 中可以看出，柱状图的峰值出现在 100 附近，这是因为大米堆的背景色为深灰色。

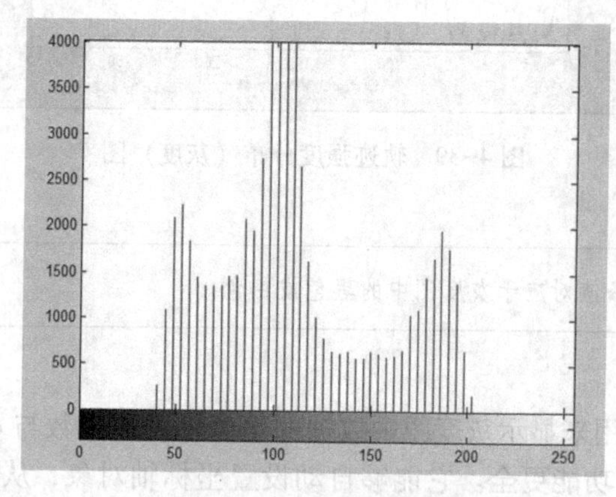

图 4-41　大米图像柱状图

4.7.2　常用函数

MATLAB 的图像处理工具箱中有大量的图像处理函数，限于篇幅，不能逐一介绍，有兴趣的读者可以根据上一小节提供的函数信息和自己的需要有选择地进行学习。本节介绍部分常用函数应用示例，供读者学习和参考。

1. bwarea 函数

功能：计算二进制图像的面积。

调用方法如下。

```
total=bwarea(BW)
```

【例 4-40】计算二进制图像的面积。

```
>>BW=imread('circles.png');
  imshow(BW);
  bwarea(BW)
```

运行上述代码，得到的图形如图 4-42 所示。

```
ans=
    1.4187e+04
```

2. bwmorph 函数

功能：提取二进制图像的轮廓。

调用方法如下。

```
BW2=bwmorph(BW1,operation)
BW2=bwmorph(BW1,operation,n)
```

【例 4-41】二进制图像轮廓的提取。

```
>>BW1=imread('circles.png');
  BW2=bwmorph(BW1,'remove');
  imshow(BW2)
```

运行上述代码，得到二进制图像的轮廓如图 4-43 所示。

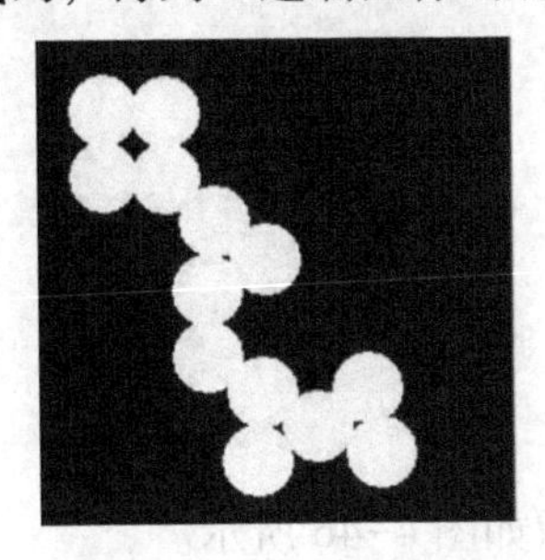

图 4-42　二进制图像的面积

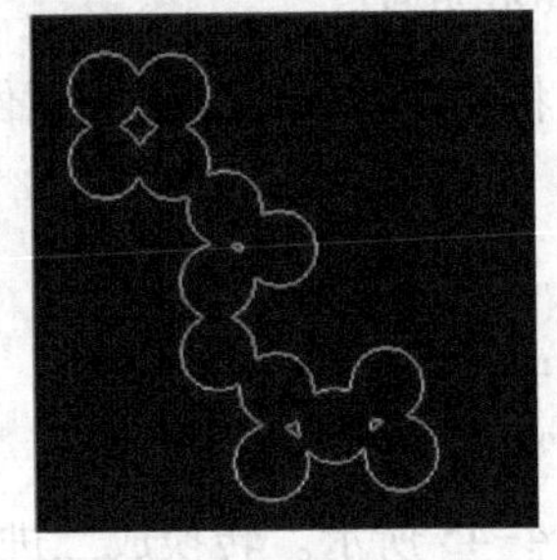

图 4-43　二进制图像的轮廓

3. imdilate 函数

功能：放大二进制图像。

调用方法如下。

```
BW2=imdilate(BW1,SE)
BW2=imdilate(BW1,SE,alg)
BW2=imdilate(BW1,SE,...,n)
```

【例 4-42】放大二进制图像。

```
>>BW1=imread('text.png');
  SE=ones(6,2);
  BW2=imdilate(BW1,SE);
```

```
subplot(121)
imshow(BW1)
subplot(122)
imshow(BW2)
```

放大后的二进制图像如图 4-44 所示。

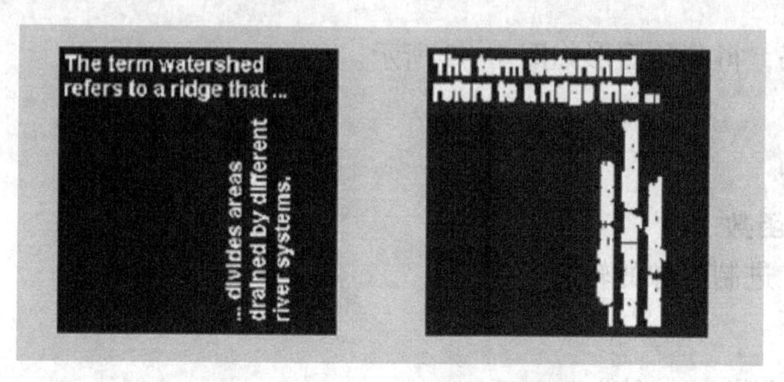

图 4-44　放大后的二进制图像

4. sim2bw 函数

功能：将图像转换为二进制图像。

调用方法如下。

```
BW=im2bw(I,level)
BW=im2bw(X,map,level)
BW=im2bw(RGB,level)
```

【例 4-43】将图像转换为二进制图像。

```
>>load trees
  BW=im2bw(X,map,0.4);
  imshow(X,map)
  figure,imshow(BW)
```

原图像如图 4-45 所示。转换成二进制后的图像如图 4-46 所示。

5. Imcrop

功能：截取图像。

调用方法如下。

```
I2=imcrop(I)
X2=imcrop(X,map)
RGB2=imcrop(RGB)
I2=imcrop(I,rect)
X2=imcrop(X,map,rect)
RGB2=imcrop(RGB,rect)
[...]=imcrop(x,y,...)
[A,rect]=imcrop(...)
[x,y,A,rect]=imcrop(...)
```

图 4-45　原图像

图 4-46　转换成二进制后的图像

【例 4-44】截取图像。

```
>>I=imread('onion.png');
  I2=imcrop(I,[50 30 100 80]);
  subplot(121)
  imshow(I)
  subplot(122)
  imshow(I2)
```

原图像与截取后的图像如图 4-47 所示，其中左侧为原图像，右侧为截取的部分图像。

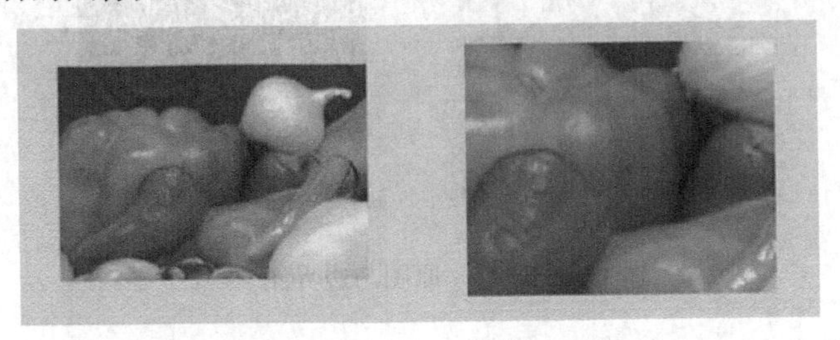

图 4-47　原图像与截取后的图像

6. edge

功能：识别强度图像中的边界。

调用方法如下。

```
BW=edge(I,'sobel')
BW=edge(I,'sobel',thresh)
BW=edge(I,'sobel',thresh,direction)
[BW,thresh]=edge(I,'sobel',...)
BW=edge(I,'prewitt')
BW=edge(I,'prewitt',thresh)
BW=edge(I,'prewitt',thresh,direction)
[BW,thresh]=edge(I,'prewitt',...)
BW=edge(I,'roberts')
BW=edge(I,'roberts',thresh)
[BW,thresh]=edge(I,'roberts',...)
BW=edge(I,'log')
BW=edge(I,'log',thresh)
BW=edge(I,'log',thresh,sigma)
[BW,threshold]=edge(I,'log',...)
```

```
BW=edge(I,'zerocross',thresh,h)
[BW,thresh]=edge(I,'zerocross',...)
BW=edge(I,'canny')
BW=edge(I,'canny',thresh)
BW=edge(I,'canny',thresh,sigma)
[BW,threshold]=edge(I,'canny',...)
```

【例 4-45】识别强度图像中的边界。

```
>>I=imread('rice.png');
  BW1=edge(I,'log');
  subplot(121)
  imshow(I);
  subplot(122)
  imshow(BW1)
```

运行上述代码后得到的图像如图 4-48 所示。

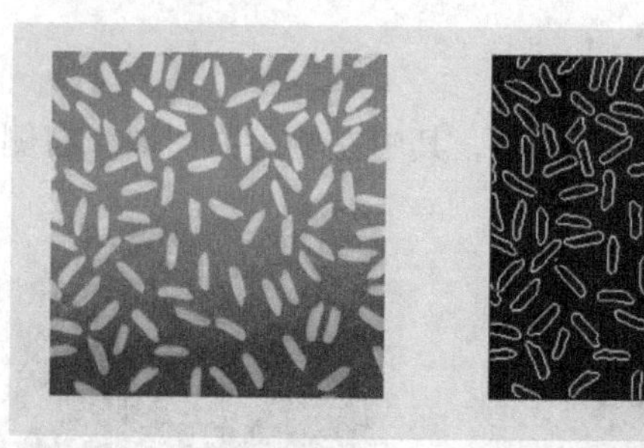

图 4-48　原图与边界图

4.8　本章小结

本章主要介绍二维和三维图形的绘制、图形处理、图形窗口介绍以及图形文件操作，并对图像文件操作及图像分析做了简单的介绍。通过本章的学习，读者不仅能够熟练掌握基本的绘图函数使用方法，而且能熟练使用 MATLAB 中相应的函数命令对图形进行相应的操作，初步掌握有关图像分析与处理基础理论知识和实用技术。MATLAB 强大的绘图功能有助于工程科研人员对样本数据的分布、趋势特性等有一个直观的了解。

4.9　习题

1）简述 plot 函数和 fplot 函数的区别。

2）绘制 $x^2+\sin(x+y^2)+6\cos(x^2+y)+y^2=0$ 的曲线。

3）随机生成 6 组数据，每组包含 8 个数据值，绘制其水平条形图，并定义条形的形状类型为"stack"。

4）绘制 20 个单位矩阵的三维网图。

5）在同一图形窗口分别绘制 $\sin(x)$ 和 $\cos(x)$ 在 $[0,2\pi]$ 的图形。

6）在一幅图中显示树和森林两个图像。

7）计算"text"图像区域的特征尺寸。

第5章 Simulink 建模与仿真

Simulink 是 MATLAB 的重要组成部分，是一个对动态系统进行建模、仿真和综合分析的集成软件包，提供了集动态系统建模、仿真和综合分析于一体的图形用户环境。利用 Simulink 构建复杂的仿真模型时，不需要书写大量的程序，只需要对 Simulink 中已有的可供直接使用的模块进行简单的操作，并对模块的属性进行相应的设置即可构造出复杂的系统。这种可视化建模，不仅易于实现，而且能够将理论研究和工程实践有机地结合在一起，已经成为目前控制工程领域的通用软件，而且在许多其他的领域（如通信、信号处理、电力、金融、生物系统等）都有广泛的应用。

在 Simulink 仿真环境中，用户不仅可以观察现实中各种随机因素和非线性因素对系统的影响，而且可以改变感兴趣的参数，实时地观察其对系统行为的影响变化。本章将系统地介绍 Simulink 的基本知识、Simulink 模块、Simulink 建模、S-函数、子系统及其封装、模型的运行及调试等内容。

5.1 Simulink 简介

Simulink 是 Math Works 公司为 MATLAB 提供的系统模型化的图形输入与仿真工具，它使仿真进入到了模型化的图形阶段。Simulink 主要有以下两个功能：Simu（仿真）和 Link（连接），它同时支持线性和非线性、连续时间系统、离散时间系统、连续和混合系统建模，且支持多进程。Simulink 具有适应面广、结构和流程清晰、仿真精细、贴近实际、效率高、灵活等优点。

5.1.1 Simulink 工作窗口

Simulink 是在 MATLAB 的基础上运行的。Simulink 包含两个基本的窗口，即 Simulink Library Browser（模块库浏览器）窗口和模型窗口，如图 5-1 所示。

1. Simulink 模块库浏览器窗口

启动 Simulink 模块库浏览器窗口的方法有以下两种。

- 启动 MATLAB，在 MATLAB 主界面中单击“Simulink Library”按钮。
- 打开 MATLAB 后，直接在命令行窗口中输入 Simulink 命令。

通过以上两种方法均可以打开 MATLAB 的模块库浏览器窗口，如图 5-2 所示。

Simulink 模块库目录由公共模块库和专业模块库组成，如图 5-3 所示。

公共模块库中包含 16 个子模块库，见表 5-1。

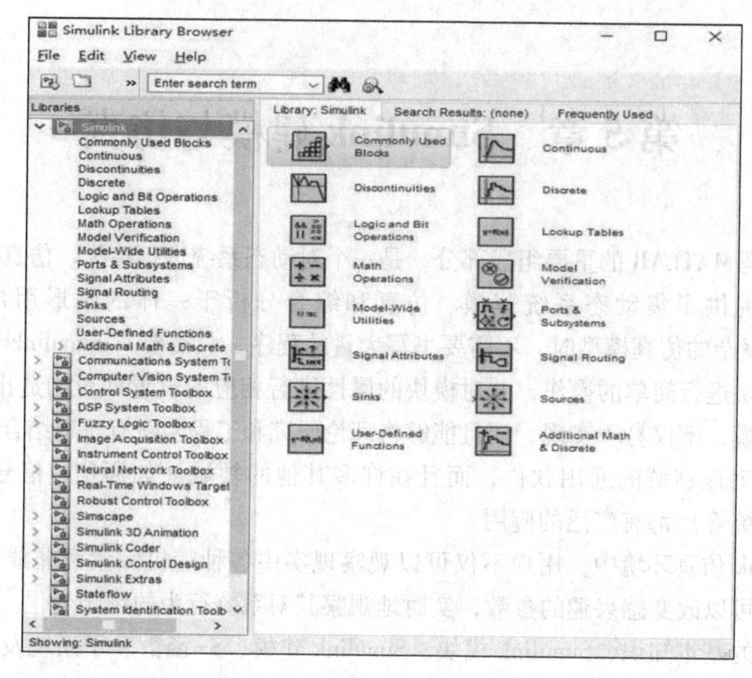

图 5-1 Simulink Library Browser 窗口

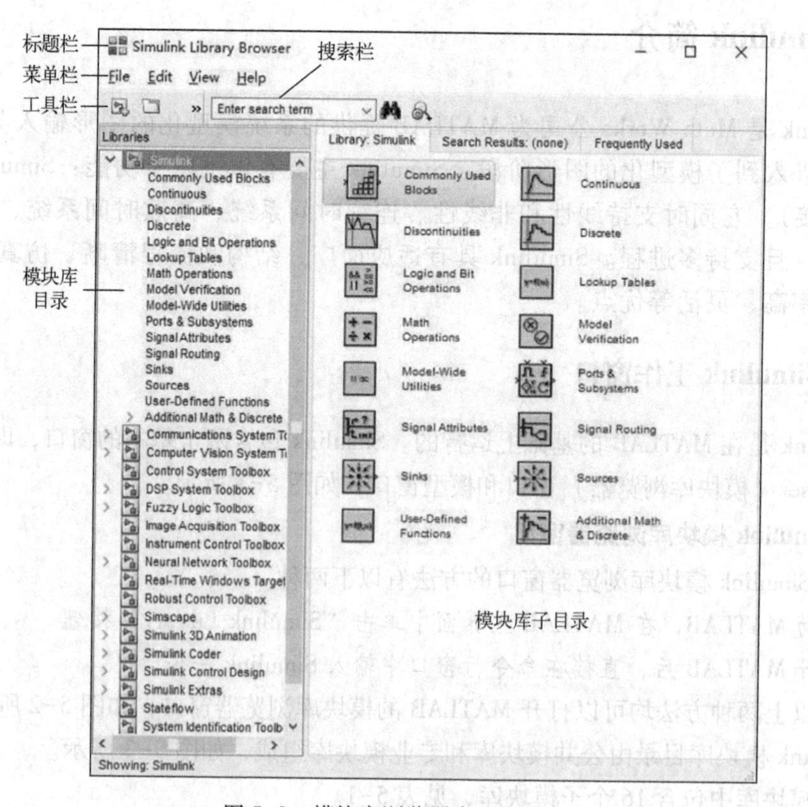

图 5-2 模块库浏览器窗口组成

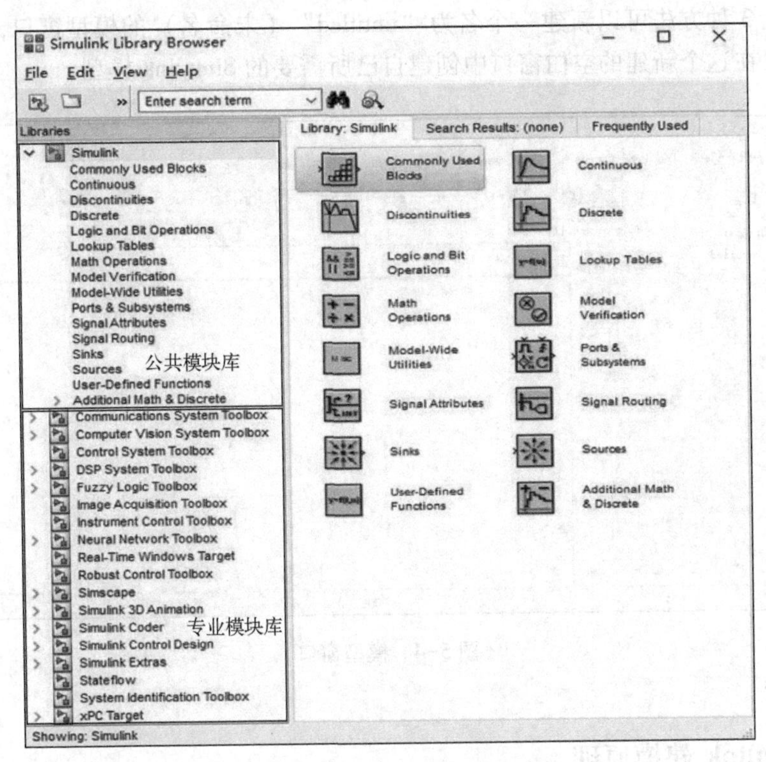

图 5-3　Simulink 模块库

表 5-1　Simulink 公共模块库

子模块库名	说　明	子模块库名	说　明
Commondy Used Blocks	常用模块库	Model-Wide Utilities	针对模型的有用功能模块
Continuous	连续系统模块库	Ports & Subsystems	信号口与子系统
Discontinuities	非连续循环模块库	Signal Attributes	信号特征库
Discrete	离散系统模块库	Signal Routing	信号路由库
Logic and Bit Operations	逻辑及位操作库	Sinks	输出方式库
Lookup Tables	查表库	Sources	输入源
Math Operations	数学运算模块库	User-Defined Functions	用户自定义函数库
Model Verification	模型检验	Additional Math & Discrete	数学离散模块库

专业模块库面向不同的专业，包含 18 个子模块库，如通信系统工具箱、计算机视觉系统工具箱、控制系统工具箱、数字信号处理工具箱和模糊逻辑工具箱等。

2. Simulink 模型窗口

Simulink 模型窗口是建模的基本窗口。新建模型窗口的方法有以下 3 种。

- 在 MATLAB 菜单栏中单击“File”→“New” →“Simulink Model”命令。
- 在模块库浏览器窗口中单击“File” →“New” →“Model”命令。
- 在模块库浏览器窗口工具栏中单击按钮。

通过以上 3 种方法可以新建一个名为“untitled”（未命名）的模型窗口，如图 5-4 所示。用户可以在这个新建的空白窗口中创建自己所需要的 Simulink 模型。

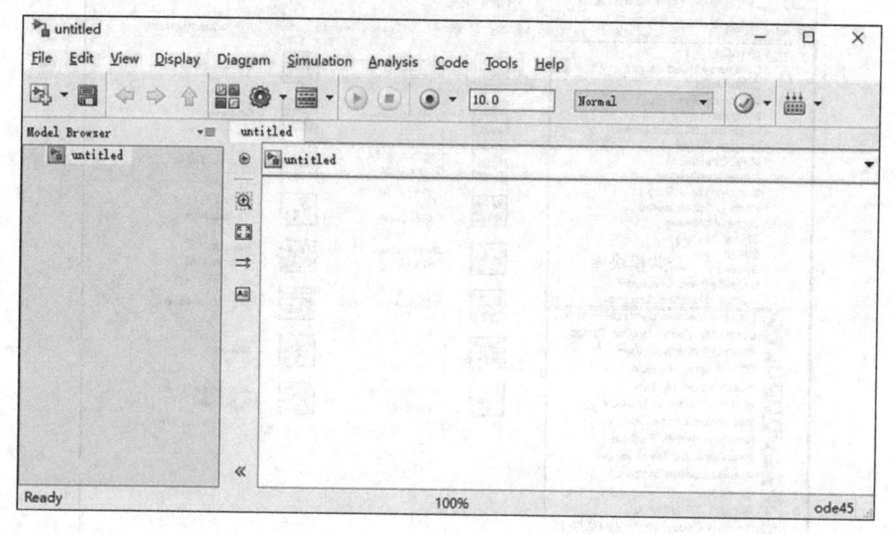

图 5-4　模型窗口

5.1.2　Simulink 建模原理

Simulink 虽然提供了实现各种功能的模块，为用户省去了许多烦琐的编程工作，若用户需要更加灵活高效地使用 Simulink，就必须对 Simulink 的建模原理有一定的了解。

Simulink 建模大致可以分为以下两步：首先通过现有的模块创建模型，然后对创建的模型进行仿真。

1. 图形化的模型和现实系统间的映射关系

现实系统中都包含输入、状态和输出 3 个基本元素，以及 3 种元素间随时间变化的数学函数关系。在 Simulink 模型中每个图形化模块都可用图 5-5 来表示现实系统中某个部分的输入、状态以及输出随时间变化的函数关系，即系统的数学模型。系统的数学模型是由一系列的数学方程描述的，每一组数学方程都由一个模块代表，Simulink 称这些方程为模块或模型的方法（一组 MATLAB 函数）。模块与模块间的连线代表系统中各元件输入/输出信号的连接关系，也代表了随时间变化的信号值。

通常，Simulink 模型的典型结构分为信号源、系统和信号输出 3 部分，其关系模型如图 5-6 所示。

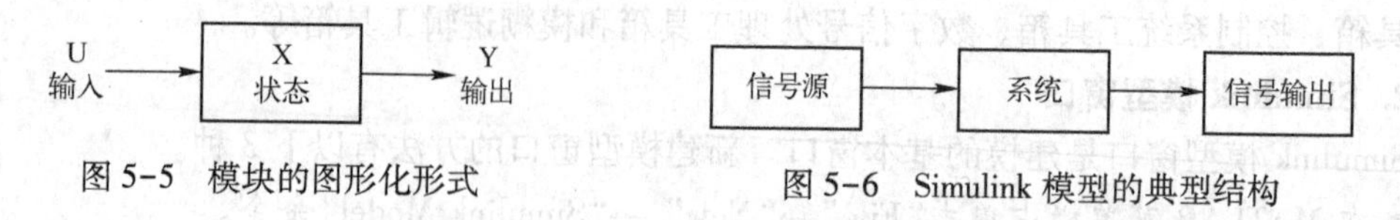

图 5-5　模块的图形化形式　　　图 5-6　Simulink 模型的典型结构

其中，信号源可以是常数，也可以是正弦波、方波或由用户自己定义所要输入的信号源等。

系统是 Simulink 模型的核心，是所研究系统的方框图。

信号输出是信号的输出显示模块，信号输出可以在示波器或图形记录仪等设备上显示，也可以通过文件进行显示。

2. 利用映射关系进行仿真

在用户定义的时间段内，根据模型提供的信息计算系统的状态和输出，并将计算结果予以显示和保存的过程就是 Simulink 对模型进行仿真的过程。Simulink 的仿真过程一般包括以下几个阶段。

（1）模型编译阶段

Simulink 引擎调用模型编译器，将模型编译成可执行文件。编译器将完成以下任务。

- 计算模块参数的表达式以确定它们的值。
- 确定信号属性（名字、数据类型等）。
- 传递信号属性以确定未定义信号的属性。
- 优化模块。
- 展开模型的继承关系（如子系统）。
- 确定模块运行的优先级。
- 确定模块的采样时间。

（2）连接阶段

Simulink 引擎创建按执行次序排列的运行列表，同时定位和初始化存储每个模块的运行信息，将相关联的信息进行连接。

（3）仿真阶段

Simulink 引擎从仿真的开始到结束，在每个采样点按运行列表计算各个模块的状态和输出。仿真阶段又可以分为以下两个子阶段。

1）初始化阶段：该阶段只运行一次，用于初始化系统的状态和输出。

2）迭代阶段：该阶段在定义的时间段内按照采样点间的步长重复执行，用于在每个时间点计算模型新的输入、状态和输出，并更新模型使之能反映系统最新的计算值。在仿真结束时，模型能反映系统最终的输入、状态和输出值。

5.2 Simulink 建模的基本步骤

前面已经对 Simulink 的工作环境、建模原理以及 Simulink 模块进行了简要介绍，相信读者对 Simulink 已经有了初步的认识，下面将学习如何创建 Simulink 模型。

5.2.1 创建模型

使用 Simulink 建立的模型具有以下几个特点。

1）仿真结果可视化。

2）模型具有层次性。

3）可封装子系统。

图 5-7 所示为创建 Simulink 模型的流程图。

使用 Simulink 进行系统建模和仿真的步骤如下。

1）画出系统框图，将要仿真的系统根据功能划分成子系统，然后选取适当的模块来搭建子系统。

2）启动 Simulink 模块库浏览器，新建一个空白模型。

3）在模块库中找到所需模块并拖曳到空白模型窗口中，按系统框图的布局摆放好各模块并连接各模块。

4）如果系统比较复杂，模块的数目太多，则用户可以将同一功能的模块封装成一个子系统。

5）设置各模块的参数以及与仿真有关的各种参数。

6）将模型保存为扩展名为 mdl 的模型文件。

7）运行仿真，并观察结果。如果仿真出错，则按弹出的错误提示框来查看出错原因并进行修改；如果仿真结果与预想的结果不符，则首先检查模块的连接是否有误，选择的模块是否合适，然后检查模块参数和仿真参数的设置是否合理。

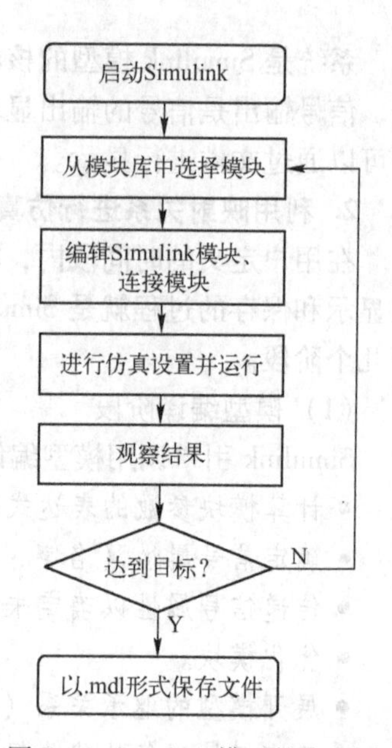

图 5-7　Simulink 模型的流程图

8）模型调试。若在步骤 7）中没有出现任何错误提示，但是仿真结果与预想的结果不符，那么就需要对模型进行调试。查看系统在每个采样点的运行情况，以便找到导致仿真结果与预想情况或实际情况不符的地方。修改后再运行仿真，直到仿真结果符合要求为止。

5.2.2　模块操作

Simulink 模块操作包括模块的选择，模块的复制、删除和移动，模块外形的调整，模块间的连接，模块名的操作以及设置模块中的参数和属性等。

1. 模块的选择

要对模型中的模块进行操作，首先需要选择构建模型所需的模块，选择模块分为两种情况，即一次选择一个模块和一次选择多个模块。

（1）一次选择一个模块

选择一个模块只需要用鼠标单击想要选取的模块即可，当用户选中一个模块时，之前选中的模块就被舍弃。

（2）一次选择多个模块

一次选择多个模块有以下两种方法：一种是逐个选择法，另一种是使用方框选择相邻的几个模块。

1）逐个选择法：按住〈Shift〉键，用鼠标单击需要选中的模块。

2）方框选择法：用鼠标单击并拖动以画出方框，选择方框内的所有模块。方块选择法虽然简单，但是只能同时选择挨着的模块，用户在使用的时候需要注意。

2. 模块的复制、删除和移动

（1）复制模块

复制模块分为以下两种情况：一种为在同一窗口内复制模块，另一种为在不同窗口之间复制模块。

1）同一个窗口内复制模块：选中模块后，按〈Ctrl+C〉组合键，然后按〈Ctrl+V〉组合键；或者单击鼠标右键，在弹出的快捷菜单中选择“Copy”→“Past”；还可以单击“Edit”→“Copy”→“Past”来复制模块。

2）不同窗口之间复制模块：选中模块后，直接将模块从一个窗口拖动到另一个窗口即可实现复制模块。

📖 **注意：**同一窗口内复制模块的方法同样适用于在不同窗口之间复制模块。

（2）删除模块

删除模块的方法有以下两种。

- 选中模块后，按〈Delete〉键删除模块。
- 选中模块后，单击“Edit”→“Cut”命令来删除模块。

（3）移动模块

移动模块非常简单，按住鼠标左键直接将模块拖动到指定位置即可实现模块的移动。

3. 模块外形的调整

模块外形的调整包括以下3种情况：改变模块的大小、调整模块的方向和给模块添加阴影。

（1）改变模块的大小

选中模块后，将鼠标移动到模块边框的一角，当鼠标变成两端有箭头的线段时，按下鼠标左键拖动模块图标来改变模块的大小。

（2）调整模块方向

调整模块方向的方法有以下两种。

- 选中模块后，单击“Diagram”→“Rotate&Flip”→“Clockwise”命令，使模块顺时针旋转90°，单击“Diagram”→“Rotate&Flip”→“Counterclockwise”命令，使模块逆时针旋转90°。
- 在模块上单击鼠标右键，在弹出的快捷菜单中选择“Rotate&Flip”→“Clockwise”，使模块顺时针旋转90°；在弹出的快捷菜单中选择“Rotate&Flip”→“Counterclockwise”，使模块逆时针旋转90°。

（3）给模块添加阴影

给模块添加阴影的方法有以下两种。

- 选中要添加阴影的模块后，单击“Diagram”→“Format”→“Block Shadow”命令，即可给模块添加阴影。
- 在要添加阴影的模块上单击鼠标右键，在弹出的快捷菜单中选择“Format”→“Block Shadow”，给模块添加阴影。

4. 模块的连接

模块之间的连接比较简单，只需要选中一个模块的输出端，然后用鼠标拖动到另一个模块的输入端即可，或者先选中一个模块的输出端，然后用鼠标拖动到已经存在的连线上。

模型中模块之间的连接一般是通过直线完成的。表5-2~表5-4介绍了在Microsoft Windows环境下对直线操作、直线信息和注释文字的处理。

表 5-2　直线操作

任　　务	Microsoft Windows 环境下的操作
选择多条直线	与选择多个模块的方法一样
选择一条直线	单击要选择的直线，当用户选择一条直线时，之前选择的直线被放弃
连线的分支	按下〈Ctrl〉键，然后拖动直线
移动直线	按住鼠标左键直接拖动直线
移动直线定点	将鼠标指向连线的箭头处，当出现一个小圆圈圈住箭头时按下鼠标左键并移动连线
直线调整为斜线段	按住〈Shift〉键，将鼠标指向需要移动的直线上的一点并按下鼠标左键直接拖动直线
直线调整为直线段	按住鼠标左键不放直接拖动直线

表 5-3　直线信息处理

任　　务	Microsoft Windows 环境下的操作
建立信号标签	在直线上双击，然后输入标签
复制信号标签	按住〈Ctrl〉键，然后按下鼠标左键选中标签并拖动
移动信号标签	按下鼠标左键选中标签并拖动
编辑信号标签	在标签框内双击，然后进行编辑
删除信号标签	按住〈Shift〉键，然后用鼠标选中标签，再按〈Delete〉键
用粗线表示向量	单击"Display"→"Signal &Port"→"Wide Nonscalar Lines"命令
显示数据类型	单击"Display"→"Signal &Port"→"Port Data Types"命令

表 5-4　注释文字处理

任　　务	Microsoft Windows 环境下的操作
建立注释	在模型图标中双击，然后输入文字
复制注释	按住〈Ctrl〉键，然后按下鼠标左键选中注释文字并拖动
移动注释	按下鼠标左键选中注释文字并拖动
编辑注释	单击注释文字，然后进行编辑
删除注释	按住〈Shift〉键，然后用鼠标选中注释文字，再按〈Delete〉键

5. 模块名的操作

模块名的操作包括修改模块名、显示模块名和改变模块名显示的位置。

(1) 修改模块名

用鼠标单击模块名，进入文本修改模式，即可对文件名进行修改。还可以通过以下两种方法对模块名的字体和字号进行修改。

- 选中模块后，单击模型窗口中的"Diagram"→"Format"→ "Font Style"命令，进入模块名修改页面，如图 5-8 所示。

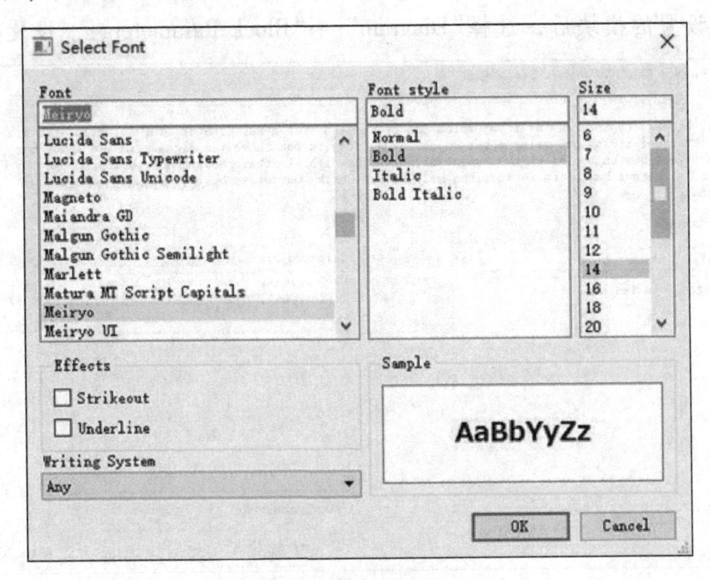

图 5-8　模块名修改页面

- 在模块上单击鼠标右键，在弹出的快捷菜单中选择"Format"→"Font Style"命令，进入模块名修改页面。

(2) 显示模块名

控制模块名的显示可以通过以下两种方法。

- 选中模块后，单击模型窗口中的"Diagram"→"Format"→ "Show Block Name"命令来控制模块名的显示，勾选则显示模块名（此为系统默认情况），不勾选则隐藏模块名。
- 在模块上单击鼠标右键，在弹出的快捷菜单中选择"Format"→ "Show Block Name"来控制模块名的显示，其他同上。

(3) 改变模块名显示的位置

改变模块名显示的位置可以通过以下两种方法。

- 选中模块后，单击模型窗口中的"Diagram"→ "Rotate&Flip"→ "Flip Block Name"命令来控制模块名显示的位置，系统默认在模块图形的下方显示模块名。单击 "Flip Block Name" 使模块名在模块图形的上方显示，再单击 "Flip Block Name" 则又回到模块图形的下方。
- 在模块上单击鼠标右键，在弹出的快捷菜单中选择 "Rotate&Flip" → "Flip Block Name" 来控制模块名显示的位置。

6. 设置模块中的参数

系统模块只有在设置参数后，才能满足建模的需求。不同的模块参数设置的内容会有所不同。设置模块参数只需双击指定模块，然后设置相应参数项即可。设置模块中的参数有以下 3 种方法。

- 用鼠标左键在需要设置参数的模块上双击，得到如图 5-9 所示的模块参数设置对话框，设置模块中的参数。

● 用鼠标右键单击模块，在弹出的快捷菜单中选择“Block Parameters 命令”，设置模块中的参数。

● 选中需要设置的模块后，选择“Diagram”→“Block Parameters”，设置模块中的参数。

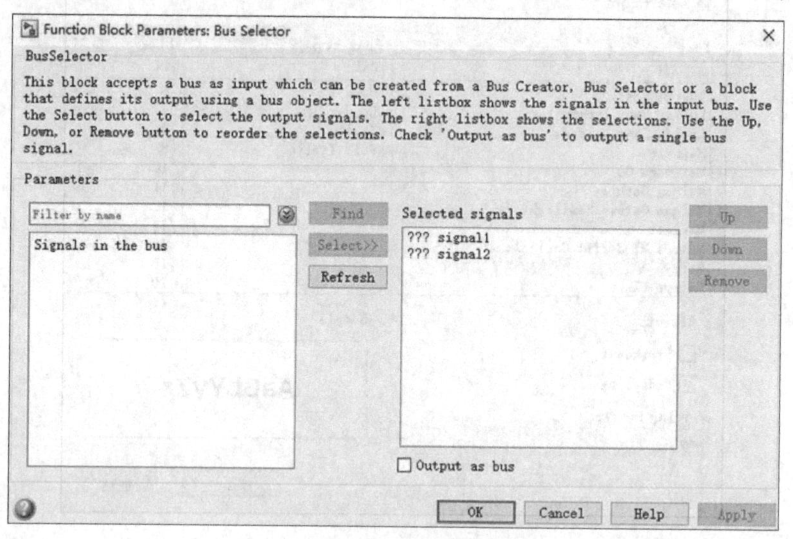

图 5-9　模块参数设置对话框

7. 设置模块的属性

Simulink 中的每个模块都有一个如图 5-10 所示的属性设置对话框。打开该对话框的方法有以下两种。

● 用鼠标右键单击模块，在弹出的快捷菜单中选择“Properties”命令。

● 选中要设置的模块后，选择“Diagram”→“Properties”。

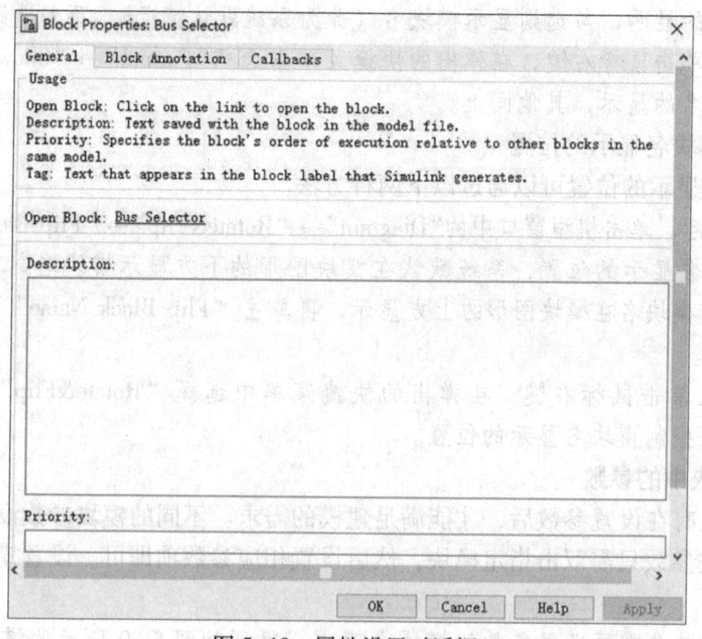

图 5-10　属性设置对话框

5.2.3 仿真参数的配置

仿真参数设置主要包括 Solver（解法器）、Data Import/Export（仿真参数的输入和输出）、Optimization（仿真优化）、Diagnostics（仿真诊断）、Hardware Implementation（仿真硬件实现）、Model Referencing（参考模型）、Simulation Target（仿真目标）和 Code Generation（代码生成）。在模型窗口中选择“Simulation”→“Model Configuration Parameters”，就可以打开仿真参数设置窗口，如图 5-11 所示。单击左侧目录中的选项就可以打开相应的设置页面。

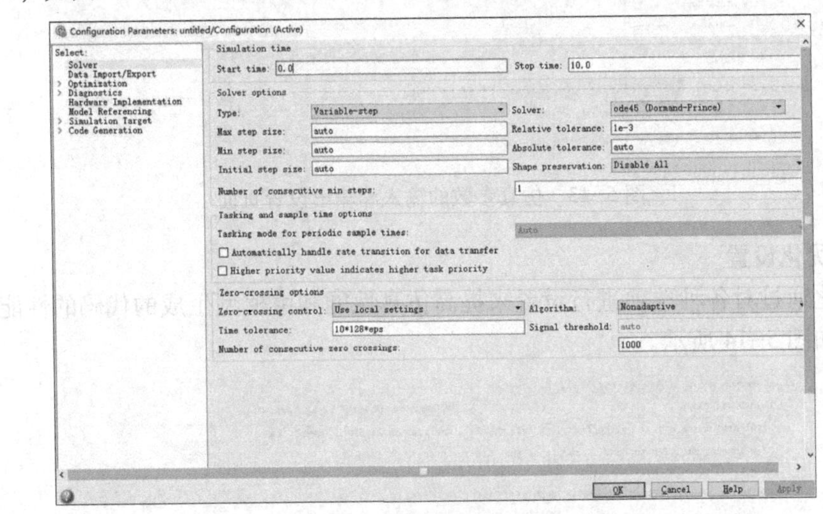

图 5-11 仿真参数设置窗口

1. 解法器设置

解法器设置页面包括仿真时间设置、解法器选择、任务和采样时间选择、过零选择，如图 5-12 所示。

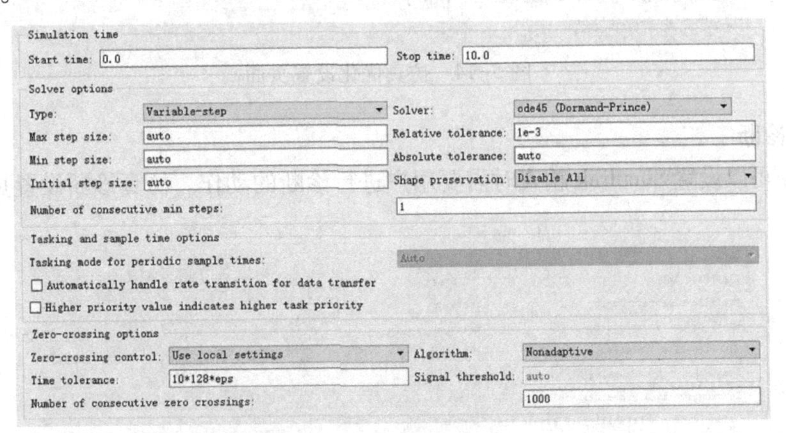

图 5-12 解法器设置页面

2. 仿真参数的输入和输出设置

仿真参数的输入和输出设置主要是对 Simulink 和 MATLAB 工作空间进行数据交互时的有关选项进行设置，包括从工作空间加载、保存到工作空间（相关设置还包括时间向量、状态向量和输出向量设置，以及信号和数据存储器设置）和保存选项，如图 5-13 所示。

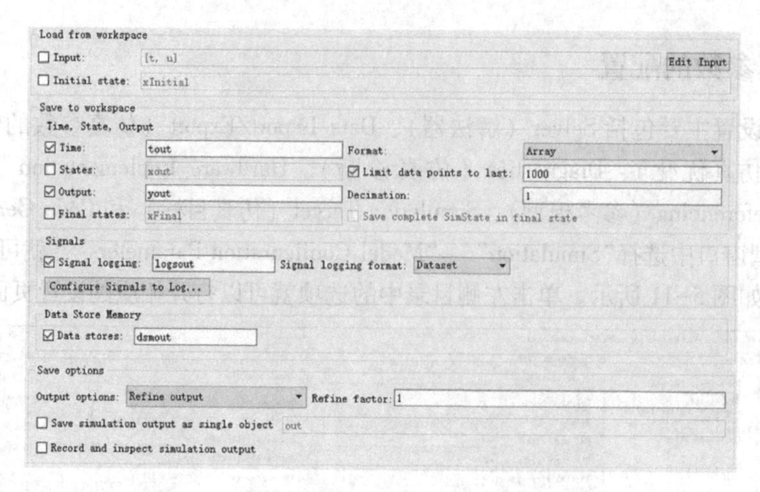

图 5-13　仿真参数的输入和输出设置页面

3. 仿真优化设置

仿真优化通过对各种选项进行设置来提高仿真性能和由模型生成的代码的性能。仿真优化设置页面如图 5-14 所示。

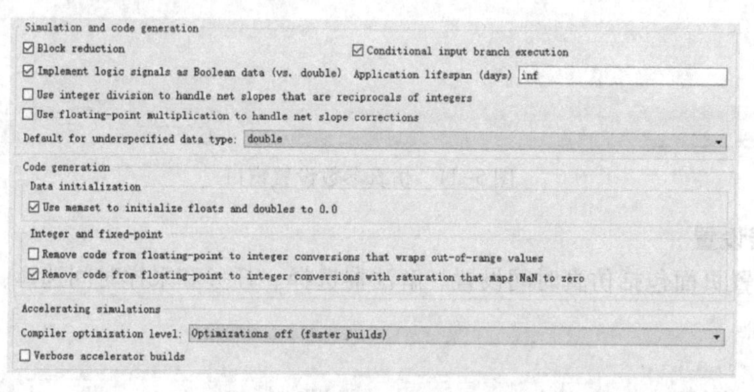

图 5-14　仿真优化设置页面

4. 仿真诊断

仿真诊断可以设置 Simulink 检查时需要用户进行诊断的动作。仿真诊断设置页面如图 5-15 所示。

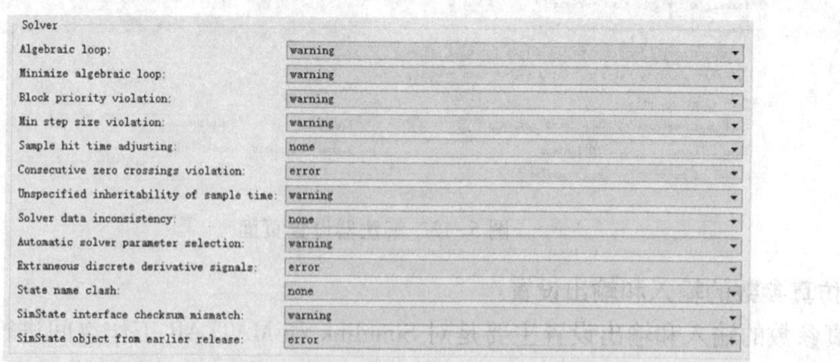

图 5-15　仿真诊断设置页面

5. 仿真硬件实现

仿真硬件实现的设置主要用来定义硬件的特性，这里的硬件是指将要用来运行模型的物理硬件。通过仿真硬件设置可以帮助用户在模型实际运行之前，发现硬件可能存在的问题，如溢出。仿真硬件实现设置页面如图 5-16 所示。

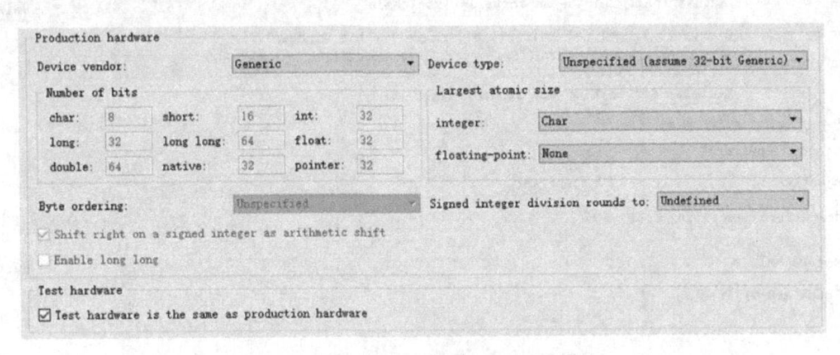

图 5-16　仿真硬件实现设置页面

6. 参考模型

参考模型主要用来生成代码、建立仿真以及设置模型中包含其他模型或者其他模型引用该模型时的一些参数。参考模型设置页面如图 5-17 所示。

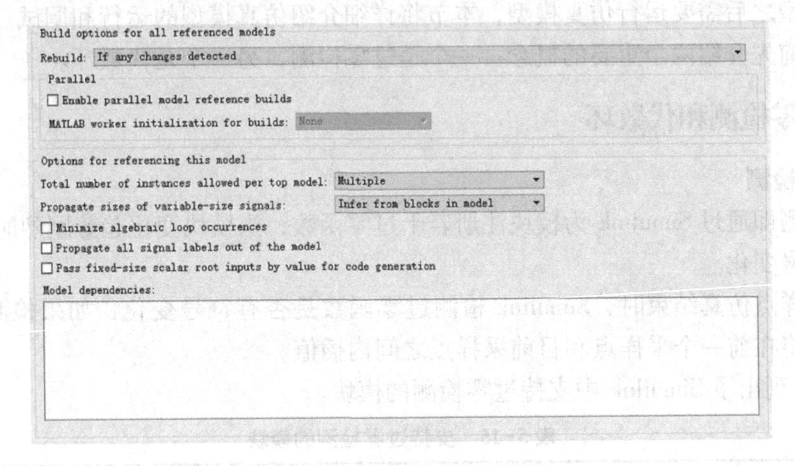

图 5-17　参考模型设置页面

7. 仿真目标

仿真目标设置主要为 MATLAB 和模型状态流设置。仿真目标设置页面如图 5-18 所示。

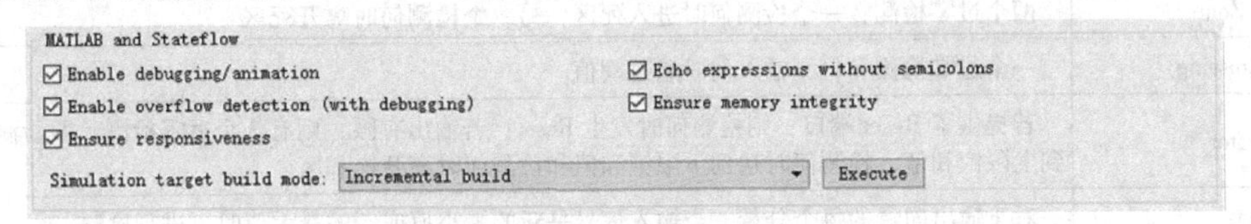

图 5-18　仿真目标设置页面

8. 代码生成

代码生成设置主要包括目标选择、建模过程和代码生成选项设置。代码生成设置页面如图 5-19 所示。

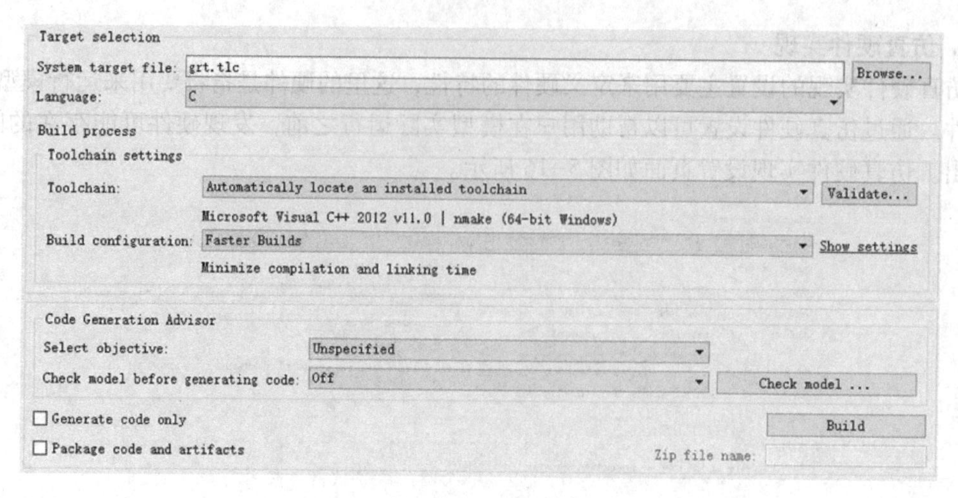

图 5-19　代码生成设置页面

5.3　模型的运行及调试

建立模型之后需要运行仿真模型，本节将详细介绍仿真模型的运行和调试。在介绍仿真模型运行之前先介绍两个重要的概念：一个是过零检测，另一个是代数环。

5.3.1　过零检测和代数环

1. 过零检测

过零检测即通过 Simulink 为模块注册若干过零函数，当模块变化趋势剧烈时，过零函数将会发生符号变化。

每个采样点仿真结束时，Simulink 检测过零函数是否有符号变化，如果检测到过零点，则 Simulink 将在前一个采样点和目前采样点之间内插值。

表 5-15 列出了 Simulink 中支持过零检测的模块。

表 5-15　支持过零检测的模块

模块名	说　明
Abs	一个过零检测：检测输入信号沿上升或下降方向通过零点
Backlash	两个过零检测：一个检测是否超过上限阈值，另一个检测是否超过下限阈值
Dead Zone	两个过零检测：一个检测何时进入死区，另一个检测何时离开死区
Hit Crossing	一个过零检测：检测输入何时通过阈值
Integrator	若提供了 Reset 端口，则检测何时发生 Reset；若输出有限，则有 3 个过零检测，即检测何时达到上限饱和值、检测何时达到下限饱和值和检测何时离开饱和区
MinMax	对于输出向量的每个分量，当输入信号是新的最小值或新的最大值时，进行检测
Relay	一个过零检测：若 Relay 是 off 状态，则检测开启点：若是 on 状态，则检测关闭点
Relational Operator	一个过零检测：检测输出何时发生改变
Saturation	两个过零检测：一个检测何时达到或离开上限，另一个检测何时达到或离开下限
Sign	一个过零检测：检测输入何时通过零点

（续）

模块名	说　明
Step	一个过零检测：检测阶跃发生时间
Switch	一个过零检测：检测开关条件是否满足
Subsystem	用于有条件地运行子系统：一个使能端口，一个触发端口

2. 代数环

如果 Simulink 的输入依赖于模型中某一模块的输出，就会产生一个代数环，如图 5-20 所示。这意味着无法进行仿真，因为没有输入就得不到输出，没有输出也得不到输入，形成了一个死循环。

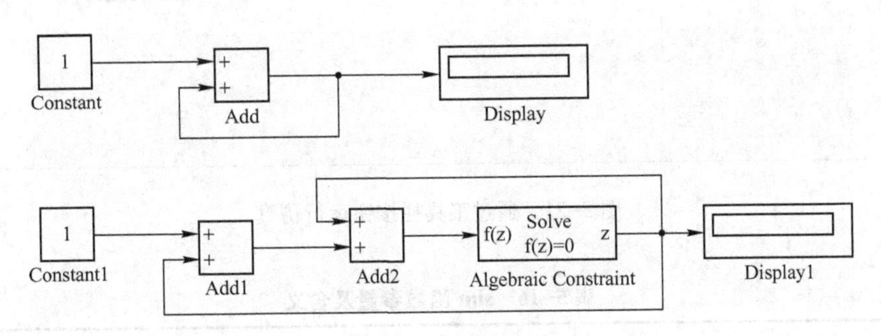

图 5-20　代数环举例

解决代数环的办法有以下几种。

- 采用替代结构，尽量不形成代数环的结构。
- 为可以设置初始值的模块设置初值。
- 对于连续系统，在模块的输出一侧增加 memory 模块。
- 对于离散系统，在模块的输出一侧增加 unit delay 模块。

5.3.2　运行

建立好仿真模型后有以下两种方法可以运行仿真：通过模型窗口和使用 MATLAB 命令运行仿真。

1. 使用窗口运行仿真

建立好模型后，可以单击模型窗口中的“Simulation”→“Run” 命令运行仿真（见图 5-21），或单击工具栏上的“开始”按钮进行仿真。

2. 使用 MATLAB 命令运行仿真

MATLAB 允许通过命令运行仿真，MATLAB 提供了 sim 函数运行仿真，实际使用时可以省略其中的某些参数设置而采用默认参数，其具体调用方法如下。

```
[t,x,y] = sim(filename,timespan,options,ut);
[t,x,y1,y2,...yn] = sim(filename,timespan,options,ut);
```

参量 filename（即模型文件名）是必须要有的。sim 函数参量及含义见表 5-16。

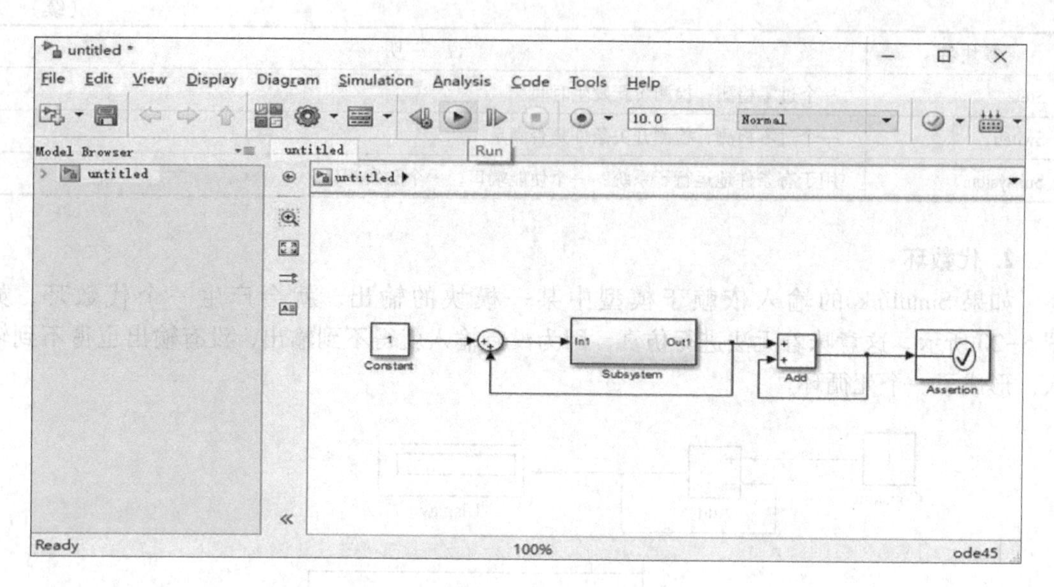

图 5-21　通过工具栏按钮运行仿真

表 5-16　sim 函数参量及含义

参　量　名	含　　义
T	返回仿真时间
X	返回仿真的状态矩阵
Y	返回仿真输出矩阵
Y1, Y2, …Yn	每一个 Yi 对应一个输出模块
Filename	字符串类型，并且模型保存为 filename
Timespan	设置仿真的开始和结束时间
Options	用于设置仿真相关参数的一个结果
Ut	模型输入

5.3.3　调试

Simulink 提供了一个图形化的调试页面，使得模型调试变得更为简单。使用 Simulink 调试器，可以快速找出并诊断模型中的错误。用户可以采用多种方式对模型进行调试，如通过调试器窗口或者 MATLAB 命令，还可以设置断点。

1. Simulink 调试器

单击“Simulation”→“Debug”→“Debug Model”命令，打开模型调试窗口，见图 5-22 所示。

模型调试窗口工具栏按钮及功能介绍见表 5-17。

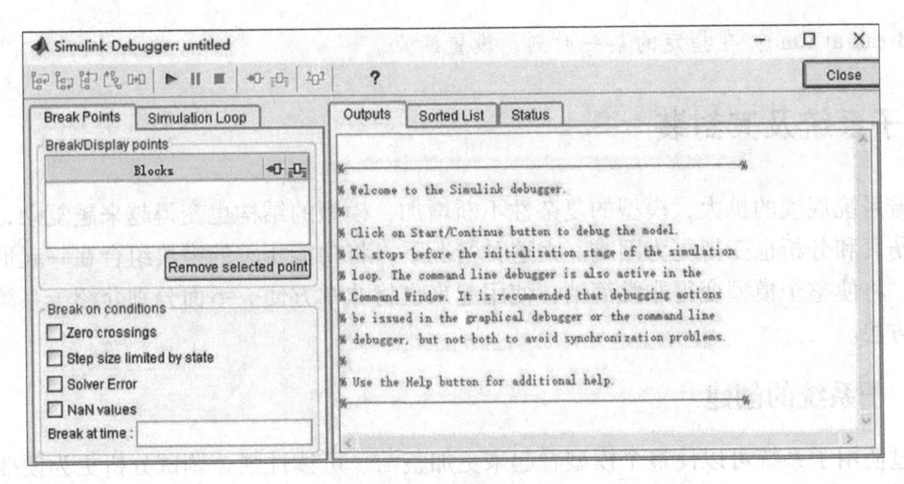

图 5-22　模型调试窗口

表 5-17　模型调试器窗口工具栏按钮及功能介绍

工具栏按钮	功　能	工具栏按钮	功　能
	进入当前方法		停止仿真
	跳过当前方法		运行到下一个模块前跳出
	跳出当前方法		当选中的模块被执行时显示其输入/输出
	在下一个仿真时间步跳转到第一个方法		显示选中的模块的当前输入输出
	跳转到下一个模块方法		选择动画模式
	开始或继续调试	?	显示调试器的帮助
	暂停仿真	Close	关闭调试器

2. 命令行调试

许多 Simulink 命令和消息是通过 Method ID 和 Block ID 来引用方法和模块的。

- Method ID 是按方法被调用的顺序从 0 开始分配的一个整数。
- Block ID 是在编译阶段分配的，形式为 sid：bid。

3. 设置断点

断点就是使仿真运行到该位置时停止，同时可以使用命令 continue 使仿真继续运行。可以在调试器的“Break on conditions”页面中设置相应的断点，断点设置页面如图 5-23 所示。

Simulink 调试器提供了以下 5 种条件设置。

- Zero crossings：遇到过零检测时，设置断点。
- Step size limited by state：在步长受到限制时，设置断点。
- Solver Error：解法器算法出现错误时，设置断点。
- NaN values：在系统中出现无限大或者超出机器数值表示范围时，设置断点。

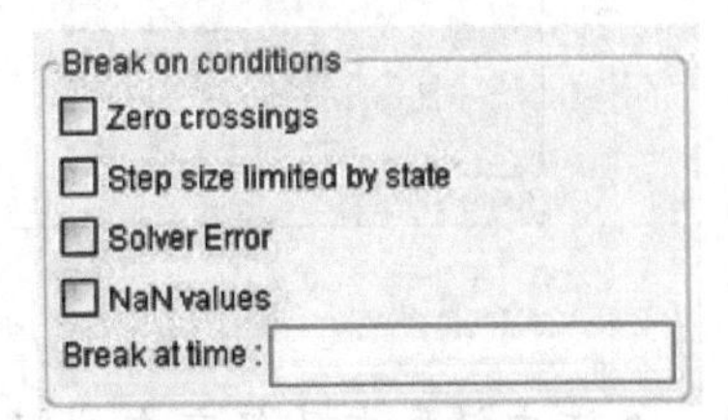

图 5-23　断点设置页面

- Break at time：在指定的某一时刻，设置断点。

5.4 子系统及其封装

随着系统规模的扩大，模型的复杂性不断增加，模型的结构也变得越来越复杂，这将使模型的仿真和分析也变得更为困难。在这种情况下，将功能相关的模块组合在一起形成几个子系统，将使整个模型变得非常简洁，使用起来也将非常方便。下面分别介绍子系统的创建和封装方法。

5.4.1 子系统的创建

通过使用子系统可以使整个模型看起来更加整洁、可读性强、调试分析更为便捷。把复杂的模型分割成若干个简单的模型，具有以下优点。

- 减少模型窗口中模块的个数，使得模型窗口整洁。
- 将一些功能相关的模块集成在一起，可以重复使用。
- 通过子系统可以使模型层次化，增加可读性。

在 Simulink 中创建子系统可以通过以下两种方法。

- 通过 Subsystem 子系统模块来创建子系统：先向模型中添加 Subsystem 模块（见图 5-24），然后双击鼠标打开该模块并向其中添加模块，打开后的子系统模块如图 5-25 所示。

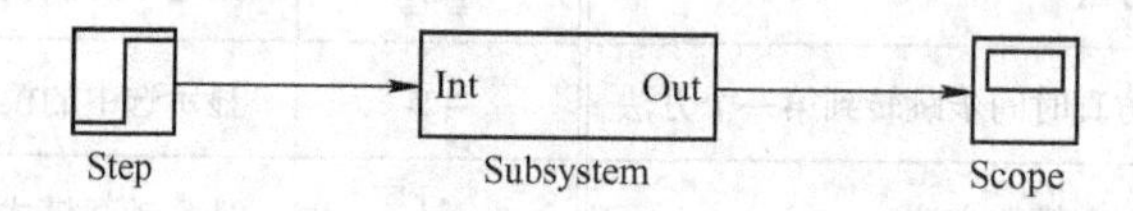

图 5-24 包含子系统模块的模型

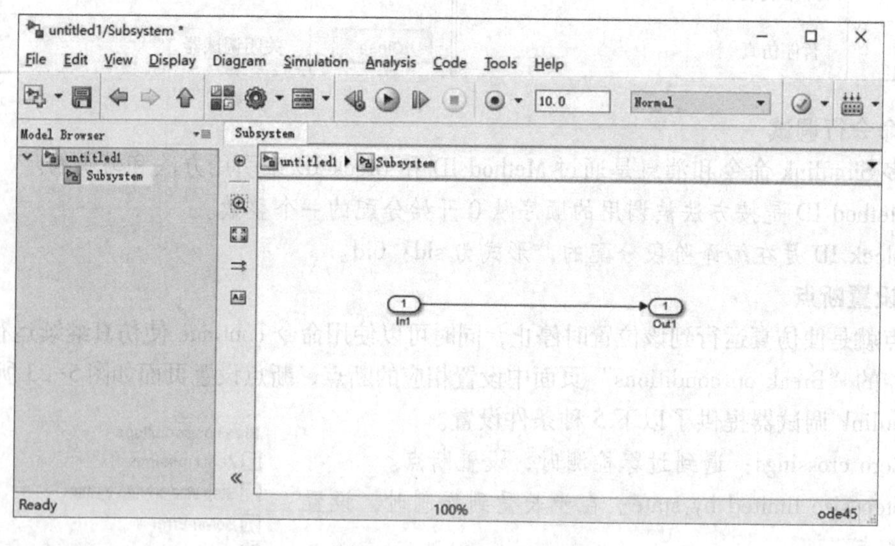

图 5-25 子系统模块

- 选中模型中已经存在的部分模块或者全部模块，单击模型窗口中的“Diagram”→“Subsystem&Model Reference”→“Create Subsystem from Selection”，使之转换成为子

系统，如图 5-26 所示。

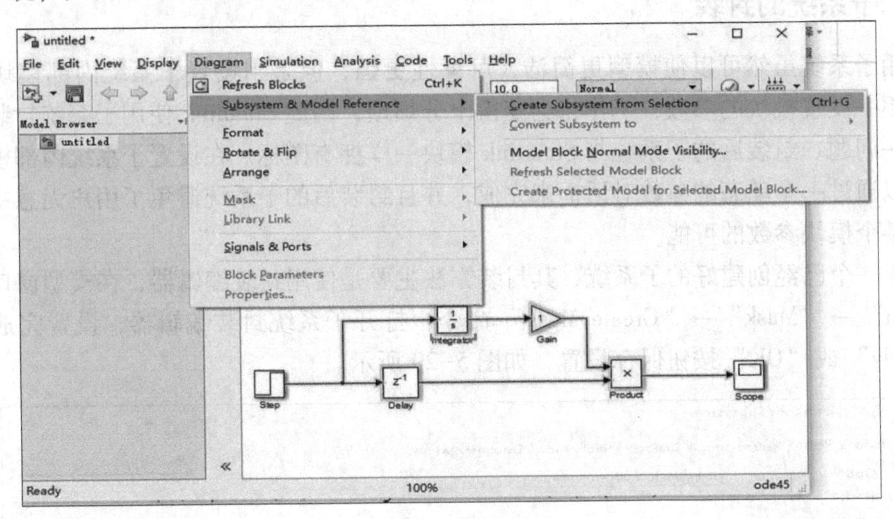

图 5-26 创建子系统

用鼠标单击确定创建子系统后，会将原来的模块用一个子系统模块代替，如图 5-27 所示。

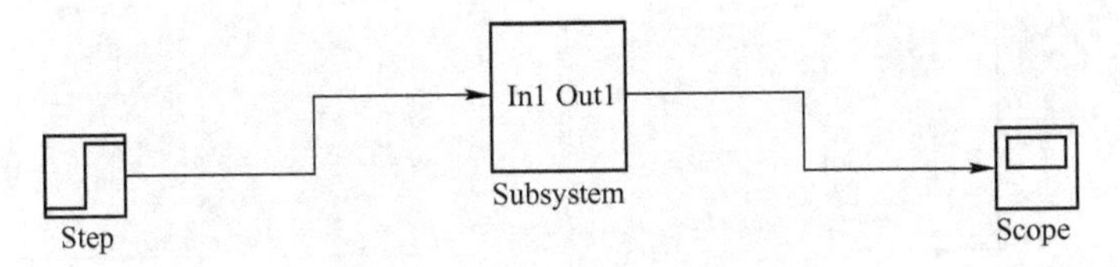

图 5-27 使用子系统后的模型

用鼠标双击子系统模块，可以看到子系统的构成，如图 5-28 所示。

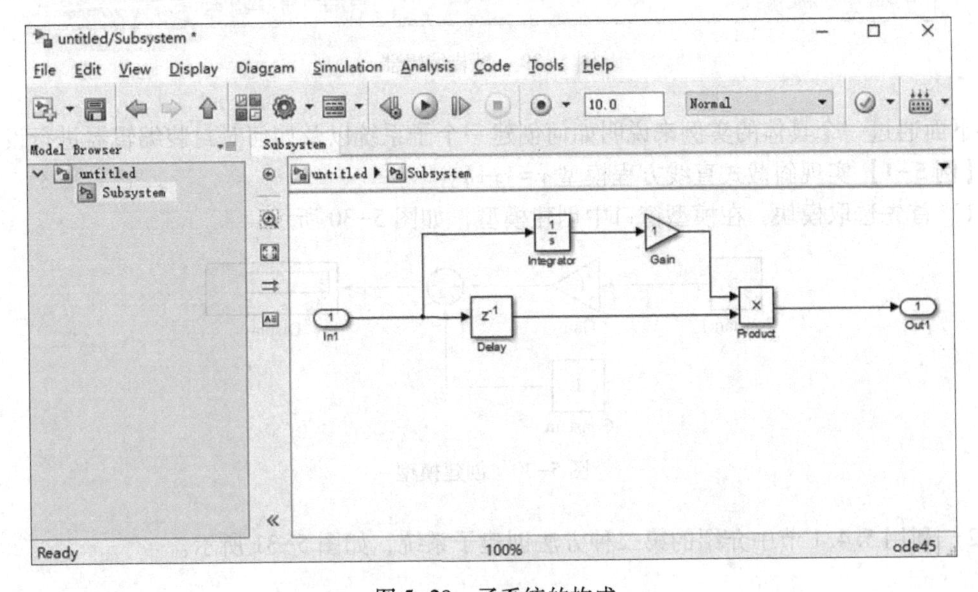

图 5-28 子系统的构成

5.4.2 子系统的封装

使用子系统虽然可以使模型更简洁，可读性更强，但是当设置子系统内部模块的参数时，若逐一设置模块的参数，工作将会变得十分烦琐，因此 Simulink 使用子系统封装技术来解决这一问题。封装后的子系统与 Simulink 模块一样拥有图标。在设置子系统内部模块参数时，可以通过一个动态的参数对话框来完成，并且封装后的子系统避免了用户无意中修改子系统中某个模块参数的可能。

对于一个已经创建好的子系统，其封装方法主要是使用封装编辑器，在模型窗口中选择"Diagram"→"Mask"→"Create Mask"命令，打开子系统封装编辑器，设置完成后，单击"Apply"或"OK"按钮保存设置，如图 5-29 所示。

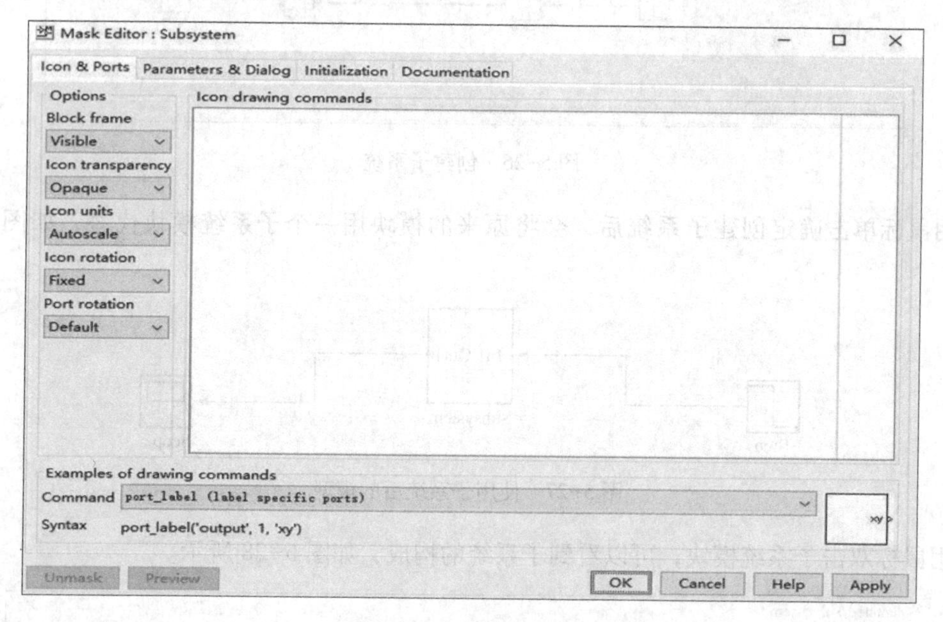

图 5-29 封装编辑器

下面通过一个具体的实例来说明如何创建一个子系统以及如何对封装编辑器进行设置。

【例 5-1】 实现斜截式直线方程模型 $y=kx+b$。

1）首先选取模块，在模型窗口中创建模型，如图 5-30 所示。

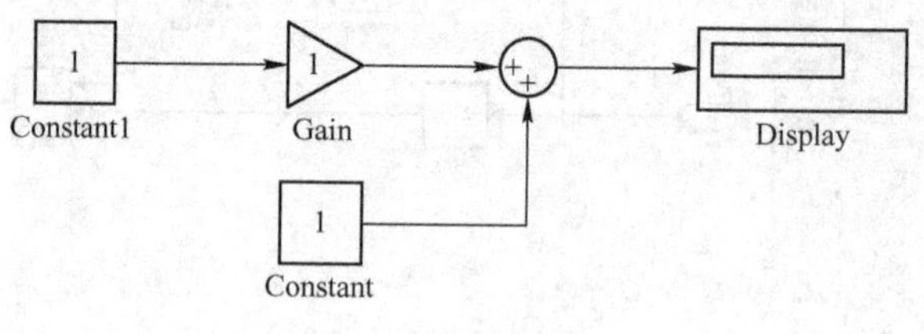

图 5-30 创建模型

2）利用 5.4.1 节中介绍的第二种方法创建子系统，如图 5-31 所示。

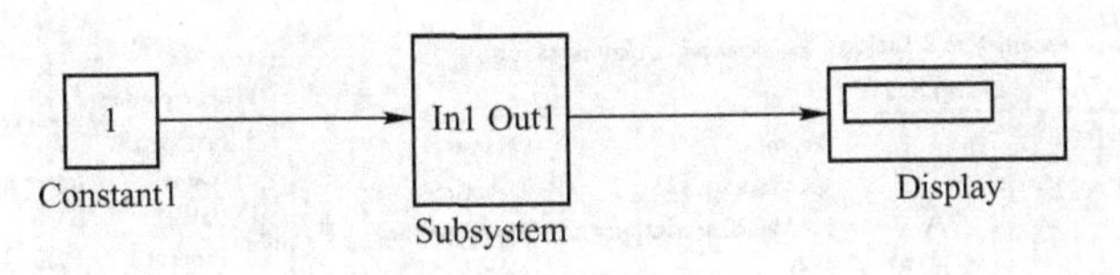

图 5-31　创建子系统

3）双击进入子系统模块，设置子系统内的模块参数，这里将增益模块参数设置为 k，将常数模块参数设置为 b，如图 5-32 所示。

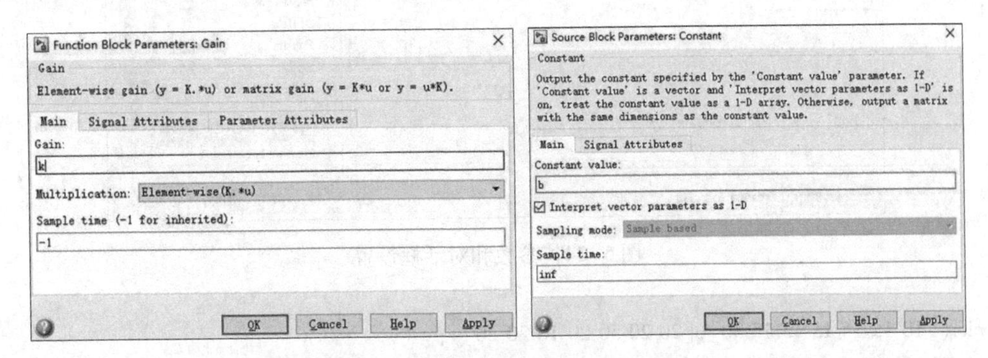

图 5-32　设置子系统内的模块参数

设置好参数后的子系统内部模型如图 5-33 所示。

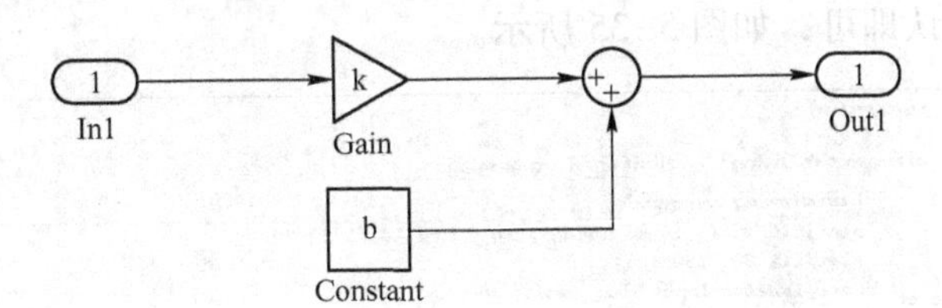

图 5-33　设置好参数后的子系统内部模型

4）选择子系统模块 Subsystem，打开封装编辑器，选择“Parameters&Dialog”选项卡。

- 单击左侧 Parameter 下的参数设置控制按钮，该页面的右侧栏将被激活。
- 在“Name”文本框中输入“Slope”，在“Variable”文本框中输入变量名 k，在“Prompt”文本框中输入“斜率”；在“Type”下拉列表中默认选择“Edit”，表示封装后子系统参数设置界面中 Slope 的变量值通过文本框输入；选中“Evaluate”复选框，表示输入量是“数值类”的数值或者结果为数值的表达式。
- 再单击参数设置控制按钮，参照前面的方法写入新的一行。按照相同的方式，在“Name”文本框中输入“Intercept”，在“Value”文本框中输入变量名 b，在“Prompt”文本框中输入“截距”，如图 5-34 所示。

5）选择“Icon&Ports”选项卡，在“Icon drawing commands”文本框中输入如下所示的绘制指令。

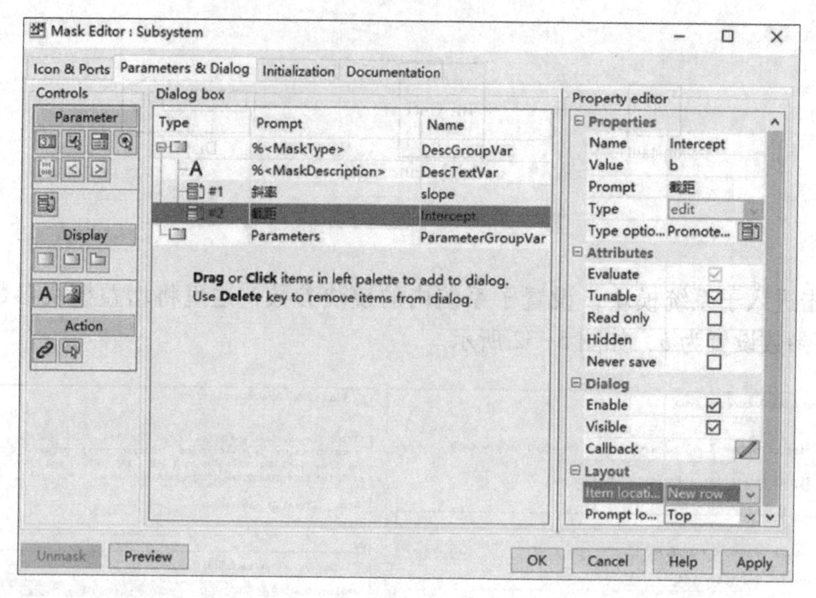

图 5-34　参数和对话框设置

```
plot([10 15 15 15 15 15 30],[20 20 50 20 10 20 20]);
plot([12 25],[50 10]);
port_label('Input',1,'x');
port_label('Output',1,'y');
```

其他选项设置默认即可，如图 5-35 所示。

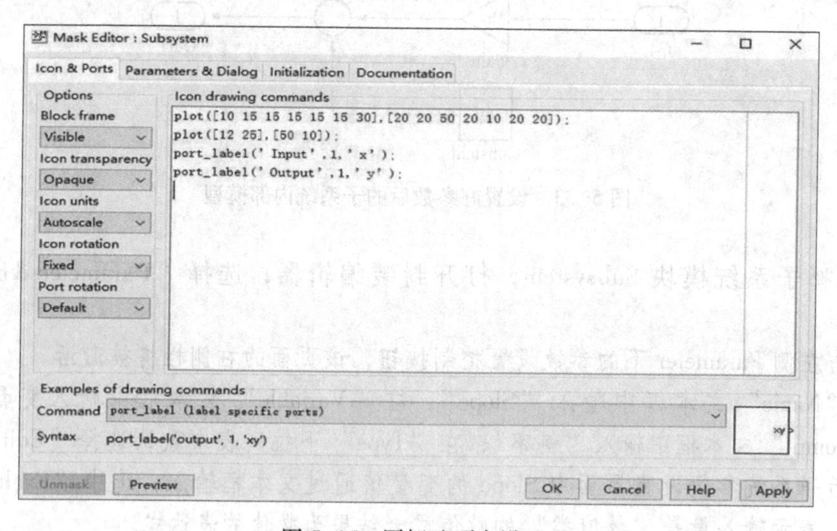

图 5-35　图标选项卡设置

6）设置“Documentation”选项卡。

- 在“Mask type”文本框中输入“斜截式直线方程模块”。
- 在“Mask description”文本框中输入“斜截式直线方程模块，斜率（Slope）和截距（Intercept）是该模块的参数”。

● 在“Mask help”文本框中输入“变量 k 表示斜率，变量 b 表示截距”，如图 5-36 所示。

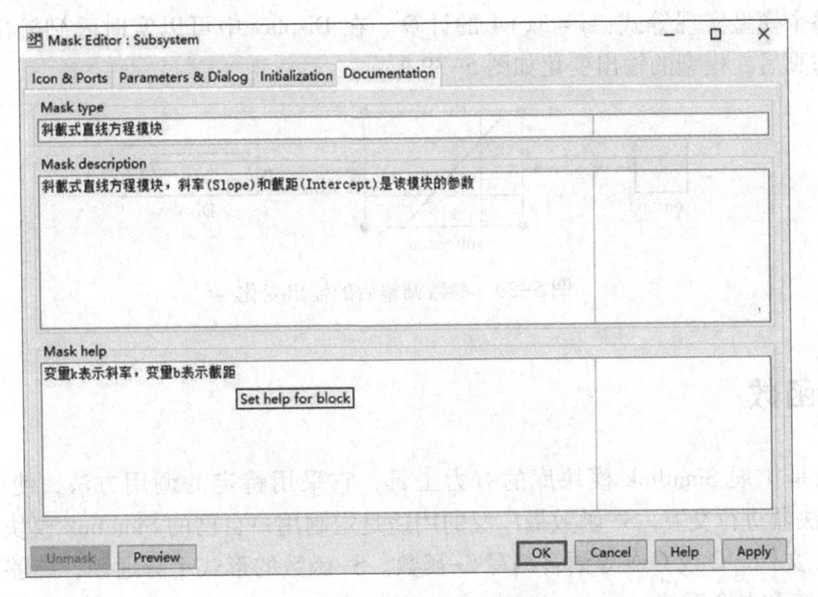

图 5-36　文档选项卡设置界面

7）运行仿真，查看封装结果。

单击“OK”按钮后，将看到如图 5-37 所示的封装后的子系统模型图。

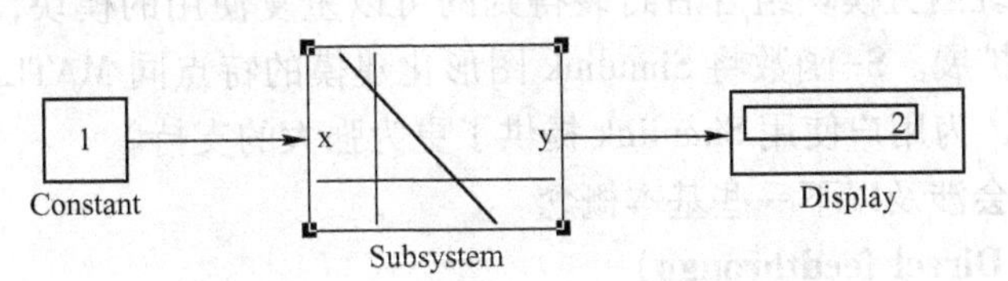

图 5-37　封装后的子系统模型图

双击封装子系统 Subsystem，弹出如图 5-38 所示的封装后子系统的参数设置对话框。

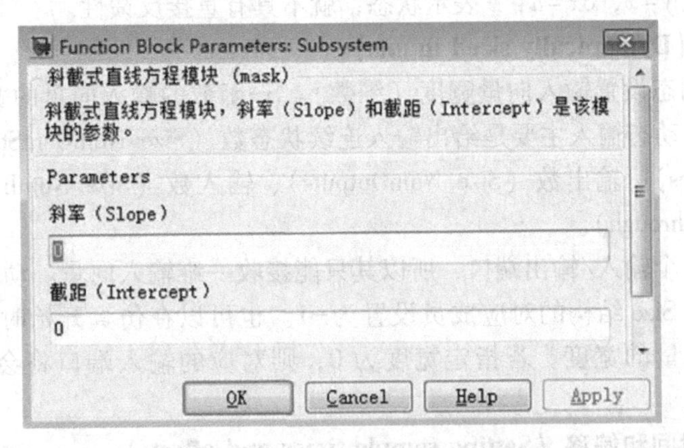

图 5-38　封装后子系统的参数设置对话框

改变封装子系统参数设置对话框中参数斜率（Slope）和截距（Intercept）的值，设置Slope为3，Intercept为4，相当于赋值操作，令$k=3$、$b=4$，将所赋值传递给子系统内的模块。此时整个模型实现等式：$y=3x+4$的计算。在Display中可以实时看到输出值的变化。重新运行仿真后，模型的输出变化如图5-39所示。

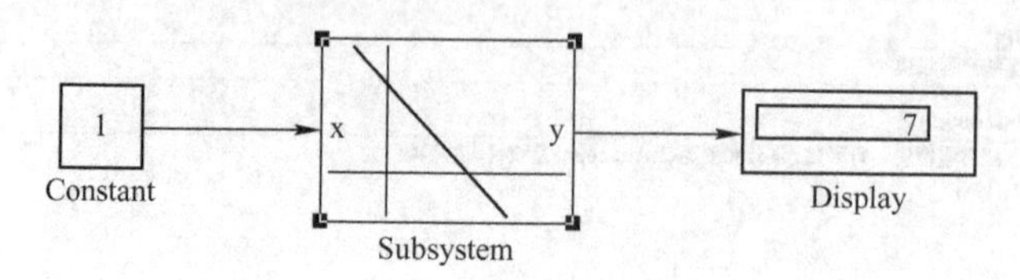

图5-39　参数调整后的输出变化

5.5　S-函数

S-函数是扩展Simulink模块库的有力工具，它采用特定的调用方法，使函数可以与Simulink解法器进行交互。S-函数最广泛的用途是定制用户自己的Simulink模块，除此之外还可以用M文件、C或C++等语言编写S-函数。S-函数的形式十分通用，能够支持连续系统、离散系统和混合系统。

5.5.1　S-函数的基本概念

S-函数是由系统内置模块组合后封装得到的可以重复使用的模块，它们由基本模块构成，是基本模块的扩展。S-函数将Simulink图形化建模的特点同MATLAB编程的灵活性很好地结合在了一起，为用户使用Simulink提供了更为强大的支持。

S-函数的编写会涉及以下一些基本概念。

1. 直接反馈（Direct feedthrough）

直接反馈是指系统的输入会直接影响系统的输出或者可变采样的时间，有些系统具有直接反馈性，而有些没有。例如，系统$y=ku$，u是输入，k是增益系数，y是输出，就具有直接反馈性。而系统$y=x$，$dx=u$，x表示状态，就不具有直接反馈性。

2. 动态输入（Dynamically sized inputs）

S-函数可以动态设置输入向量宽度（维数）。S-函数的输入向量的宽度取决于S-函数输入模块的宽度。动态输入主要是给出输入连续状态数（Size. NumContStates）、离散状态数（Size. NumDiscStates）、输出数（Size. NumOutputs）、输入数（Size. NumInputs）和直接反馈数（Size. Dir Feedthrough）。

S-函数只有一个输入/输出端口，所以其只能接收一维输入向量。动态设置输入向量宽度时，可以将指定Size结构的对应成员设置为-1。也可以在仿真开始时，调用length函数来确定实际输入向量的宽度。若指定宽度为0，则对应的输入端口将会在S-函数模块中去掉。

3. 设置采样时间和偏移（Setting sample times and offsets）

设置采样时间和偏移主要为设置采样时间。用M文件或者C语言编写S-函数都具备在指定的S-函数执行时间上有较高的自适应度。Simulink采样时间包括连续采样时间（Continuous sample time）、固定最小步长的连续采样时间（Continuous but fixed in minor time step sample time）、离散采样时间（Discrete sample time）、可变采样时间（Variable sample time）和继承采样时间（Inherited sample time）。

通常，一个模块可以通过继承驱动模块（The driving block）和继承目标模块（The destination block）方式继承采样时间。

5.5.2 S-函数的工作原理

要创建一个S-函数，首先要了解S-函数的工作原理。S-函数的一个优点就是可以创建在模型中多次调用的通用模块，在不同的应用场景中仅需修改相应的参数即可。下面简要介绍S-函数的反复调用。

S-函数在Simulink模型中可以反复调用，以便创建不同的模型。Simulink会对模型中的S-函数采用适当的方法进行调用，在调用过程中，Simulink将调用S-函数来完成各项任务。其任务包括以下几个方面。

1）初始化：在Simulink模型仿真开始前，首先要初始化S-函数。初始化工作包括以下内容。

- 初始化S-函数结构体。S-函数的结构体包含了S-函数的所有信息。
- 设置输入、输出端口的数目和大小。
- 设置采样时间。
- 估计数组大小并分配存储空间。

2）计算下一个采样时间点：如果选择步长解法器进行仿真，则需要计算下一个采样时间点，即计算下一步的仿真步长。

3）计算主要时间步的输出：计算所有端口的输出值。

4）更新状态：此步骤在每个仿真时间步内都要执行一次。可以在这个步骤中添加每一个仿真步都需要更新的内容，如离散状态的更新。

5）数值积分：用于连续状态的求解和非采样过零点。并不是所有模块都有这一步骤，如果S-函数存在连续状态，Simulink就在少数步长时间内调用“mdlDdrivatives”和“mdlOutput”两个S-函数例程。

5.5.3 S-函数模板

Simulink中为用户编写S-函数提供了多种模板文件，在模板文件中定义了完整的S-函数框架结构，用户可以根据自己的需要来对模板进行相应的修改。在使用M文件来编写S-函数时，推荐使用“sfuntmpl. m”模板文件。该文件存储在MATLAB的“toolbox”→“simulink”→“blocks”目录中。“sfuntmpl. m”模板文件由一个主函数和6个子函数组成，在主函数程序内根据标志变量Flag，由一个Switch-Case语句根据标志值将Simulink转移到相应的子函数中。

下面给出“sfuntmpl. m”模板文件的源代码，来帮助读者更好地理解模板的内容。

```
function [sys,x0,str,ts]=sfuntmpl(t,x,u,flag)
% x0是状态变量的初始值
```

```
%str 一般在初始化时将其置空就可以了
%ts 是一个 1×2 的向量,ts(1)是采样周期,ts(2)是偏移量
%函数名 sfuntmpl 是模板文件名,用户在编辑时应编写自己的文件名
% t 是采样时间,x 是状态变量,u 是输入
%flag 是仿真过程中的状态标志,它的 6 个不同的权值分别指向 6 个功能不同的子函数
%这些子函数也称为回调方法
%sys 输出根据 flag 的不同而不同,下面将结合 flag 来讲 sys 的含义
switch flag,                                              %判断 flag,看当前处于哪个状态
  case 0,
[sys,x0,str,ts]=mdlInitializeSizes;                       %调用"模块初始化"子函数
  case 1,
sys=mdlDerivatives(t,x,u);                                %调用"计算模块导数"子函数
  case 2,
sys=mdlUpdate(t,x,u);                                     %调用"更新模块离散状态"子函数
  case 3,
sys=mdlOutputs(t,x,u,k);                                  %调用"计算模块输出"子函数
  case 4,
sys=mdlGetTimeOfNextVarHit(t,x,u);                        %调用"计算下一个采样时间点"子函数
  case 9,
sys=mdlTerminate(t,x,u);                                  %调用"结束仿真"子函数
  otherwise
    error(['Unhandled flag=',num2str(flag)]);
end
%=================================================================
function [sys,x0,str,ts]=mdlInitializeSizes               %模块初始化子函数
sizes=simsizes;
%调用 simsizeS-函数,返回规范的 Sizes 构架,这个指令用户无须改动
sizes.NumContStates    =0;
%模块连续状态的数目。这里 0 是模板的默认值,用户可以根据自己所描述的系统进行修改
sizes.NumDiscStates    =0;
%模块离散状态的数目。这里 0 是模板的默认值,用户可以根据自己所描述的系统进行修改
sizes.NumOutputs       =0;
%模块输出的数目。这里 0 是模板的默认值,用户可以根据自己所描述的系统进行修改
sizes.NumInputs        =0;
%模块输入的数目。这里 0 是模板的默认值,用户可以根据自己所描述的系统进行修改
sizes.DirFeedthrough=1;
%模块是否存在直接馈入,有则置为 1,无则置为 0。这里 1 是模板的默认值
sizes.NumSampleTimes=1;
%模块的采样时间个数,至少是一个。用户可根据自己所描述的系统进行修改
sys=simsizes(sizes);                         %初始完后 sizes 向 sys 赋值
x0  =[];                                     %设置初始状态,默认为空
str=[];                                      %保留参数,默认为空,用户不必修改
```

```
ts   =[0 0];                              %设置采样时间和偏移量
function sys=mdlDerivatives(t,x,u)      %计算模块导数子函数。在此处填写计算导数向量的指令
sys=[];  %用户必须把算得的导数向量赋给 sys,这里的[ ]是默认设置
function sys=mdlUpdate(t,x,u)
%更新模块离散状态子函数。在此处填写计算离散状态向量的指令
sys=[];  %用户必须把算得的离散状态向量赋给 sys,这里的[ ]是默认设置
function sys=mdlOutputs(t,x,u,k)
%计算模块输出子函数。在此处填写计算模块输出向量的指令
sys=[];  %用户必须把算得的模块输出向量赋给 sys,这里的[ ]是默认设置
function sys=mdlGetTimeOfNextVarHit(t,x,u)
%计算下一个采样时间点子函数。该子函数只有在"变采样时间"下使用
sampleTime=1;  %表示在当前时刻 1 s 后再调用本模块。用户可根据需要修改
sys=t +sampleTime;                        %将算得的下一采样时刻赋给 sys。用户无须修改
%==========================================================
function sys=mdlTerminate(t,x,u)        %结束仿真子函数
sys=[];                                   %系统默认为[ ],一般不需改动
```

5.5.4 创建 S-函数

用户可以利用 User Defined Function 模块库中的 S-Function 模块，在模型中创建 S-函数，并利用子系统封装对 S-函数进行封装。一般来说，在 Simulink 中创建包含 S-函数的模型的步骤如下：

1）打开 Simulink 库浏览器，将 User-Defined Function 子库中的 S-Function 模块添加到模型窗口中。

2）用鼠标双击 S-Function 模块，打开参数设置对话框，设置 S-函数参数，如图 5-40 所示。其中输入的 S-函数文件名不带扩展名，参数并列给出，中间以逗号隔开，用户必须知道 S-函数中的这些参数的调用顺序，然后按照顺序输入参数。

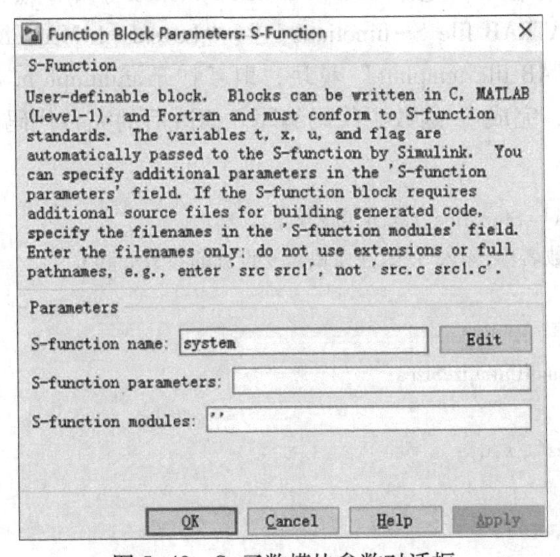

图 5-40　S-函数模块参数对话框

3）创建S-函数源代码，在Simulink的S-function Example模型库中，Simulink为用户提供了针对不同语言的S-函数模板和例子，用户在S-函数模块参数设置对话框中输入已经编辑好的S-函数文件名，然后单击“Edit”按钮，即可打开源代码编辑窗口，如图5-41所示。

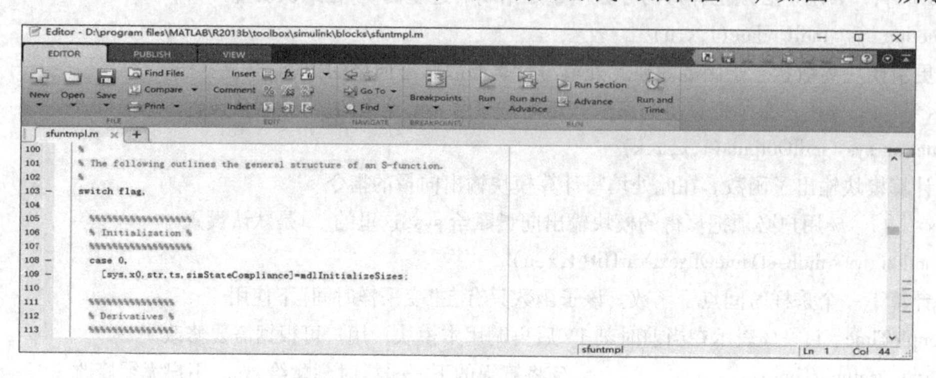

图5-41　S-函数源代码编辑窗口

4）在Simulink仿真模型中，连接模块，进行仿真。

需要注意的是，S-函数是一个单输入、单输出的模块，如果系统有多个输入或输出信号，则需要使用Mux和Demux模块将其组合成单个的输入或输出信号。

下面结合具体实例来介绍S-函数的使用。

【例5-2】 利用S-函数实现【例5-1】中的模型。

1）打开标准模板文件sfuntmpl.m。打开模板文件的方法有以下3种。

- 在MATLAB命令行窗口中输入：

```
>> open    sfuntmpl.m
```

- 在MATLAB命令行窗口中输入：

```
>> edit    sfuntmpl
```

- 在Simulink库浏览器中，选择User-Defined Function子库，然后双击“S-Function Examples”→“MATLAB file S-functions”→“Leveal-1 MATLAB file S-functions”→“Leveal-1 MATLAB file template”模块，即可打开sfuntmpl.m模板文件。

2）修改模板文件，完成S-函数源代码编写。修改后的完整代码如下，所需修改的代码已经标注出。

```
function [sys,x0,str,ts]=Sfun_line(t,x,u,flag,k,b)
%在主函数中修改函数名称,输入S-函数模块需要设置的参数k和b
switch flag,
  case 0,
    [sys,x0,str,ts]=mdlInitializeSizes;
  case 1,
    sys=mdlDerivatives(t,x,u);
  case 2,
    sys=mdlUpdate(t,x,u);
```

```
    case 3,
      sys=mdlOutputs(t,x,u);
    case 4,
      sys=mdlGetTimeOfNextVarHit(t,x,u);
    case 9,
      sys=mdlTerminate(t,x,u);
    otherwise
      error(['Unhandled flag=',num2str(flag)]);
end
%==============================================================
function [sys,x0,str,ts]=mdlInitializeSizes
%初始化:在 mdlInitializeSizes 中,确定输入和输出数目
%对于带有至少一个输出和输入的简单系统,它总是直接反馈的
sizes=simsizes;
sizes.NumContStates    =0;
sizes.NumDiscStates    =0;
sizes.NumOutputs       =1;
sizes.NumInputs        =1;
sizes.DirFeedthrough   =1;
sizes.NumSampleTimes=1;    % at least one sample time is needed
sys=simsizes(sizes);
x0   =[];
str=[];
ts   =[0 0];
%==============================================================
function sys=mdlDerivatives(t,x,u)
sys=[];
%==============================================================
function sys=mdlUpdate(t,x,u)
sys=[];
%==============================================================
%在 mdlOutputs 函数中,编写输出方程,并通过变量 sys 返回
function sys=mdlOutputs(t,x,u,k,b)
sys=[k * u+b];
%==============================================================
function sys=mdlGetTimeOfNextVarHit(t,x,u)
sampleTime=1;
sys=t +sampleTime;
%==============================================================
function sys=mdlTerminate(t,x,u)
sys=[];
```

3）双击 S-Function 模块，打开模块参数设置对话框进行设置，如图 5-42 所示。

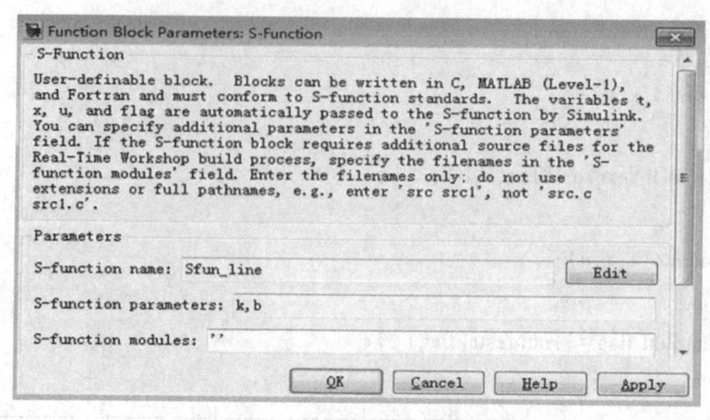

图 5-42　模块参数设置对话框

4）封装 S-函数模块，并运行仿真，步骤与【例 5-1】的步骤完全相同，这里不再重复介绍。

5.6　建模与仿真分析实例

为了提高仿真的效率，在系统数学建模过程中往往需要忽略对系统影响微小的那些因素。系统模型的建立和模型的简化是针对仿真和分析中的具体评估指标来进行的。例如，在分析小信号放大器传输特性的模型中，往往可以忽略放大器的非线性特点，从而传输模型线性化，这样便于数值计算，也便于得出分析结果。

5.6.1　简单连续系统的建模与仿真

连续系统是指可以用微分方程来描述的系统。下面介绍简单的二阶连续系统模型的建立与仿真分析。

系统使用阶跃信号作为模型输入信号源，开环传递函数$\frac{1}{s^2+0.6s}$，接收模块使用示波器来构成模型。

1）选择模块，在“Sources”模块库选择“Step”模块，在“Continuous”模块库选择“Transfer Fcn”模块，在“Math Operations”模块库选择“Subtract”模块，在“Sinks”模块库选择“Scope”。

2）连接各模块，从信号线引出分支点构成闭环系统，如图 5-43 所示。

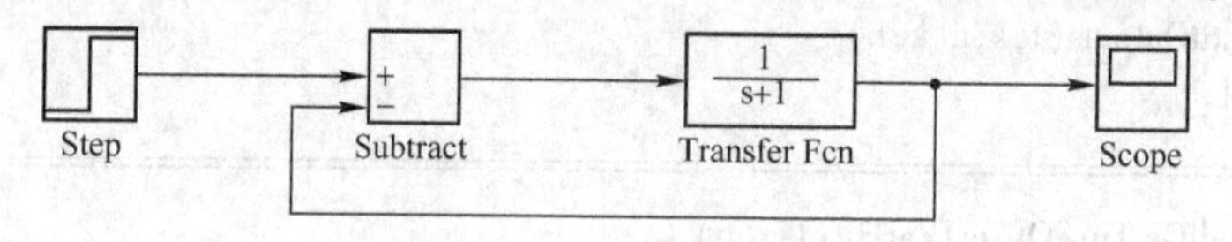

图 5-43　系统模型图

3）设置模块参数，打开“Subtract”模块参数设置对话框，将“Icon shape”设置为“rectangular”，将“List of signs”设置为“|+-”，其中“|”表示上面的入口为空，如图 5-44 所示。

在“Transfer Fcn”模块参数设置对话框中，将“Denominator Coefficients”设置为“[1 0.6 0]”，如图 5-45 所示。

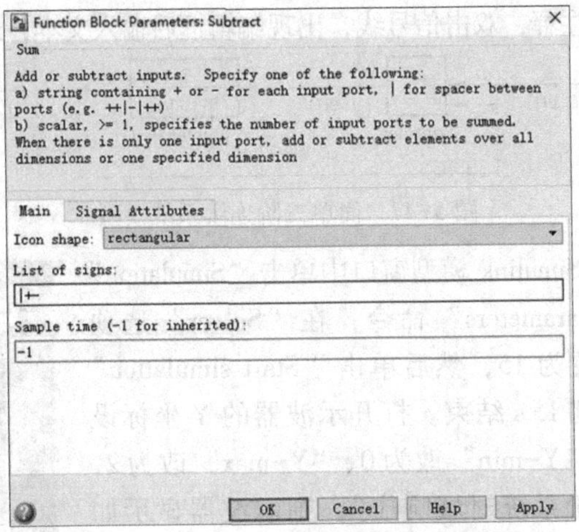

Function Block Parameters: Subtract

Sum

Add or subtract inputs. Specify one of the following:
a) string containing + or - for each input port, | for spacer between ports (e.g. ++|-|++)
b) scalar, >= 1, specifies the number of input ports to be summed.
When there is only one input port, add or subtract elements over all dimensions or one specified dimension

Main | Signal Attributes

Icon shape: rectangular

List of signs:

|+-

Sample time (-1 for inherited):

-1

OK | Cancel | Help | Apply

图 5-44 “Subtract”模块参数设置对话框

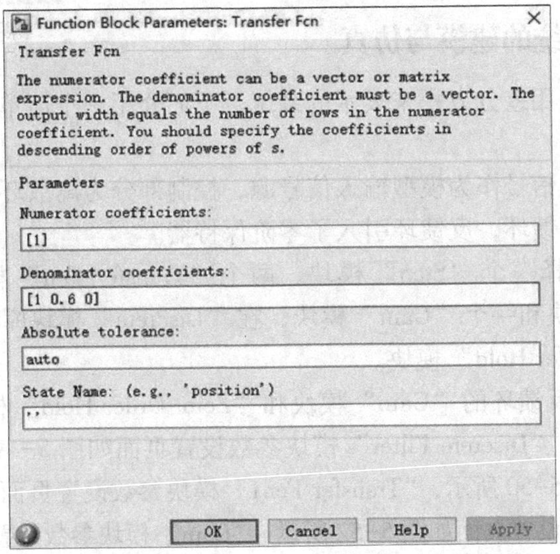

Function Block Parameters: Transfer Fcn

Transfer Fcn

The numerator coefficient can be a vector or matrix expression. The denominator coefficient must be a vector. The output width equals the number of rows in the numerator coefficient. You should specify the coefficients in descending order of powers of s.

Parameters

Numerator coefficients:

[1]

Denominator coefficients:

[1 0.6 0]

Absolute tolerance:

auto

State Name: (e.g., 'position')

''

OK | Cancel | Help | Apply

图 5-45 “Transfer Fcn”模块参数设置对话框

在“Step”模块参数设置对话框中，将“Step time”修改为 0，如图 5-46 所示。

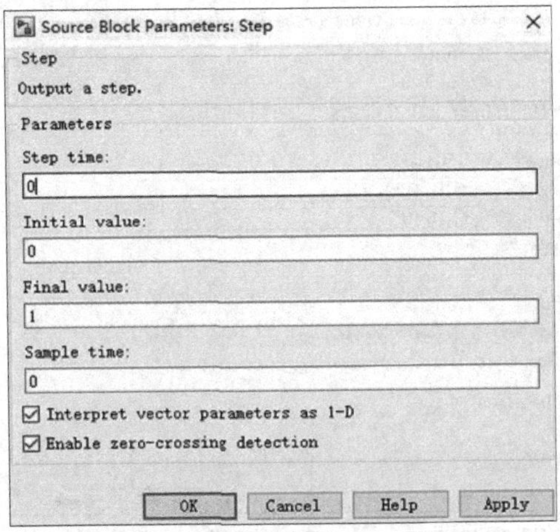

Source Block Parameters: Step

Step

Output a step.

Parameters

Step time:

0

Initial value:

0

Final value:

1

Sample time:

0

☑ Interpret vector parameters as 1-D

☑ Enable zero-crossing detection

OK | Cancel | Help | Apply

图 5-46 “Step”模块参数设置对话框

4）添加信号线文本注释，双击信号线，出现编辑框后输入文本，最终模型如图 5-47 所示。

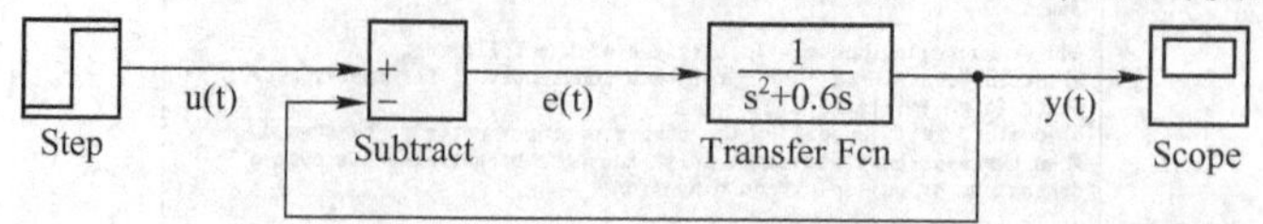

图 5-47　简单二阶连续系统模型

5）仿真并分析。在 Simulink 模型窗口中单击“Simulation”→“Model Configuration Parameters”命令，在“Solver”选项区中将“Stop time”设置为 15，然后单击“Start simulation”按钮，示波器显示的就到 15 s 结束。打开示波器的 Y 坐标设置对话框，将 Y 坐标的“Y-min”改为 0、“Y-max”改为 2，将“Title”设置为“二阶系统时域响应”，则示波器显示如图 5-48 所示。

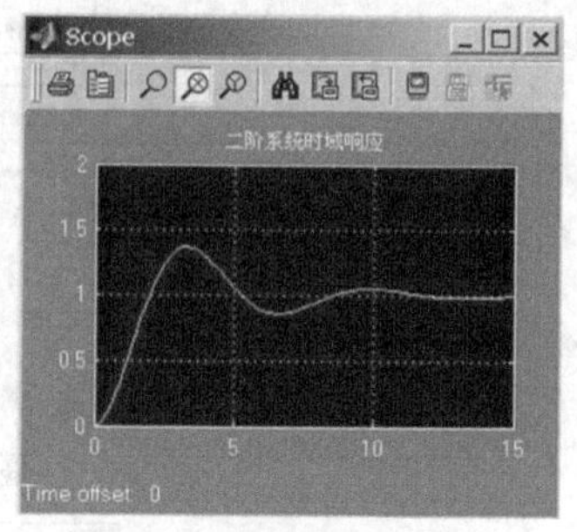

图 5-48　示波器显示

5.6.2　简单离散系统的建模与仿真

离散系统是指可以用差分方程来表示的系统。下面介绍一个简单的离散系统模型的建立与仿真分析。

离散系统使用阶跃信号作为模型输入信号源，控制部分为离散环节，被控对象为两个连续环节，其中一个有反馈环，反馈环引入了零阶保持器。

1）选择模块。选择一个“Step”模块、两个“Transfer Fcn”模块、两个“Sum”模块、两个“Scope”模块和一个“Gain”模块，在“Discrete”模块库选择一个“Discrete Filter”和一个“Zero-Order Hold”模块。

2）连接模块。将反馈环的“Gain”模块和“Zero-Order Hold”模块翻转。

3）设置模块参数。“Discrete Filter”模块参数设置页面如图 5-49 所示，“Transfer Fcn”模块参数设置页面如图 5-50 所示，“Transfer Fcn1”模块参数设置页面如图 5-51 所示，“Zero-Order Hold”模块参数设置页面如图 5-52 所示，“Gain”模块参数设置页面如图 5-53 所示。

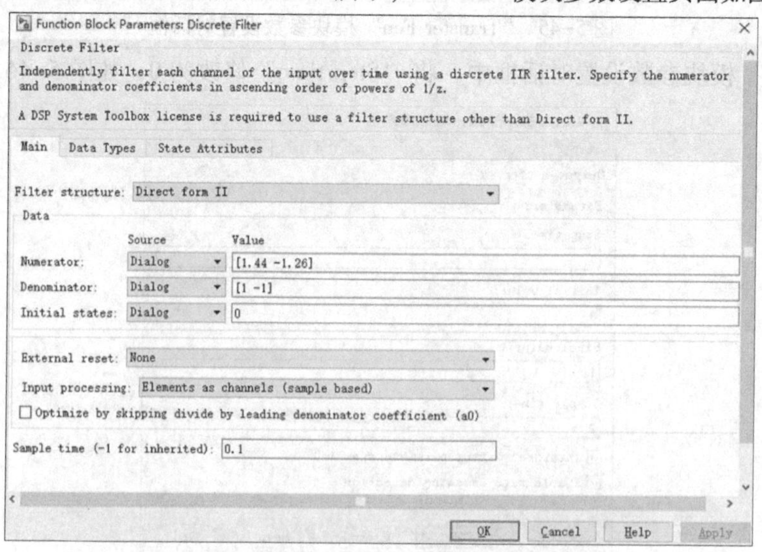

图 5-49　“Discrete Filter”模块参数设置页面

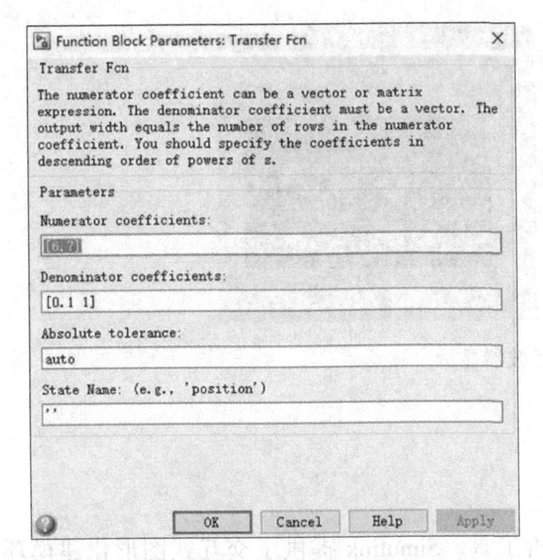

图 5-50 “Transfer Fcn” 模块参数设置页面

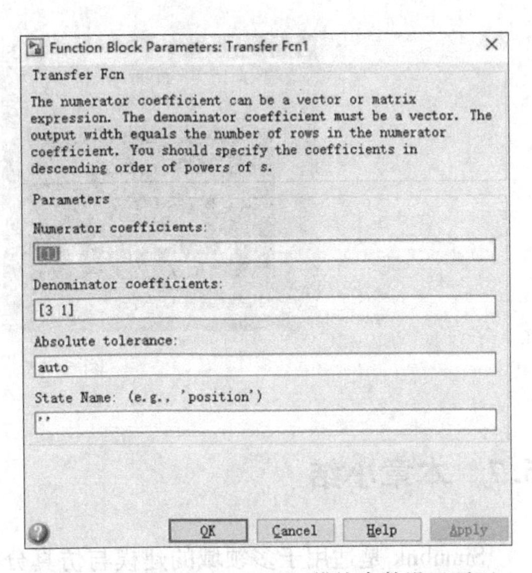

图 5-51 “Transfer Fcn1” 模块参数设置页面

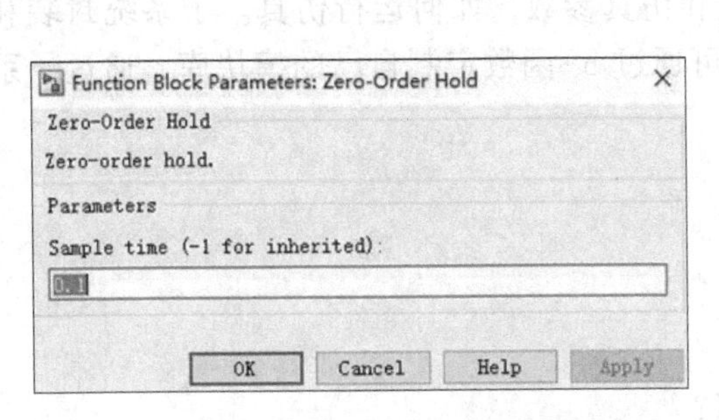

图 5-52 “Zero-Order Hold” 模块参数设置页面

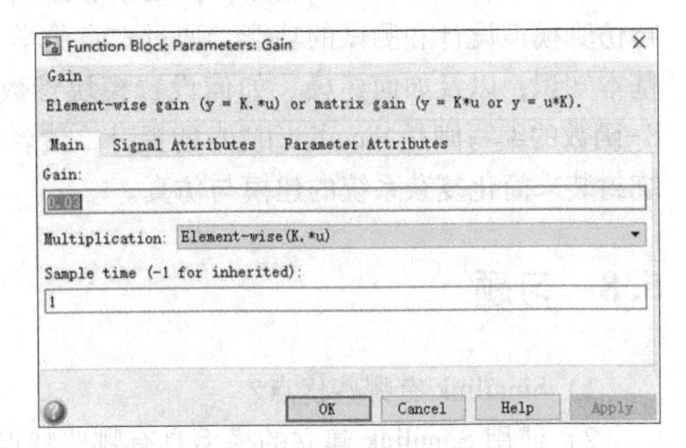

图 5-53 “Gain” 模块参数设置页面

4）添加文本注释，最终系统模型图如图 5-54 所示。

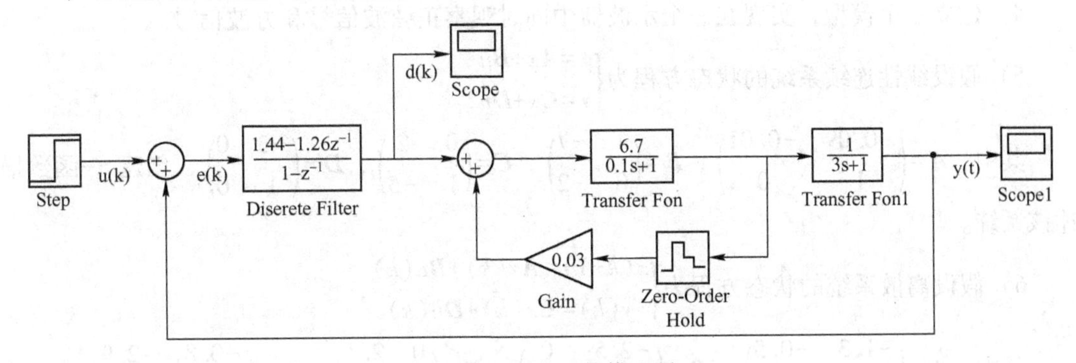

图 5-54 最终系统模型图

5）开始仿真。在 Simulink 模型窗口中选择“Simulation” → “Model Configuration Parameters”，将“Max step size”设置为 0.05 s，则两个示波器“Scope”和“Scope1”的显示如图 5-55 所示。通过图形可以看出，当 T=Tk=0.1 时，系统的输出响应比较平稳。

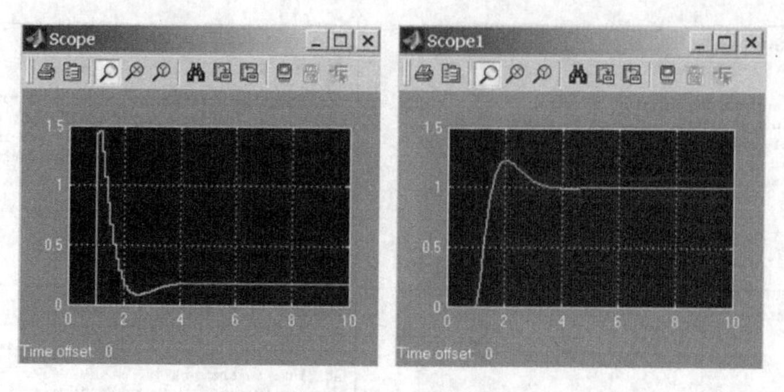

图 5-55　示波器显示

5.7　本章小结

Simulink 是适用于多领域的建模与仿真分析工具。Simulink 提供了交互式图形化建模环境和适用于各类系统的模块库，如通信、控制、信号处理等系统，通过选取适当的模块，进行仿真模型设计和测试的功能。通过本章的学习，读者可以掌握 Simulink 和 Simulink 模块的基本知识，以及如何建模、如何设置模块参数和仿真参数，如何运行仿真。子系统封装和 S-函数的编写则是 Simulink 技术的提升，读者可通过 S-函数定制自己的模块库，通过子系统封装来简化复杂系统的建模与仿真。

5.8　习题

1）Simulink 有哪些优点？

2）使用 Simulink 建立的模型具有哪些特点？

3）已知某振动系统的振动速度 $x(t)=\sin(t)$，初始条件 $x(0)=0$，如何利用 simulink 仿真该系统的振动位移？

4）建立一个模型，实现在一个示波器中同时观察正弦波信号和方波信号。

5）假设线性连续系统的状态方程为$\begin{cases}x=\boldsymbol{A}x+\boldsymbol{B}u\\y=\boldsymbol{C}x+\boldsymbol{D}u\end{cases}$，

其中，$\boldsymbol{A}=\begin{pmatrix}-0.09 & -0.01\\1 & 0\end{pmatrix}$，$\boldsymbol{B}=\begin{pmatrix}1 & -7\\0 & -2\end{pmatrix}$，$\boldsymbol{C}=\begin{pmatrix}0 & 2\\1 & -5\end{pmatrix}$，$\boldsymbol{D}=\begin{pmatrix}-3 & 0\\1 & 0\end{pmatrix}$，创建 S-函数描述该系统。

6）假设离散系统的状态方程为$\begin{cases}x(k+1)=\boldsymbol{A}x(k)+\boldsymbol{B}u(k)\\y(k)=\boldsymbol{C}x(k)+\boldsymbol{D}u(k)\end{cases}$，

其中，$\boldsymbol{A}=\begin{pmatrix}-1.3 & -0.5\\-1.0 & 0\end{pmatrix}$，$\boldsymbol{B}=\begin{pmatrix}-2.5 & 0\\0 & 4.3\end{pmatrix}$，$\boldsymbol{C}=\begin{pmatrix}0 & 2.1\\1 & 7.8\end{pmatrix}$，$\boldsymbol{D}=\begin{pmatrix}-0.8 & -2.9\\1.2 & 0\end{pmatrix}$，创建 S-函数描述该系统。

第 6 章　科 学 计 算

科学计算是目前科学研究的三大基本手段之一，近年来随着科学技术的不断进步，科学计算的发展更为迅速，人们对其的关注度也日益增加。MATLAB 作为一款强大的集算法开发、数据可视化、数据分析、数值计算以及系统建模与仿真为一体的软件，其在科学计算方面的突出表现也获得了业内的认可。它的应用领域不断扩大，在各大公司、科研机构以及高校均得到了广泛应用。MATLAB 科学计算几乎可以满足所有计算需求，已经成为最普遍的科学计算软件之一。

本章主要介绍经常用到的 MATLAB 科学计算问题的求解方法，其中包括线性方程组、非线性方程及常微分方程的求解、数据统计处理、数据插值、数据拟合等。

6.1　方程求解

本节主要介绍线性方程组、非线性方程（组）和常微分方程 3 种常见方程的求解。

6.1.1　线性方程组求解

线性方程组是线性代数中的重要内容之一，其理论发展的最为完善。MATLAB 中包含多种处理线性方程组的命令，下面进行详细介绍。

对于形如 $\boldsymbol{AX}=\boldsymbol{B}$ 的方程组来说，假设其系数矩阵 $\boldsymbol{A}$ 是 $m\times n$ 的矩阵，根据其维数可以将方程组分以下 3 种情况。

1）若 $m=n$，则为恰定方程组，即方程数等于未知量数。

2）若 $m>n$，则为超定方程组，即方程数大于未知量数。

3）若 $m<n$，则为欠定方程组，即方程数小于未知量数。

线性方程组解的类型也可以分为以下 3 种情况。

1）若 $\mathrm{rank}(A)=\mathrm{rank}([A|B])\geqslant n$，则方程组有唯一解。

2）若 $\mathrm{rank}(A)=\mathrm{rank}([A|B])<n$，则方程组有无穷解。

3）若 $\mathrm{rank}(A)\neq\mathrm{rank}([A|B])$，则方程组无解。

不难看出，线性方程组解的类型是由对应齐次方程组的解、对应系数矩阵和增广矩阵间的关系共同决定的。

非齐次线性方程组 $\boldsymbol{AX}=\boldsymbol{B}$ 解的形式可以描述如下。

1）使用 null 函数求解对应非齐次线性方程组 $\boldsymbol{AX}=\boldsymbol{B}$ 对应的齐次方程组 $\boldsymbol{AX}=0$ 的基础解系，也可以称为通解，则 $\boldsymbol{AX}=\boldsymbol{B}$ 的解都可以通过通解的线性组合表示。

2）求解非齐次线性方程组 $\boldsymbol{AX}=\boldsymbol{B}$ 的特解。

3）最后求得非齐次线性方程组 $\boldsymbol{AX}=\boldsymbol{B}$ 解的形式为通解的线性组合加上特解。

下面介绍 MATLAB 中求解线形方程组的方法。

1. 除法求解方法

若线性方程组 $AX=B$ 的系数矩阵可逆，则 $A\setminus B$ 给出方程组的唯一解。

【例 6-1】使用除法求解系数矩阵可逆的恰定线性方程组。

在命令行窗口中输入如下语句。

```
>>A=pascal(4)          %A 为四阶可逆矩阵
  det_A=det(A)         %计算矩阵 A 的行列式
  B=rand(4,1)          %随机生成 4 行 1 列的矩阵 B
  X1=A\B               %求出方程唯一解
  X2=inv(A)*B          % A\B 等价于 inv(A)*B
```

命令行窗口中的输出结果如下。

```
A=
     1     1     1     1
     1     2     3     4
     1     3     6    10
     1     4    10    20
det_A=
     1.000
B=
    0.8147
    0.9058
    0.1270
    0.9134
X1=
   -2.5813
    9.1360
   -8.1751
    2.4351
X2=
   -2.5813
    9.1360
   -8.1751
    2.4351
```

若线性方程组 $AX=B$ 的系数矩阵不可逆，则方程组的解不存在或者不唯一。此时执行 A \ B，则 MATLAB 会显示提示信息，表示该矩阵是奇异矩阵，无法得到精确的数值解。

【例 6-2】使用除法求解欠定线性方程组。

在命令行窗口中输入如下语句。

```
>>C=magic(4);
  A=C(2:4,:)
  B=[0;1;0];
  X=A\B
```

命令行窗口中的输出结果如下所示。

```
A =
      5    11    10     8
      9     7     6    12
      4    14    15     1
X =
   0.2475
  -0.0662
        0
  -0.0637
```

【例 6-3】使用除法求解超定线性方程组。

在命令行窗口中输入如下语句。

```
>>T = magic(5)
  A = T( :,2:5)
  B = [0;0;1;0;0];
  X = A\B
```

命令行窗口中的输出结果如下所示。

```
T =
    17    24     1     8    15
    23     5     7    14    16
     4     6    13    20    22
    10    12    19    21     3
    11    18    25     2     9
A =

    24     1     8    15
     5     7    14    16
     6    13    20    22
    12    19    21     3
    18    25     2     9
X =
  -0.0222
   0.0060
   0.0034
   0.0303
```

2. 求逆求解方法

在【例 6-1】中，已经介绍了通过求逆的方法求解线性方程组的解，这里着重介绍利用伪逆方法求解。对于方程组而言，其系数矩阵可能是方阵但不可逆，也可能不是方阵，无论上述两种情况的哪一种都将导致它的逆不存在或无意义，此时就需要引入伪逆的概念。

伪逆矩阵包含很多种形式（具体情况请参考矩阵的有关书籍），下面介绍最常用的基于最小二乘的最优伪逆。MATLAB 使用 pinv 函数来实现，即可以使用矩阵 $\boldsymbol{A}$ 的伪逆矩阵 pinv(A)来得到方程的一个解，其对应的数值解为 pinv(A) * B。

【例 6-4】使用伪逆矩阵的方法求解奇异矩阵线性方程组的解。

在命令行窗口中输入如下语句。

```
>>A=[1 5 8;-1 3 5;1 7 4];
  B=[3;6;9];
  X=pinv(A) * B
  C=A * X
```

命令行窗口中的输出结果如下所示。

```
X=
   -2.6897
    1.9655
   -0.5172
C=
    3.0000
    6.0000
    9.0000
```

从例题中的输出结果可以看出，通过使用伪逆矩阵的方法可以求解得到数值解，同时该数值解可以精确地满足预期结果。

上面的例子都是介绍如何计算特解，下面介绍如何计算线性方程组的所有解。

【例 6-5】使用求逆法计算线性方程组的所有解。

在命令行窗口中输入如下语句。

```
>>A=[1 3 5 7;2 4 6 8;9 10 11 12];
  B=[1;2;3];
  X1=null(A)
  X2=pinv(A) * B
```

命令行窗口中的输出结果如下所示。

```
X1=
    0.5336   -0.1237
   -0.6193    0.5626
   -0.3622   -0.7542
    0.4479    0.3153
X2=
    0.0344
    0.0579
    0.0814
    0.1049
```

此时线性方程组的所有解为 $\boldsymbol{X}=a\times X_1(:,1)+b\times X_1(:,2)+X_2$，其中 a、b 为任意实数。

6.1.2 非线性方程（组）求解

求非线性方程或方程组解的问题也就是求函数零点的问题。对于任意函数，在求解范围内可能有零点，也可能没有；可能只有一个零点，也可能有多个甚至无数个零点。MATLAB没有可以求解所有函数零点的通用命令，下面将分别讨论一元函数和多元函数零点的求解问题。

1. 一元函数的零点

在所有函数中，一元函数是最简单的。在 MATLAB 中，可以使用 fzero 函数来计算一元函数的零点，具体调用方法如下。

```
x=fzero(fun,x0)              %在 x0 点附近寻找函数 fun 的零点
x=fzero(fun,x0,options)      %options 为使用 optimset 函数设定优化器参数的选项
x=fzero(fun,[x0,x1])         %在[x0,x1]区间寻找函数 fun 的零点
```

optimset 函数的具体调用方法如下。

```
optimset%显示优化器的现有参数名及其参数值
options=optimset('param1',value1,'param2',value2,...)
%使用参数名和参数值设定优化器的参数
options=optimset(oldopts,'param1',value1,...)
%在现有优化器 oldopts 的基础上,使用参数名和参数值变更优化器参数
```

optimset 函数中可以设置的主要优化器参数见表 6-1。

表 6-1 优化器参数

参数名	有效参数值	功能描述
Display	'final''off''iter''notify'	'final'：只显示最终结果，该选项为默认值 'off'：不显示计算结果 'iter'：显示每个迭代步骤的计算结果 'notify'：只在不收敛时显示计算结果
MaxFunEvals	正整数	最大允许的函数评估次数
MaxIter	正整数	最大允许的迭代次数
TolFun	正标量	函数值的截断阈值
TolX	正标量	自变量的截断阈值
OutputFcn	空矩阵或用户定义函数句柄	空矩阵：迭代过程采用 MATLAB 自带的函数 用户自定义函数句柄：用该函数替换 MATLAB 自带的函数
FunValCheck	'off'和'on'	'off'：不检查输入函数的返回值，该选项为默认值 'on'：如果输入函数的返回值为复数或者 NaN，则显示警告信息

【例 6-6】 计算一元函数 $f(x)=x^2\cos x-x+1$ 在[-3,3]区间上的零点。

首先绘制函数的曲线，在命令行窗口中输入如下语句。

```
>>x=-3:0.1:3;
  y=x.*x.*cos(x)-x+1;
  plot(x,y,'r')
  xlabel('x');
  ylabel('f(x)');
  title('The zero of function')
  hold on
  h=line([-3,3],[0,0]);
  set(h,'color','g')
  grid;
```

图形窗口中的输出结果如图 6-1 所示。

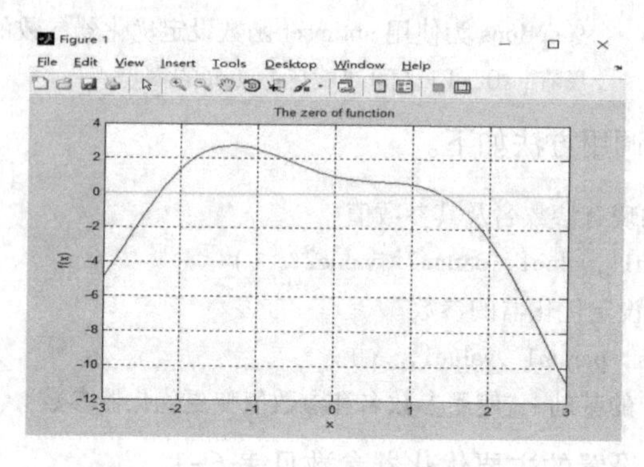

图 6-1　一元函数曲线

在求解函数零点之前，先绘制函数的图形，这样在后面的步骤中使用 fzero 命令时，方便选择初始数值 $x0$。由图 6-1 不难看出，曲线在[-3,3]区间内包含 2 个零点。

计算函数在某点附近的零点，在命令窗口中输入如下语句。

```
>>f=@(x)x*x*cos(x)-x+1;
  X1=fzero(f,-2)
  X2=fzero(f,1)
```

命令行窗口中的输出结果如下所示。

```
X1=
   -2.2621
X2=
    1.3719
```

2. 多元函数的零点

非线性方程组的标准形式为 $\boldsymbol{F}(\boldsymbol{x})=0$，其中 x 为向量，$\boldsymbol{F}(\boldsymbol{x})$ 为函数向量。在 MATLAB 中，使用 fsolve 命令求解多元函数，具体调用方法如下。

```
X=fsolve(fun,x0)              %在向量 x0 附近寻找函数 fun 的解
X=fsolve(fun,x0,options)      %使用 options 设定优化器参数
```

【例 6-7】求解二元方程组$\begin{cases}2x_1-x_2=e^{-x_1}\\-x_1+2x_2=e^{-x_2}\end{cases}$的零点。

首先绘制函数的曲线，在命令行窗口中输入如下语句。

```
>>x=[-5:0.1:5];
  y=x;
  [X,Y]=meshgrid(x,y);
  Z=2*X-Y-exp(-X);
  surf(X,Y,Z)
  xlabel('x')
  ylabel('y')
  zlabel('z')
  title('The figure of the function')
```

图形窗口中的输出结果如图 6-2 所示。

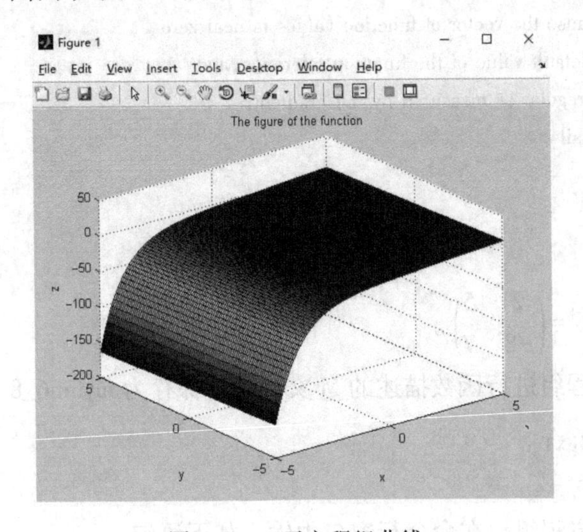

图 6-2　二元方程组曲线

编写对非线性方程组进行函数描述的 M 文件，输入代码如下。

```
function F=fsolvefun(x)
F=[2*x(1)-x(2)-exp(-x(1));-x(1)+2*x(2)-exp(-x(2))];
```

将上述程序代码保存为 fsolvefun.m 文件。

下面求解二元函数的零点，在命令行窗口中输入如下语句。

```
>>x0=[-5;-5];
  options=optimset('Display','iter');
  x=fsolve(@fsolvefun,x0,options)
```

命令行窗口中的输出结果如下所示。

```
                          Norm of       First-order   Trust-region
 Iteration   Func-count     f(x)           step        optimality     radius
     0           3        47071.2                      2.29e+004        1
     1           6        12003.4             1        5.75e+003        1
     2           9        3147.02             1        1.47e+003        1
     3          12        854.452             1              388        1
     4          15        239.527             1              107        1
     5          18        67.0412             1             30.8        1
     6          21        16.7042             1             9.05        1
     7          24        2.42788             1             2.26        1
     8          27       0.032658      0.759511            0.206      2.5
     9          30   7.03149e-006      0.111927          0.00294      2.5
    10          33   3.29525e-013    0.00169132        6.36e-007      2.5
Equation solved.
fsolve completed because the vector of function values is near zero
as measured by the default value of the function tolerance,and
the problem appears regular as measured by the gradient.
<stopping criteria details>
x=
    0.5671
    0.5671
```

【例 6-8】求解 $X^4=\begin{pmatrix}2 & 5\\-8 & 7\end{pmatrix}$。

编写对非线性方程组进行函数描述的 M 文件，并保存为 myfun6_8.m，如下所示。

```
function T=myfun6_8(x)
T=x^4-[2,5;-8,7];
```

然后求解非线性方程组，在命令行窗口中输入如下语句。

```
>>x0=[3 1;2 1];
  options=optimset('Display','off');
  X=fsolve(@myfun6_8,x0,options)
```

命令行窗口中的输出结果如下所示。

```
X=
   1.4438    0.3202
  -0.5123    1.7640
```

6.1.3 常微分方程求解

MATLAB 中可以用来求解常微分方程（组）的函数有 ode23、ode23s、ode23t、ode23tb、ode45、ode15s 和 ode113 等，见表 6-2。它们的具体调用方法类似，为了方便后面的描述，在后面的介绍中将使用 solver 统一代替它们。

表 6-2　求解常微分方程（组）的函数

函数名	含　义	特　点	说　明
ode23	普通 2、3 阶法非刚性解	一步法：2、3 阶 Runge-Kutta 方程，累计截断误差达$(\Delta x)^3$	适用于精度较低的情形
ode23s	低阶法解刚性	一步法：2 阶 Rosebrock 算法；低精度	当精度较低时，计算时间比 ode15s 短
ode23t	解适度刚性	梯形算法	适用于刚性情形
ode23tb	低阶法解刚性	梯形算法：低精度	当精度较低时，计算时间比 ode15s 短
ode45	普通 4、5 阶法非刚性解	一步算法：4、5 阶 Runge-Kutta 方程，累计截断误差达$(\Delta x)^3$	大部分场合的首选算法
ode15s	变阶法解刚性	多步法：Gear's 反向数值微分，精度中等	若 ode45 失效，则可尝试使用
ode113	普通变阶法非刚性解	多步法：Adams 算法，高低精度均可达到	计算时间比 ode45 短

函数的具体调用方法如下。

```
[T,Y]=solver(odefun,tspan,y0)
[T,Y]=solver(odefun,tspan,y0,options)
[T,Y]=solver(odefun,tspan,y0,options,p1,p2,…)
```

在区间 tspan=[t0,tf]上，使用初始条件 $y0$，求解常微分方程 $y'=f(t,y)$。其中解向量 Y 中的每行结果对应于时间向量 T 中的每个时间点。利用传递给函数 odefun 的 p1，p2，…参数进行求解。solver 函数中涉及的参数见表 6-3。

表 6-3　solver 函数中涉及的参数

参数名	功能描述
odefun	表示常微分方程
tspan	表示求解区间或求解时刻，通常为 tspan=[t0,tf]或 tspan=[t0,t1,t2,…,tf]（要求单调）
y0	表示初始条件
options	表示使用 odeset 函数所设置的可选参数
p1,p2	表示传递给 odefun 的参数

odeset 函数的用法与 optimset 函数类似，利用所设置的可选参数进行求解，solver 中 options 的参数见表 6-4。

表 6-4　solver 中 options 的参数

参 数 名	取　值	含　义
absTol	有效值：正实数或向量 默认值：1e-6	绝对误差对应于解向量中的所有元素，向量则分别对应于解向量中的每一分量
relTol	有效值：正实数 默认值：1e-6	相对误差对应于解向量中的所有元素。在每步（第 k 步）计算过程中，误差估计为 e(k)<=max(relTol * abs(y(k)),absTol(k))
events	有效值：on、off	有效值为 on 时，返回相应的事件记录
normControl	有效值：on、off 默认值：off	有效值为 on 时，控制解向量范数的相对误差，使每步计算中，满足 norm(e)<=max(relTol * norm(y),absTol)

（续）

参数名	取值	含义
outputFcn	有效值：odeplot、odephas2、odephas3、odeprint 默认值：odeplot	若无输出参量，则 solver 将执行下面操作之一，画出解向量中各元素随时间的变化： 1）画出解向量中前两个分量构成的相平面图 2）画出解向量中前 3 个分量构成的三维相空间图 3）随计算过程，显示解向量
outputSel	有效值：正整数或向量 默认值：[ ]	若不使用默认设置，则 outputFcn 所表现的是那些正整数指定的解向量中的分量的曲线或数据
refine	有效值：正整数或 $k>1$ 默认值：$k=1$	若 $k>1$，则增加每个积分步中的数据点记录，使解曲线更加光滑
jacobian	有效值：on、off 默认值：off	若有效值为 on，则返回相应的 ode 函数的 jacobi 矩阵
jpattern	有效值：on、off 默认值：off	当有效值为 on 时，返回相应的 ode 函数的稀疏 jacobi 矩阵
mass	有效值：none、M、M(t)、M(t,y) 默认值：none	M：不随时间变化的常数矩阵 $M(t)$：随时间变化的矩阵 $M(t,y)$：随时间、地点变化的矩阵
maxStep	有效值：正实数 默认值：tspans/0	最大积分步长

MATLAB 可以求解 3 种类型一阶常微分方程，即显式常微分方程、线性隐式常微分方程和完全隐式常微分方程。

1. 显式常微分方程

显式常微分方程的形式为$\begin{cases} y'=f(t,y) \\ y(t_0)=y_0 \end{cases}$。

【例 6-9】 显式常微分方程求解实例。

已知微分方程为 $y''-\mu(1-y^2)y'+y=0(y(0)=0, y'(0)=2; t\in[0,30])$，分别取 $\mu=3$ 和 $\mu=5$ 求解该方程。

首先对微分方程进行变换得到形式为$\begin{cases} y_1{}'=y_2 \\ y_2{}'=\mu(1-y_1{}^2)y_2-y_1 \end{cases}$。

然后对方程组进行函数描述，并保存为 myfun6_9. m，其内容如下所示。

```
function output=myfun6_9(t,y,mu)
output=zeros(2,1);
output(1)=y(2);
output(2)=mu*(1-y(1)^2)*y(2)-y(1);
```

对方程组进行求解，在命令行窗口中输入如下语句。

```
>>[t1,y1]=ode45(@myfun6_9,[0 30],[0;2],[],3);    %mu=3
  [t2,y2]=ode45(@myfun6_9,[0 30],[0;2],[],5);    %mu=5
  plot(t1,y1(:,1),'-',t2,y2(:,2),'--')
  title('显式常微分方程的解');
```

```
xlabel('t ');
ylabel('y ');
legend('mu=3','mu=5');
```

图形窗口中的输出结果如图 6-3 所示。

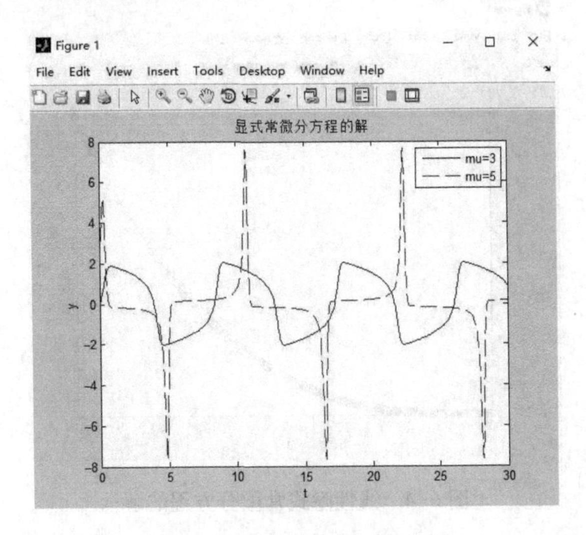

图 6-3　显式常微分方程的解

2. 线性隐式常微分方程

线性隐式常微分方程的形式为$\begin{cases} M(t,y)y'=f(t,y) \\ y(t_0)=y_0 \end{cases}$。

【例 6-10】 线性隐式常微分方程求解实例。

已知微分方程$(ty^2+1)y'=3y^3+y+4(t\in[0,10];y(0)=2)$，求解该方程。

首先根据微分方程$(ty^2+1)y'=3y^3+y+4$ 和通式 $4M(t,y)y'=f(t,y)$，得到：

$$\begin{cases} f(t,y)=3y^3+y+4 \\ M(t,y)=ty^2+1 \end{cases}$$

然后对$f(t,y)$进行函数描述，并保存为 myfun6_10f. m，其内容如下所示。

```
function output=myfun6_10f(t,y)
output=3 * y. ^3+y+4;
```

对 $M(t,y)$进行函数描述，并保存为 myfun6_10M. m，其内容如下所示。

```
function output=myfun6_10M(t,y)
output=t * y. ^2+1;
```

最后对方程进行求解，在命令行窗口中输入如下语句。

```
>>options=odeset('RelTol ',1e-6,'OutputFcn ','odeplot ','Mass ',@ myfun6_10M);
  [t,y]=ode45(@ myfun6_10f,[0 10],2,options);
  xlabel('t ');
```

```
    ylabel('y');
    title('线性隐式常微分方程的解')
```

图形窗口中的输出结果如图 6-4 所示。

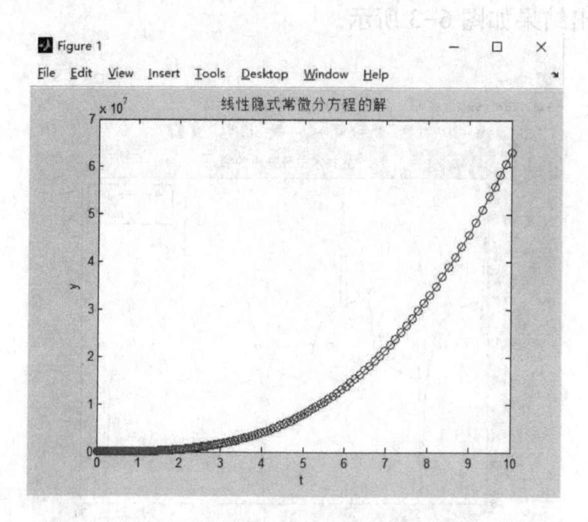

图 6-4　线性隐式常微分方程的解

3. 完全隐式常微分方程

完全隐式常微分方程的形式为$\begin{cases} f(t,y,y')=0 \\ y(t_0)=y_0 \end{cases}$。

【例 6-11】完全隐式常微分方程求解实例。

已知方程为 $ty^2(y')^3-2y^3(y')^2+3t(t^2+1)y'-t^2y=0(t\in[1,20];y(0)=\sqrt{3/2})$，求解该方程。

首先对方程进行函数描述，并保存为 myfun6_11. m，其内容如下所示。

```
function output=myfun6_11(t,y,dydt)
output=t * y. ^2 * dydt. ^3-2 *  y. ^3 * dydt. ^2+3 * t * (t^2+1) * dydt-t^2 * y;
```

其次对方程进行求解，在命令行窗口中输入如下语句。

```
>>t0=1;
    y0=sqrt(3/2);
    yp0=0;
    [y0,yp0]=decic(@myfun6_11,t0,y0,1,yp0,0);
    [t,y]=ode15i(@myfun6_11,[1 20],y0,yp0);
    plot(t,y);
    xlabel('t');
    ylabel('y');
    title('完全隐式常微分方程的解');
```

图形窗口中的输出结果如图 6-5 所示。

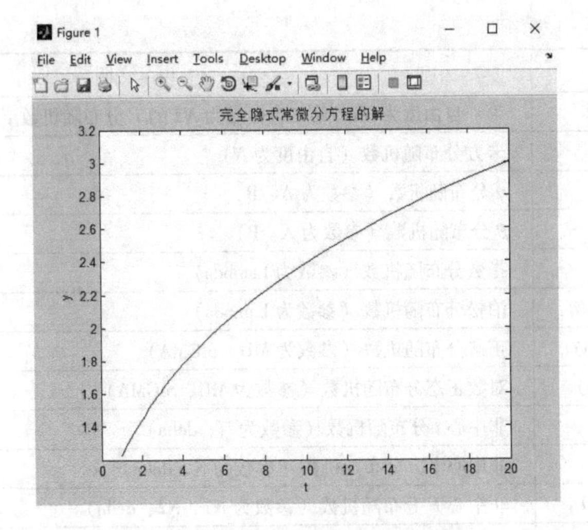

图 6-5　完全隐式常微分方程的解

对于高阶常微分方 $y^{(n)}=f(t,y,y',\ldots,y^{(n-1)})$，可以将其转换成如下所示的一阶常微分方程组：

$$\begin{cases} y_1'=y_2 \\ y_2'=y_3 \\ \vdots \\ y_n'=f(t,y_1,y_2,\ldots,y_n) \end{cases}$$

6.2　数据统计处理

本节将主要介绍 MATLAB 在数值统计处理方面的大量应用，包括随机数的生成、最大（小）值的查找、和与积的运算、均（中）值的求解、标准方差、相关系数和排序等内容。

数值计算通常是以数组作为运算对象的，会给出数值的解；在计算过程中会产生误差累积的问题，对计算结果的准确性有一定的影响；但由于其计算速度快，因此占用的资源较少。

6.2.1　随机数

在连续型随机变量的分布中，单位均匀分布是最简单且最为基本的分布。由该分布抽取的简单字样称为随机数序列，其中的每一个个体都称为随机数。在 MATLAB 中，有多种生成随机数的函数，见表 6-5。

表 6-5　随机数生成函数

函　　数	说　　明
unifrnd(A,B,m,n)	在[A,B]上均匀分布（连续）的随机数
unidrnd(N,m,n)	均匀分布（离散）的随机数
trnd(N,m,n)	t 分布随机数（自由度为 N）

（续）

函　数	说　明
frnd(N_1 , N_2 ,m,n)	第一自由度为 $N1$，第二自由度为 $N2$ 的 F 分布随机数
chi2rnd(N,m,n)	卡方分布随机数（自由度为 N）
gamrnd(A,B,m,n)	γ 分布随机数（参数为 A、B）
betarnd(A,B,m,n)	β 分布随机数（参数为 A、B）
exprnd(Lambda,m,n)	指数分布随机数（参数为 Lambda）
poissrnd(Lambda,m,n)	泊松分布随机数（参数为 Lambda）
normrnd(MU,SIGMA,m,n)	正态分布随机数（参数为 MU、SIGMA）
lognrnd(MU,SIGMA,m,n)	对数正态分布随机数（参数为 MU、SIGMA）
nctrnd(N,delta,m,n)	非中心 t 分布随机数（参数为 N、delta）
ncx2rnd(N,delta,m,n)	非中心卡方分布随机数（参数为 N、delta）
ncfrnd(N_1 , N_2 , delta,m,n)	非中心 F 分布随机数（参数为 N1、N2、delta）
nbinrnd(R,P,m,n)	负二项式分布随机数（参数为 R、P）
binornd(N,P,m,n)	二项分布随机数（参数为 N、p）
geornd(P,m,n)	几何分布随机数（参数为 P）
raylrnd(B,m,n)	瑞利分布随机数（参数为 B）
weibrnd(A,B,m,n)	韦伯分布随机数（参数为 A、B）
hygernd(M,K,N,m,n)	超几何分布随机数（参数为 M、K、N）

【例 6-12】 生成[1 3]上均匀分布的 5×5 的随机数矩阵。

```
>> x=unifrnd(1,3,5,5)
x=
    2.6294    1.1951    1.3152    1.2838    2.3115
    2.8116    1.5570    2.9412    1.8435    1.0714
    1.2540    2.0938    2.9143    2.8315    2.6983
    2.8268    2.9150    1.9708    2.5844    2.8680
    2.2647    2.9298    2.6006    2.9190    2.3575
```

在 MATLAB 中提供了大量用于数据分析的函数，在逐一介绍这些函数之前，还需要给出如下的约定。

1）当对一维数据进行分析时，数据是可以用行向量或者列向量表示的，但无论是哪种表达方法，函数的运算都是对整个向量进行整体的运算。

2）当对二维数据进行分析时，数据是可以用多个向量或者二维矩阵进行表示的，但在二维矩阵中，函数的运算都是按照列进行运算的。

6.2.2　最大值和最小值

在 MATLAB 中，用于计算最大值的函数是 max 函数，用于计算最小值的函数是 min 函数，其调用格式如下。

```
B=max(A)    %计算最大值,若 A 为向量,则计算并返回向量中的最大值;若 A 为矩阵,则计算并返回
            %一个含有各列最大值的行向量
```

```
B=min(A)    %计算最小值,若 A 为向量,则计算并返回向量中的最小值;若 A 为矩阵,则计算并返回
            %一个含有各列最小值的行向量
```

【例 6-13】计算最大值和最小值的函数。

1）创建 test1.m 文件，输入以下代码，保存并运行。

```
x=1:25;
y=randn(1,25);
figure;
hold on;
plot(x,y);
[ymax,Imax]=max(y)        %求向量最大值及对应下标
plot(x(Imax),ymax,'r*');
[ymin,Imin]=min(y)        %求向量最小值及对应下标
plot(x(Imin),ymin,'go');
xlabel('x');
ylabel('y');
legend('初始数据','最大值','最小值');
```

2）运行结果如下，生成的图形如图 6-6 所示。

```
>> test1
ymax=
    1.8411
Imax=
    22
ymin=
    -1.8813
Imin=
    17
```

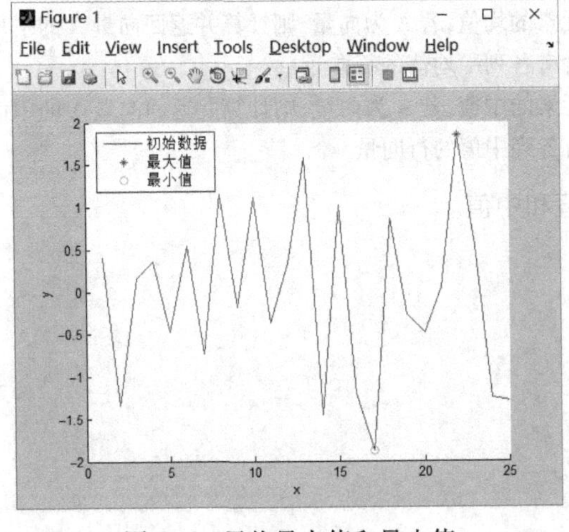

图 6-6　寻找最大值和最小值

6.2.3 求和与求积

在 MATLAB 中，用于计算求和的函数是 sum 函数，用于计算求积的函数是 prod 函数，其调用格式如下。

```
B=sum(A)    %计算元素的和,若 A 为向量,则计算并返回向量 A 各元素之和;如果 A 为矩阵,则计算
            %并返回各列元素之和的行向量
B=prob(A)   %计算元素的积,若 A 为向量,则计算并返回向量 A 各元素的连乘积;如果 A 为矩阵,则
            %计算并返回各列元素连乘积的行向量
```

【例 6-14】求和与求积。

```
>> x=1:30;
>> y=randn(1,40);
>> sum(y)
ans=
    -1.3377
>> prod(y)
ans=
   -5.5084e-10
```

6.2.4 平均值和中值

均值是统计中的一个重要概念，也就是一组数据的和除以这组数据的个数所得的商。计算均值也叫数学期望。

中值（又可称中位数）是指将统计总体当中的各个变量值按大小顺序进行排列，形成一个数列，处于该数列中间位置的变量值称为中位数。

在 MATLAB 中，用于计算均值的函数是 mean 函数，用于计算中值的函数是 median 函数，其调用格式如下。

```
B=mean(A)   %计算元素的均值,若 A 为向量,则计算并返回向量 A 的平均值;若 A 为矩阵,则计算并
            %返回含有各列平均值的行向量
B=prob(A)   %计算元素的中值,若 A 为向量,则计算并返回向量 A 的中值;若 A 为矩阵,则计算并返
            %回含有各列中值的行向量
```

【例 6-15】计算均值和中值。

```
>> x=1:30;
>> y=randn(1,40);
>> mean(y)
ans=
    -0.1395
>> median(y)
ans=
    -0.1485
```

6.2.5 标准差和方差

向量 x 的标准差定义如下。

$$s=\left(\frac{1}{N-1}\sum_{k=1}^{N}(x_k-\bar{x})^2\right)^{\frac{1}{2}}$$

向量 x 的标准方差是标准差的平方，即

$$s^2=\left(\frac{1}{N-1}\sum_{k=1}^{N}(x_k-\bar{x})^2\right)^{2}$$

在 MATLAB 中，用于计算标准差的函数是 std 函数，用于计算方差的函数是 var 函数，其调用格式如下。

```
B=std(A)  %计算标准差,若 A 为向量,则计算并返回向量 A 的标准差;如果 A 为矩阵,则计算并返回
          %含有各列标准差的行向量
B=prob(A) %计算方差,若 A 为向量,则计算并返回向量 A 的方差;如果 A 为矩阵,则计算并返回含有
          %各列方差的行向量
```

【例 6-16】计算标准差和方差。

```
>> x=1:30;
>> t=mean(x);
>> r=0;
>> for i=1:30
r=r+(x(i)-t)^2;
end
>> r1=std(x)
r1=
    8.8034
>> r2=var(x)
r2=
   77.5000
```

6.2.6 协方差和相关系数

在概率论和统计学中，协方差是用于衡量两个变量的总体误差。从直观上来看，协方差表示的是两个变量总体误差的期望，其公式为

$$\mathrm{Cov}(X,Y)=E[(X-E[X])(Y-E[Y])]=E[XY]-E[X]E[Y]$$

相关系数是研究变量之间线性相关程度的量，其公式为

$$r(X,Y)=\frac{\mathrm{Cov}(X,Y)}{\sqrt{\mathrm{Var}[X]\mathrm{Var}[Y]}}$$

在 MATLAB 中，用于计算协方差的函数是 cov 函数，用于计算相关系数的函数是 corrcoef 函数，其调用格式如下。

```
cov(X)   %计算向量 X 的协方差
cov(A)   %计算矩阵 A 各列的协方差矩阵,该矩阵的对角线元素是 A 的各列的方差
```

```
cov(X,Y)=cov([X,Y])。
corrcoef(X,Y)  %计算列向量X、Y的相关系数
corrcoef(A)    %计算矩阵A的列向量的相关系数矩阵
corrcoef(X,Y)=corrcoef([X,Y])
```

【例 6-17】计算协方差和相关系数。

```
>> X=[1 2 4 6]';
>> Y=[3 6 9 4]';
>> A1=cov(X)
A1=
    4.9167
>> A2=cov(X,Y)
A2=
    4.9167    1.1667
    1.1667    7.0000
>> A3=corrcoef(X)
A3=
    1
>> A4=corrcoef(X,Y)
A4=
    1.0000    0.1989
    0.1989    1.0000
```

6.2.7 排序

在 MATLAB 中，用于实现数值排序的函数是 sort 函数，其调用格式如下。

```
B=sort(A)          %升序排列,若A是向量,则进行升序向量的排列;若A是矩阵,则进行升序排列
                   %各个列
B=sort(A,mode)     %进行排列,其中mode为排列的方式,'ascend'表示进行升序排列,'descend'表示
                   %进行降序排列
```

【例 6-18】对 5 阶魔方矩阵 *A* 进行升序排列和降序排列。

```
>> A=magic(5)
A=
    17    24     1     8    15
    23     5     7    14    16
     4     6    13    20    22
    10    12    19    21     3
    11    18    25     2     9
>> B1=sort(A)
B1=
     4     5     1     2     3
    10     6     7     8     9
```

```
    11    12    13    14    15
    17    18    19    20    16
    23    24    25    21    22
>> B2=sort(A,'descend')
B2=
    23    24    25    21    22
    17    18    19    20    16
    11    12    13    14    15
    10     6     7     8     9
     4     5     1     2     3
```

6.3 常用数据插值方法

插值一直是工程和科学中的重要研究内容，在工程实践中可以根据不同的需求，选择或者创建各种插值运算方法。这些插值运算方法除了 MATLAB 中提供的内置插值函数外，还可以根据自身的实际需求进行插值函数文件的创建。

在 MATLAB 中提供了大量用于获取时间复杂度、空间复杂度及平滑度等的插值函数，这些函数都被保存在了 MATLAB 中的 ployfun 工具箱中，见表 6-6。

表 6-6　插值函数

函数名	功　能	函数名	功　能
interp1	一维插值	interp2	二维插值
interp3	三维插值	interpn	*N* 维插值
interp1q	一维快速插值	interpft	一维快速傅里叶插值
griddata	栅格数据插值	griddata3	三维栅格数据插值
griddatan	*N* 维栅格数据插值	pchip	分段三次厄米特多项式插值
spline	三次样条插值	ppval	分段多项式求值

6.3.1 一维插值

一维插值是指对一维函数进行插值。已知 $n+1$ 个结点(x_j,y_j)，其中 x_j互不相同（$j=0$，1，2，…，n），求任意插值点 x^* 处的插值 y^*。

求解一维插值问题的主要思想是：设结点由未知的函数 $g(x)$产生，函数 $g(x)$为连续函数且 $g(x_j)=y_j(j=0,1,2,\cdots,n)$；接着构造相对简单的且容易实现的函数 $f(x)$来逼近函数 $g(x)$，使 $f(x)$可以经过 $n+1$ 个结点，即 $f(x_j)=y_j(j=0,1,2,\cdots,n)$，接着使用函数 $f(x)$计算插值点 x^* 处的插值，即 $y^*=f(x^*)$。

在 MATLAB 中，使用 interp1 函数可以实现一维插值，该函数是利用多项式插值函数，将被插值的函数近似为一个多项式函数，其调用格式如下。

```
yi=interp1(x,y,xi,method) %对数据向量 x 和 y 依次选用合适的方法进行插值函数的构造,并计算 xi
                          %处的函数值,返回给 yi,"method"为指定的插值方法。其中,x 必须是矩
                          %阵,y 既可以是向量也可以是矩阵。若 y 是向量,则长度必须与 x 相同,
                          %此时 xi 可以是标量、向量或任意维矩阵,yi 与 xi 大小相同;若 y 是矩
                          阵,则
                          %其大小必须是[n,d1,d2,…,dk],n 为向量 x 的长度,函数对 d1 * d2 *
                          %… * dk 组 y 值都进行插值
yi=interp1(x,y,xi,method,'extrap')   %对数据向量 x 和 y 依次选用合适的方法进行插值函数的构
                                      %造,并计算 xi 处的函数值,返回给 yi,"method"为指定的插值
                                      %方法,并对超出数据范围的插值数据指定外推方法
yi=interp1(x,y,xi,method,extrapval)  %对数据向量 x 和 y 依次选用合适的方法进行插值函数的构
                                      %造,并计算 xi 处的函数值,返回给 yi,"method"为指定的插值
                                      %方法,并对超出数据范围的插值数据返回 extrapval 值,一般设
                                      %为 NaN 或者 0
yi=interp1(x,y,xi,'pp')   %对数据向量 x 和 y 依次选用合适的方法进行插值函数的构造,并计算 xi
                          %处的函数值,返回给 yi,"method"为指定的插值方法,返回值 pp 为数据 y
                          %的分段多项式形式
yi=interp1(y,xi)   %x 和 method 均为默认设置,即 x=1:N, 其中 N=size(Y); method=linear
%此外, 若数据点是不等间距分布式, 则 interp1q 函数比 interp1 函数执行的速度快, 因为前者是不
%检查已知数据点是否等间距, 但 interp1q 函数要求 x 必须是单调递增的
```

在一维插值方法中，具有多种不同的指定插值方法，每种插值方法在速度、平滑性、内存使用方面都是有所不同的，下面将对“method”中这些指定的插值方法进行介绍。

1）最邻近插值法（nearest）：在已知数据的最邻近点设置插值点，对插值点的数进行四舍五入，对超出范围的点将返回 NaN。该插值方法速度最快，但结果的平滑性差。

2）线性插值法（linear）：对未指定插值方法时所采用的方法。直接连接相邻的两点，对超出范围的点将返回 NaN，占用的内存比最邻近插值法多，运行时间略长，生成的结果是连续的且在顶点处存在坡度变化。

3）三次样条插值（spline）：使用三次样条函数获取插值点。在已知点为端点的情况下，插值函数至少具有相同的一阶和二阶导数，为非常有用的插值方法。该方法处理速度最慢，占用内存小于分段三次厄米多项式插值，产生最光滑的结果，但当输入的数据分布不均匀或数据点间距过近时将产生错误。

4）三次插值（cubic）：该参数取值的特点可参考帮助文档，需要更多内存，运行时间比最邻近法和线性插值要长；需要插值数据及其导数都是连续的。

5）三次多项式插值（v5cubic）：该参数取值的特点可参考帮助文档，相比线性插值，其处理速度慢、内存消耗较多，使用三次多项式函数对已知数据进行拟合。

6）分段三次厄米多项式插值（pchip）：该参数取值的特点可参考帮助文档，在处理速度和内存消耗方面比线性插值差，插值得到的数据和一阶导数是连续的。

在 MATLAB 中常用的 4 种插值方法分别是最邻近插值法、线性插值法、三次样条插值法和三次插值法，其特点见表 6-7。

表 6-7　一维插值方法对比

方　　法	运算时间	占用计算机内存	光滑程度
邻近插值	快	少	差
线性插值	稍长	较多	稍好
三次样条插值	最长	较多	最好
三次插值	较长	多	较好

通常，插值运算分为以下两种。

1）内插值是指只对已知数据点集内部的点进行插值。该插值方法可以根据已知的数据点分布，构建可以代表分布特性的函数关系，可以较为准确地估计插值点上的函数值。

2）外插值是指对已知数据点集外部的点进行插值。想要较为准确地估计外插函数值是很难的。

【例 6-19】 使用不同的方法对 cos 函数进行插值。

输入以下代码，生成的结果如图 6-7 所示。

```
>>x=0:10;
  y=cos(x);
  xi=0:.25:10;
  yi=interp1(x,y,xi);
  subplot(221);
  plot(x,y,'o',xi,yi);
  xlabel('(a)linear 插值算法');
  yi=interp1(x,y,xi,'nearest');
  subplot(222);
  plot(x,y,'o',xi,yi);
  xlabel('(b)nearest 插值算法');
  yi=interp1(x,y,xi,'v5cubic');
  subplot(223);
  plot(x,y,'o',xi,yi);
  xlabel('(c)v5cubic 插值算法');
  yi=interp1(x,y,xi,'spline');
  subplot(224);
  plot(x,y,'o',xi,yi);
  xlabel('(d)spline 插值算法');
```

【例 6-20】 比较同一个数据插值 interp1 和 interp1q 的函数速度。

在命令行窗口中输入如下代码。

```
>>x=(0:10)';
  y=cos(x);
  xi=(0:.25:10)';
```

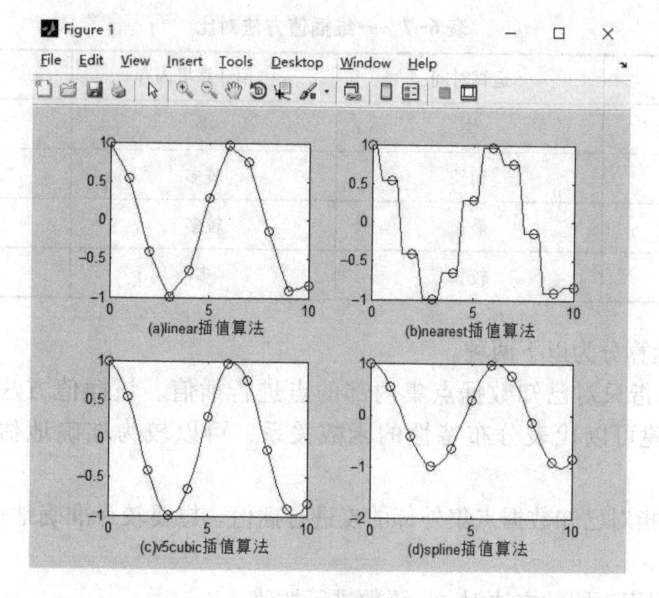

图 6-7　一维插值效果

```
tic
yi=interp1(x,y,xi);
toc
```

命令行窗口中的输出结果如下。

```
Elapsed time is 0.006894 seconds.
```

在命令行窗口中输入如下代码。

```
>>x=(0:10)';
  y=cos(x);
  xi=(0:.25:10)';
  tic
  yi=interp1q(x,y,xi);
  toc
```

命令行窗口中的输出结果如下。

```
Elapsed time is 0.008588 seconds.
```

通过上述结果可以看出，在同样的数据中，使用 interp1 函数得出结果的速度快于 interp1q 函数。

【例 6-21】外插运算的方法。

输入以下代码，生成的结果如图 6-8 所示。

```
>>x=0:15;
  y=cos(x);
  xi=0:.25:15;
  yi=sin(xi);
```

```
y1=interp1(x,y,xi,'nearest','extrap');
y2=interp1(x,y,xi,'linear','extrap');
y3=interp1(x,y,xi,'spline','extrap');
y4=interp1(x,y,xi,'v5cubic','extrap');
y4=interp1(x,y,xi,'pchip','extrap');
plot(x,y,'o',xi,yi,xi,y1,xi,y2,xi,y3,xi,y4);
legend('data','cos','nearest','linear','spline','phcip',2);
xlabel('x');
ylabel('y');
```

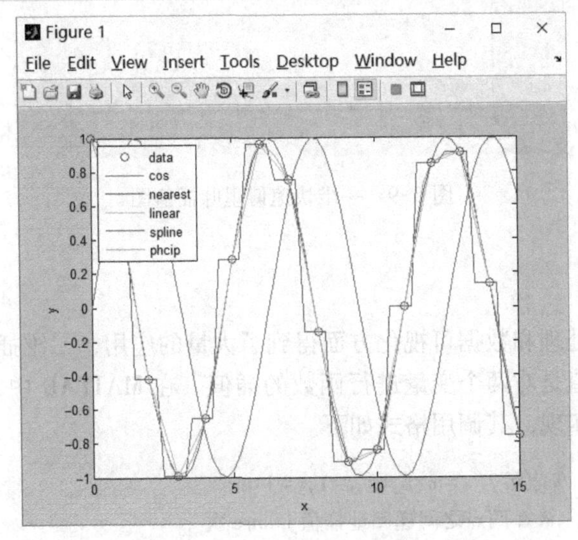

图 6-8 cos 函数外插图

一维快速傅里叶插值使用 interpft 函数进行实现。该函数使用傅里叶变换把输入数据变换到频域上，然后使用更多点的傅里叶逆变换变回到时域，其结果是对数据进行增采样。其调用格式如下。

```
y=interft(x,n)         %对 x 进行傅里叶变换,然后采用 n 点傅里叶逆变换变回到时域。若 x 是一个向量,
                       %数据 x 的长度为 m,采样间隔 dx,则数据的采样间隔为 dx*m/n,n>m;若 x 是矩阵,
                       %函数操作在 x 的列上,返回结果与 x 具有相同的列数其行数为 n
y=interpft(x,n,dim)    %在指定的维度上对 x 进行傅里叶变换,然后采用 n 点傅里叶逆变换变回到
                       %时域
```

【例 6-22】构建一维快速傅里叶插值函数。

输入以下代码，生成的结果如图 6-9 所示。

```
>>x=0:1.2:10; y=cos(x);
  n=2*length(x);
  yi=interpft(y,n);xi=0:0.6:10.4;
  hold on;
  plot(x,y,'r*'); plot(xi,yi,'b.-');
  title('一维快速傅里叶插值'); legend('原始数据','插值结果');
```

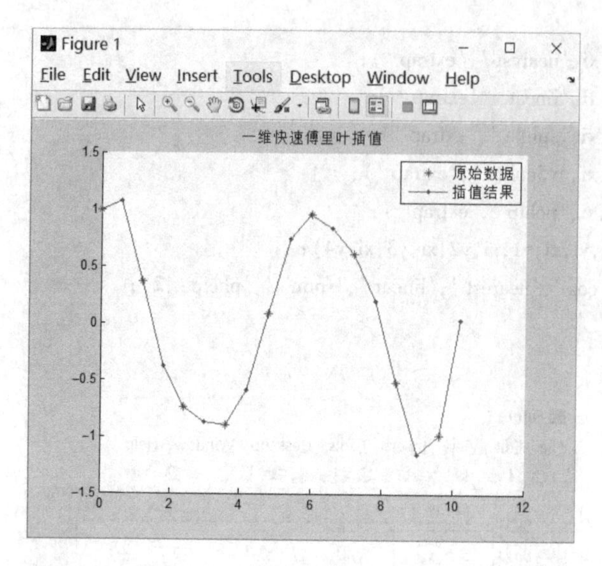

图 6-9　一维快速傅里叶插值图

6.3.2　二维插值

二维插值在图像处理和数据可视化方面得到了大量的应用，二维插值的基本原理与一维插值一样，但二维插值是对两个变量进行函数的插值。在 MATLAB 中，主要使用 interp2( ) 函数进行二维插值的实现，其调用格式如下。

```
zi=interp2(z,xi,yi)    %表示若 z=m×n,则 x=1,y=1:m
zi=interp2(z,ntimes)    %在两点之间递归地插值 ntimes 次
zi=interp2(x,y,z,xi,yi)    %对原始数据 x,y,z 决定插值函数,返回值 zi为(xi,yi)在函数 f(x,y)上的值
zi=interp2(x,y,z,xi,yi,method)    %采用的不同的插值方法进行插值
zi=interp2(method,extrapval)    %若数据超过原始数据的范围时,则输入"extrapval"来指定一种外推
                                %方法
```

在二维插值中，"mtethod" 为选取插值的方法。插值的方法有以下 4 种：邻近插值、双线性插值、样条插值和立方插值。二维插值方法对比见表 6-8。

表 6-8　二维插值方法对比

插值方法	说　明	特　点
邻近插值（nearest）	将插值点周围的 4 个数据点中离该插值点最近的数据点函数作为该插值点的函数值估计	速度最快，但平滑效果较差
双线性插值（linear）	将插值点周围的 4 个数据点函数值的线性组合作为该插值点的函数值估计	是 interp2( ) 函数中的默认选项
样条插值（spline）	使用三次样条函数获取插值点	在实际应用中最为频繁，得到的曲面光滑，效率高
立方插值（cublic）	利用插值点周围的 16 个数据点进行插值	曲面更加光滑，但消耗的内存和时间都非常大

【**例 6-23**】不同二维插值方法的结果图。

1）创建文件名为 test1. m 的 M 文件，输入以下代码，实现原始数据图和二维插值 4 种方法的结果图，如图 6-10 所示。

```
[x,y]=meshgrid(-2:0.4:2);                    %原始数据
z=peaks(x,y);
[xi,yi]=meshgrid(-2:0.2:2);                  %设置插值点
z1=interp2(x,y,z,xi,yi,'nearest');           %邻近插值
z2=interp2(x,y,z,xi,yi);                     %双线性插值
z3=interp2(x,y,z,xi,yi,'spline');            %样条插值
z4=interp2(x,y,z,xi,yi,'cubic');             %立方插值
hold on;
subplot(2,3,1);
surf(x,y,z);
title('原始数据');
subplot(2,3,2);
surf(xi,yi,z1);
title('邻近插值');
subplot(2,3,3);
surf(xi,yi,z2);
title('双线性插值');
subplot(2,3,4);
surf(xi,yi,z3);
title('样条插值');
subplot(2,3,5);
surf(xi,yi,z4);
title('立方插值');
```

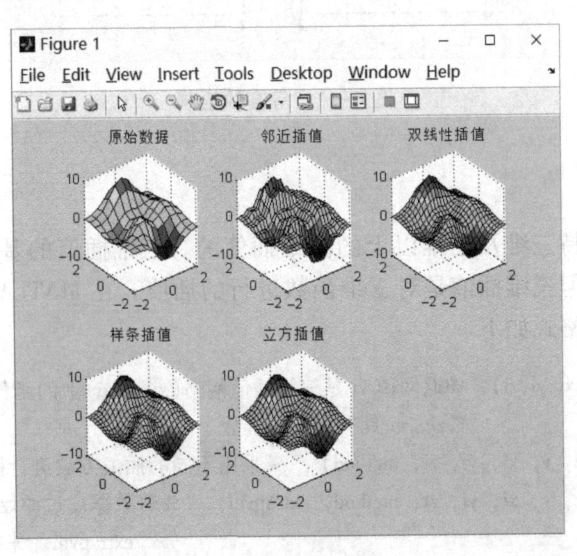

图 6-10　二维插值图

2）接着输入以下代码，实现插值结果等高线的绘制，如图 6-11 所示。

```
>>figure;
  subplot(2,2,1);                          %绘制等高线
  contour(xi,yi,z1);
  title('邻近插值');
  subplot(2,2,2);
  contour(xi,yi,z2);
  title('双线性插值');
  subplot(2,2,3);
  contour(xi,yi,z3);
  title('样条插值');
  subplot(2,2,4);
  contour(xi,yi,z4);
  title('立方插值');
```

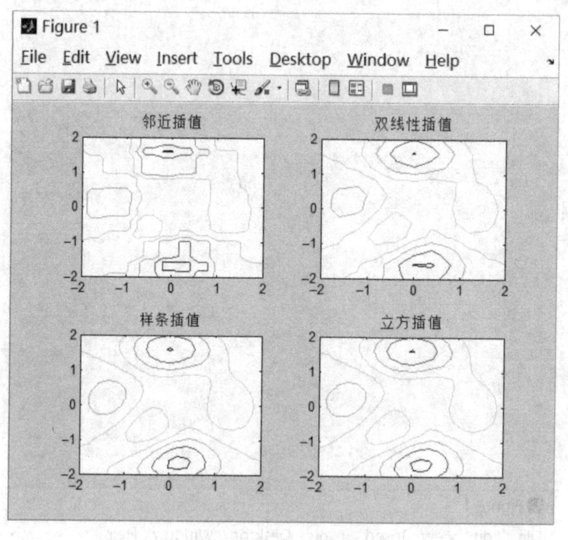

图 6-11　等高线绘制

6.3.3　三维插值

MATLAB 中是支持三维及三维以上的高维插值的。三维插值的基本原理与一维插值和二维插值是一样的，但三维插值是对三维函数进行的插值。在 MATLAB 中，使用 interp3 函数实现插值，其调用格式如下。

```
vi=interp3(x,y,z,v,xi,yi,zi)    %返回值 vi 是三维插值网格(xi,yi,zi)上的函数值估计，其中 xi，yi，
                                %zi，vi 具有相同的维数
vi=interp3 (x, y, z, v, xi, yi, zi, method)    %采用不同的插值方法进行插值
vi=interp3 (x, y, z, v, xi, yi, zi, method, extrapval)    %若数据超过原始数据的范围时，则输入
                                                          %"extrapval" 来指定一种外推方法
```

在三维插值中，"mtethod" 为选取插值的方法。插值的方法有以下 4 种：邻近插值、双

线性插值、样条插值和立方插值。

【例 6-24】 三维插值示例。

1）创建 M 文件 test2. m，输入以下代码，得到的原始数据图如图 6-12 所示。

```
[x,y,z,v]=flow(20); [xi,yi,zi]=meshgrid(1:2:5,[0 1],[1 2]);
vi1=interp3(x,y,z,v,xi,yi,zi,'nearest');
vi2=interp3(x,y,z,v,xi,yi,zi,'linear');
vi3=interp3(x,y,z,v,xi,yi,zi,'spline');
vi4=interp3(x,y,z,v,xi,yi,zi,'cubic');
figure
slice(x,y,z,v,2.5,[0.2 0.5],[1 1.5 2]);
title('原始数据');
```

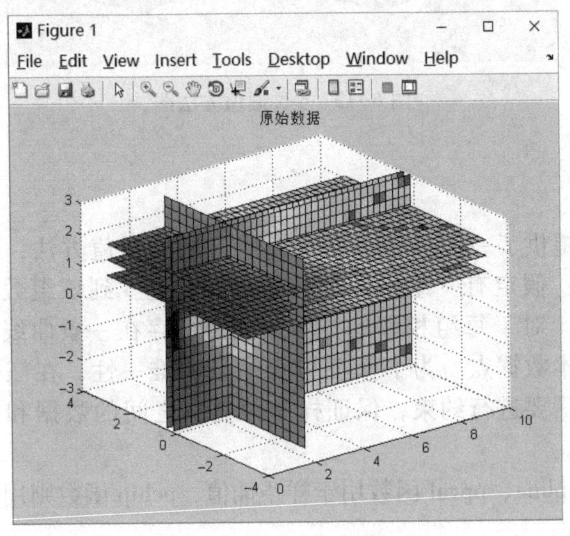

图 6-12　原始数据图

2）接着输入以下代码，显示 4 种插值方法的结果，如图 6-13 所示。

```
>>figure
  hold on;
  subplot(2,2,1);
  slice(xi,yi,zi,vi1,2.5,[0.2 0.5],[1 1.5 2]); title('邻近插值');
  subplot(2,2,2);
  slice(xi,yi,zi,vi2,2.5,[0.2 0.5],[1 1.5 2]); title('双线性插值');
  subplot(2,2,3);
  slice(xi,yi,zi,vi3,2.5,[0.2 0.5],[1 1.5 2]); title('样条插值');
  subplot(2,2,4);
  slice(xi,yi,zi,vi4,2.5,[0.2 0.5],[1 1.5 2]); title('立方插值');
  colormap hsv
```

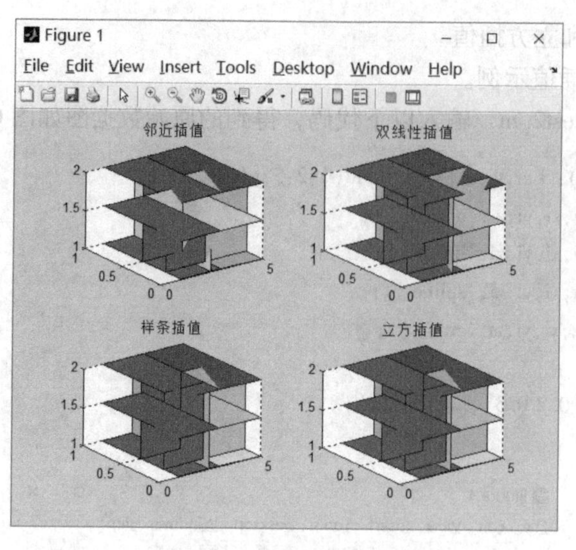

图 6-13　4 种插值方法图

6.3.4　样条插值

MATLAB 中不仅提供了一维插值、二维插值和三维插值方法，还提供了样条插值的方法。其主要思想是：假定有一组已知的数据点，希望找到该组数据的拟合多项式。在多项式的拟合过程中，对于每组相邻的样本数据点，存在一条曲线，该曲线都需要用一个三次多项式拟合样本数据点。为了保证拟合结果的唯一性，在三次多项式样本数据点处的一阶、二阶导数需要进行约束，保证样本数据点之间的数据和区间两端的数据是连续的一阶、二阶导数。

在 MATLAB 中，spline、ppval 函数用于样条插值，pchip 函数则用于三次多项式的插值，其调用格式如下。

```
yi=spline(x,y,xi)    %与 yi=interp1(x,y,xi,'spline')的功能一致
yi=spline(x,y)       %返回分段样条插值函数
yi=ppval(method,xi)  %使用 method 为插值函数计算 xi上的函数插值结果
yi=pchip(x,y,xi)     %与 yi=interp1(x,y,xi,'cubic')的功能一致
yi=pchip (x, y)      %返回分段三次 hermite 多项式插值函数
```

【例 6-25】样条插值示例。

1）创建 M 文件 test3. m，输入以下代码。

```
x=-5:5;
y=[-1 -1 -1 -1 -1 0 1 1 1 1 1];
t=-5:.1:5;
p=pchip(x,y,t);
s=spline(x,y,t);
plot(x,y,'*',t,p,'o',t,s,'-');
legend('原始数据','pchip 样条插值','spline 样条插值',4);
ppol=spline(x,y);
```

2）运行程序，输出结果如下，得到的样条插值图如图 6-14 所示。

```
ppol=
        form:'pp'
     breaks:[-5 -4 -3 -2 -1 0 1 2 3 4 5]
coefs:[10x4 double]
     pieces:10
      order:4
        dim:1
```

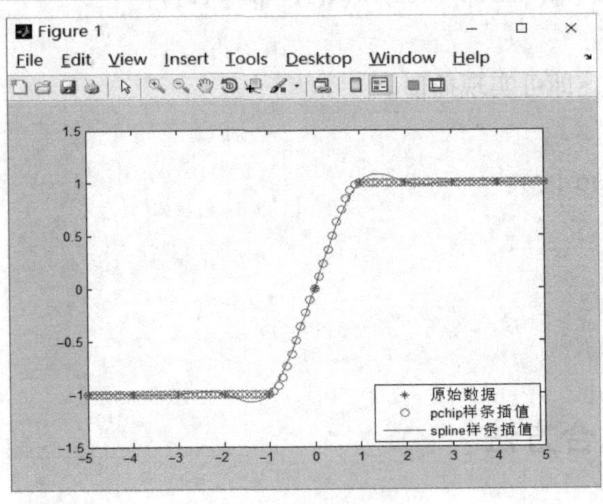

图 6-14　样条插值图

6.3.5　拉格朗日插值

在结点上给出结点基函数，接着做该基函数的线性组合，组合的系数为结点的函数值，这种插值多项式称为拉格朗日插值公式。通俗地说，就是通过平面上的两个点确定一条直线。该插值方法是一种较为基础的方法，同时该方法也较容易理解与实现。

拉格朗日插值多项式的表达式为

$$L(x)=\sum_{i=0}^{n} y_i l_i(x)$$

其中，$l_i(x)$称为 i 次的基函数。且 $l_i(x)$的表达式为

$$l_i(x)=\frac{(x-x_n)(x-x_{n-1})\cdots(x-x_0)}{(x_i-x_n)(x_i-x_{n-1})\cdots(x_i-x_0)}$$

结合以上两式可得拉格朗日插值多项式的表达式为

$$L(x)=\sum_{i=0}^{n} y_i l_i(x)=\sum_{i=0}^{n} y_i \frac{(x-x_n)(x-x_{n-1})\cdots(x-x_0)}{(x_i-x_n)(x_i-x_{n-1})\cdots(x_i-x_0)}$$

在 MATLAB 中，没有可以实现拉格朗日插值的专门函数，根据以上对拉格朗日插值公式的介绍，可以自行创建该插值函数。

【例 6-26】拉格朗日插值函数的编写与实现

1）创建 M 文件 test4. m，输入以下代码并保存。

```
function yh=test4(x,y,xh)
n=length(x);
m=length(xh);
yh=zeros(1,m);
c1=ones(n-1,1);
c2=ones(1,m);
for i=1:n
  xp=x([1:i-1 i+1:n]);
  yh=yh+y(i)*prod((c1*xh-xp'*c2)./(x(i)-xp'*c2));
end
```

2）输入以下代码，即可实现插值。

```
>>x=[1 2 3 4 5 6];
  y=[24 45 67 168 310 412];
  xh=4.5;
  test4(x,y,xh)
  ans=
    238.7852
```

6.4 常用数据拟合方法

插值法是一种使用简单函数来近似代替较为复杂函数的方法，它具有近似标准差在插值点处误差为零的特点。但插值法也有一定的不足，如在对数表形式的函数中，需要考虑的数据很多，若将每个点都作为插值结点，则取得的插值函数是一个次数很高的多项式，且插值运算非常困难。

在实际的应用中，有很多时候并不需要其固定的某一点误差为零，而是要求函数的一段或整体的误差尽可能小，因此引入了拟合的概念。

直线拟合是指给定一组测定的离散数据$(x_i,y_i)(i=1,2,\cdots,N)$，要求自变量$x$和因变量$y$的近似表达式为$y=\varphi(x)$。影响因变量$y$只有一个自变量$x$。

直线拟合最常用的近似标准是最小二乘原理，也是使用频率最高的数据处理方法之一。

6.4.1 多项式拟合

多项式最小二乘曲线拟合是指数据点的最小误差平方和，且所有曲线限定为多项式。

例如，测量数据$\{(x_i,y_i),i=0,1,\cdots,m\}$的曲线拟合，已知$y_i=f(x_i),i=0,1,\cdots,m$。求函数$y=f^*(x)$与所给的数据$\{(x_i,y_i),i=0,1,\cdots,m\}$拟合，误差为$\delta_i=f^*(x_i)-f(x_i)$，$i=0,1,\cdots,m$，$\delta=(\delta_0,\delta_1,\cdots,\delta_m)^{\mathrm{T}}$，设$\varphi_0,\varphi_1,...,\varphi_n$为$C[a,b]$上的线性无关函数簇，在$\varphi=\mathrm{span}\{\varphi_0(x),\varphi_1(x),...,\varphi_n(x)\}$中找函数$f^*(x)$，使误差平方和为

$$\|\delta\|^2=\sum_{i=0}^{m}\delta_i^2=\sum_{i=0}^{m}[f^*(x_i)-f(x_i)]^2$$

其中：

$$s(x)=a_0\varphi_0(x)+a_1\varphi_1(x)+\cdots+a_n\varphi_n(x)\ (n<m)$$

在 MATLAB 中，使用 polyfit 函数可以实现曲线拟合，其调用格式如下。

```
p=polyfit(x,y,n)              %对 x 和 y 进行 n 维多项式曲线拟合,p 为输出结果,输出结果为 n+1
                              %个元素的行向量,并以维数低的形式给出拟合多项式系数
[p,S]=polyfit(x,y,n)          %S 包括 R、df 与 normr,分别表示对 x 进行分解的三角元素、自由度和
                              %残差
[p,S,mu]=polyfit(x,y,n)       %为了消除量纲的影响,先对 x 进行数据的标准化处理,其中 mu 中含
                              %有两个元素分别是均值和标准差
```

【例 6-27】 多项式最小二乘曲线拟合实例。

1）创建 M 文件 test5. m，输入以下代码。

```
x=0:0.5:25;
y=polyval([2,3,1,4],x)+randn(size(x));%设置多项式 y=4+x+3x^2+2x^3+随机误差
p1=polyfit(x,y,1)
y1=polyval(p1,x);
p2=polyfit(x,y,2)
y2=polyval(p2,x);
p3=polyfit(x,y,3)
y3=polyval(p3,x);
plot(x,y,'-.',x,y1,'r.',x,y2,'--',x,y3,'*');
legend('原始数据','一阶拟合','二阶拟合','三阶拟合');
title('多项式的曲线拟合');
```

2）保存并运行，得到的结果如下。生成的图形如图 6-15 所示。

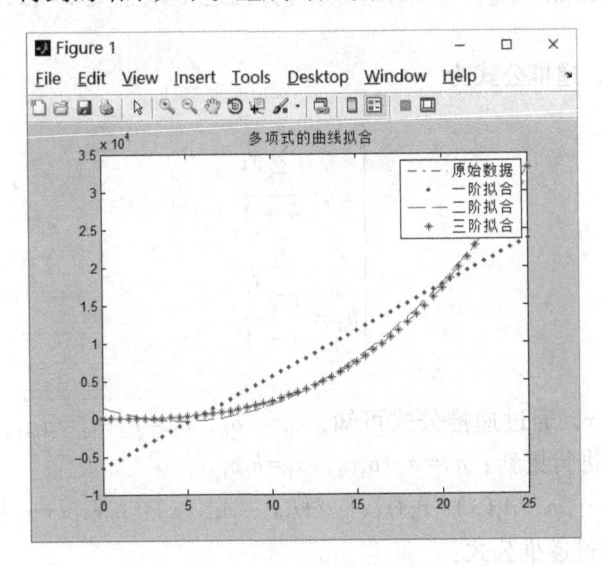

图 6-15　多项式曲线拟合图

```
>>test5
p1=
    1.0e+03 *
    1.2084    -6.4887
```

```
p2=
    1.0e+03 *
    0.0780    -0.7416    1.4740
p3=
    1.9998    3.0109    0.8747    4.1904
```

6.4.2 正交最小二乘拟合

正交最小二乘拟合是指选择一组在已经给定的点上正交的多项式函数$\{A_i(x)\}$作为基函数，进行最小二乘的拟合。其格式为

$$\begin{cases} p(x) = a_0A_0(x) + a_1A_1(x) + \cdots + a_mA_m(x) \\ a_j = \dfrac{\sum\limits_{i=0}^{n} y_iA_j(x_i)}{\sum\limits_{i=0}^{n} A_j^2(x_i)} \end{cases}$$

基函数的构造公式为

$$\alpha_i = \frac{\sum\limits_{k=0}^{n} x_kA_i^2(x_k)}{\sum\limits_{k=0}^{n} B_i^2(x_k)},\quad \beta_i = \frac{\sum\limits_{k=0}^{n} A_i^2(x_k)}{\sum\limits_{k=0}^{n} B_{i-1}^2(x_k)}$$

对已知给定的数据点$(x_i,y_i)(i=1,2,\cdots,N)$，构造$m$次正交多项式最小二乘拟合的步骤如下：

1）令$A_0(x)=0$，递推公式为

$$\begin{cases} a_0 = \dfrac{\sum\limits_{k=0}^{n} y_k}{n+1} \\ b_0 = \dfrac{\sum\limits_{k=0}^{n} x_k}{n+1} \end{cases}$$

可知$a_0=b_0$。

2）$A_1(x)=c_0+c_1x$，通过递推公式可知，$c_0=-a_0$，$c_1=1$，$a_1=a_{j=1}$，$\alpha_1=\alpha_{i=1}$，$\beta_1=\beta_{i=1}$。对逼近多项式的系数进行更新：$a_0=a_0+b_1c_0$，$a_1=b_1c_1$。

3）对于$t=2,3,\cdots,m$，$A_t(x)=r_0+r_1x+\cdots+r_tx^t$，$A_{t-1}(x)=s_0+s_1x+\cdots+s_{t-1}x^{t-1}$，$A_{t-2}(x)=w_0+w_1x+\cdots+w_{t-2}x^{t-2}$，通过递推公式：

$$\begin{cases} r_t = s_{t-1} \\ r_{t-1} = -\alpha_0 s_{t-1} + s_{t-2} \\ r_i = -\alpha_{l-1}s_i + s_{i-1} - \beta_{t-1}w_i \\ r_0 = -\alpha_{l-1}s_0 - \alpha_{l-1}w_0 \end{cases}$$

对逼近多项式的系数进行更新：

$$\begin{cases} b_k = b_k + a_t r_k \\ b_t = a_t r_t \end{cases}$$

【例 6-28】正交最小二乘拟合。

在 MATLAB 中，没有提供专门的函数可以实现正交最小二乘的拟合，因此可以通过创建 test6. m 文件来实现，其代码如下。

```
function a=test6(x,y,m)
if(length(x)= =length(y))
    n=length(x);
else
    disp('输入错误,x 和 y 维数不同！');
    return;
end
syms v;
b=zeros(1,m+1);
c=zeros(1,m+1);
test=zeros(1,m+1);
for k=0:m
    px(k+1)=power(v,k);
end
B2=[1];
b(1)=n;
for l=1:n
    c(1)=c(1)+y(l);
    test(1)=test(1)+x(l);
end
c(1)=c(1)/b(1);
test(1)=test(1)/b(1);
a(1)=c(1);
B1=[-test(1) 1];
for l=1:n
    b(2)=b(2)+(x(l)-test(1))^2;
    c(2)=c(2)+y(l) * (x(l)-test(1));
    test(2)=test(2)+x(l) * (x(l)-test(1))^2;
end
c(2)=c(2)/b(2);
test(2)=test(2)/b(2);
a(1)=a(1)+c(2) * (-test(1));
a(2)=c(2);
beta=b(2)/b(1);
for i=3:(m+1)
    B=zeros(1,i);
    B(i)=B1(i-1);
    B(i-1)=-test(i-1) * B1(i-1)+B1(i-2);
    for j=2:i-2
```

```
        B(j)= -test(i-1) * B1(j)+B1(j-1)-beta * B2(j);
    end
    B(1)= -test(i-1) * B1(1)-beta * B2(1);
    BF=B * transpose(px(1:i));
    for l=1:n
        Qx=subs(BF,'v ',x(l));
        b(i)=b(i)+(Qx)^2;
        c(i)=c(i)+y(l) * Qx;
        test(i)=test(i)+x(l) * (Qx)^2;
    end
    test(i)=test(i)/b(i);
    c(i)=c(i)/b(i);
    beta=b(i)/b(i-1);
    for k=1:i-1
        a(k)=a(k)+c(i) * B(k);
    end
    a(i)=c(i) * B(i);
    B2=B1;
    B1=B;
end
```

接着输入 x 和 y 的值，代码如下。

```
>>x=1:5;y=[15 18 42 34];
>>a=test6(x,y,4)
输入错误,x 和 y 的维数不相同!
>>x=1:5;y=[15 18 42 34 48];
>>a=test6(x,y,4)
a=
  193.0000 -348.5833   219.5417   -53.4167      4.4583
```

通过输入 x 和 y 的值可以发现，若 x 和 y 的维度不同，则函数会出现报错；若维度相同，则可以计算出最小二乘拟合多项式为 $y=193-348.5833x+219.5417x^2-53.4167x^3+4.4583x^4$。

6.4.3 曲线拟合工具箱

在 MATLAB 中，曲线拟合工具箱不仅可以通过其内置函数与自行编写的函数实现曲线的拟合，它还提供了一个交互式的工具进行曲线的拟合，即 Basic Fitting interface。通过使用该工具，使用者可以免去编写代码的烦恼，从而实现一些常规的常用曲线拟合。

使用步骤如下。

1）选取 MATLAB 中自带的 census data 数据进行拟合，读取 census data 数据，输入以下代码。

```
>>load census
>>whos
  Name            Size                Bytes   Class       Attributes
```

```
cdate        21x1                 168  double
pop          21x1                 168  double
```

此时生成了两个 double 型的列向量 cdate 和 pop，其中 cdate 表示 1790~1990 年每 10 年为一个窗口的共 21 个数据；pop 为对应的某国人口数量。

2）作点图，如图 6-16 所示。

```
>>plot(cdate,pop,'r * ');
>>xlabel('年'); ylabel('千万');title('某国人口数量图');
```

3）在 Figure1 中依次选择“Tools”→“Basic Fitting”命令，进入 Basic Fitting 界面，如图 6-17 所示。

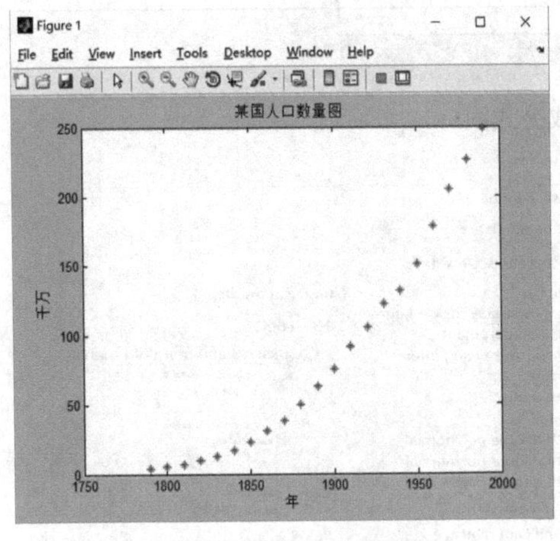

图 6-16　人口数量图

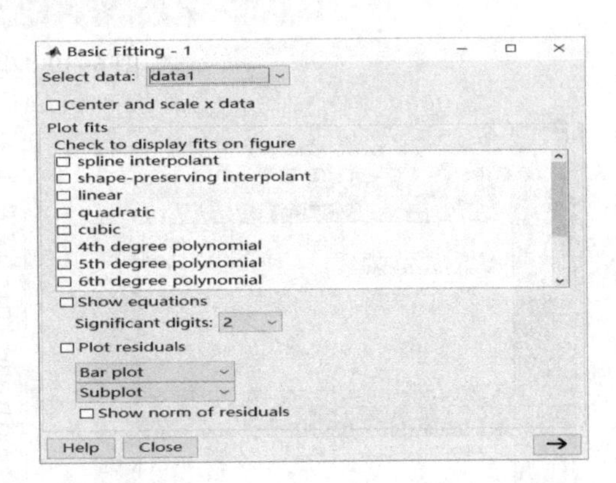

图 6-17　Basic Fitting 界面

在该界面中使用者可以选择不同的曲线拟合方式进行拟合。若使用者选择的拟合方式形成的拟合效果很差，则 MATLAB 会自动报警，如图 6-18 所示。

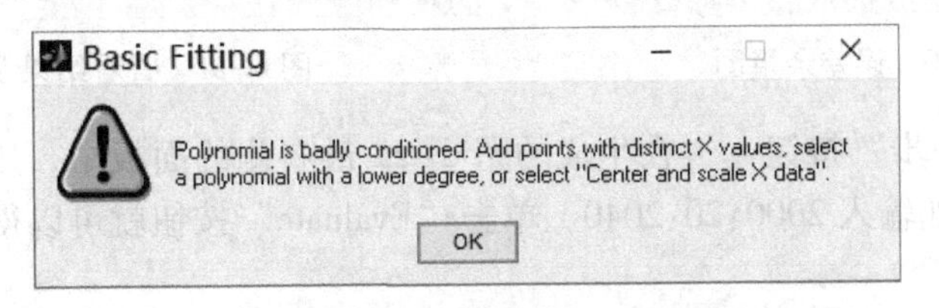

图 6-18　警告提示

4）单击“OK”按钮，并选中 Basic Fitting 界面中的“Center and scale x data”和“Show equations”复选框，在图中将会显示拟合的方程，如图 6-19 所示。

5）若选中“Plot residuals”复选框，则图中将会显示残差，且可以根据需要选择不同的显示类型，如“Bar plot”（直方图）、“Scatter plot”（散点图）和“Line plot”（线图）；同时，还可以选择图形显示的方式，如“Subplot”（在原图中生成）和“Separate figure”（生成另一张图像）。若选中“Show norm of residuals”复选框，则在残差图中显示残差的范数。选择生成“Line plot”并在一张图中生成，生成的残差图如图 6-20 所示。

6）在图 6-17 所示的对话框中单击“下一步”按钮→，得到如图 6-21 所示的界面。使用者可以在该界面上看到拟合后的数值结果，单击“Save to worksapce”按钮即可以保存到

MATLAB 基本空间中。

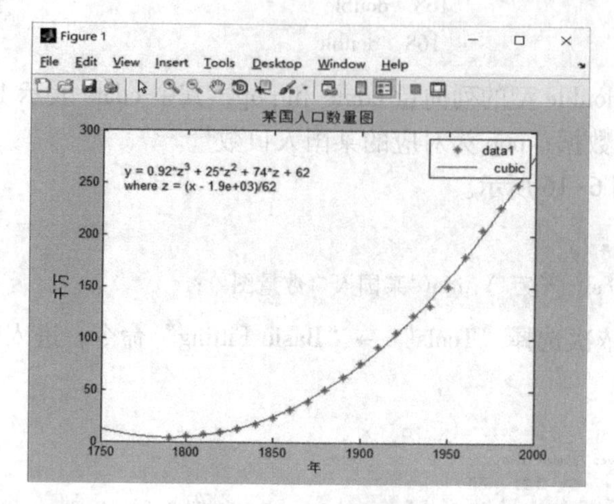

图 6-19 生成公式图

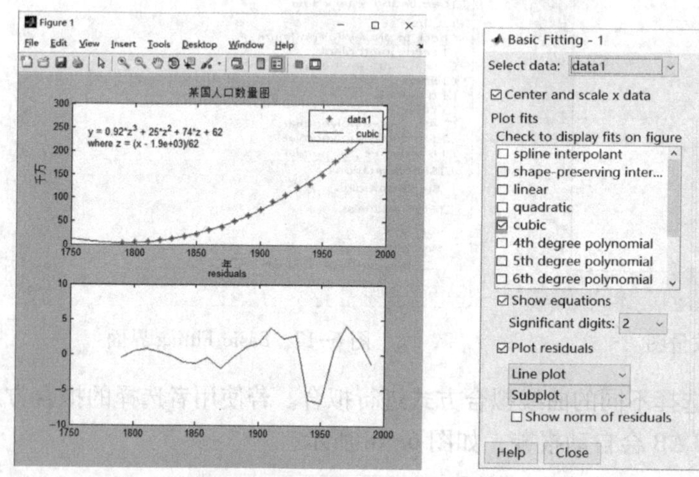

图 6-20 误差余量图

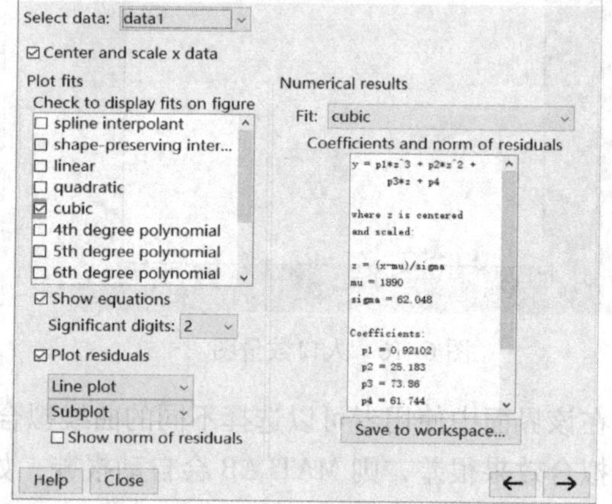

图 6-21 查看结果及保存

7）单击“下一步”按钮→，在生成的图 6-22 最右侧的面板中，用户可以输入任意点处拟合函数的值，如输入 2000:20:2040，单击“Evaluate”按钮就可以得到计算结果。

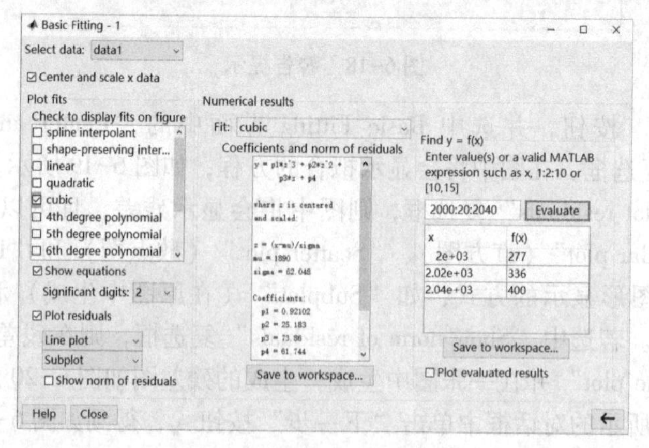

图 6-22 预测拟合函数值

8）若想在图中显示该点的预测值，则选中“Plot evaluated results”复选框即可，如图 6-23 所示。

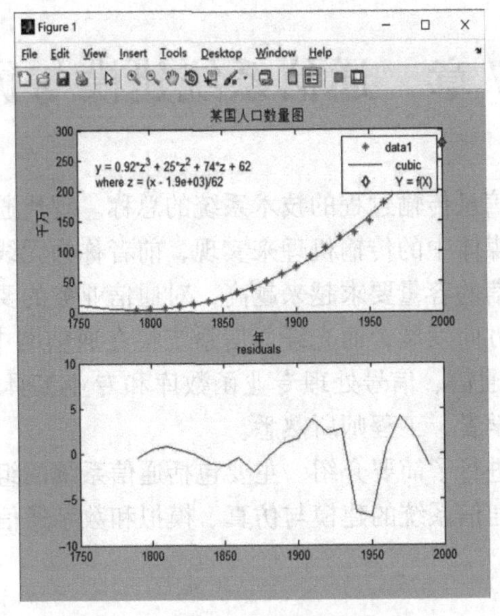

图 6-23　预测值生成图

6.5　本章小结

本章主要介绍了经常用到的 MATLAB 科学计算问题的求解方法，包括线性方程与非线性方程及常微分方程的求解、数据统计处理、数据插值、数据拟合等方面的内容。对每一类问题求解，并分别通过对一些实例的详细分析，加深读者对求解方法的理解。

6.6　习题

1）计算一元函数 $f(x)=3x^2\sin x-4x$ 在 $[-1,10]$ 区间的零点。

2）对矩阵 $\boldsymbol{A}=\begin{pmatrix}18 & 30 & 22\\34 & 25 & 12\\23 & 10 & 43\end{pmatrix}$ 进行标准化处理，并计算每一列的均值和标准差。

3）使用最邻近插值法、线性插值法和三次样条插值方法对 $y=\cos x+\sin x$ 函数进行插值（规定 x 长度为 20）。

4）使用 polyfit 函数进行 4 次拟合，并分别形成图像（x=[-3.0 -2.0 -1.0 0 1.0 2.0 3.0]′；y=[-0.2585 0.8712 -2.3621 4.6732 3.2382 5.8568 3.9003]′）。

5）某玩具厂生产两种不同的玩具 A 和 B，已知生产 A 玩具 100 个需要 8 个工时，生产 B 玩具 100 个需要 10 个工时。假设工人每日的工时不得超过 400，每卖出 100 个 A 玩具可获得利润 200 元，卖出 100 个 B 玩具可获利 250 元，工厂每天的利润不得少于 1 万元，有客户订购了 B 玩具 600 个，请问应如何制订生产计划，才能使得工人工时最少且厂家获得的利润最大？

第7章　通信系统建模与仿真

通信系统是用以完成信息传输过程的技术系统的总称。现代通信系统主要借助电磁波在自由空间的传播或在引导媒体中的传输机理来实现，前者称为无线通信系统，后者称为有线通信系统。由于人们对通信的容量要求越来越高，对通信业务的要求越来越多样化，因此通信系统正迅速向着宽带化方向发展，而光纤通信系统将在通信网中发挥越来越重要的作用。随着 MATLAB 与 Simulink 通信、信号处理专业函数库和专业工具箱的成熟，它们逐渐被广大通信技术领域的专家、学者、工程师所熟悉。

本章首先对通信系统进行了简要介绍，主要包括通信系统的组成、分类以及通信系统模型的分类，在此基础上对通信系统的建模与仿真、模拟和数字通信系统的建模与仿真分析等进行了详细的介绍。

7.1　通信系统概述

从古到今，人类的社会活动总离不开消息的传递和交换，古代的消息树、烽火台和驿马传令，以及现代社会的文字、书信、电报、电话、广播、电视、遥控、遥测等，这些都是消息传递的方式或信息交流的手段。人们可以用语言、文字、数据或图像等不同的形式来表达信息。这些语言、文字、数据或图像本身不是信息而是消息，信息是消息中所包含的人们原来不知而待知的内容。因此，通信的根本目的在于传输含有信息的消息，否则就失去了通信的意义。基于这种认识，“通信”也就是“信息传输”或“消息传输”。实现通信的方式很多，随着社会的需求、生产力的发展和科学技术的进步，目前的通信越来越依赖利用“电”来传递消息的电通信方式。由于电通信迅速、准确、可靠，且不受时间、地点、距离的限制，因而得到了迅速的发展和广泛的应用。当今，在自然科学领域涉及“通信”这一术语时，一般均是指“电通信”。广义来讲，光通信也属于电通信，因为光也是一种电磁波。本书中的通信均指电通信。

7.1.1　通信系统的组成

通信是从一地向另一地传递和交换信息。实现信息传递所需的一切技术设备和传输媒质的总和称为通信系统。基于点与点之间的通信系统的基本模型如图 7-1 所示。

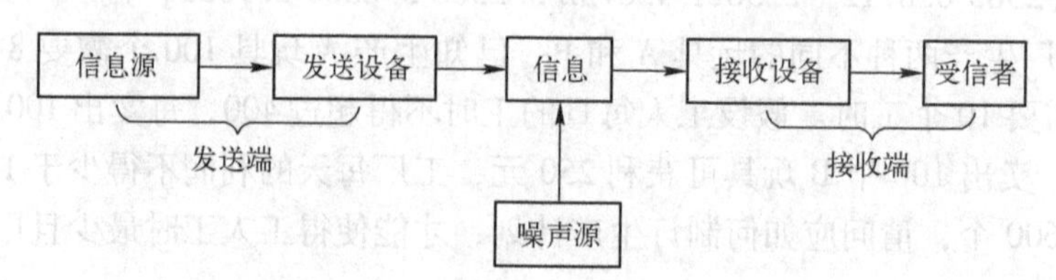

图 7-1　基于点与点之间的通信系统的基本模型

信源是消息的产生地，其作用是把各种消息转换成原始电信号。电话机、电视摄像机和电传机、计算机等各种数字终端设备就是信源。前者属于模拟信源，输出的是模拟信号；后者是数字信源，输出离散的数字信号。发送设备的基本功能是将信源和信道匹配起来，即将信源产生的消息信号变换成适合在信道中传输的信号。变换方式是多种多样的，在需要频谱搬移的场合，调制是最常见的变换方式。对数字通信系统来说，发送设备常常又可分为信源编码与信道编码。信道是指传输信号的物理媒质。在无线信道中，信道可以是大气（自由空间），在有线信道中，信道可以是明线、电缆或光纤。有线和无线信道均有多种物理媒质。媒质的固有特性及引入的干扰与噪声直接关系到通信的质量。根据研究对象的不同，需要对实际的物理媒质建立不同的数学模型，以反映传输媒质对信号的影响。噪声源不是人为加入的设备，而是通信系统中各种设备以及信道中所固有的，并且是人们所不希望的。噪声的来源是多样的，它可分为内部噪声和外部噪声，而且外部噪声往往是从信道引入的。因此，为了分析方便，把噪声源视为各处噪声的集中表现而抽象加入到信道。

接收设备的基本功能是完成发送设备的反变换，即进行解调、译码、解码等。它的任务是从带有干扰的接收信号中正确恢复出相应的原始基带信号来。对于多路复用信号，还包括解除多路复用，实现正确分路。

信宿是传输信息的归宿点，其作用是将复原的原始信号转换成相应的消息。

7.1.2 通信系统的分类

通信系统按照其不同的属性，有多种的分类方法，具体分类如下。

通信系统按所用传输媒介的不同可分为两类：利用金属导体为传输媒介，如常用的通信线缆等，这种以线缆为传输媒介的通信系统称为有线电通信系统；利用无线电磁波在空气、水、土地或岩石等传输媒介中传播，以实现信息和数据传输的通信系统称为无线电通信系统。光通信系统也有“有线”和“无线”之分，它们所用的传输媒介分别为光学纤维和大气、空间或水。

通信系统按通信业务（即所传输的信息种类）的不同，可分为电话、电报、传真、数据通信系统等。信号在时间上是连续变化的，称为模拟信号（如电话）；在时间上离散、其幅度取值也是离散的信号称为数字信号（如电报）。模拟信号通过模拟-数字变换（包括采样、量化和编码过程）也可变成数字信号。通信系统中传输的基带信号为模拟信号的通信系统称为模拟通信系统，传输的基带信号为数字信号的通信系统称为数字通信系统。

通信系统都是在有噪声的环境下工作的（图 7-1 中集中以噪声源表示）。设计模拟通信系统时采用最小均方误差准则，即收信端输出的信号噪声比最大。设计数字通信系统时，采用最小错误概率准则，即根据所选用的传输媒介和噪声的统计特性，选用最佳调制体制，设计最佳信号和最佳接收机。

7.1.3 通信系统模型的分类

1. 按照通信的业务和用途分类

根据通信的业务和用途分类，通信系统有常规通信、控制通信等。其中常规通信又分为话务通信和非话务通信。话务通信业务主要是以电话服务为主，程控数字电话交换网络的主要目标就是为普通用户提供电话通信服务。非话务通信主要是分组数据业务、计算机通信、传真、视频通信等。在过去很长一段时期内，由于电话通信网最为发达，因此其他通信方式往往需要借助于公共电话网进行传输，但是随着互联网的迅速发展，这一状况已经发生了显著的变化。控制通信主要包括遥测、遥控等，如卫星测控、导弹测控、遥控指令通信等都是属于控制通信的范围。话务通信和非话务通信有着各自的特点。话音业务传输具有以下 3 个特点：①人耳对传输时延十分敏感，如果传输时延超过 100 ms，则通信双方会明显感觉到对方反应“迟钝”，使人感到很不自然；②要求通信传输时延抖动尽可能小，因为时延的抖动可能会造成话音音调的变化，使得接听者感觉对方声音“变调”，甚至不能通过声音分辨出对方；③对传输过程中出现的偶然差错并不敏感，传输的偶然差错只会造成瞬间话音的失真和出错，但不会使接听者对讲话人语义的理解造成大的影响。对于数据信息，通常情况下更关注传输的准确性，有时要求实时传输，有时又可能对实时性要求不高。对于视频信息，对传输时延的要求与话务通信相当，但是视频信息的数据量要比话音要大得多，如语音信号脉冲编码调制（Pulse Code Modulation，PCM）编码的信息速率为 64 kbit/s，而活动图像专家组（Moving Picture Experts Group，MPEG）压缩视频的信息速率则在 2 ~ 8 Mbit/s 之间。截至 2006 年年底，话务通信在电信网中仍然占据着重要的地位，如现有的程控电话交换网络、第二代数字移动通信网络全球移动通信系统（Global System of Mobile Communications，GSM）和 IS-95 CDMA 所提供的业务都是以话音业务为主。随着 Internet 的迅猛发展，非话务通信也有了长足的发展，在信息流量方面已经超过了话音信息流量。

2. 按照调制方式进行分类

根据是否采用调制，可以将通信系统分为基带传输和调制传输。基带传输是将未经调制的信号直接传送，如音频市内电话（用户线上传输的信号）、Ethernet 网中传输的信号等。调制的目的是使载波携带要发送的信息，对于正弦载波调制，可以用要发送的信息去控制或改变载波的幅度、频率或相位。接收端通过解调就可以恢复出信息。在通信系统中，调制的目的主要有以下几个方面。

1）便于信息的传输。调制过程可以将信号频谱搬移到任何需要的频率范围，便于与信道传输特性相匹配。如无线传输时，要将信号调制到相应的射频上才能够进行无线电通信。

2）改变信号占据的带宽。调制后的信号频谱通常被搬移到某个载频附近的频带内，其有效带宽相对于载频而言是一个窄带信号，在此频带内引入的噪声就减小了，从而可以提高系统的抗干扰性。

3）改善系统的性能。由信息论可知，有可能通过增加带宽的方式来换取接收信噪比的提高，从而提高通信系统的可靠性，各种调制方式正是为了达到这些目的而发展起来的。常见的调制方式及用途见表 7-1。在实际系统中，有时采用不同的调制方式进行多级调制。例如，在调频立体声广播中，话音信号首先采用双边带调制（Double Side Band with Suppressed Carrier，DSB-SC）进行副载波调制，然后进行调频，就是采用多级调制的方法。

3. 按照传输信号特征分类

按照信道中所传输的信号是模拟信号还是数字信号，可以相应地把通信系统分成两类，即模拟通信系统和数字通信系统。数字通信系统在最近几十年获得了快速发展，数字通信系统也是目前商用通信系统的主流。

表 7-1　常用的调制方式及用途

调制方式		用　途
线性调制	常规双边带调幅 AM	中波广播、短波广播
	抑制载波双边带调幅 DSB-SC	调频立体声广播
	单边带调幅 SSB	载波通信、无线电台
	残留边带调幅 VSB	电视广播、传真
非线性调制	频率调制 FM	调频广播、卫星通信
	相位调制	中间调制方式
数字调制	幅度键控 ASK	数据传输
	频率键控	数据传输
	相位键控 PSK、DPSK、QPSK 等	数字微波、空间通信、移动通信、卫星导航
	其他数字键控 QAM、MSK、GMS 等	数字微波中继、空间通信、移动通信、卫星导航
脉冲模拟调制	脉幅调制 PAM	中间调制方式、数字用户线路码
	脉宽调制 PDM	中间调制方式
	脉位调制 PPM	遥测、光纤传输
脉冲数字调制	脉码调制 PCM	话音编码、程控数字交换、卫星通信、空间通信
	增量调制 CVSD	军用、民用话音编码
	差分脉码调制 DPCM	话音、图像编码
	其他语音编码方式 ADPCM	中低速率话音压缩编码

7.2　通信系统建模

对通信系统仿真之前，需要先建立数学模型。通信系统的建模需要从以下几个方面考虑：信源编码与信源译码、调制与解调分析、通信系统主要的性能指标。

7.2.1　信源编码与信源译码

1. 信源编码

在通信系统的数字调制过程中，信源输出的模拟信号要转换成数字信号，就需要对信源进行编码译码操作。信源编码是用量化的方法将一个信源信号转化为一个数字信号，所得信号的符号为某一有限范围内的非负整数。

下面将分析哈夫曼编码的原理。若接收端要无失真地精确复制信源输出的消息，这时的信源编码是无失真编码。只有对离散信源，可以实现无失真编码；对连续信号，其输出的信息量可以为无限大，因此是不可能实现无失真编码的。离散信源的无失真编码实际上是一种概率配编码，它可以进一步分为有记忆和无记忆的编码。

若接收端可以容许一定的失真范围，那么就可以计算在给定条件下的编码方案和此时信源必须传送的最小信息量，这个是限定条件下的信源编码问题。信息论原理中关于编码有定长编码定理和变长编码定理，在此不再介绍。

这里主要讨论无失真编码的最佳变长编码——哈夫曼编码。

在哈夫曼编码方案中，其步骤如下。

1）将信源消息按概率大小顺序排队。

2）从最小概率的两个消息开始编码，并给以一定的规则，如小概率的下支路编为 1（或 0），大概率的上支路编为 0（或 1）。

3）将已编码的两个消息对应的概率合并，并重新按概率大小排序，重复步骤 2)。

4）重复步骤 3)，直到合并概率到 1 为止。

5）编程的码字按先编后出的方式，即从概率归一的树根逆行至对应消息。

【例 7-1】有一离散无记忆信源如下。

$$\begin{pmatrix} U \\ P \end{pmatrix} = \begin{pmatrix} U1 & U2 & U3 & U4 & U5 & U6 & U7 \\ 0.20 & 0.19 & 0.18 & 0.17 & 0.15 & 0.10 & 0.01 \end{pmatrix}$$

在 MATLAB 中创建 huffman.m 文件，其源代码如下。

```
function [h,i]=huffman(p)
if length(find(p<0))~=0;
    error('input is not aprob. vector,there is negative component ');
end
if abs(sum(p)-1)>10e-10
    error('input is not aprob. vector,the sum of the component is not equal to 1');
end
n=length(p); %得到输入的元素个数
q=p;
m=zeros(n-1,n);
for i=1:n-1,
    [q,e]=sort(q);
    m(i,:)=[e(1:n-i+1),zeros(1,i-1)];
    q=[q(1)+q(2)+q(3:n),e];
end
for i=1:n-1,
    c(i,:)=blanks(n*n);
end
%以下计算各个元素码字
c(n-1,n)='0';
c(n-2,2*n)='1';
for i=2:n-1
    c(n-i,1:n-1)=c(n-i+1,n*(find(m(n-i+1,:)==1))-(n-2):n*(find(m(n-i+1,:)==
1)));
    c(n-i,n)='0';
    c(n-i,n+1:2*n-1)=c(n-i,1:n-1);
    c(n-i,2*n)='1';
    for j=1:i-1
        c(n-i,(j+1)*n+1:(j+2)*n)=c(n-i+1,n*(find(m(n-i+1,:)==j+1)-1)+1:n*find(m
(n-i+1,:)==j+1));
    end
end
```

```
for i=1:n
    h(i,1:m)=c(1,n*(find(m(1,:)==i)-1)+1:find(m(1,:)==i)*n);
    e(i)=length(find(abs(h(i,:))~=32));
end
e=sum(p.*e); %计算平均码长
```

通常哈夫曼编码的效率是小于 1 的，但是当信源为某些特殊情况时，可以使效率达到 1，但不可能超过 1。

2. 标量量化编码

模拟信号的量化有以下两种方式：均匀量化和非均匀量化。均匀量化把输入信号的取值范围等距地分为若干个可量化区间，无论采样值大小如何，量化噪声的均方根不变，因此实际过程中大多采用非均匀量化。比较常用的两种非均匀量化的标准是 A 律压缩和 μ 律压缩。美国采用 μ 律压缩和扩展，我国和欧洲各国均采用 A 律压缩和扩展。

（1） A 律编码

如果输入信号为 x，输出信号为 y，则 A 律压缩满足式（7-1）。

$$y=\begin{cases}\dfrac{A|x|}{1+\log A}\operatorname{sgn}(x) & 0\leqslant |x|\leqslant \dfrac{V}{A}\\[2ex] \dfrac{V\left(1+\dfrac{\log(A|x|)}{V}\right)}{1+\log A}\operatorname{sgn}(x) & \dfrac{V}{A}<|x|\leqslant V\end{cases}\tag{7-1}$$

式中，A 为 A 律压缩参数，最常采用的 A 值为 87.6；V 为输入信号的峰值；log 为自然对数；对于 sgn 函数，当输入为正时，输出 1；当输出为负时，输出 0。

模块的输入并无限制，如果输入为向量，则向量中的每一个分量将会被单独处理。

（2） μ 律编码

和 A 律压缩编码类似，μ 律压缩编码中如果输入信号为 x，输出信号为 y，则 μ 律压缩满足式（7-2）。

$$y=\frac{V\log\left(1+\dfrac{\mu|x|}{V}\right)}{\log(1+\mu)}\operatorname{sgn}(x)\tag{7-2}$$

式中，μ 为 μ 律压缩参数；V 为输入信号的峰值；log 为自然对数；对于 sgn 函数，当输入为正时，输出 1；当输出为负时，输出 0。

模块的输入并无限制，如果输入为向量，则向量中的每一个分量将会被单独处理。

【例 7-2】 对一个正弦信号数据进行标量量化处理。

在 M 文件编辑器中输入以下代码。

```
n=2^3;                                    %以 3 位/秒的传输速率传递信道
t=[0:100]*pi/20;
y=cos(t);
[a,b]=lloyds(y,n);                        %生成分界点矢量和编码手册
[indx,quant,distor]=quantiz(y,a,b);       %理化信号
axis([-1 1 0 16]);
plot(t,y,t,quant,'rp ');
```

运行程序，输出正弦信号的量化效果如图 7-2 所示。

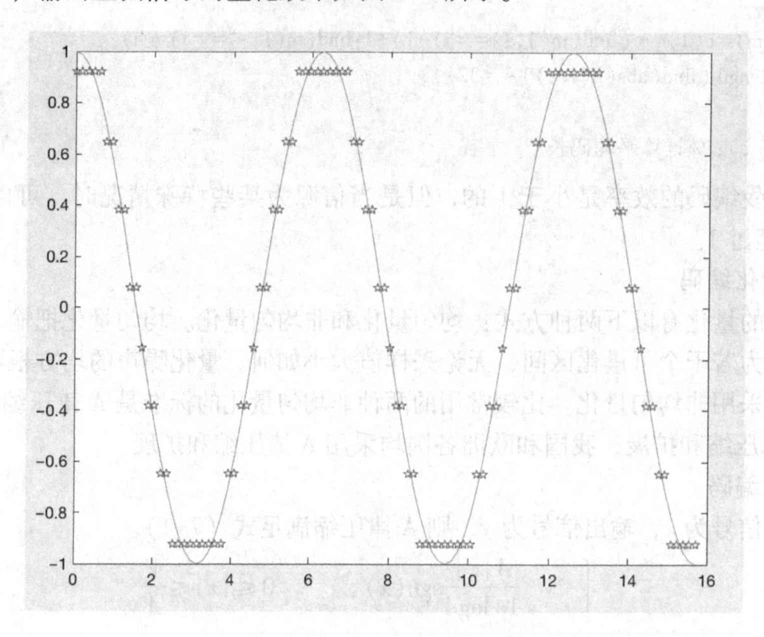

图 7-2　正弦信号量化效果图

3. 信源译码

(1) A 律译码

A 律译码模块用来恢复被 A 律压缩编码模块压缩的信号。它的过程与 A 律压缩编码模块正好相反。A 律译码模块的特征函数是 A 律压缩编码模块特征函数的反函数，如式（7-3）所示。

$$x=\begin{cases}\dfrac{y(1+\log A)}{A} & 0\leqslant |y|\leqslant\dfrac{V}{1+\log A}\\ \mathrm{e}^{|y|\frac{1+\log A}{V}-1}\dfrac{V}{A}\mathrm{sgn}(y) & \dfrac{V}{1+\log A}<|y|\leqslant V\end{cases} \tag{7-3}$$

其支持的数据类型见表 7-2。

表 7-2　A 律译码支持的数据类型

接　口	支持的数据类型
In	double
Out	double

(2) μ 律译码

μ 律译码模块用于恢复被 μ 律压缩编码模块压缩的信号。它的过程与 μ 律压缩编码模块正好相反。μ 律译码模块的特征函数是 μ 律压缩编码模块特征函数的反函数，如式（7-4）所示。

$$x=\frac{V}{\mu}\left(\mathrm{e}^{|y|\frac{\log(1+\mu)}{V}}-1\right)\mathrm{sgn}(y) \tag{7-4}$$

其支持的数据类型见表 7-3。

表 7-3　μ律译码支持的数据类型

接　口	支持的数据类型
In	double
Out	double

7.2.2　调制与解调分析

1. 调制的通带与基带分析

基带传输是一种不搬移基带信号频谱的传输方式。未对载波调制的待传信号称为基带信号，它所占的频带称为基带（Baseband）。基带的高限频率与低限频率之比通常远大于1。将基带信号的频谱搬移到较高的频带（用基带信号对载波进行调制）再传输，则称为通带（Passband）传输。

选用基带传输或通带传输与信道的适用频带有关。例如，计算机或脉冲编码调制电话终端机输出的数字脉冲信号是基带信号，可以利用电缆作基带传输，不必对载波进行调制和解调。与通带传输相比，基带传输的优点是设备较简单，线路衰减小，有利于增加传输距离。对于不适合基带信号直接通过的信道（如无线信道），则可将脉冲信号经数字调制后再传输。

基带传输广泛用于音频电缆和同轴电缆等传送数字电话信号，在数据传输方面的应用也日益扩大。在通带传输系统中，调制前和调制后对基带信号的处理仍需利用基带传输原理，采用线性调制的通带传输系统可以变换为等效基带传输来分析。

调制输出信号的频谱能量一般集中在调制载波频率附近区域。直接由调制函数建立的仿真模型称为通带调制模型。调制载波频率往往很高，在仿真中为了保证信号无失真，必须采用很高的系统仿真采样率，这样仿真步将不得不设置得非常小，于是系统仿真的计算量和存储数据量大大增加，严重影响了仿真执行的效率。

改进的方法是将调制信号用等效的复低通信号表示。由于等效复低通信号的最高频率远远小于调制载波频率，因此相应的系统仿真采样率也就可以大大下降了。以等效的复低通信号为基础的系统分析方法就是所谓的复包络方法，相应的调制器等效低通模型成为调制器基带模型。

设任意正弦波调制输出信号为 $x(t)$，用复函数形式表达出来如式（7-5）所示。

$$\begin{aligned} x(t) &= r(t)\cos[2\pi f_c t+\phi(t)]x \\ &= \mathrm{Re}[r(t)\mathrm{e}^{j(2\pi f_c t+\phi(t))}] \\ &= \mathrm{Re}[\tilde{x}(t)\mathrm{e}^{j2\pi f_c t}] \end{aligned} \tag{7-5}$$

其中，$r(t)$是幅度调制部分；$\phi(t)$是相位调制部分；f_c是载波频率。复信号如式（7-6）所示。

$$\tilde{x}(t)=r(t)\mathrm{e}^{j\phi(t)} \tag{7-6}$$

复信号包含了与被调信号相关的全部变量，而调制方式的数学性能本质上与载波频率的数值无关，因此，具有低通属性的复信号$\tilde{x}(t)$可以用来完全表达调制过程。复信号$\tilde{x}(t)$就称为调制信号 $x(t)$ 的复低通等效信号或调制信号的复包络信号。

2. 模拟调制与解调分析

如果被调信号是模拟信号，则相应的调制方式称为模拟调制方式；反之，如果被调信号携带的是离散的数据符号，则相应的调制方式称为数字调制方式。常见的模拟调制方式有普通调幅（AM）、抑制载波双边带调幅（DSB-SC）、单边带调幅（SSB）、残留边带调幅（VSB）、调频（FM）和调相（PM）等。常见的数字调制方式有幅移键控（ASK）、频移键控（FSK）、相移键控（PSK）、差分相位键控（DPSK）、连续相位调制（CPM）、高斯最小频移键控（GMSK）等。

每一种调制都通过以下几个特点来表征。

- 调制信号的时域表达式。
- 调制信号的频域表达式。
- 调制信号的带宽。
- 调制信号的功率分布。
- 调制信号的信噪比。

下面以双边幅度调制（DSB-AM）为例来举例说明。

在DSB-AM中已调信号的时域表示如式（7-7）所示。

$$u(t)=m(t)c(t)=A_c m(t)\cos(2\pi f_c t+\phi_c) \tag{7-7}$$

式中，$m(t)$是消息信号，$c(t)=\cos(2\pi f_c t+\phi_c)$为载波，$f_c$是载波的的频率，$\phi_c$是初始相位，为了讨论方便取初相位$\phi_c=0$。

对$u(t)$做傅里叶变换，即可得到信号的频域表示，如式（7-8）所示。

$$U(f)=\frac{A_c}{2}M(f-f_c)+\frac{A_c}{2}M(f-f_c) \tag{7-8}$$

传输宽带B_T是消息信号带宽W的两倍，即$B_T=2W$。

【例7-3】 某消息信号$m(t)=\begin{cases}1 & 0\leqslant t\leqslant t_0/3\\ -2 & t_0/3\leqslant t\leqslant 2t_0/3\\ 0 & 其他\end{cases}$，用信号$m(t)$以DSB-AM方式调制载波$c(t)=\cos(2\pi f_c t)$，所得到的已调制信号记为$u(t)$。设$t_0=0.15\,\text{s}$，$f_c=250\,\text{Hz}$。比较消息信号与已调信号，并绘制它们的频谱。

先自定义M文件，其源代码如下。

```
function [M,m,df]=fftseq(m,tz,df)
fz=1/tz;
ifnargin==2                              %判断输入参数的个数是否符合要求
    n1=0;
else
    n1=fz/df;                            %根据参数个数决定是否使用缩放
end
n2=length(m);
n=2^(max(nextpow2(n1),nextpow2(n2)));
M=fft(m,n);                              %进行傅里叶变换
m=[m,zeros(1,n-n2)];
df=fz/n;
```

其实现的MATLAB程序代码如下。

```
>>t=0.15;                                 %信号保持时间
>>ts=0.001;                               %采样时间间隔
>>fc=250;                                 %载波频率
>>fs=1/ts;                                %采样频率
>>df=0.3;                                 %频率分辨率
>>t1=[0:ts:t];                            %时间矢量
>>m=[ones(1,t/(3*ts)),-2*ones(1,t/(3*ts)),zeros(1,t/(3*ts)+1)];  %定义信号序列
>>y=cos(2*pi*fc.*t1);                     %载波信号
>>u=m.*y;                                 %调制信号
>>[n,m,df1]=fftseq(m,ts,df);              %傅里叶变换
>>n=n/fs;
>>[ub,u,df1]=fftseq(u,ts,df);
>>ub=ub/fs;
>>[Y,y,df1]=fftseq(y,ts,df);
>>f=[0:df1:df1*(length(m)-1)]-fs/2;
>>subplot(2,2,1);
>>plot(t1,m(1:length(t1)));
>>title('未解调信号');
>>subplot(2,2,2);
>>plot(t1,u(1:length(t1)));
>>title('解调信号');
>>subplot(2,2,3);
>>plot(f,abs(fftshift(n)));
>>title('未解调信号频谱');
>>subplot(2,2,4);
>>plot(f,abs(fftshift(ub)));
>>title('解调信号频谱');
```

程序运行后得到的信号和调制信号及信号调制前后的频谱对比如图 7-3 所示。

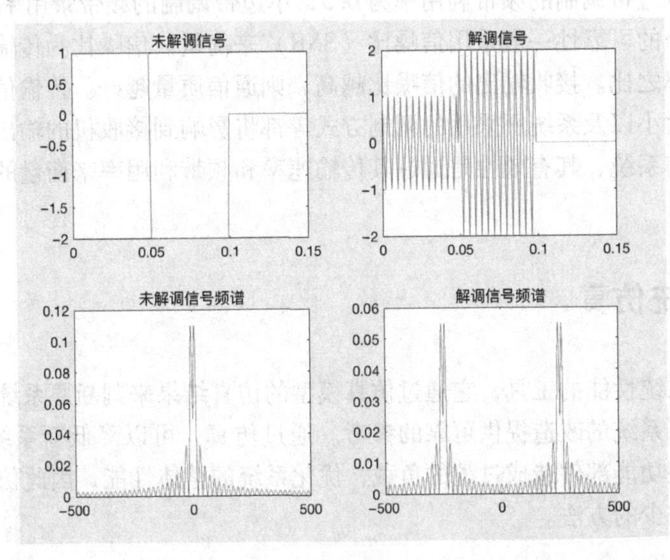

图 7-3　DSB-AM 得到的信号和调制信号及信号调制前后的频谱图

7.2.3 通信系统主要的性能指标

评价一个通信系统的性能指标有如下几项。

1）有效性：是指信道给定的前提下，传输一定信息量时所占用的信道资源（频带宽度和时间间隔），或者说是传输的速度问题。

2）可靠性：是指信道给定的前提下，接受信息的准确程度，也就是传输的质量问题。

3）适应性：是指环境使用条件。

4）标准性：是指原件的标准性、互换性。

5）经济性：是指成本是否低。

6）保密性：是指是否便于加密。

7）可维护性：是指使用维修是否方便。

这些指标中，最重要的是有效性和可靠性。由于模拟通信系统在收发两端比较的是波形是否失真，而数字通信系统并不介意波形是否失真，而是强调传送的码元是否出错，也就是说，模拟通信系统和数字通信系统本身存在着差异，因此对有效性和可靠性两个指标要求的具体内容也有很大差别。

有效性和可靠性是通信理论研究的重要问题，也是通信系统最基本、最主要的质量指标。有效性是指消息传输的速度，即衡量通信系统中传输的快慢问题。可靠性是指消息传输的质量，即衡量通信系统中消息传输的好坏问题。

对于模拟通信系统，有效性一般是指给定通信资源条件下传输消息的数量。例如，用单位传输频带内所能够容纳的电话路数来衡量有效性。单边带调制比双边带调制有效性要高。模拟调制方式的有效性可以通过调制的频带利用率来表述。调制的频带利用率为调制前后信号的带宽之比，即

$$\eta=\frac{\text{基带信号带宽}}{\text{调制输出信号带宽}}$$

例如，模拟双边带调制的频带利用率为0.5，单边带调制的频带录用率为1。

模拟通信系统的可靠性一般采用信噪比（SNR）来衡量。信噪比为传输信号带宽内的信号功率与噪声功率之比。接收输出的信噪比越高，则通信质量越好。传输信号功率、信道衰减、信道中噪声大小以及系统所采用的调制方式等都将影响到接收机的输出信噪比。

对于数字通信系统，其有效性是通过其传输速率和频带利用率来衡量的，而可靠性则以差错率来描述。

7.3 通信系统仿真

仿真是衡量系统性能的工具，它通过仿真模型的仿真结果来判断原系统的性能，从而为新系统的建立或原系统的改造提供可靠的参考。通过仿真，可以降低新系统失败的可能性，防止对系统中某些功能部件造成过盈的负载，优化系统的整体性能，因此仿真是科学研究和工程建设中不可缺少的方法。

7.3.1 通信系统仿真的相关概念

1. 通信系统仿真

实际的通信系统是一个功能相当复杂的系统，在对原有的通信系统做出改进或建立之前，通常需要对这个系统进行建模和仿真，通过仿真结果衡量方案的可行性，从中选择最合理的系统配置和参数设置，然后再应用于实际系统中，这个过程就是通信系统的仿真。

2. 通信系统仿真研究的意义

仿真的方法能更好地、有效地利用设计空间，很容易将数字和经验模型结合起来，并结合设备和真实信号的特点进行分析和设计，有效地降低成本。

通信系统仿真实质上就是把硬件实验搬进了计算机，可以把它看成一种软件实验。在硬件实验系统中用各种电子元器件制作出通信系统中的理论模型所规定的各个模块，再把它们通过导线或电缆等连接在一起，然后再用示波器、频谱仪、误码仪等通信仪表做各种测量，最后分析测量结果。在软件实验中，我们也是这样做，只不过所有通信模块及通信仪表的功能都是用程序来实现了。通信系统的全过程在计算机中仿真运行。虽然软件实验不像硬件实验那样让人感到真实，但是对于许多通信问题的研究来说的确非常有效。

3. 通信系统仿真的分类

通信系统仿真可以分为离散事件仿真和连续事件仿真。在离散事件仿真中，仿真系统只对离散事件做出反应；在连续事件仿真中，仿真系统对输入信号产生连续的输出信号。

4. 仿真建模

仿真建模的过程如图 7-4 所示。

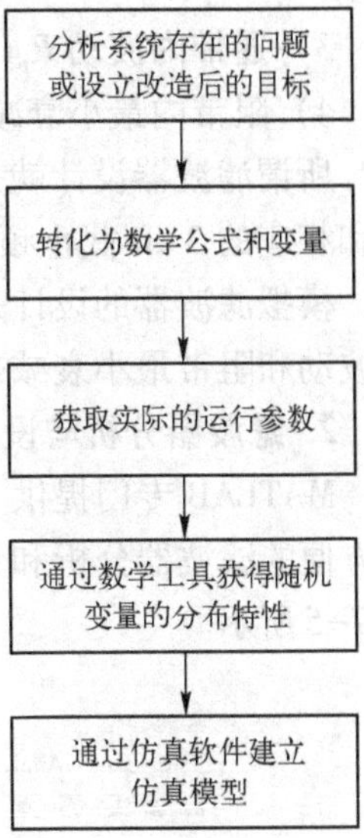

分析系统存在的问题或设立改造后的目标
↓
转化为数学公式和变量
↓
获取实际的运行参数
↓
通过数学工具获得随机变量的分布特性
↓
通过仿真软件建立仿真模型

图 7-4 仿真建模的过程

7.3.2 滤波器的模型分析

1. 滤波器的类型，参数指标分析

滤波器是执行信号处理功能的电子系统，它专门用于除去信号中不想要的成分或者增强所需成分。根据性质，滤波器可以分为非线性的、线性的、时不变的、时变的、连续的、离散的、无限脉冲响应的（IIR）、有限脉冲响应（FIR）的等。线性时不变滤波器是一个线性时不变系统，在不引起歧义的情况下，我们将线性时不变滤波器简称为滤波器。

一个单输入/单输出的滤波器通常用其传递函数和冲击响应来表示。如果滤波器的冲击响应是一个时间连续的函数 $h(t)$，那么就称为模拟滤波器，其传递函数用拉普拉斯变换 $H(s)$表示。如果滤波器的冲击响应是一个离散时间序列 $h(k)$，则称其为数字滤波器，其传递函数以 Z 变换 $H(z)$来表示。模块滤波器可根据传递函数综合出模拟电路，如用电阻、电容、电感组成的无源网络或由运算放大器组成的有源网络来实现。数字滤波器则通常是以时序数字电路或数字信号处理芯片和软件来实现的。

选择和过滤信号是滤波器的重要功能。从频率域上看，就是将有用的信号频率成分选择出来，从而阻止其他频率成分的信号和干扰。根据信号过滤的频域特征，又可将滤波器分为低通、带通、高通、带阻、全通，以及梳状滤波器等类型。能够通过滤波器的信号频率部分称为通带，而被阻止的频率部分称为阻带，模拟低通滤波器的设计和综合是滤波器设计的基础，所有其他类型的滤波器均可由模拟低通滤波器的设计结果转换得出。

模拟滤波器设计的 4 个重要参数如下。

1）通带拐角频率 f_p(Hz)：对于低通或高通滤波器，分别为高端拐角频率或低端拐角频率；对于带通或带阻滤波器则为低拐角频率和高拐角频率两个参数。

2）阻带起始频率 f_s(Hz)：对于带通或带阻滤波器则为低起始频率和高起始频率两个参数。

3）通带内波动 R_p(dB)：即通带内所允许的最大衰减。

4）阻带内最小衰减 R_s(dB)：即阻带内允许的最小衰减系数。

所谓滤波器设计就是根据设计的滤波器类型和参数计算出满足设计要求的滤波器最低阶数和相应的 3 dB 截止频率，然后进一步求出对应的传递函数的分子/分母系数。

模拟滤波器的设计是根据给定的滤波器设计类型、通带拐角频率、阻带起始频率、通带内波动和阻带最小衰减来进行的。

2. 滤波器分析与设计图形界面

MATLAB 专门提供了滤波器设计工具箱，而且还通过图形化设计界面向用户提供了更为方便的滤波器分析和设计工具 FDATool。命令 fdatool 将打开滤波器分析和设计界面，如图 7-5 所示。

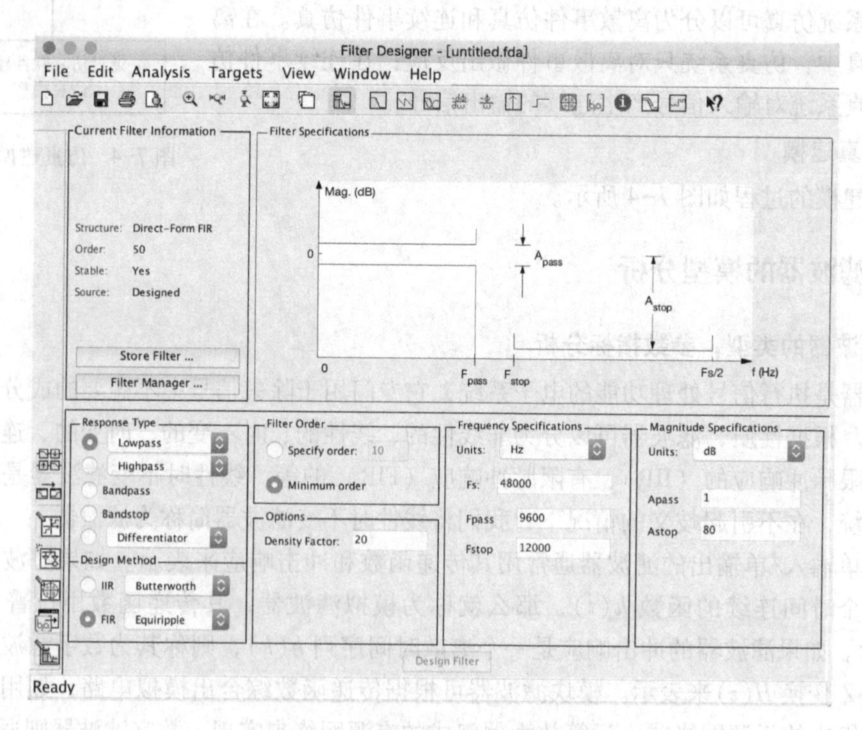

图 7-5　滤波器分析和设计界面

在图 7-5 所示界面中，可以选择滤波器的类型、设计模型、滤波器阶数、采样率、通带及阻带频率、幅度频率等一系列参数，然后单击“Design Filter”按钮进行设计运算，通过图形显示滤波器的幅频响应、相频响应、冲激响应、阶跃响应、零极点图、滤波器系数等，Design Filter 模块将实现设计结果。

3. 滤波器的相关实现

【例 7-4】 现有被白噪声污染的正弦信号，$f_s=100\,\text{kHz}$，信号频率为 10 kHz，噪声信号为 20 kHz，现在要滤掉 20 kHz 的正弦信号。在 MATLAB 中输入以下代码。

```
clear all;
fs=100000;
t=0:1/fs:0.003;
f1=10000;
f2=20000;
signal1=sin(2*pi*f1*t);
signal2=sin(2*pi*f2*t);
y=signal1+signal2;
plot(y);
hold on;
plot(signal1,'r');
legend('被污染的信号','理想信号');
```

产生如图 7-6 所示的信号图。

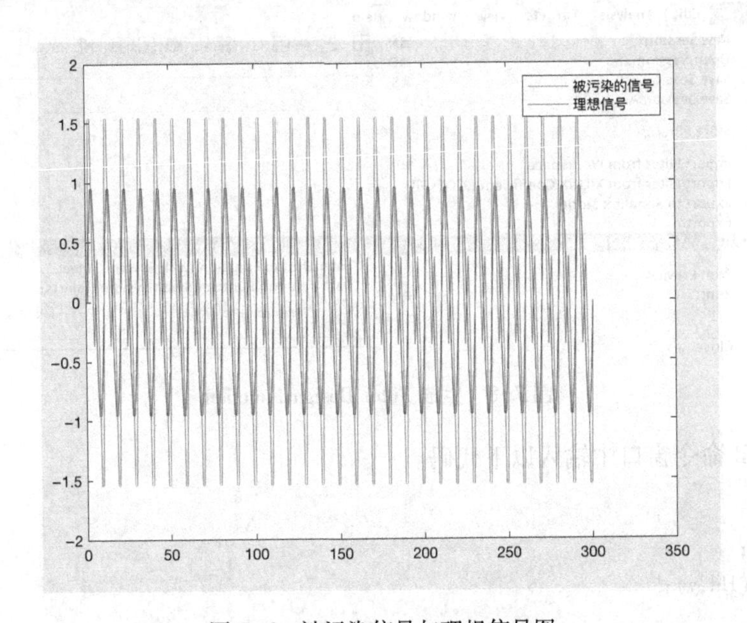

图 7-6　被污染信号与理想信号图

现在用等波纹 IFR 滤波器，10 kHz 通过，12 kHz 截止，如图 7-7 所示。

单击“File”→“Generate MATLAB Code”→“Filter Design Function”命令（见图 7-8），在弹出的对话框中将文件命名为 lowfilter，保存为“*.m”格式。

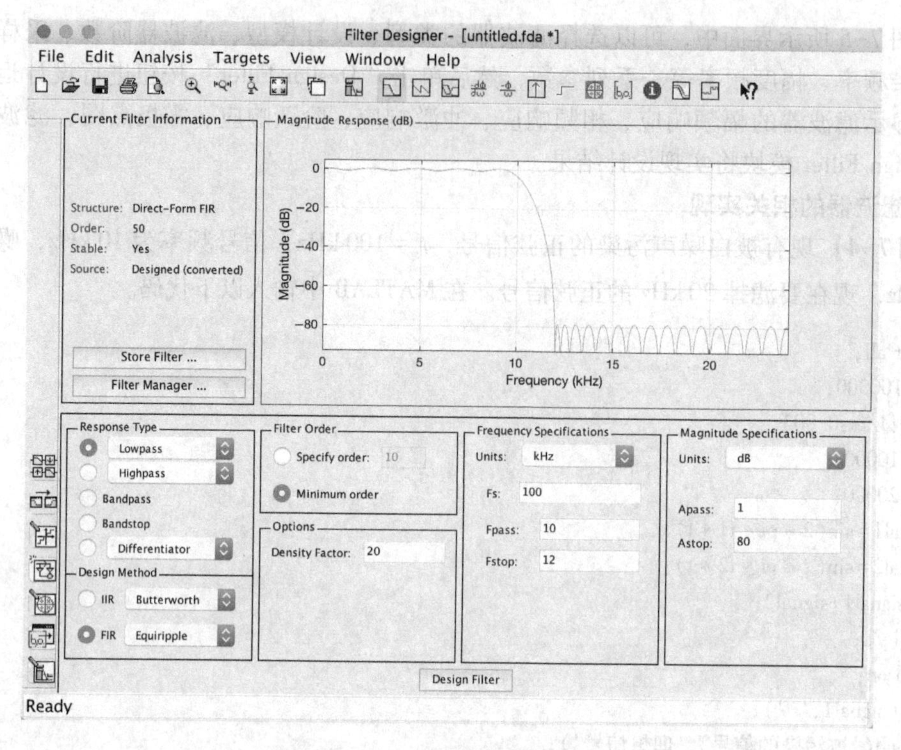

图 7-7 滤波器设计界面

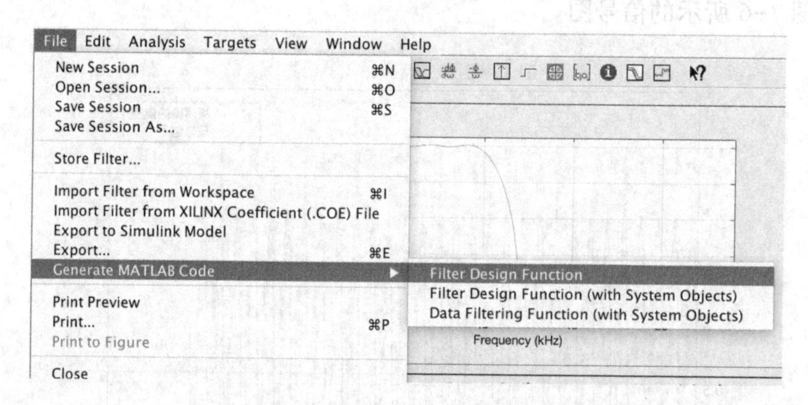

图 7-8 生成 Filter Design Function

在 MATLAB 命令窗口中输入以下代码。

```
figure(2);
Hd=lowfilter;
output=filter(Hd,y);
plot(output);
title('滤波后的波形');
```

调用刚刚生成的滤波器设计函数 lowfilter，生成的图形如图 7-9 所示。

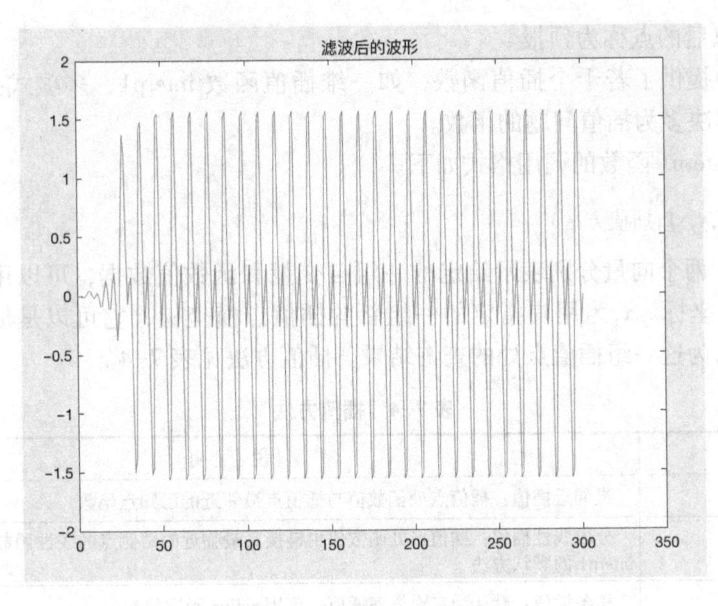

图 7-9　滤波后的波形

7.3.3　仿真数据的处理

实际中，往往需要对仿真试验和实际系统测试得出的数据样本进行进一步的研究和分析，以便从这样的数据中找出某些规律，得出这些规律的经验公式或者通过样本数据对系统的某些理论参数进行估计等。

在仿真和实际系统测试中往往先改变系统的条件参数，然后测得一系列结果，从而研究系统参数与结果之间的关系。这样就可以将测试结果看作条件参数的函数。由于不可能对所有的条件参数都进行试验，因此得到的测试样本数据结果也就是以输入条件参数为自变量的函数上的一些离散样值点。为了在这些样本数据的基础上估计出不在样本点位置上其他条件参数处的函数值，就需要进行数据的插值处理，从而得出一条连续的函数曲线。

在实验中得出的数据样本往往具有确定的规律性，但又含有随机扰动，这些随机扰动可能是由多种原因引起的，如测量误差、噪声以及系统中其他未知因素等。如果条件允许，则可以通过大量的重复试验来得到多个样本，再进行平均，以减少随机扰动。但实际测试和仿真中往往限于费用和计算机处理能力而只能得出有限的数据样本。因此，有必要通过这些有限的数据样本尽可能地排除随机扰动，找出具有确定规律的数学模型、经验公式或公式参数，这一过程称为拟合。

拟合与插值都是根据离散的样本数据点得出连续函数曲线的过程。它们的不同之处在于插值得出的曲线是经过样本点的，而拟合所得到的曲线并不能保证每个样本点都在曲线上，而是以曲线与样本点的整体拟合误差最小为优化目标的。

1. 插值

假设$f(x)$是一维给定函数，函数本身未知，有一组样本点为$(x_1,y_1),(x_2,y_2),\cdots,(x_n,y_n)$，由这些已知样本点的信息获得该函数在其他点上的函数数值的方法称为函数的插值。如果在这些给定点的范围内进行插值，则称为内插，否则称为外插。如果从时间这个概念上分析，则对 x_n 以后的点称为预报。

MATLAB 中提供了若干个插值函数，如一维插值函数 interp1、多项式拟合函数 polyfit 等，还有大量解决多为插值问题的函数。

一维插值 interp1 函数的调用格式如下。

```
y1=interp1(x,y,x1,插值方法)
```

其中，x，y 两个向量分别表示给定的一组自变量和函数值数据，可以用这两个向量表示已知的样本点坐标。x_1 为用户指定的一组新的插值点横坐标，它可以是标量、向量或矩阵，而得出的 y_1 为这一组插值点处的查询结果。插值方法见表 7-4。

表 7-4　插值方法

方　法	说　明
nearest	最邻近插值：插值点处函数值与插值点最邻近的已知点函数
liner	分段线性插值：插值点处函数值由链接其最临近的两侧点的线性函数预测。MATLAB 中 interp1 的默认方法
spline	样条插值：默认为三次样条插值，可用 spline 函数代替
pchip	三次 Hermite 多项式插值，可用 pchip 函数代替
cubic	同 pchip，三次 Hermite 多项式插值

【例 7-5】 有数据样本来自函数 $f(x)=\dfrac{1}{1+9x^2}$，$x\in[-1,1]$，已知其中一些点上的值，试用各种插值法得出 $x\in[-1,1]$ 间距为 0.07 的点上的函数取值，并画出曲线。

其实现的 MATLAB 代码如下。

```
>>x=-1:0.01:1;
>>y=1./(1+9*x.^2);
>>plot(x,y,'b');                                   %原始函数曲线
>>hold on;
>>xs=[-1 -0.4 -0.1 0 0.3 0.7];                     %样本位置
>>ys=1./(1+9*xs.^2);
>>plot(xs,ys,'rp');                                %样本点
>>hold on;
>>xi=-1:0.07:1;                                    %插值位置
>>yi=interp1(xs,ys,xi,'linear','extrap');          %线性插值,并且外插
>>plot(xi,yi,'m.');
>>yi=interp1(xs,ys,xi,'nearest');                  %临近点插值
>>plot(xi,yi,'-.');
>>yi=interp1(xs,ys,xi,'pchip');                    %立方插值
>>plot(xi,yi,'+');
>>yi=interp1(xs,ys,xi,'spine');                    %样条插值
>>plot(xi,yi,'s');
>>legend('原始函数','样本点','线性插值','临近点插值','立方插值','样条插值');
```

运行结果如图 7-10 所示。

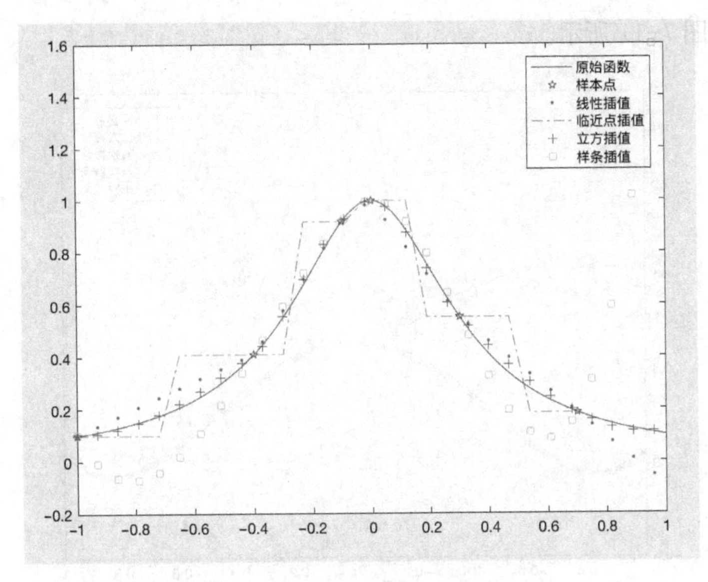

图 7-10　不同插值方法的效果比较

2. 拟合

插值函数 $\phi(x)$ 必须通过所有样本点。在有些情况下，样本点的取得本身就包含着实验误差，这一要求无疑保留了这些测量误差的影响，满足这一要求虽然使样本点处的误差为零，但会使非样本点处的误差变得过大，很不合理。为此，提出了另一种函数逼近方法——数据的拟合，它不要求构造的近似函数 $\phi(x)$ 全部通过样本点，而是无限逼近它们。常用多项式拟合的方法处理此类问题。

多项式拟合通过 MATLAB 提供的 polyfit 函数实现。该函数的调用方法请参考以下示例。

【例 7-6】 已知数据点来自函数 $f(x)=\dfrac{1}{1+25x^2}(-1\leqslant x\leqslant 1)$，根据生成的数据点进行多项式曲线拟合，观察拟合效果。

其实现的 MATLAB 代码如下。

```
>>count=fwrite(fid,a,precision)
>>x0=-1+2*[0:10]/10;
>>y0=1./(1+25*x0.^2);
>>x=-1:0.01:1;
>>y1=1./(1+25*x.^2);
>>p2=polyfit(x0,y0,2);
>>y2=polyval(p2,x);
>>p5=polyfit(x0,y0,5);
>>y5=polyval(p5,x);
>>p8=polyfit(x0,y0,8);
>>y8=polyval(p8,x);
>>p10=polyfit(x0,y0,10);
>>y10=polyval(p10,x);
>>plot(x,y1,x,y2,'r:',x,y5,'p ',x,y8,'-',x,y10,'-.');
>>legend('原函数','二次拟合','五次拟合','八次拟合','十次拟合')
```

运行结果如图 7-11 所示。

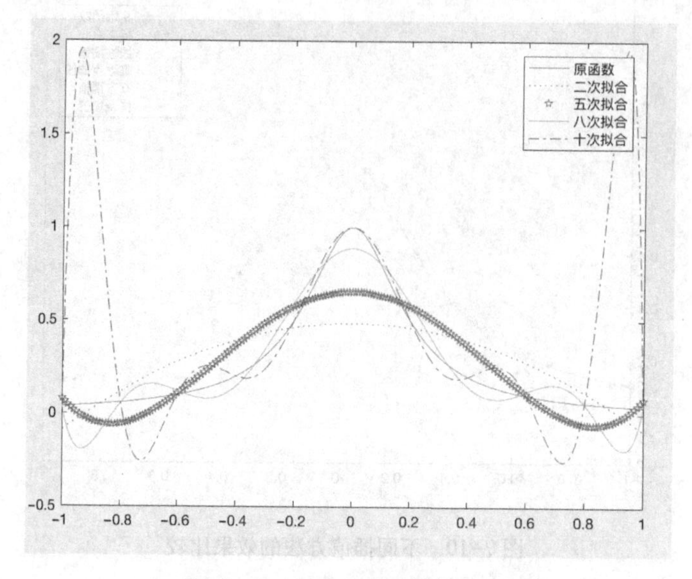

图 7-11　各阶多项式拟合效果

由该例可以看出，多项式拟合并不是阶数越高越好，多项式拟合的效果也并不一定很精确，有时效果并不是很理想。

7.4　模拟和数字通信系统的建模与仿真

20 世纪 50 年代后，随着计算机使用的普及，数字通信在越来越多的领域取代了模拟通信，模拟调制技术也发展为脉冲编码调制等技术。传输的基带信号为模拟信号的通信系统称为模拟通信系统；传输的基带信号为数字信号的通信系统称为数字通信系统。模拟信号通过模拟-数字变换（包括采样、量化和编码过程）也可变成数字信号。本节首先介绍通信系统的基本模型，然后介绍模拟通信系统的建模与仿真分析，最后介绍数字通信系统的建模与仿真分析。

7.4.1　通信系统基本模型分析

通信系统负责将包含信息的消息从发送方有效地传递到接收方。信息总是以消息的形式表达出来，而消息又携带在随时间变化的某种物理量（如声音、光、电等）上成为信号。如果消息携带在电物理量上，则称为电信号，相应的传输和处理电信号的设备称为电子通信系统。

最简单的通信系统负责将信号有效地从一个地方传输到另一个地方，称为点对点的通信系统，信号传输的发送端、接收端以及中转端称为通信结点，而连接通信结点之间的传输媒介称为通信信道。多个结点之间点对点通信系统共同构成通信网络。通信结点负责接收、处理或发送信号，处理信号的目的在于抑制接收信号过程中的噪声，尽可能好地提取发送的信息，根据传送信道的特性选择并将信号转换为适合于信道媒介传输的信号形式，以及提供信号转发的信道路由等。通信信道则是信号传输的物理媒介。

通信系统的概念模型如图 7-12 所示。

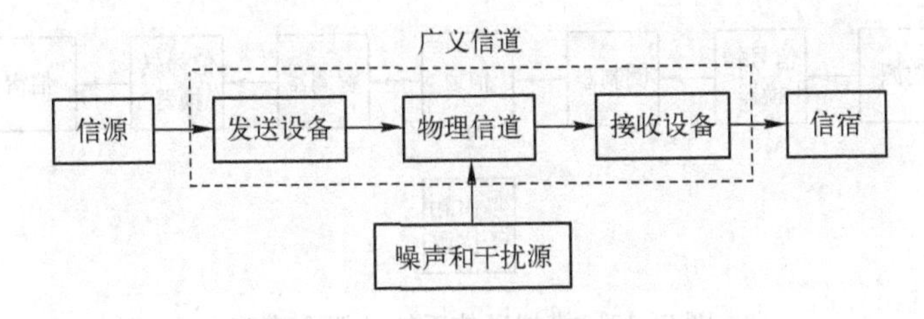

图 7-12 通信系统的概念模型

信源即信息的发源地，它可以是人，也可以是机器。在数学上，信源的输出是一个随时间变化的随机函数。根据随机函数的不同形式，信源可以分为连续信源和离散信源两类。

发送设备负责将信源输出的信号变换为适合信道传输的形式，使之匹配于信号传输特性并送入信道中。发送设备进行以传输为目的的全部信号处理工作，包括对不同物理量信号之间的转换，如将声音转换为电信号的话筒，将光学信号变为电信号的摄像机，将电信号转换为光信号以便送入光纤传输的光端机等；还包括信号不同形式之间的转换，如将模拟信号转为数字信号的转换器，负责将不同形式的数字信号相互转换的编码器，将基带信号转变为频带信号的调制器等。

物理信道是信号传输的通路，按照传输媒介的不同，可以分为有线信道和无线信道两种。按照信道参数是否随时间变化，可以分为时不变信道和时变信道两种。在信道中，信道波形将发生畸变，功率随传输距离的增加而衰减，并且混入噪声和干扰。在通信模型中，通常也将设备内部产生的噪声等价地归并为信道中混入的噪声，这样通信系统建模中信号处理设备就建模为无噪声的。

接收设备的功能与发送设备相反，负责将发送端的信息从含有噪声或畸变的接收信号中尽可能地正确提取出来。接收设备信号处理的目的是进行对应于发送设备功能的反变换，如解调、解码，将信号转换为信源发出的原始物理形式，同时尽可能地抑制信道噪声，补偿或校正信道畸变引起的信号失真，最终将还原的信号送给信宿。信宿可以是人，也可以是机器。

有时，可能将物理信道连同部分或全部的发送设备和接收设备视为广义信道。根据通信传输信号的类型，可以将通信系统进一步分为基带传输系统和频带传输系统、模拟通信系统和数字通信系统、电通信系统和光通信系统等。

7.4.2 模拟通信系统的建模与仿真分析

1. 模拟通信系统的基本模型分析

如果信源输出是模拟信号，在发送设备中没有将其转换为数字信号，而是直接对其进行时域或频域处理之后再进行传输，这样的通信系统称为模拟通信系统。在模拟通信系统中，发送信号中的某一参数（如正弦波的振幅、频率、相位等）与承载消息的原始模块信号之间通常是一种线型比例关系。模拟通信系统的概念模型如图 7-13 所示。

在发送端，信号转换器负责将其他物理量表示的模拟信号转换为模拟电信号，如各种转换器、摄像头、话筒等。基带处理部分对输入的模拟信号进行放大、滤波后，送入调制器进行调制，转换为频带信号，称为已调信号。频带处理部分负责对已调信号进行了滤波、上变频以及功率放大，并输出到无线信道中。

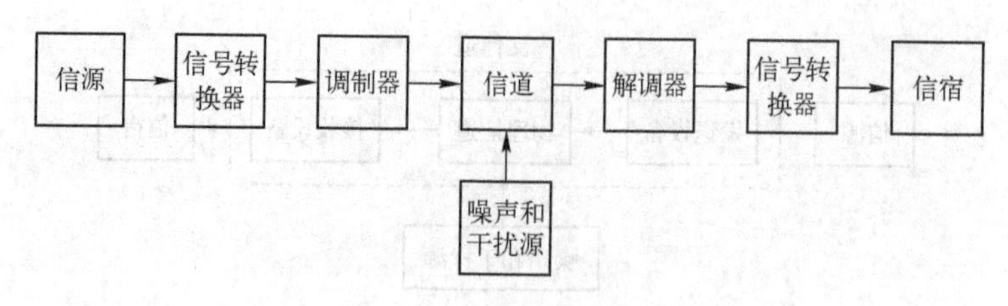

图 7-13　模拟通信系统的概念模型

在接收端，信号经过频带处理部分选频接收，下变频和中频放大之后送入解调器进行解调，还原出基带信号，再经过适当的基带信号处理之后送入信号转换器，如显示器、扬声器等，最终还原为最初发送信号类型的物理量表示的模拟信号。

对于短距离有线传输，如有线对讲系统，可以不使用调制和解调，这样的系统就是模拟基带传输系统。但是，对于大多数模块通信系统来说，为了将多路信号复用在同一物理媒介上传输，抑制干扰并匹配天线传输特性，必须适应调制和解调信号进行频谱搬移，这样的系统就是模拟频带传输系统。

2. 调幅广播系统的仿真分析

模拟幅度调制是最早的无线远距离传输技术。在幅度调制中，以声音信号控制高频率正弦信号的幅度，并将幅度变化的高频率正弦信号放大后通过无线发射出去，称为电磁波辐射。电磁波的频率为 f（单位为 Hz），波长 λ（单位为 m）和传播速率 C（单位为 m/s）的关系式为

$$\lambda=\frac{C}{f}$$

电磁波的传输速率为 $C=3\times10^8$ m/s。显然，电磁波的频率和波长成反比关系。波动的电信号要能够有效地从天线发射出去，或者有效地从天线将信号接收回来，需要天线的等效长度至少达到波长的 1/4。声音转换为电信号之后其波长为 15～15000 km，实际中不可能制造出这样长度和范围的天线进行有效的信号收发。因此，需要将声音这样的低频信号从低频段搬移到较高频段上去，以便通过较短的天线发射出去。例如，移动通信所使用的 900 MHz 频段的电磁波信号波长为 0.33 m，收发天线的尺寸应为波长的 1/4，即 8 cm 左右。而调幅广播中频率范围为 550～1605 kHz，波长范围为几十米到几百米，所以相应的天线就要长一些。

人耳可听到的声音信号通过话筒转化为波动的电信号，频率范围为 20～20 kHz。大量实验发现，人耳对语音的敏感区域约为 300～3400 Hz。为了节约频率带宽的资源，国际标准中将电话通信的传输频带规定为 300～3400 Hz。调幅广播除了传输语音外，还需要播送音乐节目，这就需要更宽的频带。一般而言，调幅广播的传输频率在 100～6000 Hz 内可调。

【例 7-7】试对中波调幅广播系统进行仿真，模型参数指标参照实际系统设置。

1）基带信号：音频最大幅度为 1。基带测试信号频率在 100～6000 Hz 内可调。

2）载波：给定幅度的正弦波。为简单起见，初始相位设为 0，频率为 550～1605 kHz 可调。

3）接收机选频滤波器带宽为 12 kHz，中心频率为 100 kHz。

4）在信道中加入噪声。当调制度为 0.3 时，设计接收机选频滤波器输出信噪比为 20 dB，要求计算信道中应该加入噪声的方差，并能够测量接收机选频滤波器实际输出信噪比。

仿真设计参数如下。

系统工作最高频率为载波调幅频率 1605 kHz，仿真设计采样率为最高工作频率的 10 倍左右，因此取仿真步长为

$$t_{\text{step}}=\frac{1}{10f_{\max}}=6.23\times10^{-8}\ \text{s}$$

相应的仿真带宽为仿真采样率的一半，即

$$W=\frac{1}{2t_{\text{step}}}=8025.7\ \text{kHz}$$

设基带测试正弦信号为 $m(t)=A\cos2\pi Ft$，载波为 $c(t)=\cos2\pi f_ct$，则调制度为 m_a 的调制输出信号 $s(t)$ 为

$$s(t)=(1+m_a\cos2\pi f_ct)$$

显然，$s(t)$ 的平均功率为

$$P=\frac{1}{2}+\frac{m_a^2}{4}$$

设信道无衰减，其中加入白噪声功率谱密度为 $N_a/2$，那么仿真带宽内噪声样值的方差为

$$\sigma^2=\frac{N_0}{2}\times2W=N_0W$$

设接收选频滤波器的功率增益为 1、带宽为 B，则选频滤波器的噪声功率为

$$N=\frac{N_0}{2}\times2B=N_0B$$

因此选频滤波器的输出信噪比为

$$\text{SNR}_{\text{out}}=\frac{P}{N}=\frac{P}{N_0B}=\frac{PW}{\sigma^2B}$$

故信道中噪声的方差为

$$\sigma^2=\frac{P}{\text{SNR}_{\text{out}}}\times\frac{W}{B}$$

其实现的 MATLAB 程序如下。

```
>>SNR_dB=20;
>>SNR=10.^(SNR_dB/10);
>>ma=0.3;                    %调制度
>>P=0.5+(ma^2)/4;            %信号功率
>>W=8025.7e3;                %仿真带宽
>>B=12e3;                    %接收选频滤波器带宽
>>sigma2=P/SNR*W/B           %计算结果,信道噪声方差
sigma2=
    3.4945
```

7.4.3 数字通信系统的建模与仿真分析

1. 数字通信系统基本模型分析

如果信源输出的是数字信号，或者信源输出的模拟信号经过数字转换后成为数字信号，

再进行处理和传输，则这样的通信系统称为数字通信系统。在数字通信系统中，发送信号的某一参数的离散取值（如正弦波的振幅、频率、相位等）与所承载的消息的数字信号之间通常是一一对应的关系。数字通信系统的概念模型如图 7-14 所示。需要指出的是，图 7-14 中各个模块在具体的系统中不一定全部采用。采用哪些模块和哪些功能要取决于相应通信系统的设计需要，但发送端和接收端模块是相互对应的。例如，发送端使用了编码器，则接收端必须使用对应的解码器。

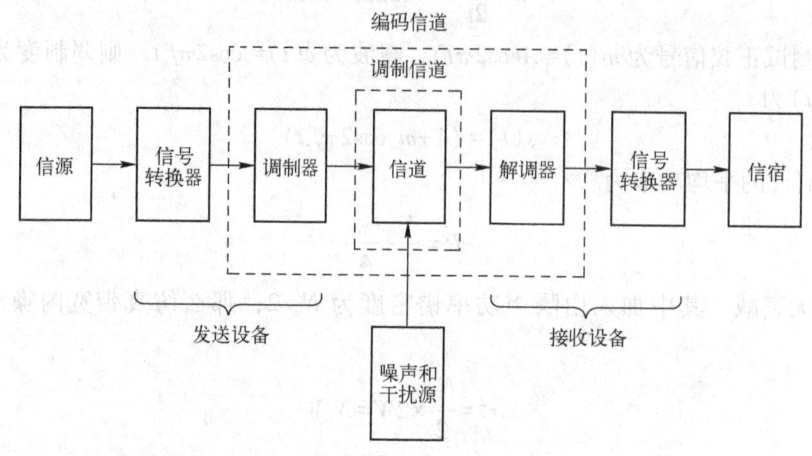

图 7-14　数字通信系统的概念模型

在发送端，信源输出的消息经过信源编码得到一个具有若干离散取值的时间序列。信源编码具有以下功能。

1）将模拟信号转换为数字信号序列。

2）压缩编码，提高通信效率。

3）加密编码，提高信息传输的安全性。

信源编码的输出序列将送入信道编码器，负责对数字序列进行差错控制编码，如分组编码、卷积编码、交织和扰乱等，来抵抗信道中的噪声和干扰，提高传输可靠性。

调制器用来完成数字基带信号得到频带信号的转换。数字调制方式有多种，如幅移键控（ASK）、相移键控（PSK）、频移键控（FSK）、正交幅移调制（QAM）、正交相移键控（QPSK）等。调制器输出的频带信号经过物理放大后送入物理信道。

传输信号在物理信道中发生衰落、波形畸变，并混入噪声和干扰。

在接收端，接收信号经过滤波、变频、放大等信号调理后，送入解调器，解调器完成频带数字信号到基带数字信号的变换之后，基带数字信号在信道译码器中完成译码，即完成与发送端信道编码器功能相反的变换，如匹配滤波、采样和判决、检查和纠错、码型变换、差错码译码等，其输出的数字序列将送入信源解码器中进行解码，即完成解密、解压缩以及数模转换等功能，最终向信宿输出消息。在接收端，为了完成解调，通常需要提前提取发送的调制载波；为了完成解码，必须是收发双发具有相同的传输节拍，也就是需要定时恢复，从而完成收发双方的同步。同步包括位同步和分组同步等。对于扩频通信系统，在接收端解扩时还需要伪随机码同步。

如果数字通信系统中不适用调制器和解调器进行信号的基带—频带转换，则这样的系统称为数字基带传输系统。

在研究差错编码解码的性能时，可以将发送端信道编码器输出端到接收机信道解码器输入端的这部分视为广义信道，称为编码信道。例如，Simulink 通信模块库中的二进制对称信道模型（BSC）就是一种编码信道模型。编码信道建模的系统不关心传输波形和噪声的具体形式，而是以数字序列的传输差错率作为信道质量指标。

2. PCM 的编码与解码

为了保证在足够大的动态范围内的数字电话具有足够高的信噪比（如 26dB 以上），人们提出了一种非均匀量化的思想：在小信号时采用较小的量化间距，而在大信号时采用大的量化间距。在数学上，非均匀量化等价为对输入信号进行动态范围压缩后再进行均匀量化。压缩器完成对输入信号的范围动态压缩。小信号通过压缩器时，增益大。而大信号通过压缩器时，增益小。这样就使小信号在均匀量化之前得到较大的放大，等价于较小间距直接对小信号进行量化，而以较大间距对大信号进行量化。对应于发送端的压缩处理，在接收端进行相应的反变换——扩张处理，来补偿压缩过程中引起的信号非线性失真。压缩扩张分为 A 律和 μ 律两种方式，中国和欧洲各国的 PCM 数字电话采用 A 律压扩方式，美国和日本则采用 μ 律方式。这两种方式在 7.2 节中已经介绍过，这里就不再介绍。

Simulink 通信模块库中提供了 A－Law Compressor、A－Law Expander、Mu－Law Compressor、Mu-Law Expander 来实现两种压扩计算。

【例 7-8】 对 A 律压缩扩张模块和均匀量化器实现非均匀量化过程的仿真，观察量化前后的波形。

仿真图如图 7-15 所示。其中，量化器 Quantizer 的量化级为 8，A 律压缩与扩张模块的 A 律压缩系数设为 87.6，输入信号为 0.5 Hz 的锯齿波，幅度为 1。

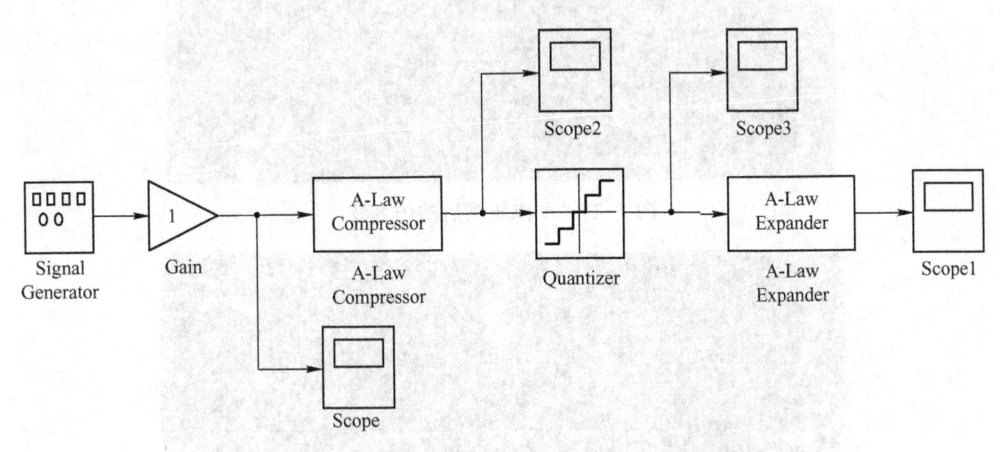

图 7-15　A 律压缩和均匀量化实现非均匀量化的测试图

A 律压缩前的仿真波如图 7-16 所示，A 律压缩后的仿真波如图 7-17 所示。

A 律扩张前的仿真波如图 7-18 所示，A 律扩张后的仿真波如图 7-19 所示。

PCM（脉冲编码调制）是现代数字电话系统的标准语音编码方式。A 律 PCM 数字电话系统中规定：传输电话的信号频段为 300～3400 Hz，采样率为 8000 次/s，对采样值进行 13 折线压缩后编码为 8 位二进制数字序列。因此，PCM 编码输出的数码速率为 64 kbit/s。

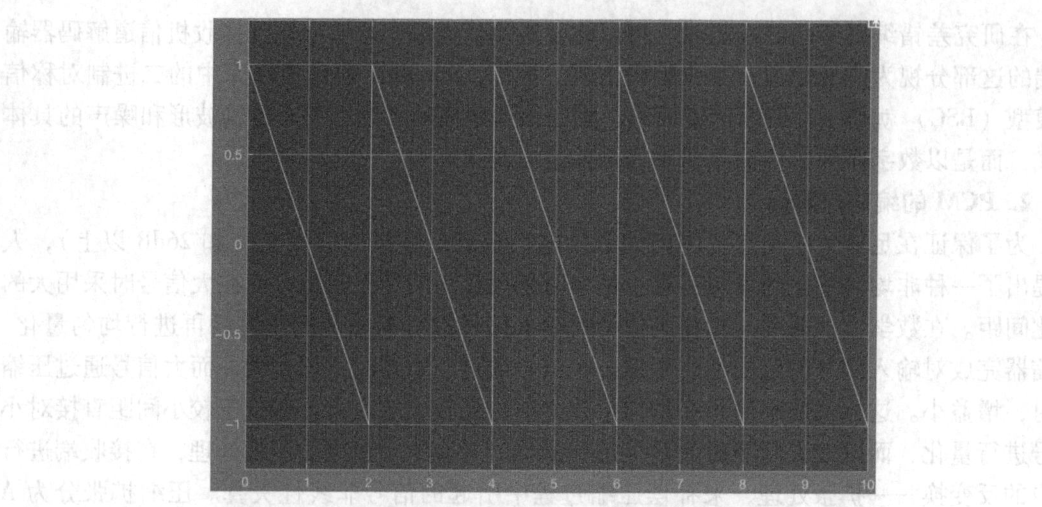

图 7-16　A 律压缩前的仿真波

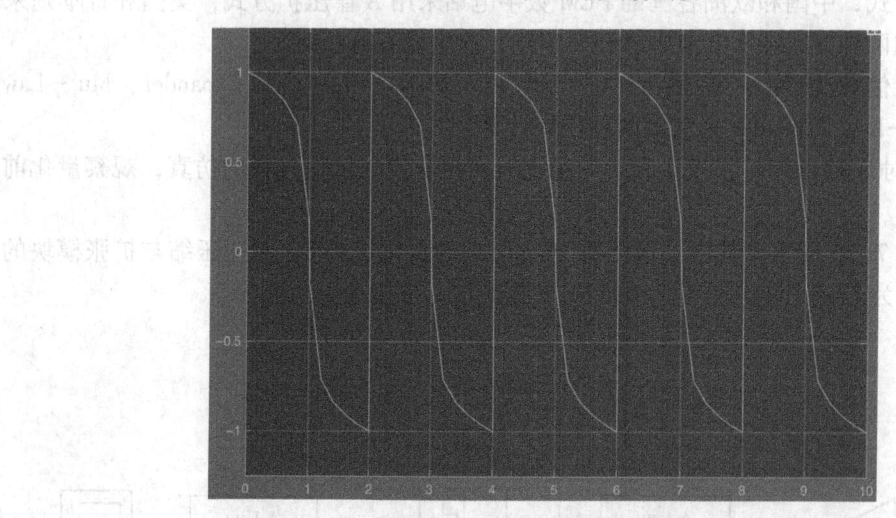

图 7-17　A 律压缩后的仿真波

图 7-18　A 律扩张前的仿真波

图 7-19　A 律扩张后的仿真波

在 PCM 编码输出的二进制序列中，每个样值用 8 位二进制码表示，其中最高位表示样值的正负性，规定负值用 0 表示，正值用 1 表示。接下来的 3 位表示样值的绝对值所在的 8 段折线的段落号，最后 4 位是样值处于段落内 16 个均匀间隔上的间隔序号。在数学上，PCM 编码较低的 7 位相当于对样值的绝对值进行 13 折线近似压缩后的 7 位均匀量化编码输出。

7.5　本章小结

本章介绍了通信模块分析，包括信息论基础的介绍、信道模型的分析；介绍了通信系统建模，包括了信源编码与译码、调制与解调分析；还介绍了模拟和数字通信系统的建模与仿真。

7.6　习题

1）已知时间连续信号 $f(x)=\exp(-t)u(t)$，其中 $u(t)$ 为单位阶跃信号。利用 FFT 函数进行近似数求解。

2）试验不同的加窗方式对信号频谱估计的影响。试对一个频率为 60 Hz、振幅为 1.2 的正弦波以及频率为 80 Hz、振幅为 0.8 的正弦波的合成波形进行频谱分析，要求分析的频率范围为 0~100 Hz，频率分辨率为 1 Hz。

3）已知随机信号为 $x(t)=\sin(2\pi 50t)+2(\sin 2\pi 130t)+n(t)$，其中，$n(t)$ 是零均值方差为 1 的高斯噪声。试估计其频谱密度，要求估计的频谱密度范围为 0~250 Hz，估计的频率分辨率为 1 Hz。

4）设基带信号为一个在 150~400 Hz 内，幅度随频率逐渐递减的音频信号，载波信号为 1000 Hz 的正弦波，幅度为 1，仿真采样率为 10000 Hz，仿真时间为 1 s。求 SSB 调制输出信号波形和频谱。

5）若输入 A 律 PCM 编码器的正弦信号为 $x(t)=\sin(1600\pi t)$，采样序列为 $x(n)=\sin(0.2\pi n), n=0,1,2,\cdots,10$，将其进行 PCM 编码，给出编码器的输出码组序列 $y(n)$。

第 8 章　自动控制系统建模与仿真

自动控制系统仿真是近 20 年来发展起来的一门新兴技术学科，它已经成为对控制系统进行分析、设计和综合研究的一种很有效的手段。特别是在计算机高度发达的今天，所研究设计的自动控制系统日益复杂化，控制任务多样化，而控制要求也越来越高，利用计算机来进行仿真实验及研究，以及进行计算机控制就成为从事控制及相关行业的工程技术人员、科研人员所必须掌握的一项技术。

本章首先对自动控制系统进行了概述，然后分别介绍了自动控制系统的数学建模、自动控制系统的稳定性分析、时域分析，使读者熟练掌握使用 MATLAB 对自动控制系统进行建模与仿真的方法。

8.1　自动控制系统概述

本节主要介绍自动控制系统的基本形式及特点、自动控制系统的分类、自动控制系统的标准及评价。

8.1.1　自动控制系统的基本形式及特点

在控制原理中，控制是指为了克服各种扰动的影响，达到预期的目标，对生产机械或过程中的某一个或某一些物理量进行操作。控制系统则是指由被控对象和控制器按一定方式连接起来，完成某种自动控制任务的有机整体。控制系统中起控制作用的装置被称为控制器。

自动控制系统按其基本结构形式可分为以下两种类型：开环控制系统和闭环控制系统。

1. 开环控制系统及其特点

如果系统的输出端与输入端之间不存在反馈，也就是控制系统的输出量不对系统的控制产生任何影响，这样的系统称开环。控制系统中，将输出量通过开环控制系统的结构适当的检测装置返回到输入端并与输入量进行比较的过程就是反馈。系统的控制输入不受输出影响的控制系统。在开环控制系统中，不存在由输出端到输入端的反馈通路。因此，开环控制系统又称为无反馈控制系统。开环控制系统由控制器与被控对象组成。控制器通常具有功率放大的功能。开环控制系统只有在输出量难以测量且要求控制精度不高及扰动的影响较小或扰动的作用可以预先加以补偿的场合，才得以广泛应用。对于开环控制系统，只要被控对象稳定，系统就能稳定工作。如图 8-1 所示，控制器与被控对象之间只有顺向作用而无反向联系。

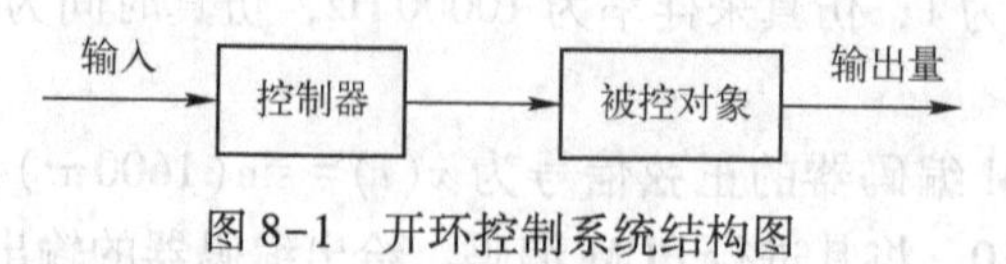

图 8-1　开环控制系统结构图

2. 闭环控制系统及其特点

闭环控制系统结构图如图 8-2 所示。

其中，r 和 y 分别是系统的输入信号和输出信号，e 为系统的变差信号，b 为系统的主反馈信号，设参量 G 和 H 分别是前向通道和反馈通道的增益，即放大系数。

可得关系式：

$$\begin{cases} e=r-b \\ b=H\cdot y \\ y=G\cdot e \end{cases}$$

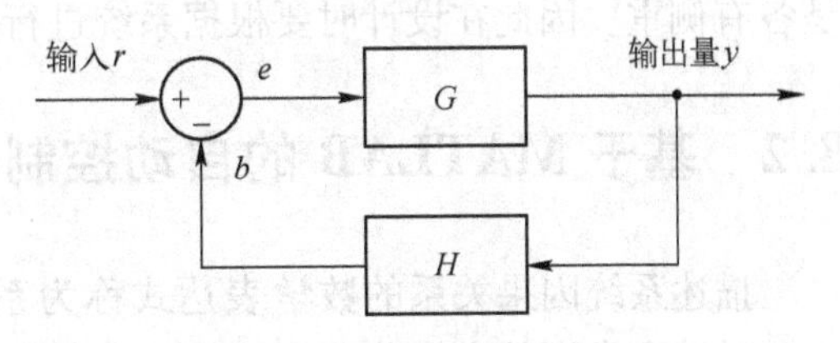

图 8-2　闭环控制系统结构图

整理上式，可得到输入/输出的关系式：

$$M=\frac{y}{r}=\frac{G}{1+GH}$$

闭环控制系统的特点是：利用负反馈的作用来减小系统的误差，能有效地抑制被反馈通道包围的前向通道中各种扰动对系统输出量的影响，可减小被控对象的参数变化对输出量的影响，不过同时也带来了系统稳定性的问题。

闭环控制系统是基于反馈原理建立的自动控制系统。在反馈控制系统中，既存在由输入到输出的信号前向通路，也包含从输出端到输入端的信号反馈通路，两者组成一个闭合的回路。因此，反馈控制系统又称为闭环控制系统。反馈控制是自动控制的主要形式。自动控制系统多数是反馈控制系统。

8.1.2　自动控制系统的分类

按控制原理的不同，自动控制系统分为开环控制系统和闭环控制系统。在开环控制系统中，系统输出只受输入的控制，控制精度和抑制干扰的特性都比较差。在开环控制系统中，基于按时序进行逻辑控制的称为顺序控制系统。它由顺序控制装置、检测元件、执行机构和被控工业对象所组成，主要应用于机械、化工、物料装卸运输等过程的控制以及机械手和生产自动线。闭环控制系统建立在反馈原理基础之上，利用输出量同期望值的偏差对系统进行控制，可获得比较好的控制性能。闭环控制系统又称反馈控制系统。

按输入信号分类，自动控制系统可分为恒值控制系统、随动控制系统和程序控制系统。恒值控制系统是指给定值不变，要求系统输出量以一定的精度接近给定希望值的系统。例如，生产过程中的温度、压力、流量、液位高度、电动机转速等自动控制系统属于恒值系统。随动控制系统是指给定值按未知时间函数变化，要求输出跟随给定值的变化，如跟随卫星的雷达天线系统。程序控制系统是指给定值按一定时间函数变化，如程控机床。

按元器件特性分类，自动控制系统可分为线性系统和非线性系统；按微分方程系数的时变性分类，自动控制系统可分为定常系统和事变系统；按信号的连续性分类，自动控制系统可分为连续系统和离散系统。

8.1.3　自动控制系统的标准及评价

对自动控制系统的基本要求可以归结为 3 个字：稳、准、快。

1）稳，是指稳定性，是反映系统在受到扰动后恢复平衡状态的能力，是对控制系统最基本的要求，不稳定的系统是无法使用的。

2）准，是指准确性，是系统在平衡工作状态下其输出量与其期望值的距离，即被控量偏离其期望值的程度，反映了系统对其期望值的跟踪能力。

3）快，是指快速性，系统的瞬态过程既要平稳，又要快速。

在实际应用中，对于同一系统，这些性能指标往往是相互制约的，对这3方面的要求也是各有侧重。因此在设计时要根据系统进行具体的分析，均衡考虑各项指标。

8.2 基于MATLAB的自动控制系统数学建模

描述系统因果关系的数学表达式称为系统的数学模型。控制系统的数学模型有多种形式。时域中常用的有微分方程、差分方程和状态空间模型；频域中常用有传递函数、方框图等。如果数学模型着重描述系统输入量和输出量之间的关系，则称之为输入/输出模型；如果着重描述系统输入量和内部状态之间以及内部状态和输出量之间的关系，则称之为状态空间模型。

建立数学模型是系统分析和设计的基础。这是因为如果要对系统进行仿真处理，则首先应当知道系统的数学模型，然后才可以对系统进行模拟，进而才可以在此基础上设计控制器，使系统响应达到预期效果，从而符合工程实际需要。

8.2.1 自动控制系统的传递函数模型

连续动态系统一般由微分方程来描述。线性系统以线性常微分方程来描述的。

设系统的输入信号为$u(t)$，输出信号为$y(t)$，则系统的微分方程可写成：

$$a_1\frac{\mathrm{d}^n y(t)}{\mathrm{d}t^n}+a_2\frac{\mathrm{d}^{n-1} y(t)}{\mathrm{d}t^{n-1}}+a_3\frac{\mathrm{d}^{n-2} y(t)}{\mathrm{d}t^{n-2}}+\cdots+a_n\frac{\mathrm{d}y(t)}{\mathrm{d}t}+a_{n+1}y(t)$$

$$=b_1\frac{\mathrm{d}^m u(t)}{\mathrm{d}t^m}+b_2\frac{\mathrm{d}^{m-1} u(t)}{\mathrm{d}t^{m-1}}+\cdots+b_m\frac{\mathrm{d}u(t)}{\mathrm{d}t}+b_{m+1}u(t)$$

在初始条件下，经拉普拉斯变换后，线性系统的传递函数模型为

$$G(s)=\frac{C(s)}{R(s)}=\frac{b_1s^m+b_2s^{m-1}+\cdots+b_ns+b_{n+1}}{a_1s^m+a_2s^{m-1}+\cdots+a_ns+a_{n+1}}$$

对于线性定常系统，式中s的系数均为常数，且a_1不等于零，这时系统在MATLAB中可以方便地由分子和分母系数构成的两个向量唯一的确定。下式中，这两个向量分别用num和den表示。

$$\begin{cases}\mathrm{num}=(b_1,b_2,\cdots,b_m,b_{m+1})\\ \mathrm{den}=(a_1,a_2,\cdots,a_n,a_{n+1})\end{cases}$$

则传统函数可表示为$G(s)=\dfrac{\mathrm{num}(s)}{\mathrm{den}(s)}$。

不同向量分别表示分子和分母多项式，就可以利用控制系统工具箱中的tf函数表示传递函数变量G。

G=tr(num,den)

tf函数的具体用法及说明见表8-1。

表 8-1　tf 函数的具体用法及说明

函数用法	说　明
SYS=tf(num,den)	返回变量 SYS 为连续系统传递函数模型
SYS=tf(num,den,ts)	返回变量 SYS 为离散系统传递函数模型，ts 为采样周期
S=tf('s')	定义拉普拉斯变换算子，以原型式输入传递函数
Z=tf('z',ts)	定义 Z 变换算子及采样时间 ts，以原型式输入传递函数
get(sys)	可获得传递函数模型 sys 的所有信息
C=conv(A,B)	多项式 A、B 以系数行向量表示，进行相乘，结果 C 仍以系数行向量表示
[num,den]=tfdata(SYS, 'v')	以行向量的形式返回传递函数分子分母多项式

【例 8-1】将传递函数模型 $G(s)=\dfrac{12s+15}{s^3+16s^2+64s+192}$ 输入到 MATLAB 工作空间中。

输入代码及输出结果如下所示。

```
>>num=[12 15];
>>den=[1 16 64 192];
>>G=tf(num,den)

G=

        12 s+15
  ---------------------------
  s^3+16 s^2+64 s+192

Continuous-time transfer function.
```

【例 8-2】将传递函数模型 $G(s)=\dfrac{10(2s+1)}{s^2(s^2+7s+1s)}$ 输入到 MATLAB 工作空间中。

输入代码及输出结果如下所示。

```
>>nun=conv(10,[2 1]);
>>den=conv([1 0 0],[1 7 13]);
>>G=tf(num,den)

G=

       12 s+15
  --------------------
  s^4+7 s^3+13 s^2

Continuous-time transfer function.
```

8.2.2 自动控制系统的零极点函数模型

1. 零极点函数模型简述

零极点函数模型实际上是传递函数模型的另一种变现形式，其原理是分别对原系统的传递函数的分子、分母进行因式分解处理，以获得系统的零点和极点的表现形式。

$$G(s)=K\frac{(s-z_1)(s-z_2)\cdots(s-z_a)}{(s-p_1)(s-p_2)\cdots(s-p_a)}$$

式中，K 为系统增益，z_i 为零点，p_i 为极点。显然，对系统的传递函数模型来说，系统的零极点或者为实数，或者以共轭复数的形式出现。

2. 零极点函数的 MATLAB 相关函数

在 MATLAB 中，零极点增益模型用（z，p，K）矢量组表示，即

$$\begin{cases} z=(z_1;z_2;\cdots;z_n) \\ p=(p_1;p_2;\cdots;p_n) \\ K=(k) \end{cases}$$

然后调用 zpk 函数就可以输入这个零极点模型了。zpk 函数的具体用法及说明见表 8-2。

表 8-2 zpk 函数的具体用法及说明

函数用法	说　明
sys=zpk(z,p,K)	得到连续系统的增益模型
sys=zpk(z,p,K,ts)	得到连续系统的增益模型，采样时间为 ts
s=zpk('s')	得到拉普拉斯算子，按原格式输入系统，得到 zpk 模型
s=zpk('z',ts)	得到 z 变换算子和采样时间 ts，按原格式输入系统，得到系统 zpk 模型
[z,p,K]=zpkdata(sys,'v')	得到系统的零极点和增益，参数‘v’以向量形式表示
[p,z]=pzmap(sys)	返回系统零点
pzmap(sys)	得到系统零点的分布图

【例 8-3】将零点模型 $G(s)=\dfrac{4(s+5)^2}{(s+1)(s+2)(s+2+2j)(s+2-2j)}$ 输入 MATLAB 工作空间中。

输入代码及输出结果如下所示。

```
>>z1=[-5 5];                     %为零点赋值
>>p1=[-1-2-2-2*j-2+2*j];  %为极点赋值
>>k=4;                           %为增益赋值
>>G1=zpk(z1,p1,k)                %得到系统模型

G1=

        4(s+5)(s-5)
```

```
    ---------------------------
    (s+1)(s+2)(s^2+4s+8)

Continuous-time zero/pole/gain model.
```

【例 8-4】设零点模型 $G(s)=\dfrac{7s^2+2s+g}{4s^3+12s^2+4s+2}$，求取零极点向量和增益值，并得到系统的零极点增益模型。

输入代码及输出结果如下所示。

```
>>gtf=tf([7 2 8],[4 12 4 2])
gtf=
        7 s^2+2 s+8
  ------------------------
    4 s^3+12 s^2+4 s+2
Continuous-time transfer function.
>>[z,p,k]=zpkdata(gtf,'v')
z=
   -0.1429+1.0595i
   -0.1429-1.0595i
p=
   -2.6980+0.0000i
   -0.1510+0.4031i
   -0.1510-0.4031i
k=
    1.7500
>>gzpk=zpk(z,p,k)
gzpk=
     1.75(s^2+0.2857s+1.143)
  -----------------------------------
    (s+2.698)(s^2+0.302s+0.1853)
Continuous-time zero/pole/gain model.
>>[p1,z1]=pzmap(gtf)
p1=
   -2.6980+0.0000i
   -0.1510+0.4031i
   -0.1510-0.4031i
z1=
   -0.1429+1.0595i
   -0.1429-1.0595i
```

系统零极点可以由不同的方式求取。zpkdata 函数需指定参数'v'，否则得到的是单元组形式的零极点。pzmap 函数带返回值使用时，只返回系统的零极点向量，而不会绘制零极点的分布图。

8.2.3 自动控制系统的状态空间函数模型

1. 状态空间函数模型简述

系统动态信息的集合称为状态。在表征系统信息的所有变量中，能够全部描述系统运行的最少数目的一组独立变量称为系统的状态变量，其选取不是唯一的。以 n 维状态变量为基础所构成的 n 维空间称为 n 维状态空间。系统在任意时刻的状态是状态空间中的一个点。描述系统状态的一组向量可以看成一个列向量（称为状态向量），其中每个状态变量是状态向量的分量。状态向量在状态空间中随时间 t 变化的轨迹称为状态轨迹。由状态向量所表征的模型就是系统的状态空间模型。

这种方式是基于系统的内部状态变量的，所以又往往称为系统的内部描述方法。和传递函数模型不同，状态方程可以描述更广的一类控制系统模型，包括非线性系统。

具有 n 个状态、m 个输入和 p 个输出的线性时不变系统，用矩阵符号表示的状态空间模型为

$$\begin{cases}\dot{x}(t)=Ax(t)+Bu(t)\\ y(t)=Cx(t)+Du(t)\end{cases}$$

2. 状态空间函数的 MATLAB 相关函数

MATLAB 中求系统状态方程的 ss 函数的具体用法及说明见表 8-3。

表 8-3 ss 函数的具体用法及说明

函数用法	说　明
sys=ss(A,B,C,D)	由 A，B，C，D 矩阵直接得到连续系统状态空间模型
sys=ss(A,B,C,D,ts)	由 A，B，C，D 矩阵和采样时间 ts 直接得到离散系统状态空间模型

同样，也可以通过 ssdata 函数来获得状态方程对象参数。ssdata 函数的具体用法及说明见表 8-4。

表 8-4 ssdata 函数具体用法及说明

函数用法	说　明
[A,B,C,D]=ssdata(sys)	得到连续系统参数
[A,B,C,D,ts]=ssdata(sys)	得到离散系统参数

【例 8-5】将以下系统的状态方程模型输入到 MATLAB 工作空间中。

$$\begin{cases}\dot{x}(t)=\begin{pmatrix}6&5&4\\1&0&0\\0&1&0\end{pmatrix}x(t)+\begin{pmatrix}1\\0\\0\end{pmatrix}u(t)\\ y(t)=\begin{pmatrix}0&6&7\end{pmatrix}x(t)+(0)u(t)\end{cases}$$

输入代码及输出结果如下所示。

```
>>A=[6 5 4;1 0 0;0 1 0];
>>B=[1 0 0]';
>>C=[0 6 7];
>>D=[0];
```

```
>>G=ss(A,B,C,D)
G=
  A=
        x1  x2  x3
   x1   6   5   4
   x2   1   0   0
   x3   0   1   0
  B=
        u1
   x1   1
   x2   0
   x3   0
  C=
        x1  x2  x3
   y1   0   6   7
  D=
        u1
   y1   0
Continuous-time state-space model.
```

【例 8-6】 已知系统 $\begin{cases} \dot{x}(t)=\begin{pmatrix} 0 & 1 \\ -3 & -4 \end{pmatrix} x(t)+\begin{pmatrix} 0 \\ 1 \end{pmatrix} u(t) \\ y(t)=(5 \quad 2)x(t)+u(t) \end{cases}$，求系统参数。

输入代码及输出结果如下所示。

```
>>A=[0 1;-3-4];
>>B=[0 1]';
>>C=[5 2];
>>D=1;
>>Gss=ss(A,B,C,D)
Gss=
  A=
        x1  x2
   x1   0   1
   x2  -3  -4

  B=
        u1
   x1   0
   x2   1
  C=
        x1  x2
   y1   5   2
  D=
        u1
```

```
    y1   1
  Continuous-time state-space model.
  >>[aa,bb,cc,dd]=ssdata(Gss)
  aa=
       0      1
      -3     -4
  bb=
       0
       1
  cc=
       5      2
  dd=
       1
  >>get(Gss)
                  A:[2×2 double]
                  B:[2×1 double]
                  C:[5 2]
                  D:1
                  E:[]
             Scaled:0
          StateName:{2×1 cell}
          StateUnit:{2×1 cell}
      InternalDelay:[0×1 double]
         InputDelay:0
        OutputDelay:0
                 Ts:0
           TimeUnit:'seconds'
          InputName:{''}
          InputUnit:{''}
         InputGroup:[1×1 struct]
         OutputName:{''}
         OutputUnit:{''}
        OutputGroup:[1×1 struct]
               Name:''
              Notes:{}
           UserData:[]
       SamplingGrid:[1×1 struct]
  >>Gss.a
  ans=
       0      1
      -3     -4
```

系统状态空间模型参数可由不同的方式得到。与 tf 模型和 zpk 模型相比，其不同点是状态空间模型参数 A、B、C、D 是矩阵形式，可直接由 Gss. a 的方式得到，此时无须按照单元数组格式获得其参数。

8.2.4 系统模型之间的转换

系统的线性时不变（LTI）模型有传递函数（tf）模型、零极点增益（zpk）模型和状态空间（ss）模型，它们之间可以相互转换。

模型之间的转换函数可以分为以下两类。

第一类是把其他类型的模型转换为函数表示的模型自身，其用法见表8-5。

表8-5 第一类函数的用法及说明

函数用法	说明
tfsys=tf(sys)	将其他类型的模型转换为多项式传递函数模型
ssys=zpk(sys)	将其他类型的模型转换为zpk模型
sys_ss=ss(sys)	将其他类型的模型转换为ss模型

第二类是将本类型传递函数参数转换为其他类型传递函数参数，其用法及说明见表8-6。

表8-6 第二类函数的用法及说明

函数用法	说明
[A,B,C,D]=tf2ss(num,den)	tf模型参数转化为ss模型参数
[num,den]=ss2tf(A,B,C,D,iu)	ss模型参数转化为tf模型参数，iu为对应第i路传递函数
[z,p,k]=tf2zp(num,den)	tf模型参数转化为zpk模型参数
[num,den]=zp2tf(z,p,k)	zpk模型参数转化为tf模型参数
[A,B,C,D]=zp2ss(z,p,k)	zpk模型参数转化为ss模型参数
[z,p,k]=ss2zp(A,B,C,D,i)	ss模型参数转化为zpk模型参数，iu为对应第i路传递函数

【例8-7】已知系统传递函数模型 $G(s)=\dfrac{s}{(s^2+2s+1)(s+2)}$，试求其零点模型及状态空间模型。

输入代码及输出结果如下所示。

```
>>num=[5];
>>den=conv([1 2],[1 2 1]);
>>gtf=tf(num,den)
gtf=
                5
    ----------------------
    s^3+4 s^2+5 s+2
Continuous-time transfer function.
>>Gzpk=zpk(gtf)
Gzpk=
        5
```

```
    -------------
    (s+2)(s+1)^2

Continuous-time zero/pole/gain model.
>>Gss=ss(gtf)

Gss=
  A=
          x1      x2      x3
   x1     -4    -2.5      -1
   x2      2       0       0
   x3      0       1       0
  B=
        u1
   x1    2
   x2    0
   x3    0
  C=
          x1      x2      x3
   y1      0       0    1.25
  D=
        u1
   y1    0
Continuous-time state-space model.
```

8.3 自动控制系统的稳定性分析

在经典控制分析中，关于线性定常系统稳定性的概念是：若控制系统在初始条件和扰动作用下，其瞬间响应随时间的推移而逐渐衰减并趋于原点（即平衡工作点），则称该系统是稳定的；反之，如果控制系统收到扰动作用后，随瞬间响应时间的推移而发散，输出呈持续振荡过程，或者输出无限制的偏离平衡状态，则称该系统是不稳定的。

系统稳定性是系统设计与运行的首要条件。只有稳定的系统，才有价值分析与研究系统制动控制的其他问题。例如，只有稳定的系统，才会进一步计算稳定误差。所以，控制系统的稳定性分析是系统时域分析、稳态误差分析、根轨迹分析与频率分析的前提。

对一个稳定的系统，还可以用相对稳定性进一步衡量系统的稳定程度。系统的相对稳定性越低，系统的灵敏性和快速性越强，系统的振荡也越强烈。

8.3.1 MATLAB 直接判定

根据系统的稳定性判断依据可知，判定系统是否稳定实际上是判定系统闭环特征方程的根的位置。其前提是需要求出特征方程的根。MATLAB 提供了与之相关的函数，其说明及用法见表 8-7。

表 8-7 判定系统稳定性的 MATLAB 函数用法及说明

函数用法	说 明
p=eig(G)	求矩阵的特征根。系统模型 G 可以是传递函数、状态方程和零极点模型，可以是连续或离散的
P=pole(G)Z=zero(G)	分别用来求系统的极点和零点，G 是已经定义的系统数学模型
[p,z]=pzmap(sys)	求系统的极点和零点。sys 是定义好的系统数学模型
r=roots(P)	求特征方程的根。P 是系统闭环特征多项式降幂排列的系数向量

【例 8-8】 已知系统闭环传递函数 $G(s)=\dfrac{s^3+2s+1}{s^6+2s^5+8s^4+12s^3+20s^2+16s+16}$，用 MATLAB 直接判定系统的稳定性。

输入代码及输出结果如下所示。

```
>>num=[1 0 2 1];
>>den=[1 2 8 12 20 16 16];
>>G=tf(num,den)                              %得到系统模型
G=
                    s^3+2 s+1
  ---------------------------------------------
  s^6+2 s^5+8 s^4+12 s^3+20 s^2+16 s+16
Continuous-time transfer function.
>>p=eig(G)                                   %求系统的特征根
p=
   -0.0000+2.0000i
   -0.0000-2.0000i
   -1.0000+1.0000i
   -1.0000-1.0000i
    0.0000+1.4142i
    0.0000-1.4142i
>>p1=pole(G)                                 %求系统的极点
p1=
   -0.0000+2.0000i
   -0.0000-2.0000i
   -1.0000+1.0000i
   -1.0000-1.0000i
    0.0000+1.4142i
    0.0000-1.4142i
>>r=roots(den)                               %求系统特征方程的根
r=
   -0.0000+2.0000i
   -0.0000-2.0000i
   -1.0000+1.0000i
   -1.0000-1.0000i
    0.0000+1.4142i
    0.0000-1.4142i
```

结论分析：系统特征根有两个位于 s 左半面，4 个位于虚轴上。由于位于虚轴的根，系统是临界稳定的，因此在实际工程应用上看，系统可认为是不稳定的。另外，由于 MATLAB 函数求得的系统特征方程根是一致的，因此在需要的时候根据情况选择使用。

【例 8-9】某控制系统的仿真框图如图 8-3 所示。试用 MATLAB 确定当系统稳定时，参数 K 的取值范围（假设 $K \geqslant 0$）。

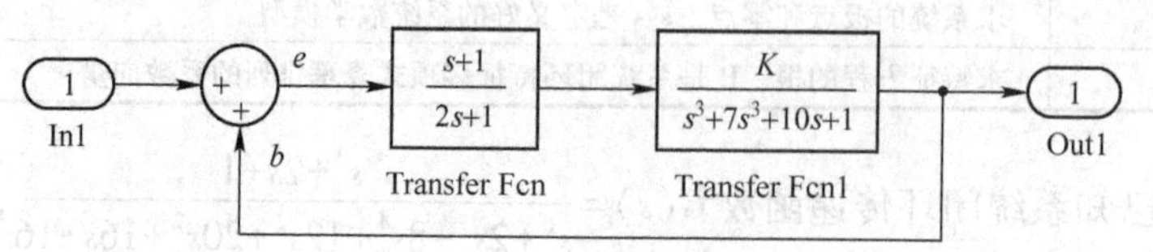

图 8-3　系统仿真框图

由题，闭环系统的特征方程为

$$1+\frac{K(s+1)}{(2s+1)(s^3+7s^2+10s+1)}=0$$

将上式整理得

$$2s^4+15s^3+27s^2+(K+12)s+K+1=0$$

当特征方程的根均为负实根或实部为负的共轭复根时，系统稳定。先假设 K 的大致范围，利用 roots 函数计算这些 K 值下特征方程的根，然后判断根的位置以确定系统稳定时 K 的取值范围。

建立 M 文件，如下所示。

```
k=0:0.01:100;
for index=1:10000;
    p=[2 15 27 k(index)+12 k(index)+1];
    r=roots(p);
    if max(real(r))>=0
        break;
    end
end
sprintf('系统临界稳定时 K 值为:K=%7.4f\n',k(index))
```

运行结果如下。

```
ans=
系统临界稳定时 K 值为:K=90.1200
```

8.3.2　MATLAB 图形化判定

对于给定系统 G，pzmap(G)函数在无返回参数列表使用时，直接以图形化的方式绘制出系统所有特征根在复平面上的位置。判定连续系统是否稳定只需看一下系统所有极点在复平面上是否位于虚轴左侧即可，而判定离散系统是否稳定只需观察系统所有极点是否位于复平面单元内。显然，这种图形化的方式更为直观。

【例 8-10】已知一控制系统框图如图 8-4 所示，试判断该系统的稳定性。

输入代码及输出结果如下所示。

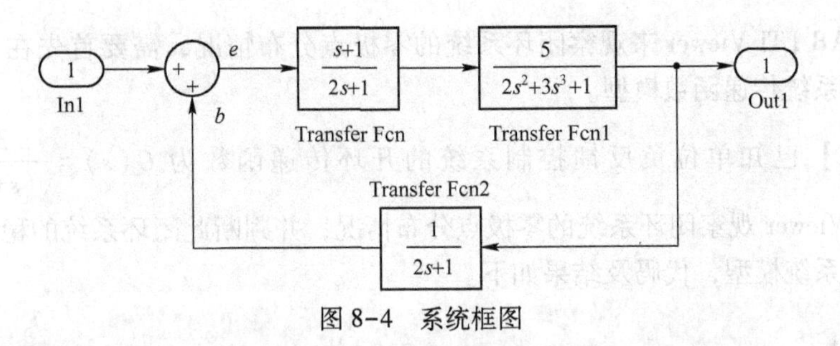

图 8-4　系统框图

```
>>G1=tf([1 1],[2 1]);                %子系统 G1
>>G2=tf([5],[2 3 1]);                %子系统 G2
>>H1=tf(1,[2 1]);                    %子系统 H1
>>Gc=feedback(G2 * G1,H1)            %得到闭环系统传递函数
Gc=
            10 s^2+15 s+5
  -----------------------------------
   8 s^4+20 s^3+18 s^2+12 s+6
Continuous-time transfer function.
>>pzmap(Gc)                          %绘制系统零极点分布图
```

绘制出来的系统零极点分布图如图 8-5 所示。

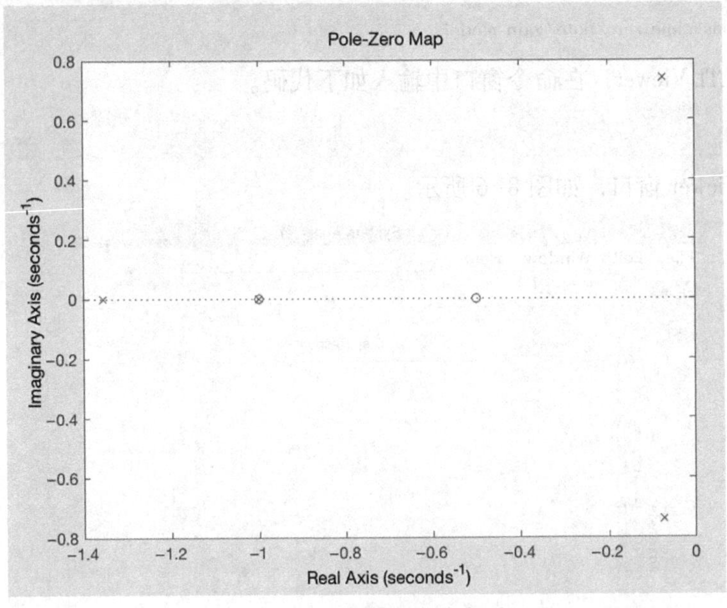

图 8-5　系统零极点分布图

由图 8-5 可知，特征根全部在 s 平面的左半平面，所以此负反馈系统是稳定的。

8.3.3　稳定性判定

MATLAB 中的 LTI Viewer 是 MATLAB 为线性时不变（Linear Time Invariant，LTI）系统的分析提供的一个图形化工具。利用它，可以直观、简便地分析控制系统的时域和频域响应。

用 MATLAB LTI Viewer 来观察闭环系统的零极点分布情况，需要首先在 MATLAB 中建立系统的闭环系统传递函数模型。

【例 8-11】 已知单位负反馈控制系统的开环传递函数为 $G(s)=\dfrac{3(s+3)}{s(s+2)(s+5)}$，用 MATLAB LTI Viewer 观察闭环系统的零极点分布情况，并判断此闭环系统的稳定性。

首先建立系统模型，代码及结果如下。

```
>>z=[-3];
>>p=[0-2-5];
>>k=3;
>>G=zpk(z,p,k)
G=
      3(s+3)
  -------------
  s(s+2)(s+5)
Continuous-time zero/pole/gain model.
>>Gc=feedback(G,1)
Gc=
                3(s+3)
  ---------------------------------
  (s+4.599)(s^2+2.401s+1.957)
    Continuous-time zero/pole/gain model.
```

然后打开 LTI Viewer，在命令窗口中输入如下代码。

```
>>ltiview
```

进入 LTI Viewer 窗口，如图 8-6 所示。

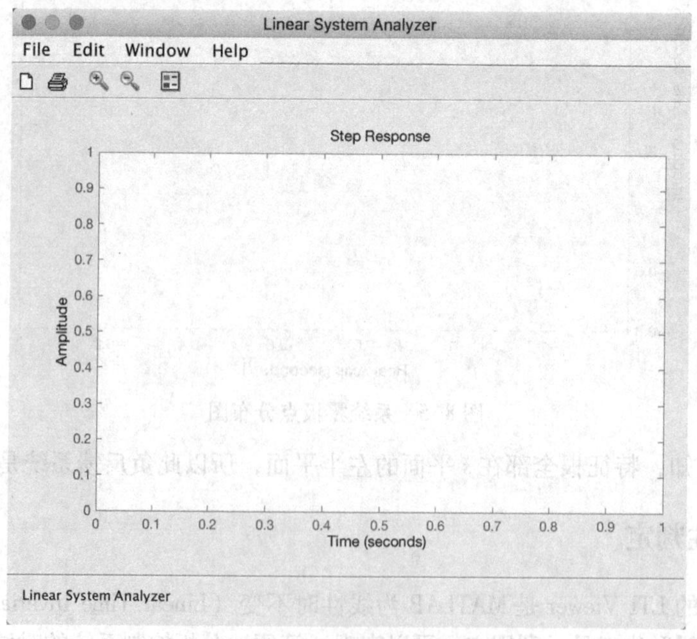

图 8-6　LTI Viewer 窗口

在 LTI Viewer 窗口中单击“File”→“Import”命令，弹出的窗口如图 8-7 所示。从 Workspace 中选择刚建立好的系统 Gc。系统默认给出的是系统节约响应曲线，如图 8-8 所示。

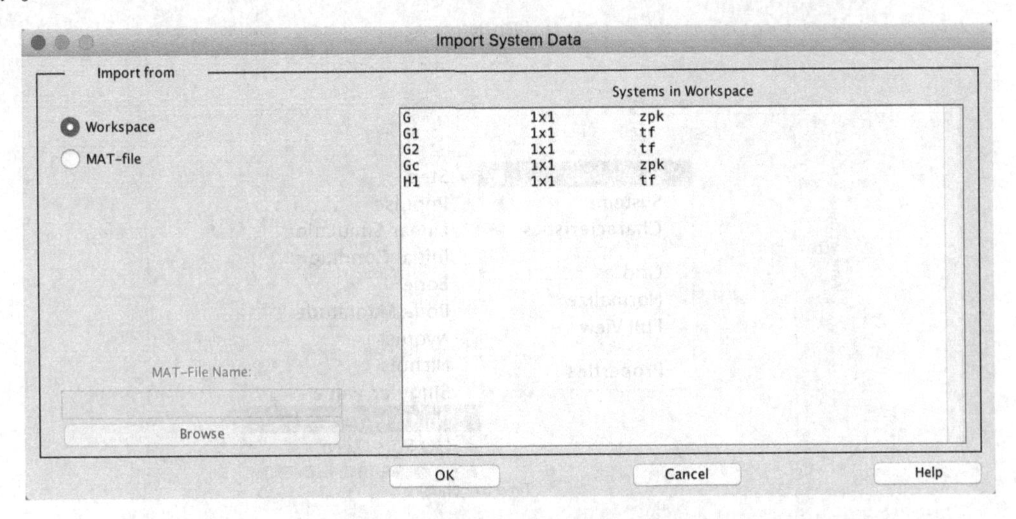

图 8-7　LTI Viewer 导入系统模型窗口

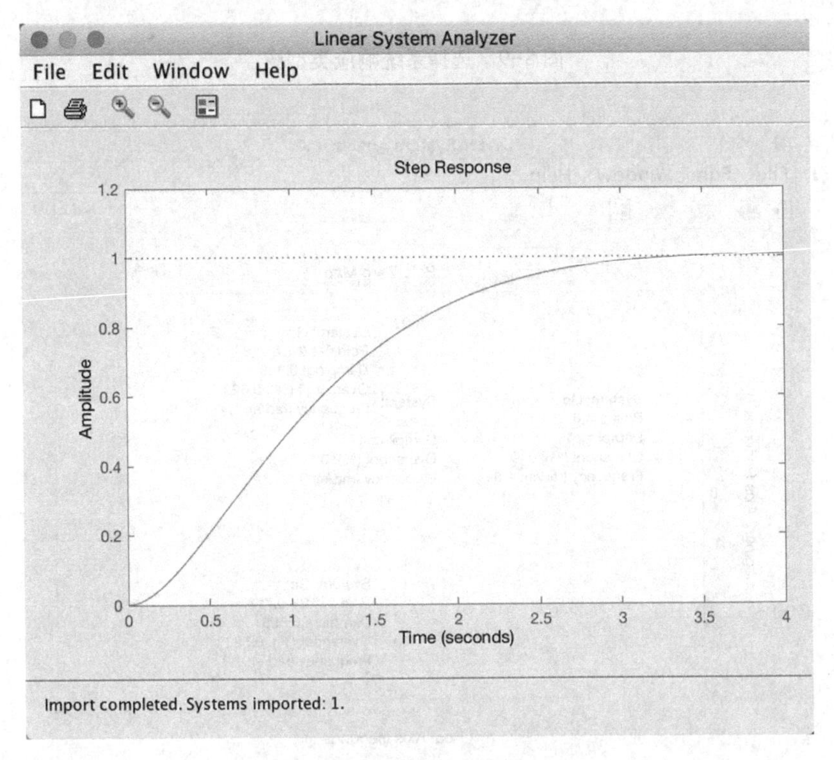

图 8-8　系统响应类型图

在图 8-8 所示的窗口中单击鼠标右键，在弹出的快捷菜单中选择“Plot Types”→“Pole/Zero”选项（见图 8-9），即可绘制出系统的零极点分布图，如图 8-10 所示。

由图 8-10 可知，系统的闭环极点全部位于 s 平面的左半平面，可以判定系统是稳定的。

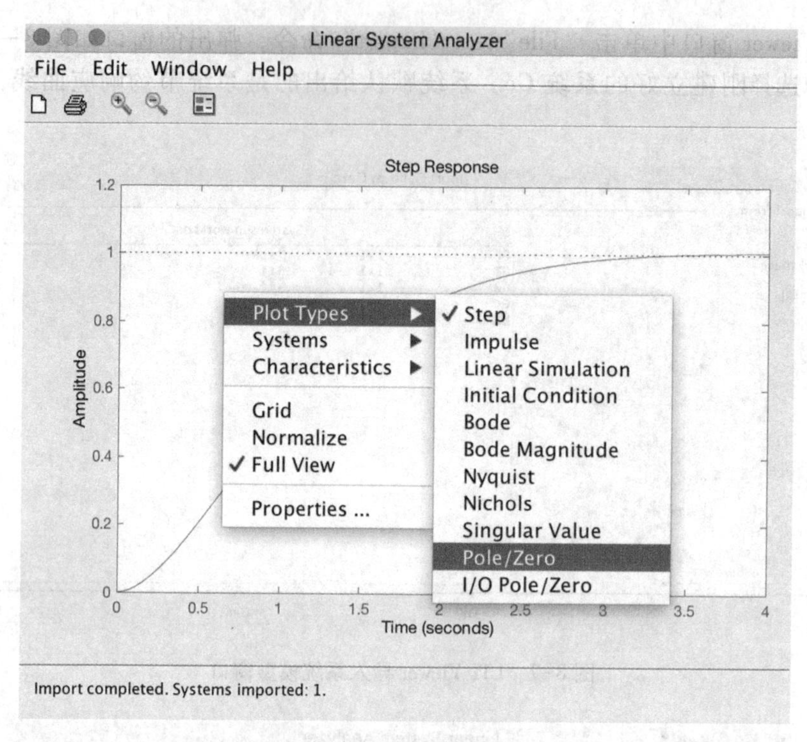

图 8-9 选择系统响应类型图

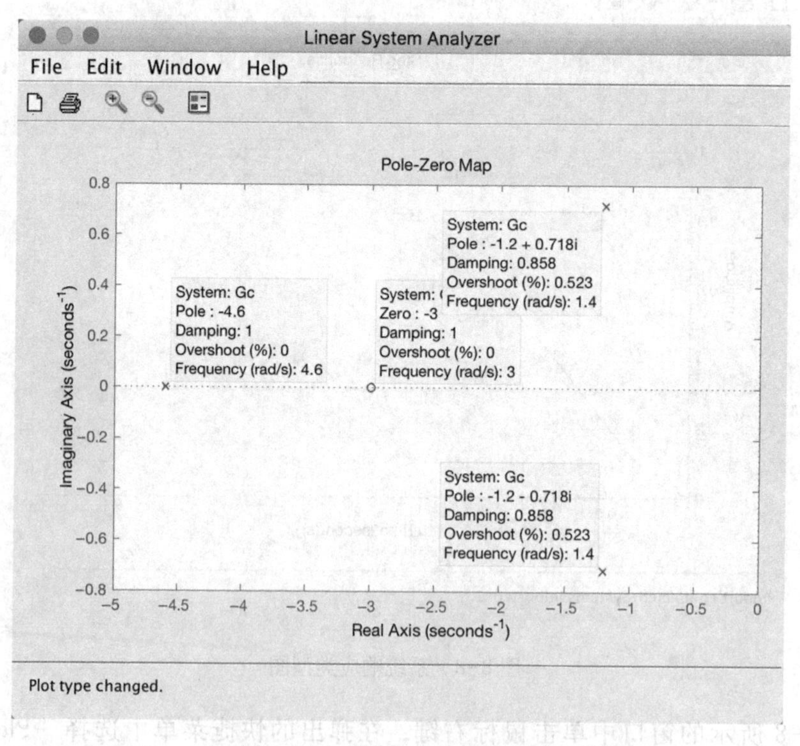

图 8-10 系统的零极点分布图

8.4 自动控制系统的时域分析

控制系统在一定的输入情况下，根据输出量在时域的表达式，对系统的稳定性、瞬态和稳态性能进行分析。由于时域分析是直接在时间域中对系统进行分析的方法，因此时域分析具有直观和准确的优点。

系统的性能指标是指在分析一个控制系统时，评价系统性能好坏的标准。系统性能的描述又可以分为动态性能和稳态性能。粗略地说，在系统的全部响应过程中，系统的动态性能表现在过渡过程结束之前的响应中，系统的稳态性能表现在过渡过程结束之后的响应中。系统性能的描述如以准确的定量方式来描述，则称为系统的性能指标。

当然，讨论系统的稳态性能指标和动态性能指标时，其前提是系统为稳定的，否则这些指标就无从谈起。总体看来，系统的基本要求可以归结为以下 3 方面：系统的稳定性；系统进入稳态后，应满足给定的稳态误差要求；系统在动态过程中应满足动态品质要求。

8.4.1 典型输入信号

一般来说，是针对某一类输入信号来设计控制系统的。为了便于对各种控制系统的性能进行比较，需要假定一些基本的输入函数形式，称之为典型输入信号。典型输入信号也就是根据系统经常遇到的输入信号形式，在数学描述上加以理想化的一些基本输入函数。下面列举出几个常用的典型输入信号。

1. 单位阶跃函数

时域表达式为

$$x(t)=\begin{cases}0 & t<0\\ A & t>0\end{cases}$$

表达式曲线如图 8-11 所示。

拉普拉斯变换后的象函数为 $L[x(t)]=\dfrac{A}{s}$。

A 为阶跃幅度，$A=1$ 称为单位阶跃函数，记为 $1(t)$。

2. 单位斜坡函数

时域表达式为

$$x(t)=\begin{cases}0 & t<0\\ t & t\geqslant 0\end{cases}$$

表达式曲线如图 8-12 所示。

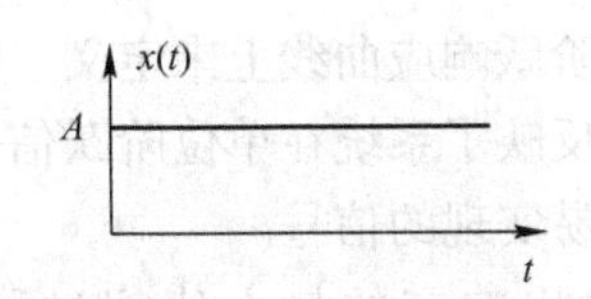

图 8-11 单位阶跃函数曲线

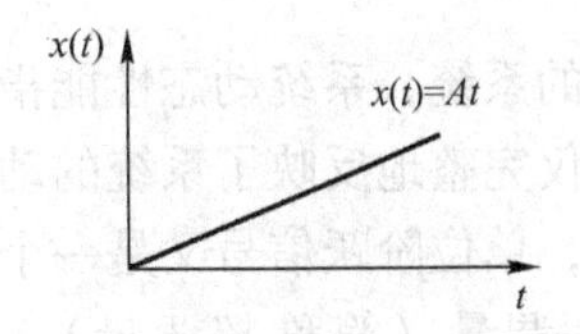

图 8-12 单位斜坡函数曲线

其拉普拉斯变换后的象函数为 $L[x(t)]=\frac{A}{s^2}$。

3. 加速度函数

时域表达式为

$$x(t)=\begin{cases}0 & t<0\\ \frac{1}{2}At^2 & t\geqslant 0\end{cases}$$

$A=1$ 时称为单位抛物线函数。其拉普拉斯变换后的象函数为 $L[x(t)]=\frac{A}{s^3}$。

表达式曲线如图 8-13 所示。

4. 脉冲函数

时域表达式为

$$\delta(t)=\begin{cases}0 & t\neq 0\\ \infty & t=0\end{cases}$$

其拉普拉斯变换后的象函数为 $L[\delta(t)]=1$。

表达式曲线如图 8-14 所示。

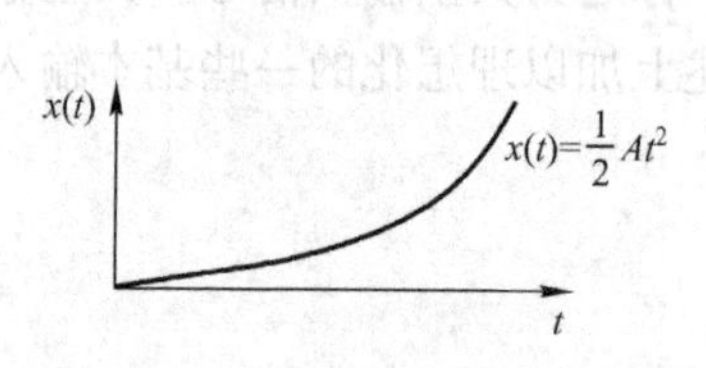

图 8-13　加速度函数的曲线

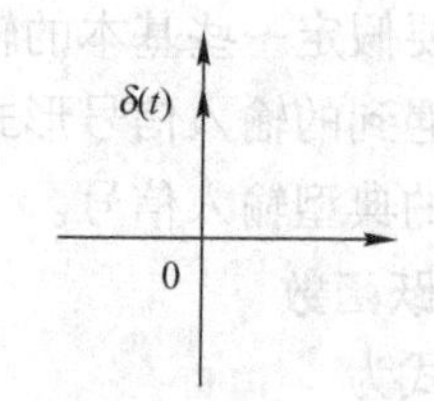

图 8-14　脉冲函数的曲线

5. 正弦函数

时域表达式为

$$x(t)=A\sin\omega t$$

式中，A 为振幅，ω 为频率。其拉普拉斯变换后的象函数为 $L[A\sin\omega t]=\frac{\omega}{s^2+\omega^2}$。

分析系统特性究竟采用何种典型输入信号，取决去实际系统在正常工作情况下最常见的输入信号形式。当系统输入具有突变性质时，可选择阶跃函数作为典型输入信号；当系统的输入是随时间增长变化时，可选择斜坡函数作为典型输入信号。

8.4.2　动态性能指标

对于稳定的系统，系统动态性能指标通常在系统阶跃响应曲线上来定义。因为系统的单位节约响应不仅完整地反映了系统的动态特性，而且反映了系统在单位阶跃信号输入下的稳定状态。同时，单位阶跃信号又是一个最简单、最容易实现的信号。

1）最大超调量（简称超调量）：瞬态过程中输出响应的最大值超过稳态值的百分数，即

$$\delta\% = \frac{C_{max} - c(\infty)}{c(\infty)} \times 100\%$$

式中，c_{max}和 $c(\infty)$分别为输出响应的最大值和稳态值，$c_{max} = \lim_{t \to \infty} c(t)$。

2）峰值时间：输出响应超过稳态值第一次达到峰值所需要的时间。

3）上升时间：输出响应超过稳态值第一次达到峰值所需要的时间。

4）延迟时间：输出响应第一次达到稳态所需要的时间。

5）调节时间：误差达到规定的允许值，且以后不再超出此值所需要的时间。

6）振荡次数：在调节时间内，响应曲线的振荡次数。

通常，在系统阶跃响应曲线上来定义系统动态性能指标。因此，在用 MATLAB 求取系统动态性能指标之前，首先给出单位阶跃响应函数 step 的详细用法。

设给定系统 G=tf(num,den)，可使用表 8-8 所列函数调用方式得到系统阶跃响应函数。

表 8-8　系统阶跃响应函数用法及说明

函数用法	说　明
step(num,den)或 step(G)	绘制系统阶跃响应曲线
step(num,den,t)或 step(G,t)	绘制系统阶跃响应曲线，由用户指定时间范围
y=step(num,den,t)或 y=step(G,t)	返回系统阶跃响应曲线 y 值，不绘制图形。用户可以调用 plot 函数绘制
[y,t]=step(num,den,t)或[y,t]step(G,t)	返回系统阶跃响应曲线 y 值和 t 值，不绘制图形，用户可以调用 plot 函数绘制

【例 8-12】 设单位负反馈的开环传递函数为 $G(s)=\dfrac{0.3s+1}{s(s+0.5)}$，试求该系统单位阶跃响应。

输入代码及输出结果如下所示。

```
>>num=[0.3 1];
>>den=[1 0.5 0];
>>G=tf(num,den);
>>G0=feedback(G,1)
G0=
      0.3 s+1
  ---------------
   s^2+0.8 s+1
 Continuous-time transfer function.
>>step(G0)                        %直接得到系统单位阶跃响应曲线
>>[y,t]=step(G0);                 %返回系统单位阶跃响应曲线的参数
>>plot(t,y)                       %由 plot 函数绘制单位阶跃响应曲线
>>grid on
>>xlabel('time(sec)'),ylabel('Amplitude')
```

直接得到的系统单位阶跃响应曲线如图 8-15 所示。

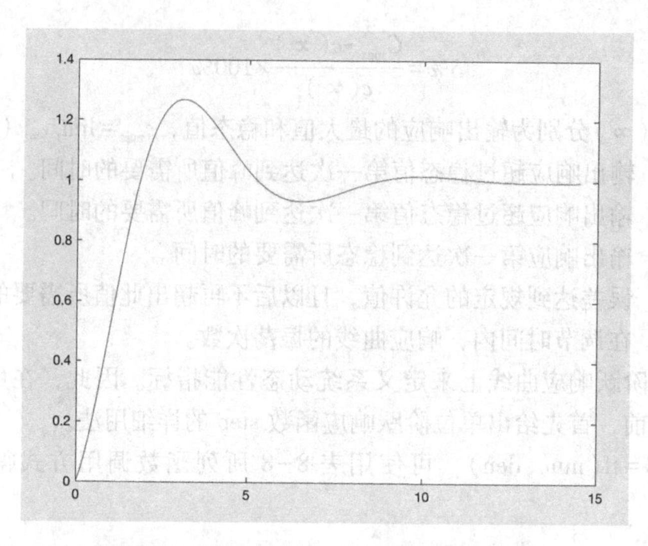

图 8-15　直接绘制的系统单位阶跃响应曲线

调用 plot 函数重新绘制的曲线如图 8-16 所示。与图 8-15 直接得到的系统单位阶跃响应曲线所不同的是，前者不返回参数而直接绘制，后者返回了参数并调用其他函数绘制曲线。如果不关心返回数据，则用前者更方便；而后者返回参数为进一步的分析提供了方便。

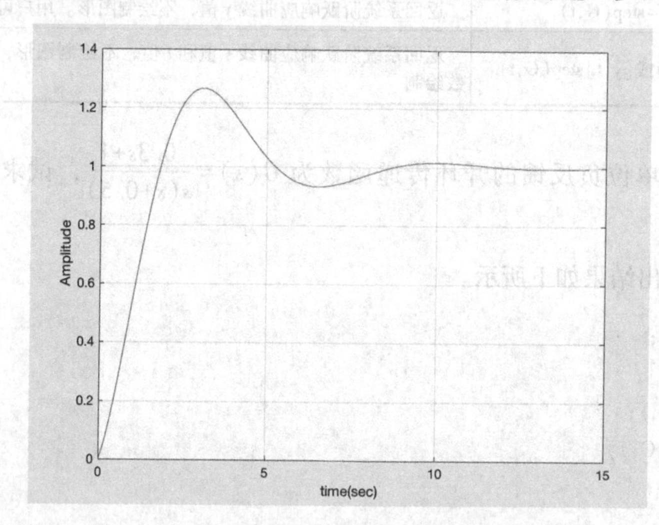

图 8-16　用返回参数并调用 plot 函数绘制的曲线

8.4.3　稳态性能指标

稳态误差：系统误差为 $e(t)=y(\infty)-y(t)$，而稳态误差即当时间 t 趋于无穷时，系统输出响应的期望与实际值只差 $e_{ss}=\lim_{t\to\infty} e(t)$。

在 MATLAB 中，各稳态误差系数可以由以下代码获取。

```
kp=dcgain(numk,denk)                %静态位置误差系数
kv=dcgain([numk 0],denk)            %静态速度误差系数
```

```
ka=dcgain([numk 0 0],denk)            %静态加速度误差系数
```

【例 8-13】单位负反馈系统的开环传递函数为 $G(s)=\dfrac{10}{(0.1s+1)(0.5s+1)}$，试求单位阶跃函数输入下的稳态误差。

输入代码及输出结果如下所示。

```
>>s=tf('s');
>>G=10/((0.1*s+1)*(0.5*s+1));
>>Gc=feedback(G,1)
Gc=
              10
  ----------------------
  0.05 s^2+0.6 s+11
Continuous-time transfer function.
>>step(Gc)
>>ess=1-dcgain(Gc)
ess=
    0.0909
```

【例 8-13】的 MATLAB 程序的运行结果如图 8-17 所示。

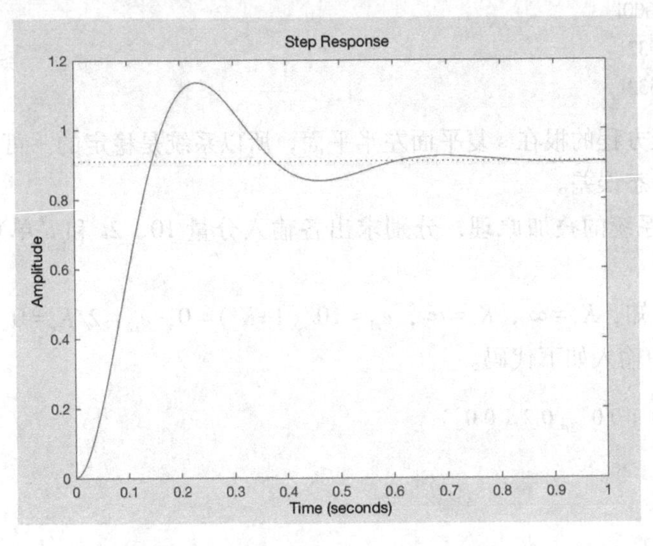

图 8-17　阶跃函数输入下的稳态误差曲线

【例 8-14】设有系统结构如图 8-18 所示，求当输入信号 $r(t)=10+2t+t^2$ 时，系统的稳态误差。

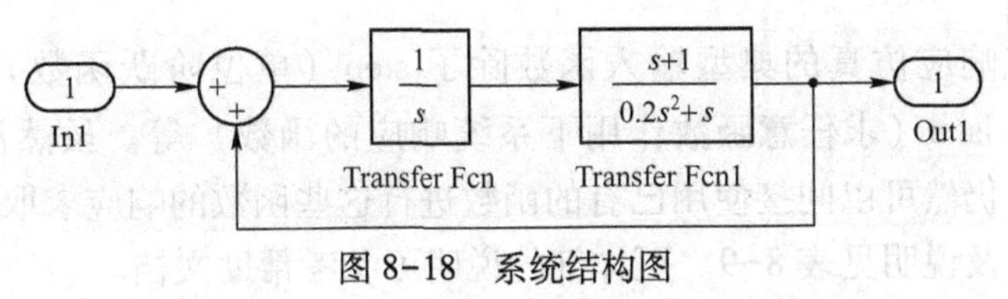

图 8-18　系统结构图

输入代码及输出结果如下所示。

1）判断系统是否稳定。

```
>>s=tf('s');
>>G=1/(s*(s+1)*(0.2*s^2+s));
>>Gc=feedback(G,1)
Gc=
                  1
   ----------------------------
   0.2 s^4+1.2 s^3+s^2+1
Continuous-time transfer function.
>>[num,den]=tfdata(Gc,'v')

num=
     0     0     0     0     1
den=
    0.2000    1.2000    1.0000         0    1.0000
>>roots(den)
ans=
  -4.9483+0.0000i
  -1.5836+0.0000i
   0.2659+0.7532i
   0.2659-0.7532i
```

因为所有特征方程的根在 s 复平面左半平面，所以系统是稳定的。可以进一步求取系统在不同输入下的稳态误差。

2）根据线性系统的叠加原理，分别求出各输入分量 10、$2t$ 和 t^2 单独作用下的稳态误差，之后再求和。

由系统结构可知，$K_p=\infty$，$K_v=\infty$，$e_{r1}=10/(1+K_p)=0$，$e_{r2}=2/K_v=0$。

在 MATLAB 中输入如下代码。

```
>>ka=dcgain([1 1 0 0],[0 2 1 0 0])
ka=
     1a
```

得 $e_{r3}=2/K_a=2$。

所以系统的总误差为 $e=e_{r1}+e_{r2}+e_{r3}=2$。

8.4.4 MATLAB 时域响应仿真的典型函数应用

MATLAB 时域响应仿真的典型输入函数除了 step（单位阶跃函数）外，还有 impulse（单位脉冲函数）、lsim（求任意函数作用下系统响应的函数）等。虽然没有可直接使用的斜坡输入函数，但仍然可以间接使用已有的函数进行这些函数的响应求取。

各函数的用法及说明见表 8-9。更详细的说明可参考帮助文档。

表 8-9　求取时域响应函数用法及说明

函数用法	说　明
impulse(G) impulse(G,t) impulse(G1,G2,…,Gn) [y,t]=impulse(G) y=impulse(G,t)	求取系统单位脉冲响应，用法与 step 函数基本相同。若带返回参数列表使用，则不输出响应曲线；若不带返回参数列表使用，则直接打印响应曲线
lsim(G,u,t) [y,t]=lsim(G,u,t)	求取系统对任意输入 u 的响应。若带返回参数列表使用，则不输出响应曲线；若不带返回参数列表，使用则直接打印响应曲线

【例 8-15】 已知某控制系统的闭环传递函数 $\phi(s)=\dfrac{120}{s^2+12s+120}$，求单位斜坡输入作用下的系统响应曲线，以及在输入信号 2+sin$t$ 的作用下，系统的输出响应曲线。

程序如下。

```
t=0:0.1:10;
num=120;
den=[1 12 120 0];
y=step(num,den,t);
plot(t,y,'g',t,t,'b');
axis([0 2.5 0 2.5]);
title('系统单位斜坡响应');
xlabel('\itt\rm/s');
ylabel('\itt,y');
```

运行程序的结果如图 8-19 所示。

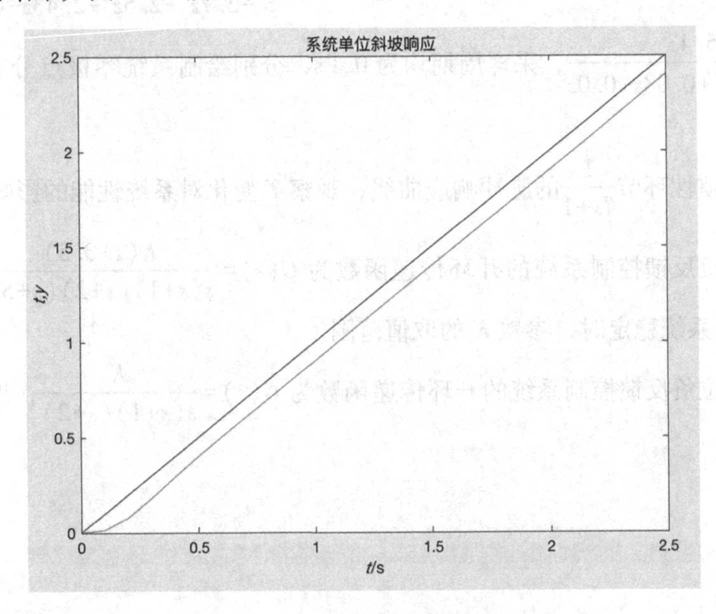

图 8-19　系统单位斜坡响应曲线

8.5 本章小结

本章主要介绍了自动控制及其仿真概述，基于 MATLAB 的控制系统的数学建模，系统的稳定性分析，系统的时域分析。

系统可用不同的模型表示。本章分别对多项式传递函数模型、零极点模型和状态空间模型进行了简述，给出了响应的 MATLAB 函数用法及示例。系统稳定性是系统设计与运行的首要条件。只有稳定的系统，才有价值分析与研究控制系统的其他问题。对于线性连续系统，当系统闭环传递函数的极点位于左半 s 平面时是稳定的；对于线性离散系统，当闭环传递函数所有特征根的模都小于时，线性离散系统是稳定的。MATLAB 可以据此进行系统稳定性判定。系统性能指标包括动态性能指标和稳态性能指标。在系统的全部响应过程中，系统的动态性能指标表现在过渡过程结束之前的响应中，系统的稳态性能表现在过渡过程结束之后的响应中。

8.6 习题

1）已知一系统的传递函数 $G(s)=\frac{s^2+4s+11}{(s^2+6s+3)(s^2+2s)}$，求其零点及其增益，并绘制系统零极点分布图。

2）系统传递函数为 $G(s)=\frac{s+2}{s^2+s+2}$，将其转化为状态空间模型。

3）给定离散系统闭环传递函数分别为 $G1(s)=\frac{z^2+4.2z+5.43}{z^4-2.7z^3+2.5z^2+2.43z-0.56}$和 $G2(s)=\frac{0.68z+5.43}{z^4-1.35z^2+0.4z^2+0.08z+0.0z}$，采样周期均为 0.1 s，分别绘制系统零极点分布图，并判定各系统的稳定性。

4）求一阶惯性环节$\frac{1}{Ts+1}$的脉冲响应曲线，观察 T 变化对系统性能的影响。

5）若单位负反馈控制系统的开环传递函数为 $G(s)=\frac{K(s+0.5)}{s(s+1)(s+2)(s+5)}$，绘制系统的根轨迹，确定当系统稳定时，参数 K 的取值范围。

6）已知单位负反馈控制系统的开环传递函数为 $G(s)=\frac{K}{s(s+1)(s+2)}$，增加零点，观察其根轨迹的变化。

第9章　蚁群算法建模与仿真

蚁群算法是近年来兴起的一种新型仿生优化算法，具有其他进化算法不可比拟的优势。该算法是继神经网络、遗传算法、模拟退火算法、粒子群算法、免疫算法等仿生搜索算法以后的又一种应用于组合优化问题的启发式搜索算法。由于蚁群算法采用分布式并行计算机制，具有较强的鲁棒性、容易与其他算法结合等优点，一经提出，立即受到各个领域学者的重视，并展开了对其的研究。

本章首先对蚁群算法进行了简要的介绍，包括蚁群算法的基本原理和特点等，然后介绍了蚁群算法的数学建模分析及 MATLAB 验证，最后介绍了一个蚁群算法的实际应用——使用蚁群算法求解旅行商问题。

9.1　蚁群算法简介

蚁群算法（Ant Algorithm）是一种源于大自然中生物世界的新的仿生类算法，作为通用随机优化方法，它吸收了蚂蚁的行为特性，通过其内在的行为机制，在一系列困难的组合优化问题求解中取得了成效。由于模拟仿真中使用了人工蚂蚁的概念，因此被称为蚁群系统（Ant System）。

据昆虫学家的观察和研究，发现生物世界中蚂蚁有能力在没有任何可见提示下找出从窝巢至食物源的最短路径，并且能随环境的变化而变化，适应性地搜索新的路径，产生新的选择。蚂蚁在寻找食物源时，能在其走过的路径上释放一种蚂蚁特有的分泌物——信息素（也称为外激素），使一定范围内的其他蚂蚁能够察觉到并由此影响他们以后的行为。当一些路径上的蚂蚁越来越多时，其留下的信息轨迹也越来越多，以致信息素强度增大，后来蚂蚁选择该路径的概率就越来越高，从而更增加了该路径的信息素强度，这种选择过程被称为蚂蚁的自催化行为。由于其原理是一种反馈机制，因此也可以将蚂蚁王国理解成所谓的增强型学习系统。

自从蚁群算法在著名的商旅问题（TSP）上取得成效以来，已经陆续渗透到其他问题领域中，如工件排序问题、图着色问题、车辆调度问题、通信网络中的负载平衡问题等。

蚁群算法这种来自生物界的随机搜寻优化方法目前已经在许多方面表现出相当好的性能，它的正反馈性和协同性使之可用于分布式系统，其隐含的并行性更是具有极强的发展潜力，其求解的问题领域也在进一步扩大，如一些约束型问题和多目标问题。从 1998 年 10 月在比利时的布鲁塞尔召开的第一届蚁群优化国际研讨会的内容中即可看出这种带有构造性特征搜索方法所产生的深远影响和广泛应用。

9.1.1　蚁群算法的基本原理

模拟蚂蚁群体觅食行为的蚁群算法是作为一种新的计算智能模式引入的，该算法基于如下基本假设：

1）蚂蚁之间通过信息素和环境进行通信。每只蚂蚁仅根据其周围的局部环境做出反应，也只对其周围的局部环境产生影响。

2）蚂蚁对环境的反应由其内部模式决定。因为蚂蚁是基因生物，所以蚂蚁的行为实际上是其基因的适应性表现，即蚂蚁是反应型适应性主体。

3）在个体水平上，每只蚂蚁仅根据环境做出独立选择；在群体水平上，单只蚂蚁的行为是随机的，但蚁群可通过自组织过程形成高度有序的群体行为。

由上述假设和分析可见，基本蚁群算法的寻优机制包含两个基本阶段：适应阶段和协作阶段。在适应阶段，各候选解根据积累的信息不断调整自身结构，路径上经过的蚂蚁越多，信息量越大，则该路径越容易被选择；时间越长，信息量会越小；在协作阶段，候选解之间通过信息交流，以期望产生性能更好的解，类似于学习自动机的学习机制。

蚁群算法实际上是一类智能多主体系统，其自组织机制使得蚁群算法不需要对所求问题的每一方面都有详尽的认识。自组织本质上是蚁群算法机制在没有外界作用下使系统熵增加的动态过程，体现了从无序到有序的动态演化，其逻辑结构如图 9-1 所示。

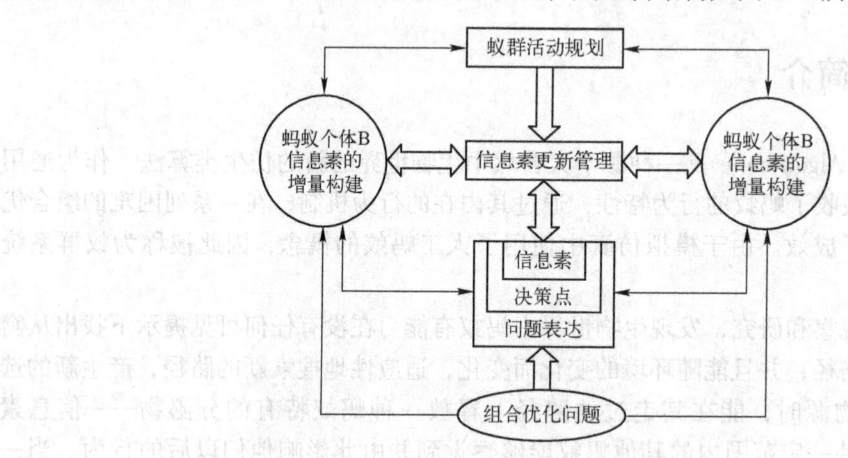

图 9-1　基本蚁群算法的逻辑结构

由图 9-1 可见，先将具体的组合优化问题表述成规范的格式，然后利用蚁群算法在“探索”和“利用”之间根据信息素这一反馈载体确定决策点，同时按照相应的信息素更新规则对每只蚂蚁个体的信息素进行增量构建，随后从整体角度规划出蚁群活动的行为方向，周而复始，即可求出组合优化问题的最优解。

9.1.2　蚁群智能

Jean Louis Deneubourg 及同事在对阿根廷蚂蚁进行的实验中，建造了一座有两个分支的桥——其中一个分支的长度是另一个分支的两倍，同时把蚁巢实物源分隔开来，实验发现，蚂蚁通常会在几分钟之内就选择那条较短的分支。

目前，人们已总结出生物界中蚂蚁的行为具有如下的一些显著特征。

1）能够观察前方小范围区域内的情况，并判断出是否有食物或其他同类的信息素轨迹。

2）能够释放出两种类型的信息素：食物信息素和巢穴信息素。

3）所释放的信息素数量会随着其不断移动而逐步减少。

4）仅当携带食物或是将食物带回到巢穴时才会释放信息素。

蚂蚁的运动遵循以下一些简单的规则：

1）按随机方向离开巢穴，仅受其巢穴周围的信息素影响。

2）按随机方式移动，仅受其巢穴周围的食物信息素影响。当察觉到食物信息素轨迹时，将沿着强度最大的轨迹移动。

3）一旦找到食物，将取走部分食物，并开始释放食物信息素。

4）移动过程中，将受到巢穴信息素的影响。

5）一旦回到巢穴，将放下食物，并开始释放巢穴信息素。

自然界中的蚂蚁没有视觉，既不知道向何处去寻找和获取食物，也不知道发现食物后该如何返回自己的巢穴，它们仅仅依赖于同类散发在周围环境中的特殊物质——信息素轨迹，从而决定自己何去何从。有趣的是，尽管没有任何先验的知识，但蚂蚁们还是有能力找到从其巢穴到实物源的最佳路径，甚至在该路线上放置障碍物之后，它们仍然能快速地重新找到一条最佳路线。

然而，在实际的生物系统中，如果蚂蚁已经接触了较长的路径之后，再向它出示较短的分支，蚂蚁仍不会走这条捷径，因为较长的那条路径已经用信息素做出了标记，但是在人工系统中，人们可以发明“信息素衰减”，从而克服这个问题：如果信息素迅速蒸发，那么较长的路径就难于维持稳定的信息素轨迹。这样，即使是较短的路径是后来才发现的，人工蚂蚁仍然能选择这条路径。这种性质具有一个很大优点，那就是可以防止系统收敛到一些并不高明的解上。

9.1.3 蚁群基本习性

根据仿生学家的长期研究发现：蚂蚁虽没有视觉，但运动时会通过在路径上释放出一种特殊的分泌物——信息素来寻找路径。当它们碰到一个还没有走过的路口时，就随机地挑选一条路径前行，同时释放出与路径长度有关的信息素。蚂蚁走的路径越长，则释放的信息量越小。当后来的蚂蚁再次碰到这个路口的时候，选择信息量较大路径的概率相对较大，这样便形成了一个正反馈机制。最优路径上的信息量越来越大，而其他路径上的信息量却会随着时间的流逝而逐渐消减，最终整个蚁群会找出最优路径。同时蚁群还能够适应环境的变化，当蚁群的运动路径上突然出现障碍物时，蚂蚁也能很快地重新找到最优路径。可见，在整个寻径过程中，虽然单只蚂蚁的选择能力有限，但是通过信息素的作用使整个蚁群行为具有非常高的自组织性，蚂蚁之间交换着路径信息，最终通过蚁群的集体自催化行为找出最优路径。这里用如图 9-2 所示来进一步说明蚁群的搜索原理。

在图 9-2 中，设 A 点是蚁巢，D 点是食物源，EF 为一障碍物。由于障碍物的存在，蚂蚁只能由 A 点经 E 点或 F 点到达 D，或由 D 到达 A，各点之间的距离如图 9-2a 所示。假设每个时间单位有 30 只蚂蚁由 A 点到达 D 点，有 30 只蚂蚁由 D 点到达 A 点，蚂蚁过后留下的信息量为 1。为了方便起见，设该物质停留时间为 1。在初始时刻，由于路径 BF、FC、BE、EC 上均无信息存在，位于 A 点和 D 点的蚂蚁可以随机选择路经，从统计学的角度可以认为蚂蚁以相同的概率选择 BF、FC、BE、EC，如图 9-2b 所示。经过一个时间单位后，在路经 BFC 上的信息量是路径 BEC 上信息量的 2 倍。又经过一段时间，将有 20 只蚂蚁由 B、F 和 C 点到达 D 点，如图 9-2c 所示。随着时间的推移，蚂蚁将会以越来越大的概率选择路

径 *BFC*，最终将会完全选择路径 *BFC*，从而找到由蚁巢到食物源的最短路径。

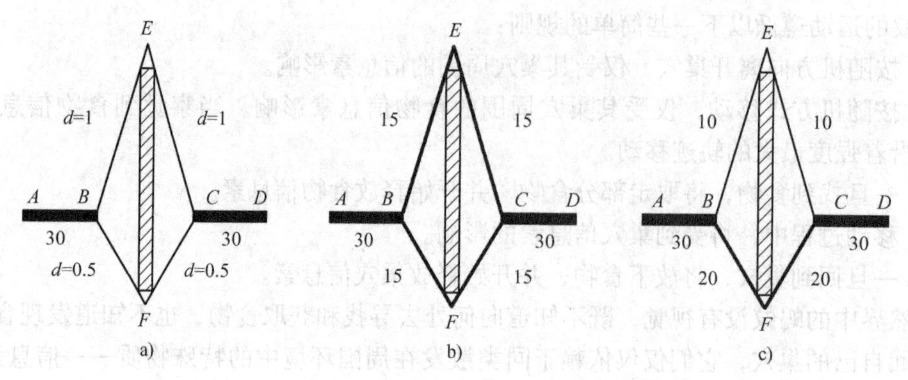

图 9-2　自然界中的蚂蚁觅食模拟

9.1.4　群体迷失现象

蚁群智能由于环境的动态变化等原因也会存在群体迷失现象。

群体迷失是指在一个团体中，由于从众心理和信息不对称造成绝大多数个体持有错误的观点或做出错误决定的现象。群体迷失是告诉人们判断是非并不是依据支持的人多或人少，多数人坚持的未必正确，只有一个人坚持的未必不对，判断是非应从实际情况出发，依据以往的经验、知识与思考做出判断。

1. 环境的动态变化造成群体迷失

许多文献都强调蚁群算法是一种自适应性很强的算法，即蚁群算法能够自动适应环境变化。在随机加入障碍物之后，蚂蚁能自动适应环境的变化，但经过分析，蚂蚁所走的路径上的信息素浓度已经比较强时，若在该基础上去掉障碍物后，由于信息素浓度的吸引，极易出现群体迷失现象，即绝大多数蚂蚁选择原来有障碍物时的最短路径，而不是选择最短的直线。

这种在环境易变系统中的迷失现象可以采用以下两种对策：

1）当环境改变后，可强制调整发生改变部分周围的一部分路径的信息素浓度，使蚂蚁能等概率地选择这些路径，该方法对软件系统有效，对基于蚁群智能的硬件就较难实现。

2）当环境改变后，在改变开始的一段时间内降低信息素浓度的吸引作用，增加随机因子和其他因素的作用，以避免群体迷失现象。

2. 初始信息素浓度造成群体迷失

由正反馈性和初值敏感性可知：初始信息素浓度大的路径起着“领头羊”的作用，如果刚开始时使得长路径有较大的信息素浓度，就会引导很多蚂蚁选择该路径，并由正反馈的作用使得长路径的信息素浓度增长得最快，从而吸引大多数蚂蚁迷失在长路径上，故不同的初始信息素浓度在一定程度上左右了优化的结果。由此看出，需要特别注意其最先修改信息素的方法，这种由初始值非常敏感的群体迷失在使用蚁群算法来设计的群体机器人和无人驾驶飞机则容易出现这种群体迷失现象，因为这些系统有很多采用依赖气息的分布式操作方式，当空气中的气息尚未完全消失就进行下一次活动，使滞留在空气中的残留气息对初值非常敏感的蚁群智能产生巨大的干扰作用，使蚂蚁迷失在初始的残留气息上。

对于软件系统，可以把初始信息素浓度全部设置成 0 或全部相等来避免群体迷失，蚁群算法就是采用该方法来实现的。对于蚁群智能硬件，可设置多种气体来实现信息素的作用，并且可以随时把系统传感器识别的气体从一种气体转为另一种气体，以消除以前的气体对硬件动作的影响。

3. 蚂蚁移动速度的差异造成群体迷失

若选择长回路的蚂蚁速度大于选择短回路的蚂蚁速度，则选择长回路的蚂蚁可能会先回到出发点，并且其释放的信息素先起作用而吸引其他蚂蚁选择长回路，如此正反馈循环，长回路上的信息素浓度会越来越强，可能会把短回路淘汰，这里，选择长回路但移动速度快的蚂蚁先到出发点的事实，给其他蚂蚁造成了迷惑现象，使它们选择长回路，由于正反馈，就会使群体迷失在长回路上。

可以把每个蚂蚁释放的信息素浓度与其在单位时间内走过的距离长度成反比来消除移动速度差异的影响，即在单位时间内，移动速度快的蚂蚁释放信息素的浓度小于移动速度慢的蚂蚁释放的信息素浓度，蚁群算法就是采用该方法实现的。

9.1.5 问题空间的描述

自然界中的蚂蚁存在于一个三维的环境中，而问题空间的求解一般是在平面内进行的，因此需要将蚂蚁觅食的三维空间抽象为一个平面。这一点比较容易理解，因为蚂蚁觅食所走的路径本来就存在于一个二维空间（平面或者曲面）上。另外一个问题是真实蚂蚁是在一个连续的二维平面中行走的，而我们无法用计算机直接来完整地描述一个连续的平面，因为计算机处理的是离散事件，因此必须将连续的平面离散化为由一组点组成的离散平面，人工蚂蚁可在抽象出来的点上自由运动。这个抽象过程的可行性在于，尽管蚂蚁是在连续平面行动，但其行动经过的总是离散点，因此抽象过程只是提高了平面点离散分布的粒度，与其觅食行为的本身机理没有任何冲突。

真实蚂蚁在觅食过程中主要按照所处环境中的信息量来决定其前进的方向，而人工蚂蚁是在平面的结点上运动的，因此可把觅食过程抽象成算法中解的构造过程，将信息素抽象为存在于图的边上的轨迹。在每一结点，人工蚂蚁感知连接该结点与相邻结点边上的信息素轨迹浓度，并根据该浓度的大小决定走向下一结点的概率。用任意两个结点分别表示蚂蚁的巢穴（初始结点）和食物源（目标结点），人工蚂蚁从初始结点按照一定状态转移概率选择下一结点，依此类推，最终选择行走到目标结点，这样便得到了所求问题的一个可行解。

基于上述分析，很容易得到蚁群算法所求解的问题空间，可用一个重要的数学工具——图来描述。在工程实际中的很多问题都可以用图来描述，这使蚁群算法的广泛应用成为可能。

9.2 蚁群算法的数学模型分析

本节从基本数学模型简介、数学模型建模、蚁群算法的实现步骤这几个方面进行介绍，最后用一个 MATLAB 程序来对蚁群算法进行基本的验证。

9.2.1 蚁群算法基本数学模型简介

1. 图灵机

图灵机概念最早由英国数学家 Turing A 提出，其本质上是一个具有序列存储载体的、按照具体指令可完成左或右移动、放置标记、抹去标记、在计算终止时停机等 4 种基本操作的、用于描述算法特性的语言。图灵机是对算法进行分析和研究算法复杂度的得力工具，可分为确定性单带图灵机（Deterministic One-tape Turing Machine，DTM）和非确定性单带图灵机（Non-deterministic One-tape Turing Machine，NDTM）两大类。

一个 DTM 由一个有限状态控制器、一个读写头和一个双向的、具有无限多个带格的线性带所组成，其基本原理如图 9-3 所示。

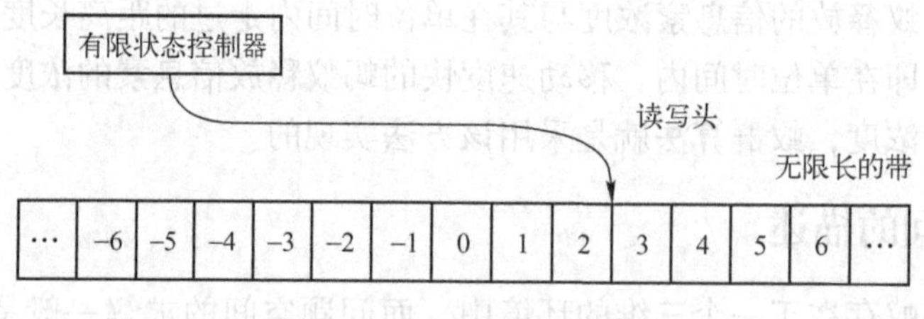

图 9-3 DTM 原理示意图

一个 DTM 程序应包括以下信息。

- 线性带中所用字符的一个有限集合 Γ，它包括输入字符表子集 $\Sigma_0 \subset \Gamma_0$ 和一个特别的空白符号 $b \in \Gamma_0 - \Sigma_0$。
- 一个有限状态集 Q_0'，它包括初始状态 q_0 和两个特有的停机状态 q_Y 或 q_N。
- 一个转移函数 δ'：$(Q_0' - \{q_Y, q_N\}) \times \Gamma_0 - Q_0' \times \Gamma_0 \times \{l, r\}$。

假设对 DTM 的输入为字符串 $x \in \Sigma_0$，则该字符串首先被一个一个字符地顺序存放在带格 1 到带格 $|x|$ 中，所有其他带格开始时存放的均为空白符。该程序从初始状态 q_0 开始运算，并且读写头先位于带格 1，然后算法按照下述规则进行：若当前状态 q 为 q_Y 或 q_N，则算法终止；且若 $q = q_Y$，就回答“是”，否则回答“非”。若当前状态 $q_0 \in Q_0' - \{q_Y, q_N\}$，且 $s \in \Gamma$ 为读写头当前扫描的带格中的字符，而转移函数此时对应的取值为 $\delta(q, s) = (q', s', \Delta)$，则该程序将执行这样的几个操作：读写头抹去当前带格中的 s，代之以 s'；同时，若 $\Delta = l$，则读/写头左移一格，若 $\Delta = r$，则右移一格；最后，有限状态控制器将从状态 q 变为状态 q'。这样就完成了程序的一步计算，并为下一步计算做好了准备，除非已处于停机状态。

实际上，许多判定问题都具有多项式时间可验证性，但是多项式的时间可验证性并不意味着多项式的时间可解性。这是由于没有考虑为了找出一个解的猜测所花费的时间，而这常常需要在可能有 n 个猜测的集合中选取一个较合理的猜测，NDTM 恰恰可以刻画这一过程。NDTM 完全是一种假想的机器，通常多用猜想模块模型来对其进行描述。猜想模块带有自己只对带写的猜想头，它提供了写下猜想的办法，并仅用于此目的。其机理如图 9-4 所示。

NDTM 与 DTM 的不同之处在于，它把计算分成两个不同的阶段：猜想阶段和检验阶段。在猜想阶段，一开始输入的字符串从-1 向左依次写入带中，其余带格均为空白字符。读写头在扫描带格 1，而猜想头在扫描带格-1。有限状态控制器处于不起作用的状态，猜想模块

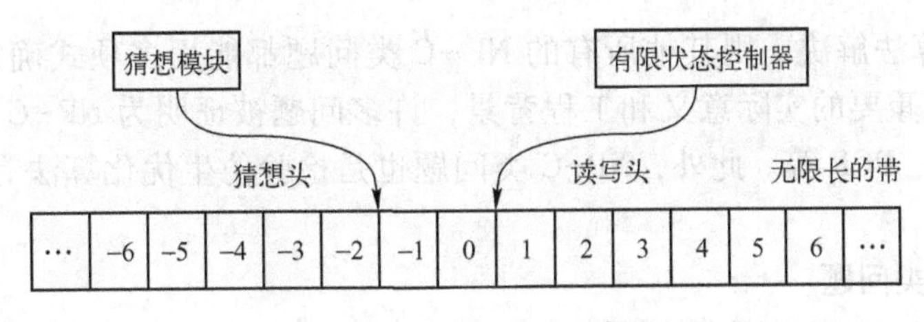

图 9-4　NDTM 机理示意图

处于起作用的状态，并一次一步地指示猜想头：要么在正被扫描的带格中写下某一字符并左移一格，要么停止。若停止，则此时猜想模块便不起作用，而有限状态控制器开始起作用。猜想模块是否保持起作用，若起作用，则从带中的字符集中选择哪个字符等均由猜想模块以某一完全任意的方式来决定。当有限控制器起作用时，检验阶段就开始了。从此刻起，算法将在该 NDTM 程序的指示下，按照与 DTM 程序完全相同的规则进行，而猜想模块及其猜想头在完成了将所猜字符串写到带上的任务后将不再参与程序的执行。同时，在检验阶段，前面所猜的字符串常被考察。当有限状态控制器进入两个停机状态之一时，计算过程即停止。

2. 实例

实例是问题的特殊表现，是确定了描述问题特性的所有参数的问题，其中参数值称为数据。这些数据占用计算机的空间称为数据实例的输入长度。

3. P 类问题

所有可用 DTM 在多项式时间内求解的判定问题 Π 的集合简记为 $O(p(n))$，即 $P=\{L \mid L$ 是一个能在多项式时间内被一台 DTM 所接受的语言$\}$。若存在一个多项式时间 DTM 程序，它在编码策略 e 之下求解判定问题 Π，即 $L[\Pi,e]\in P$，则称该判定问题 Π 属于 P 类问题。P 类问题的每个实例只有“是”或“否”两种回答，并称肯定回答的实例为“是”实例，称否定回答的实例为“否”实例或“非”实例。

4. NP（Non-deterministic Poly-nominal）类问题

若存在一个多项式函数 $g(x)$ 和一个验证算法 H，对一类判定问题 A 的任何一个“是”回答，满足其输入长度 $d(S)$ 不超过 $g(d(I))$，其中 $d(I)$ 为 I 的输入长度，且验证算法中 S 为 I 的“是”回答的计算时间不超过 $g(d(I)$，则称判定问题 A 为非多项式确定问题，简称 NP 类问题。即 NP＝{L｜L 是一个能在多项式时间内被一台 NDTM 所接受的语言}。NP 类问题是所有可用 NDTM 在多项式时间内求解的判定问题 Π 的集合。判定问题是否属于 NP 类问题的关键是对“是”的判定实例是否存在满足上述条件的一个字符串和算法，其中字符串在此可理解为问题的一个解，而定义中没有强调字符串和算法是如何得到的。能用 DTM 在多项式时间内解决的 P 类问题，也一定能用 NDTM 在多项式时间内加以解决，这个关系可表示为 P⊆NP。在当前的计算复杂度理论中，尚没有解决是否兼属 P 类或 NP 类的问题，即 P 类与 NP 类交集是否为空的问题。目前证明 P≠NP 的难度和证明 P＝NP 的难度同样大。归纳和转换是描述问题特性的常用方法，若能将几类问题归结为一个问题，则一旦解决了一类归结后的问题，其他几类问题也就迎刃而解了。

5. NP-C（NP-Complete）类问题

NP-C 类问题是 NP 类中最困难的一类问题。所有的 NP-C 类问题是同等困难的，每一个 NP 类问题都可以用多项式算法转换至 NP-C。因此，如果 NP-C 类问题中有一个问题能用多项式确定性算法解决，则其他所有的 NP-C 类问题都能用多项式确定性算法来解决。NP-C 类问题具有重要的实际意义和工程背景，许多问题被证明为 NP-C 类问题，如 TSP、QAP、VRP、JCP、PCP 等。此外，NP-C 类问题也是检验仿生优化算法有效性和可靠性的平台。

6. NP-hard 类问题

若 A⊆NP，且 NP 类问题中的任何一个问题可多项式归约为问题 A，称判定问题 A⊆NP-C；只要上述第二个条件成立，则称问题 A 为 NP-hard 类问题。

综上所述，可知 P、NP、NP-C 及 NP-hard 类问题之间的逻辑关系如图 9-5 所示。

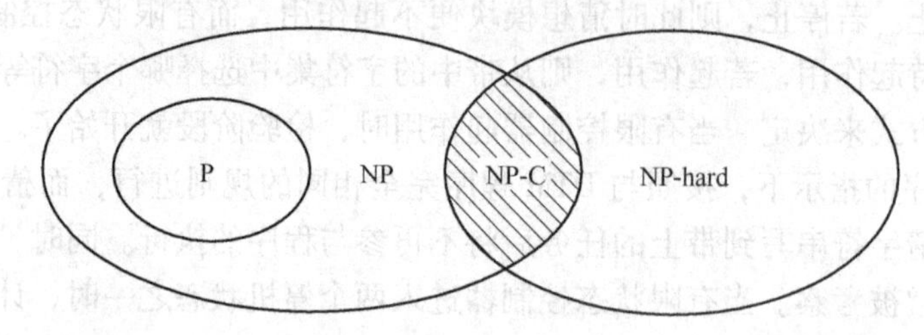

图 9-5　P、NP、NP-C 及 NP-hard 类问题之间的逻辑关系

9.2.2　蚁群算法的数学模型建模

设 $h_i(t)$ 表示 t 时刻位于元素 i 的蚂蚁数目，$\tau_{ij}(t)$ 为 t 时刻路径 (i,j) 上的信息量，n 表示 TSP 规模，m 为蚁群中蚂蚁的总数目，则 $m=\sum_{i=1}^{n}\mathrm{b}_i(t)$；$\Gamma=\{\tau_{ij}(t)\mid c_i,c_j\subset C\}$ 是 t 时刻集合 C 中元素（城市）两两连接 t_{ij} 上残留信息量的集合。在初始时刻各条路径上信息量相等，并设 $\tau_{ij}(0)=\mathrm{const}$，基本蚁群算法的寻优是通过有向图 $g=(C,L,\Gamma)$ 实现的。

蚂蚁 $k(k=1,2,\cdots,m)$ 在运动过程中，根据各条路径上的信息量决定其转移方向。这里用禁忌表 $\mathrm{tabu}_k(k=1,2,\cdots,m)$ 来记录蚂蚁 k 当前所走过的城市，集合随着 tabu_k 进化过程作动态调整。在搜索过程中，蚂蚁根据各条路径上的信息量及路径的启发信息来计算状态转移概率。$p_{ij}^k(t)$ 表示在 t 时刻蚂蚁 k 由元素（城市）i 转移到元素（城市）j 的状态转移概率。

$$p_{ij}^k(t)=\begin{cases}\dfrac{[r_{ij}(t)]^{a}\cdot[\eta_{ik}(t)]^{\beta}}{\sum\limits_{k\subset \mathrm{allowed}_k}^{n}[\tau_{is}(t)]^{a}\cdot[\eta_{ik}(t)]^{\beta}} & j\in \mathrm{allowed}_k\\ 0 & \text{其他}\end{cases}$$

式中，$\mathrm{allowed}_k=\{C-\mathrm{tabu}_k\}$ 表示蚂蚁 k 下一步允许选择的城市；α 为信息启发式因子，表示轨迹的相对重要性，反映了蚂蚁在运动过程中所积累的信息在蚂蚁运动时所起的作用，其值越大，则该蚂蚁越倾向于选择其他蚂蚁经过的路径，蚂蚁之间的协作性越强；β 为期望启发式因子，表示能见度的相对重要性，反映了蚂蚁在运动过程中启发信息在蚂蚁选择路径中的受重视程度，其值越大，则该状态转移概率越接近于贪心规则；$\eta_{ij}(t)$ 为启发函数，其表达式为

$$\eta_{ij}(t)=\frac{1}{d_{ij}}$$

式中，d_{ij}表示相邻两个城市之间的距离。对蚂蚁 k 而言，d_{ij}越小，则 $\eta_{ij}(t)$越大，$p_{ij}^{k}(t)$也就越大。显然，该启发函数表示蚂蚁从元素（城市）i 转移到元素（城市）j 的期望程度。

为了避免残留信息素过多引起残留信息淹没启发信息，在每只蚂蚁走完一步或者完成对所有 n 个城市的遍历（也即一个循环结束）后，要对残留信息进行更新处理。这种更新策略模仿了人类大脑记忆的特点，在新信息不断存入大脑的同时，存储在大脑中的旧信息随着时间的推移逐渐淡化，甚至忘记。由此，$t+n$ 时刻在路径（i,j）上的信息量可按如下规则进行调整。

$$\tau_{ij}(t+n)=(1-\rho)\cdot\tau_{ij}(t)+\Delta\tau_{ij}(t)$$

$$\Delta\tau_{ij}(t)=\sum_{k=1}^{m}\Delta\tau_{ij}^{k}(t)$$

式中，ρ 表示信息素挥发系数，则 $1-\rho$ 表示信息素残留因子，为了防止信息的无限积累，ρ 的取值范围为：$\rho\subset[0,1]$；$\Delta\tau_{ij}(t)$表示本次循环中路径（i,j）上的信息素增量，初始时刻 $\Delta\tau_{ij}(t)=0$，$\Delta\tau_{ij}(t)$表示第 k 只蚂蚁在本次循环中留在路径（i,j）上的信息量。

根据信息素更新策略的不同，Dorigo M 提出了以下 3 种不同的基本蚁群算法模型：Ant-Cycle 模型、Ant-Quantity 模型及 Ant-Density 模型，其差别在于 $\Delta\tau_{ij}(t)$求法的不同。

在 Ant-Cycle 模型中：

$$\Delta\tau_{ij}^{k}(t)=\begin{cases}\dfrac{Q}{L_k} & \text{若第 } k \text{ 只蚂蚁在本次循环中经过}(i,j)\\ 0 & \text{其他}\end{cases}$$

式中，Q 表示信息强度，它在一定程度上影响算法的收敛速度；L_k表示第 k 只蚂蚁在本次循环中所走路径的总长度。

在 Ant-Quantity 模型中：

$$\Delta\tau_{ij}^{k}(t)=\begin{cases}\dfrac{Q}{d_{ij}} & \text{若第 } k \text{ 只蚂蚁在 } t \text{ 和 } t+1 \text{ 之间经过}(i,j)\\ 0 & \text{其他}\end{cases}$$

在 Ant-Density 模型中：

$$\Delta\tau_{ij}^{k}(t)=\begin{cases}Q & \text{若第 } k \text{ 只蚂蚁在 } t \text{ 和 } t+1 \text{ 之间经过}(i,j)\\ 0 & \text{其他}\end{cases}$$

Ant-Quantity 模型和 Ant-Density 模型中利用的是局部信息，即蚂蚁完成一步后更新路径上的信息素；而 Ant-Cycle 模型中利用的是整体信息，即蚂蚁完成一个循环后更新所有路径上的信息素，在求解 TSP 时性能较好，因此通常采用此方法作为蚁群算法的基本模型。

9.2.3 蚁群算法的实现步骤

以 TSP 为例，基本蚁群算法的具体实现步骤如下。

1）参数初始化。令时间 $t=0$ 和循环次数 $N_c=0$，设置最大循环次数 N_{cmax}，将 m 蚂蚁置于 n 个元素（城市）上，令有向图上每条边（i,j）的初始化信息量 $\tau_{ij}(0)=\text{const}$，其中 const 表示常数，且初始时刻 $\Delta\tau_{ij}(t)=0$。

2）循环次数 $N_c\leftarrow N_c+1$。

3）蚂蚁的禁忌表索引号 $k=1$。

4）蚂蚁数目 $k \leftarrow k+1$。

5）蚂蚁个体根据状态转移概率公式计算的概率选择元素（城市）j 并前进，$j \in \{C-tabu_k\}$。

6）修改禁忌表指针，即选择好后将蚂蚁移动到新的元素（城市），并把该元素（城市）移动到该蚂蚁个体的禁忌表中。

7）若集合 C 中元素（城市）未遍历完，即 $k<m$，则跳转到步骤 4)，否则执行步骤 8)。

8）根据公式 $\tau_{ij}(t+n)=(1-\rho)\cdot\tau_{ij}(t)+\Delta\tau_{ij}(t)$ 和 $\Delta\tau_{ij}(t)=\sum_{k=1}^{m}\Delta\tau_{ij}^{k}(t)$，更新每条路径上的信息量。

9）若满足结束条件，即如果循环次数 $N_c \geqslant N_{c\max}$，则循环结束并输出程序计算结果，否则清空禁忌表并跳转到步骤 2)。

基本蚁群算法的程序结构流程如图 9-6 所示。

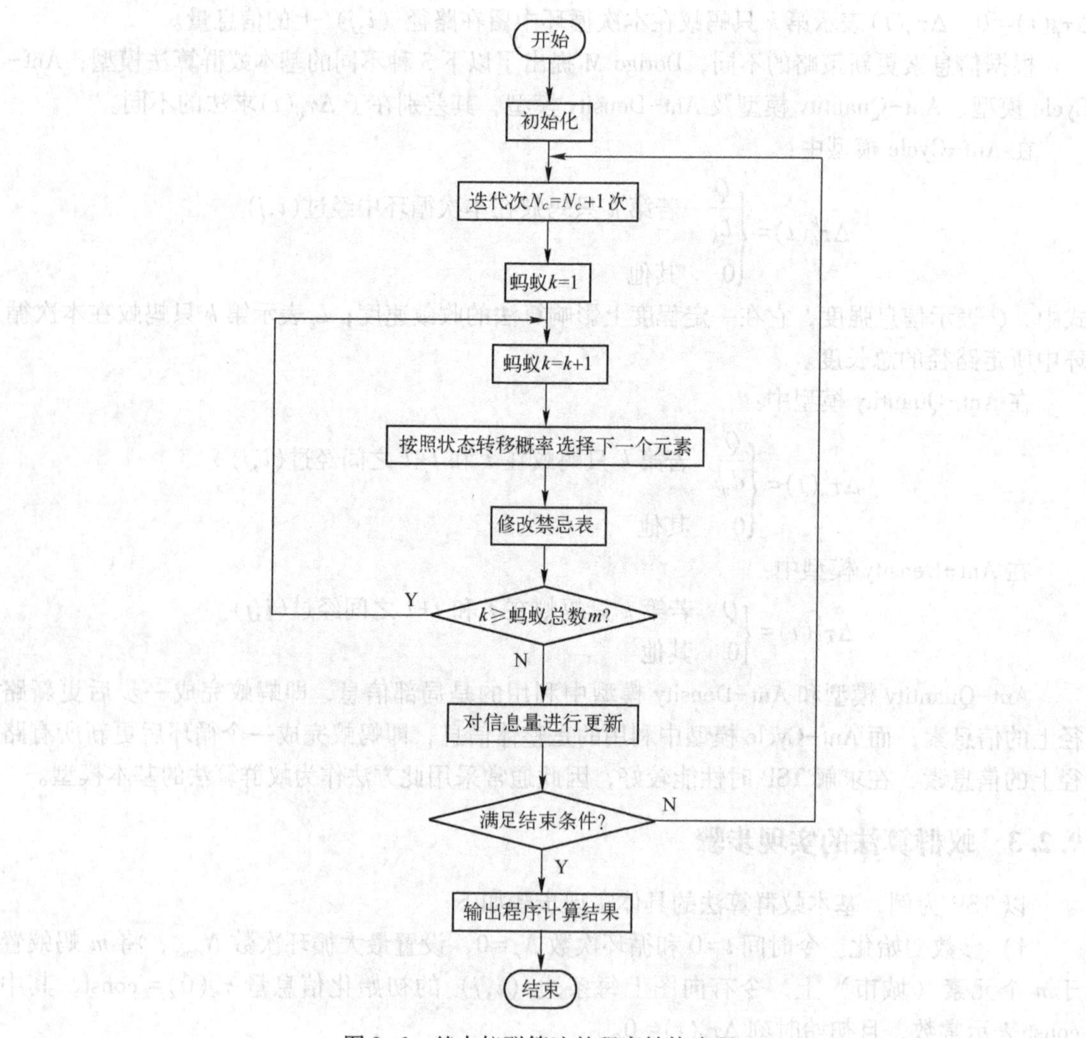

图 9-6　基本蚁群算法的程序结构流程

9.2.4 蚁群算法的 MATLAB 验证

下面用一段代码来验证蚁群算法的可行性。

```
%蚂蚁算法 test
%用产生的一个圆上的 10 个点来检验蚂蚁算法

clc
clear
%参数
alpha=1;                                    %信息素指数
beta=5;                                     %启发指数
rho=0.5;                                    %挥发系数
n=16;                                       %城市个数
k=20;                                       %迭代次数
m=n-1;                                      %蚂蚁只数,这里取比城市数目少 1 的蚂蚁只数
Q=100;
bestr=inf;
%产生一个圆上的 10 个点
x=zeros(1,n);
y=x;
for i=1:(n/2)
    x(i)=rand*20;
    y(i)=sqrt(100-(x(i)-10)^2)+10;
end
for i=(n/2+1):n
    x(i)=rand*20;
    y(i)=-sqrt(100-(x(i)-10)^2)+10;
end
plot(x,y,'.');
%计算距离
d=zeros(n,n);
for i=1:n
    for j=1:n
        d(i,j)=sqrt((x(i)-x(j))^2+(y(i)-y(j))^2);
    end
end
temp=min(d);
dmin=temp(1);
tau=ones(n,n);
%tau=tau./(n*dmin);                                   %初始化 tau 信息素矩阵

%开始迭代
```

```
for i=1:k
    %初始化
  visited=zeros(m,n);
                                             %存储并记录路径的生成,m×n 表示第 m 只蚂蚁访问的第 n 座城市
    visited(:,1)=(randperm(n,m))';           %将 m 只蚂蚁随机放在 n 座城市 即产生一
                                             %列 1~n 的随机数进行第一列数据的更新
    for b=2:n                                %所有蚂蚁都走到第 b 个城市时
        current=visited(:,(b-1));            %所有蚂蚁现在所在城市 m×1
        allow=zeros(m,(n-b+1));

        for a=1:m
            j=1;
            for s=1:n
                if length(find(visited(a,:)==s))==0
                    allow(a,j)=s;
                    j=j+1;
                end
            end
        end

        l=n-b+1;
        for a=1:m                            %分析第 a 只蚂蚁
            p=zeros(1,l);
            for j=1:l                        %根据下式来选择下一个城市
                p(j)=((tau(current(a,1), allow(a,j)))^alpha) * ((1/d(current(a,1), allow(a,
j)))^beta);
            end
            p=p ./ sum(p);                   %采用轮盘赌的方式
            p=cumsum(p);
            pick=rand;
            for c=1:l
                if pick < p(c)
                    visited(a,b)=allow(a,c);
                    break;
                end
            end
        end
    end
    %计算每只蚂蚁所走的路径总长
    L=zeros(1,m);
    for a=1:m
        t=d(visited(a,n),visited(a,1));
```

```
        for b=1:(n-1)
            t=t+d(visited(a,b),visited(a,(b+1)));
        end
        L(a)=t;
    end
    [newbestr,newbestant]=min(L);          %寻本次迭代最短路径及其相应蚂蚁
    if newbestr < bestr                    %到目前为止最优值的保存
        bestr=newbestr;
        bestroad=visited(newbestant,:);
    end
    %离线更新信息素矩阵
    %挥发
    for a=1:m
        tau(visited(a,n),visited(a,1))=tau(visited(a,n),visited(a,1))*(1-rho);
        for b=1:(n-1)
          tau(visited(a,b),visited(a,(b+1)))=tau(visited(a,b),visited(a,(b+1)))*(1-rho);
        end
    end
    %加强
    tau(visited(newbestant,n),visited(newbestant,1))=tau(visited(newbestant,n),visited(newbestant,
1))+Q/L(newbestant);
    for b=1:(n-1)
        tau(visited(newbestant,b),visited(newbestant,(b+1)))=tau(visited(newbestant,b),visited
(newbestant,(b+1)))+Q/L(newbestant);
    end
end
bestr
bestx=zeros(1,n);
besty=zeros(1,n);
for i=1:n
    bestx(i)=x(bestroad(i));
    besty(i)=y(bestroad(i));
end
bestx=[bestx,bestx(1)];
besty=[besty,besty(1)];
plot(bestx,besty,'-');
```

9.3 旅行商问题的蚁群算法建模求解

旅行商问题（TSP 问题）是组合优化的著名难题。它具有广泛的应用背景，如计算机、网络、电气布线、加工排序、通信调度等。已经证明 TSP 问题是 NP 难题，鉴于其重要的工

程与理论价值，TSP 常作为算法性能研究的典型算例。TSP 的最简单形象描述是：给定 n 个城市，有一个旅行商从某一城市出发，访问各城市一次且仅有一次后再回到原出发城市，要求找出一条最短的巡回路径。TSP 分为对称 TSP 和非对称 TSP 两大类，若两城市往返距离相同，则为对称 TSP，否则为非对称 TSP 。

9.3.1 问题描述与算法思想

旅行商问题又被称为旅行推销员问题、货郎担问题。它是一个多局部最优的最优化问题：有 n 个城市，一个推销员要从其中某一个城市出发，走遍所有的城市，再回到他出发的城市，求最短的路线。旅行商问题具有 $O(n!)$ 的时间复杂度，使用传统的算法较难解决。

在蚂蚁寻找食物的过程中，总能找到一条从蚁穴到距离很远的食物之间的最短路径。每个蚂蚁事先并不知道食物在什么位置，只是在本身能够看得见的局部范围内搜索，在搜索过程中将以一定的概率向其他蚂蚁留下的信息素浓度高的方向移动，同时自己也释放信息素，信息素的浓度与经过的路径长度成反比，所有蚂蚁的信息素将会以一定的速率挥发，经过一段时间的搜索，最短路径上的信息素将会越来越浓，按照最短路径移动的蚂蚁将会越来越多，进而形成一个正反馈，使得它们可以找到最短路径 。所以在蚁群算法的实现过程中，关键的步骤有以下 3 个：①蚂蚁的移动操作；②释放自身的信息素；③信息素的更新操作。

使用蚁群算法解决 TSP 问题，获得了较好的效果。其算法思想是在一个二维的平面上分布着 n 个城市，所有城市在该平面的坐标构成了一个 $n\times2$ 的矩阵 City，按照城市坐标在矩阵 City 中的位置（行号）进行编号，分别是 1 号城市结点，2 号城市结点……城市之间的距离使用欧式距离表示。现将 m 个蚂蚁随机放到 x 个城市结点，每个蚂蚁访问过的城市结点放到 Visited 表中，作为禁忌搜索列表。除去 Visited 表中已经访问过的结点，其余结点都是该蚂蚁尚未访问的结点集合，放入 No Visited 表中，每个蚂蚁在向新的城市结点移动时，新的结点必须是 No Visited 表中的结点，防止蚂蚁在原地打转 。每个蚂蚁在向新结点移动前，使用下列公式计算到达 No Visited 表中每个结点的概率 P。

$$p_{ij}^{k}=\begin{cases}[\tau_{ij}(t)]^{\alpha}[\eta_{ij}(t)]^{\beta} & j\in \text{No\_Visited}\ (t)^{k}\\ 0 & j\in \text{Visited}\ (t)^{k}\end{cases}$$

其中，$p_{ij}^{k}(t)$表示 t 时刻蚂蚁 k 从 i 结点移动到 j 结点的概率，$\tau_{ij}(t)$表示 t 时刻 i 结点到 j 节点之间路径上的信息素，$\eta_{ij}(t)$表示 t 时刻希望蚂蚁 k 从 i 结点移动到 j 结点的期望度，其表达式使用下面的公式来表示。

$$\eta_{ij}(t)=\frac{1}{d_{ij}}$$

式中，d_{ij}表示结点 j 之间的距离。$\text{No_Visited}(t)^{k}$表示 t 时刻蚂蚁 k 未访问的城市结点集合，相应的 $\text{Visited}(t)^{k}$表示 t 时刻蚂蚁 k 已经访问过的结点的集合。α，β 分别表示蚂蚁在运动过程中择路径中起作用的重要程度，它们一般是一个常数。如果在 t 时刻，蚂蚁 k 已经访问过结点 j，那么移动到 j 结点的概率为 0。计算出 t 时刻蚂蚁 k 未访问过的所有结点的移动概率集合 P，使用轮盘赌的方法从未访问结点中选择一个概率较大的结点作为下一步移动的目的地。按照这个方法，蚂蚁 k 依次遍历完所有结点。

计算每个蚂蚁所经历的路径的总长度 $L=\{L_k \mid k=1,\cdots,m\}$，在其中找到最小的长度及与之对应的最短路径，然后进行信息素的更新。信息素的更新采用下述公式进行。

$$\tau_{ij}(t+1) = (1-\rho) * \tau_{ij}(t) + \Delta\tau_{ij}(t)$$

$$\Delta\tau_{ij}(t) = \sum_{k=1}^{m} \Delta\tau^{k}{}_{ij}(t)$$

式中，ρ 表示信息素的挥发系数，取值范围为［0，1］，$\Delta\tau_{ij}(t)$ 表示第 k 只蚂蚁在路径上释放的信息素的量。$\Delta\tau_{ij}(t)$ 使用下述公式来计算。

$$\Delta\tau^{k}{}_{ij}(t) = \begin{cases} \dfrac{Q}{L_k(t)} & \text{如果蚂蚁 } k \text{ 经过结点 } i,j \\ 0 & \text{蚂蚁 } k \text{ 不经过结点 } i,j \end{cases}$$

式中，Q 表示一只蚂蚁所携带的信息素的强度；$L_k(t)$ 表示蚂蚁 k 在 t 时刻经过的路径的总长度。

9.3.2 实现过程

假设城市数为 n，蚂蚁数目为 m，迭代的最大次数为 Loop_Max，信息素因子为 Alpha，期望因子为 Beta，信息素挥发系数为 Volatile，信息素强度为 Q，实现的算法能够记录每次迭代的最优路径 Route_Best、最优长度 Length_Best 和平均长度 Length_Average，能够记录算法运行结束时的最优路径 Shortest_Route 及最优路径长度 Shortest_Length 和算法的运行时间 Time。

根据上述算法思想，蚁群算法在 MATLAB 中详细的实现步骤如下。

1）根据城市矩阵 City 计算各城市结点之间的距离矩阵 Distance，Distance 为一个 $n \times n$ 的对称矩阵。

2）根据 Distance 计算期望矩阵 Expectation，Expectation = 1/Distance。

3）设置信息素矩阵 T_Pheromone 为 $n \times n$ 的全 1 矩阵，然后设置计时器。

4）检测迭代次数是否达到 Loop_Max，如果达到 Loop_Max 次，则算法停止，否则转到步骤 5）。

5）将 m 只蚂蚁随机放到 x 个城市结点上，x 个城市结点随机产生。

6）对每只蚂蚁找到其没有访问过的结点列表 No_Visited，并按照公式计算从当前结点转移到未访问的所有结点的转移概率列表 P。

7）使用轮盘赌方法选中某个结点 j，并将 j 结点加入到已访问结点列表 Visited 中，直到所有结点被全部访问。

8）计算所有蚂蚁所走过的路径长度集合 $\boldsymbol{L}$，$\boldsymbol{L}$ 为一个 $m \times 1$ 的矩阵。找到其中的最小值，并记录该最小值对应的蚂蚁走过的路径，将最小值与最短路径分别记录在 Length_Best 与 Route_Best 中，将路径长度的平均值记录在 Length_Average 中。Length_Best 与 Length_Average 为 Loop_Max×1 的矩阵，而 Route_Best 为 Loop_Max×n 的矩阵。

9）按照公式计算 $\Delta\tau_{ij}^{k}(t)$，其中 t 为本次的循环次数。

10）按照公式进行信息素矩阵 T_Pheromone 的更新。

11）转到步骤 4）。

12）停止计时器，并记录运行时间到 Time 中。

13）按算法找到最优路径 Shortest _Route，最优路径长度记录在 Shortest_Length。

具体的实现程序如下。

```
function[ R_best, L_best, L_ave, Shortest_Route, Shortest_Length ] = ACATSP( C, NC_max, m, Alpha, Beta,
Rho, Q)
    %%-------------
    %% 主要符号说明
    %% C n 个城市的坐标,n×2 的矩阵
    %% NC_max 最大迭代次数
    %% m 蚂蚁个数
    %% Alpha 表征信息素重要程度的参数
    %% Beta 表征启发式因子重要程度的参数
    %% Rho 信息素蒸发系数
    %% Q 信息素增加强度系数
    %% R_best 最佳路线
    %% L_best 最佳路线的长度
    %%==================

    %%第一步:变量初始化
    n=size(C,1);%n 表示问题的规模(城市个数)
    D=zeros(n,n);%D 表示完全图的赋权邻接矩阵
    fori=1:n
      for j=1:n
        ifi~=j
          D(i,j)=((C(i,1)-C(j,1))^2+(C(i,2)-C(j,2))^2)^0.5;
        else
          D(i,j)=eps;   %i=j 时不计算,应该为 0,启发因子要取倒数,用 eps(浮点相对精度)表示
        end
      D(j,i)=D(i,j);   %对称矩阵
      end
    end
    Eta=1./D;                              %Eta 为启发因子,这里设为距离的倒数
    Tau=ones(n,n);                         %Tau 为信息素矩阵
    Tabu=zeros(m,n);                       %存储并记录路径的生成
    NC=1;                                  %迭代计数器,记录迭代次数
    R_best=zeros(NC_max,n);                %最佳路线
    L_best=inf.*ones(NC_max,1);            %最佳路线的长度
    L_ave=zeros(NC_max,1);                 %路线的平均长度

    while NC<=NC_max                       %停止条件之一:达到最大迭代次数,停止
    %%第二步:将 m 只蚂蚁放到 n 个城市上
      Randpos=[];                          %随机存取
    fori=1:(ceil(m/n))
      Randpos=[Randpos,randperm(n)];
    end
```

```
Tabu(:,1)=(Randpos(1,1:m))'; %每只蚂蚁(m只)都对应一个位置,Tabu(:,1)为每只蚂蚁的
                             %通过的第一个城市
%%第三步:m只蚂蚁按概率函数选择下一座城市,完成各自的周游
for j=2:n                                    %所在城市不计算
  fori=1:m
    visited=Tabu(i,1:(j-1));                 %记录已访问的城市,避免重复访问
    J=zeros(1,(n-j+1));                      %待访问的城市
    P=J;                                     %待访问城市的选择概率分布
    Jc=1;
  for k=1:n
    if length(find(visited==k))==0           %开始时置0
      J(Jc)=k;
      Jc=Jc+1;                               %访问的城市个数自加1
    end
  end
%下面计算待选城市的概率分布
for k=1:length(J)
  P(k)=(Tau(visited(end),J(k))^Alpha)*(Eta(visited(end),J(k))^Beta);
end
P=P/(sum(P));
%按概率原则选取下一个城市
Pcum=cumsum(P);                              %cumsum,元素累加即求和
Select=find(Pcum>=rand);                     %若计算的概率大于原来的就选择这条路线
  to_visit=J(Select(1));
  Tabu(i,j)=to_visit;
end
end
if NC>=2
  Tabu(1,:)=R_best(NC-1,:);
end

%%第四步:记录本次迭代最佳路线
L=zeros(m,1);                                %开始距离为0,m*1的列向量
fori=1:m
  R=Tabu(i,:);
  for j=1:(n-1)
    L(i)=L(i)+D(R(j),R(j+1));                %原距离加上第j个城市到第j+1个城市的距离
  end
  L(i)=L(i)+D(R(1),R(n));                    %一轮下来后走过的距离
end
L_best(NC)=min(L);                           %最佳距离取最小
pos=find(L==L_best(NC));
```

```
R_best(NC,:)=Tabu(pos(1),:);                    %此轮迭代后的最佳路线
L_ave(NC)=mean(L);                              %此轮迭代后的平均距离
NC=NC+1                                         %迭代继续


%%第五步:更新信息素
Delta_Tau=zeros(n,n);                           %开始时信息素为 n*n 的 0 矩阵
fori=1:m
  for j=1:(n-1)
    Delta_Tau(Tabu(i,j),Tabu(i,j+1))=Delta_Tau(Tabu(i,j),Tabu(i,j+1))+Q/L(i);
%此次循环在路径(i,j)上的信息素增量
  end
  Delta_Tau(Tabu(i,n),Tabu(i,1))=Delta_Tau(Tabu(i,n),Tabu(i,1))+Q/L(i);
%此次循环在整个路径上的信息素增量
end
Tau=(1-Rho).*Tau+Delta_Tau;                     %考虑信息素挥发,更新后的信息素
%%第六步:禁忌表清零
Tabu=zeros(m,n);                                %%直到最大迭代次数
end
%%第七步:输出结果
Pos=find(L_best==min(L_best));                  %找到最佳路径(非 0 为真)
Shortest_Route=R_best(Pos(1),:)                 %最大迭代次数后最佳路径
Shortest_Length=L_best(Pos(1))                  %最大迭代次数后最短距离
subplot(1,2,1)                                  %绘制第一个子图形
DrawRoute(C,Shortest_Route)                     %画路线图的子函数
subplot(1,2,2)                                  %绘制第二个子图形
plot(L_best)
hold on                                         %保持图形
plot(L_ave,'r')
title('平均距离和最短距离')                        %标题
function DrawRoute(C,R)
%%==================
%% DrawRoute.m
%% 画路线图的子函数
%%-------------
%% C Coordinate 结点坐标,由一个 N×2 的矩阵存储
%% R Route 路线
%%==================

N=length(R);
scatter(C(:,1),C(:,2));
hold on
```

```
plot([C(R(1),1),C(R(N),1)],[C(R(1),2),C(R(N),2)],'g')
hold on
for ii=2:N
  plot([C(R(ii-1),1),C(R(ii),1)],[C(R(ii-1),2),C(R(ii),2)],'g')
  hold on
end
title('旅行商问题优化结果 ')
```

9.3.3 算法验证及结论

在 MATLAB 中，实现的蚁群算法使用德国海德堡大学的 TSPLIB95 数据库进行验证，共使用了 6 个数据库，它们分别是 Gr17、Gr21、Gr24、Gr48、Eil51、St70，其中的数字表示该数据库中包含的城市数。查阅资料可得知算法采用的参数：迭代次为 40，蚂蚁个数为 5，信息素因子为 1，期望因子为 10，信息素挥发因子为 0.5，信息素强度是 100。每个数据使用实现的算法单独运行 50 次。运行的结果见表 9-1。

表 9-1　算法的验证结果

数 据 名 称	算法最优值	算法最差值	算法平均值	运行时间/s	真实最优值
Gr17	2149	2178	2162.9	0.1683	2085
Gr21	2817	2998	2926.3	0.2227	2707
Gr24	1278	1294	1281.2	0.2862	1272
Gr48	5388	5687	5571.3	1.0935	5046
Eil51	449	487	468.3	1.2442	426
St70	715	780	753.4	2.2796	675

图 9-7 与图 9-8 所示分别是 Eil51、St70 运行的结果。

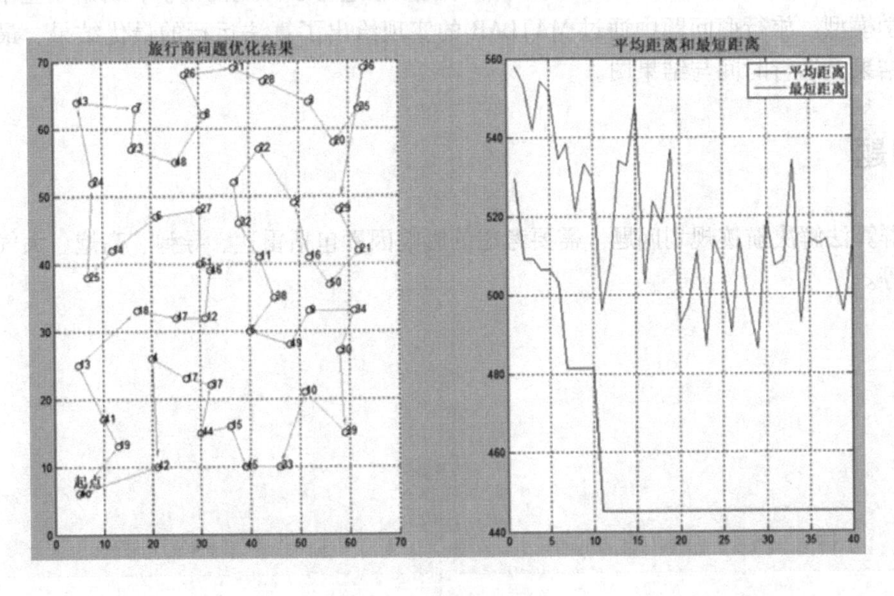

图 9-7　Eil51 运行的结果

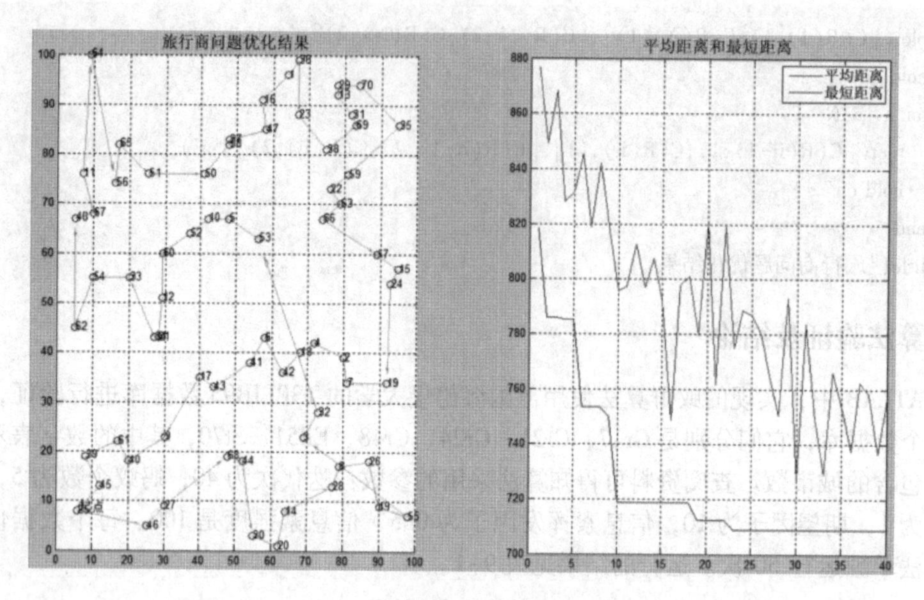

图 9-8 St70 运行的结果

通过对算法的实际运行可以看出，在 MATLAB 中实现的算法符合蚁群算法的思想，运行良好。由于本算法是标准的蚁群算法的实现，从图 9-8 中可以看出，算法存在比较严重的“早熟”现象，这将是今后进一步研究的方向。本算法的实现为以后的研究提供了良好的基础。

9.4 本章小结

本章详细介绍了蚁群算法的算法核心，并对其原理进行了深刻的剖析，讲解了基本蚁群算法的数学模型。旅行商问题中通过 MATLAB 的实现给出了算法运行的最优结果、最差结果、平均结果及运行时间与结果图。

9.5 习题

用蚁群算法解决航迹规划问题。需要考虑的影响因素包括雷达、导弹、高炮、大气、和油耗问题等。

第10章　神经网络建模与仿真

神经元网络模型模拟人类实际神经网络。人的神经网络是由大量的、简单的处理单元（称为神经元）广泛地互相连接而形成的复杂网络系统，是一个高度复杂的非线性动力学习系统。它反映了人脑功能的许多基本特征。神经网络具有大规模并行、分布式存储和处理、自组织、自适应和自学能力，特别适合处理需要同时考虑许多因素和条件的、不精确和模糊的信息处理问题。

本章首先介绍了神经网络的研究现状，然后对人工神经网络的结构及学习方式和规则等进行了详细介绍，最后对 BP 神经网络设计与仿真进行了介绍。

10.1　神经网络概述

当人类试图了解人脑的工作机理和思维本质，向往构造出人工智能系统来模仿人脑功能的时候，关于人工神经网络的研究工作就开始了。

10.1.1　生物意义上的神经元

1. 生物神经元

神经元是大脑处理信息的基本单元，人脑约由 860 亿个神经元组成，其中每个神经元之间通过突触连接，形成极为错综复杂而且又灵活多变的神经网络神经元以细胞体为主体，由许多向周围延伸的不规则树枝状纤维构成的神经细胞，其形状很像一棵枯树的枝干，主要由细胞体、树突、轴突和突触（Synapse，又称神经键）组成，如图 10-1 所示。

树突是树状的神经纤维接收网络，它将电信号传送到细胞体。细胞体对这些输入信号进行整合和阈值处理。轴突是单根长纤维，它把细胞体的输出信号导向其他神经元。一个神经细胞的轴突和另一个神经细胞树突的结合点称为突触。

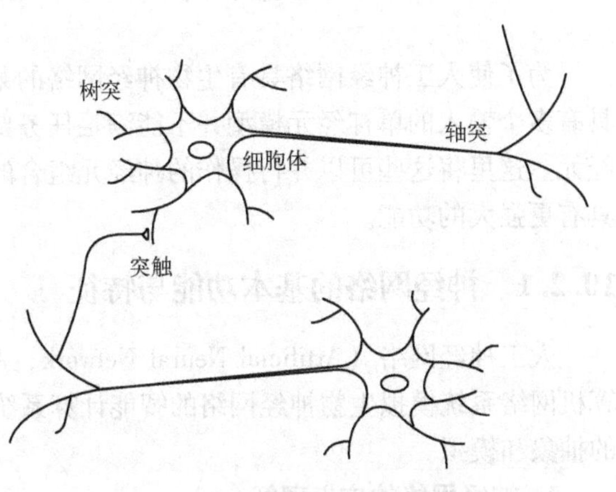

图 10-1　生物神经元的网络结构

2. 突触的信息处理

生物神经元传递信息的过程为多输入、单输出；从神经元各组成部分的功能来看，信息的处理与传递主要发生在突触附近；当神经元细胞体通过轴突传到突触前膜的脉冲幅度达到一定强度，即超过其阈值电位后，突触前膜将向突触间隙释放神经传递的化学物质。突触有两种类型：兴奋性突触和抑制性突触，前者产生正突触后电位，后者产生负突触后电位。

10.1.2 神经网络研究现状

自从20世纪40年代提出的基于单神经元模型构建的神经网络计算模型，神经网络在感知学习、模式识别、信号处理、建模技术等方面得到了巨大的发展与应用。神经元网络具有高度并行的结构、强大的学习能力、连续非线性函数逼近能力、高容错能力等优点，极大地促进了神经网络技术在非线性辨识与控制的应用。

在实际工业过程中，存在着非线性、非建模动态以及多环路等问题，这些问题对系统的设计提出了很大的挑战。经过几十年的发展，基于现代和经典控制理论的控制策略得到了很大的发展。在现代控制理论中，自适应和最优控制技术都是基于线性系统，然而应用这些技术，都需要发展数学建模技术。

与传统控制策略相比，神经网络现在的发展现状概括如下。

1）神经网络对任意函数具有学习能力，神经网络的自学习能力可避免在传统自适应控制理论中占有重要地位的复杂数学分析。

2）传统控制方法不能解决的高度非线性控制问题，多层神经网络隐含层神经元采用了激活函数，它具有非线性映射功能。这种映射可以逼近任意非线性函数，为解决非线性控制问题提供了有效的解决途径。

3）传统的自适应控制方法需要模型先验信息来设计控制方案，如需要建立被控对象的数学模型。由于神经网络的自学习能力，控制器不需要多系统的模型和参数信息，因此神经网络控制系统可以广泛地解决具有不确定模型的控制问题。

4）采用神经元芯片或并行硬件，为大规模神经网络并行处理提供了非常快速的多处理技术。

5）在神经网络的大规模并行处理架构下，网络的某些结点损坏并不影响整个神经网络的整体性能，有效地提高了整体系统的容错性。

10.2 人工神经网络结构

为了使人工神经网络具有生物神经网络的某些功能，如学习、识别、控制等，仅仅使用具有多个输入的单神经元模型并不能满足任务要求，在实际应用中需要有多个并行操作的神经元。这里将这些可以并行操作的神经元组合的集合称为“层”。由多层神经元构成的网络具有更强大的功能。

10.2.1 神经网络的基本功能与特征

人工神经网络（Artificial Neural Network，ANN）常常简称为神经网络（NN），是以计算机网络系统模拟生物神经网络的智能计算系统，是对人脑或自然神经网络的若干基本特性的抽象和模拟。

1. 神经网络的广义理解

1）神经网络是一个并行的、分布式的信息处理网络结构。

2）神经网络一般由大量神经元组成，每个神经元只有一个输出，可以连接到很多其他的神经元；每个神经元的输入有多个连接通道，每个连接通道对应一个连接权系数。

2. 神经网络的基本特征

1）结构特征：并行处理、分步式存储与容错性。

2）能力特征：自学习、自组织与自适应性。

自适应性是指一个系统能改变自身的性能以适应环境变化的能力。神经网络的自学习是指当外界环境发生变化时，经过一段时间的训练或感知，神经网络能通过自动调整网络结构参数，使得对于给定输入能产生期望的输出。训练是神经网络学习的途径，因此经常将“学习”与“训练”两个词混用。神经系统能在外部刺激下按一定规则调整神经元之间的突触连接，逐渐构建起神经网络，这一构建过程称为网络的自组织（或称重构）。

3. 神经网络的基本功能

（1）联想记忆

利用事物间的联系通过联想进行记忆的方法称为联想记忆。联想是由当前感知或思考的事物想起有关的另一事物，或者由头脑中想起的一件事物，又引起想到另一件事物。由于客观事物是相互联系的，各种知识也是相互联系的，因此在思维中，联想是一种基本的思维形式，是记忆的一种方法。

（2）非线性映射

许多系统的输入与输出之间存在复杂的非线性关系，设计合理的神经网络通过系统输入/输出样本对的自动学习，能够以任意精度逼近任意复杂的非线性映射。神经网络的这一优良性能使其可以作为多维非线性函数的通用数学模型。

（3）分类与识别

对输入样本的分类实际上是在样本空间找出符合分类要求的分割区域，每个区域内的样本属于一类。客观世界中许多事物在样本空间上的区域分割曲面是十分复杂的，神经网络可以很好地解决对非线性曲面的逼近，因此具有很好的分类与识别能力。

10.2.2 神经网络的数学建模

1. 人工神经元模型

1943 年，神经生理学家 McCulloch 和数学家 Pitts 基于早期神经元学说，归纳总结了生物神经元的基本特性，建立了具有逻辑演算功能的神经元模型以及这些人工神经元互连形成的人工神经网络，即所谓的 McCulloch-Pitts 模型（MP 模型）。

McCulloch-Pitts 模型是世界上第一个神经计算模型，即人工神经系统。

如图 10-2 所示，y_i 是 i 神经元的输出，它可与其他神经元通过权连接；$x_1,\cdots,x_j,\cdots,x_n$ 分别指与第 i 个神经元连接的其他神经元的输出；$w_{i1},\cdots,w_{ij},\cdots,w_{in}$ 分别是指其他神经元与第 i 个神经元连接的权值。

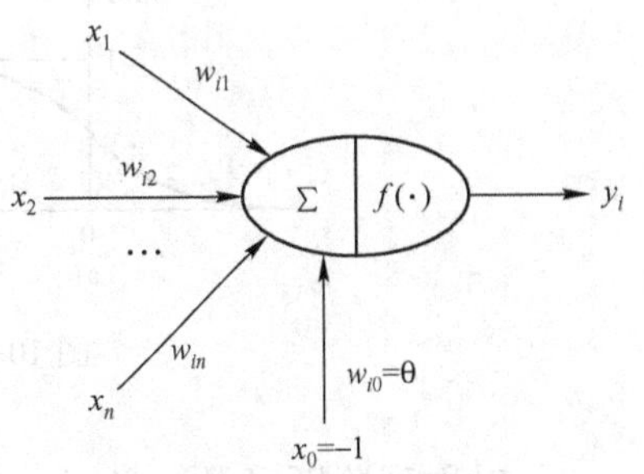

图 10-2　MP 模型

求和操作：$x_i = \sum_{j=1}^{n} w_{ji}u_j - \theta_i$

激活函数：$y_i = f(x_i) = f\left(\sum_{j=1}^{n} w_{ji}u_j - \theta_i\right)$

其中，θ_i 是第 i 个神经元的阈值；x_i 是第 i 个神经元的净输入；$f(x_i)$ 是非线性函数，称为输出函数或激活函数。

$f(x)$是作用函数，也称激发函数。MP 神经元模型中的作用函数为单位阶跃函数：

$$f(x)=\begin{cases}1 & x\geqslant 0\\0 & x<0\end{cases}$$

如图 10-3 所示，当神经元 i 的输入信号加权和超过阈值时，输出为“1”，即“兴奋”状态；反之输出为“0”，即“抑制”状态。

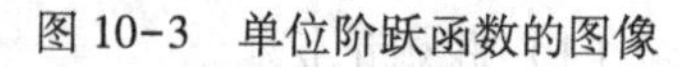

图 10-3　单位阶跃函数的图像

激发函数的基本作用如下：

1）控制输入对输出的激活作用。

2）对输入、输出进行函数转换。

3）将可能无限域的输入变换成指定的有限范围内的输出。

2. 神经元激发函数

神经元模型是人工神经元模型的基础，也是神经网络理论的基础。在神经元模型中，作用函数除了单位阶跃函数之外，还有其他形式。不同的作用函数可构成不同的神经元模型。

1）对称型 Sigmoid 函数：$f(x)=\dfrac{1-e^{-x}}{1+e^{-x}}$ 或 $f(x)=\dfrac{1-e^{-\beta x}}{1+e^{-\beta x}}$（$\beta>0$），函数图像如图 10-4 所示。

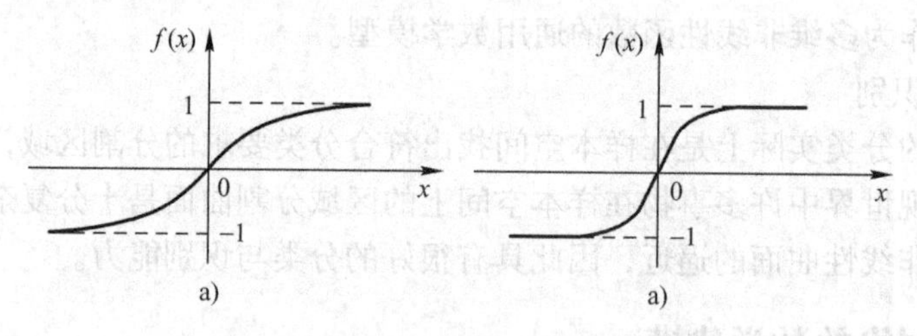

图 10-4　对称型 Sigmoid 函数图像

2）非对称型 Sigmoid 函数：$f(x)=\dfrac{1}{1+e^{-x}}$ 或 $f(x)=\dfrac{1}{1+e^{-\beta x}}$（$\beta>0$），函数图像如图 10-5 所示。

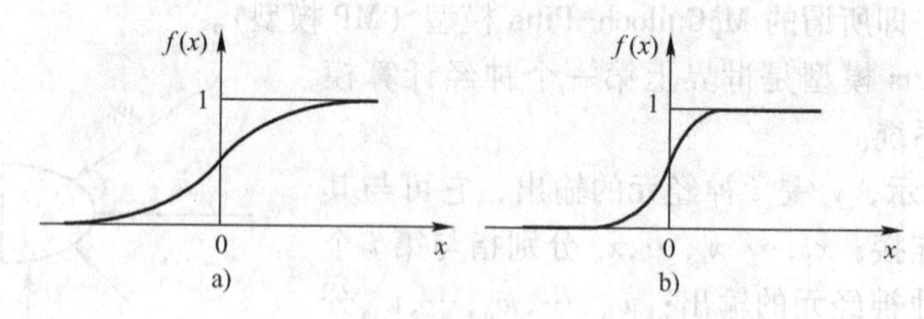

图 10-5　非对称型 Sigmoid 函数图像

3）对称型阶跃函数：$f(x)=\begin{cases}+1 & x\geqslant 0\\-1 & x<0\end{cases}$，采用阶跃作用函数的神经元称为阈值逻辑单元。

4）线性函数。

① 线性作用函数：输出等于输入，即 $y=f(x)=x$

② 饱和线性作用函数：$y=f(x)=\begin{cases}0 & x<0\\ x & 0\leqslant x\leqslant 1\\ 1 & x>1\end{cases}$

③ 对称饱和线性作用函数：$y=f(x)=\begin{cases}-1 & x<-1\\ x & -1\leqslant x\leqslant 1\\ 1 & x>1\end{cases}$，函数图像如图 10-6 所示。

5）高斯函数：$f(x)=\mathrm{e}^{-(x^2/\sigma^2)}$，函数图像如图 10-7 所示。

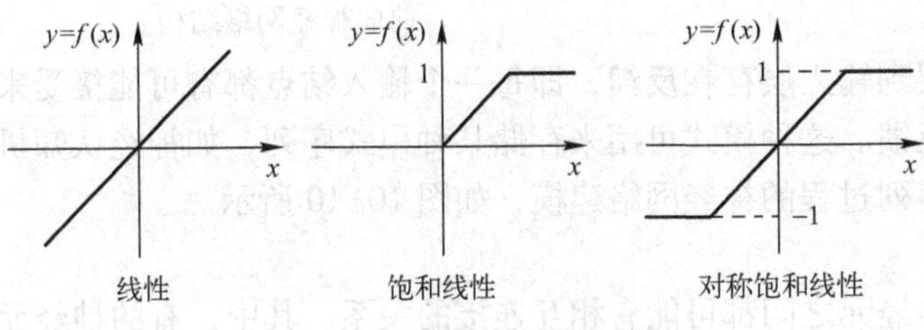

图 10-6　$f(x)$线性函数图像

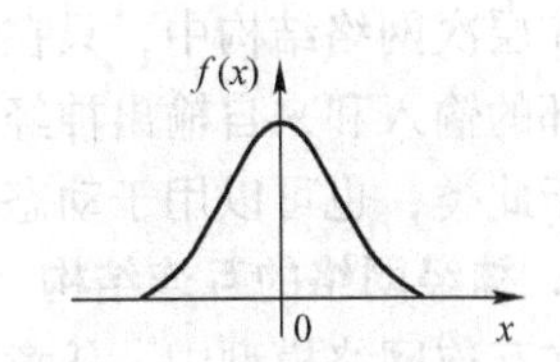

图 10-7　σ 反应出高斯函数的宽度

10.2.3　人工神经网络的典型结构

目前，神经网络模型的种类比较多，已有近 40 余种神经网络模型，其中典型的有 BP 网络、Hopfield 网络、CMAC 小脑模型、ART 自适应共振理论和 Blotzman 机网络等。众所周知，神经网络强大的计算功能是通过神经元的互连而达到的。根据神经元的拓扑结构形式不同，神经网络结构可分成层次结构和互连结构两大类。

1. 神经网络的层次结构

（1）前向神经网络

前向神经网络中的神经元分层排列，顺序连接。由输入层施加输入信息，通过中间各层，加权后传递到输出层后输出。每层的神经元只接受前一层神经元的输入，各神经元之间不存在反馈。感知器（Perceptron）、BP 神经网络和径向基函数（Redial Basis Function，RBF），神经网络都属于这种类型，如图 10-8 所示。

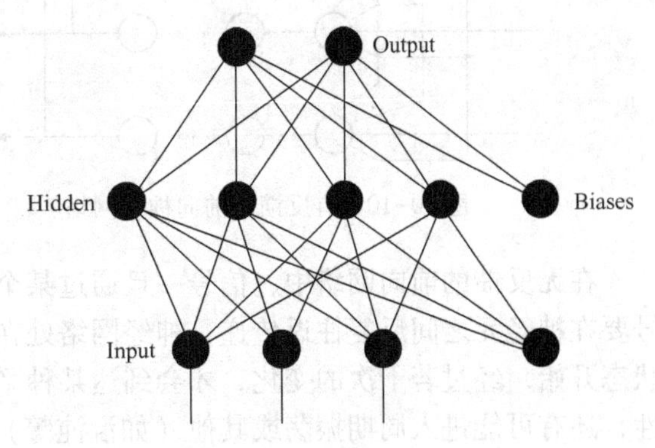

图 10-8　前向神经网络结构

图 10-8 中是一个 3 层的前向神经网络，其中第一层是输入单元，第二层称为隐含层，第三层称为输出层（输入单元不是神经元，因此图中有两层神经元）。

对于一个 3 层的前向神经网络 N，若用 X 表示网络的输入向量，$W1\sim W3$ 表示网络各层的连接权向量，$F1\sim F3$ 表示神经网络 3 层的激活函数。则神经网络的第一层神经元的输出为

$O1=F1(XW1)$，第二层的输出为 $O2=F2(F1(XW1)W2)$，输出层的输出为 $O3=F3(F2(F1(XW1)W2)W3)$。

若激活函数 $F1\sim F3$ 都选用线性函数，则神经网络的输出 O3 将是输入 X 的线性函数。因此，如果要做高次函数的逼近，就应该选用适当的非线性函数作为激活函数。

(2) 层内有互连的前向神经网络

在前向神经网络中，有的在同一层中的各神经元相互有连接，通过层内神经元的相互结合，可以实现同一层内神经元之间的横向抑制或兴奋机制，这样可以限制每层内能同时动作的神经元数，或者把每层内的神经元分为若干组，让每组作为一个整体来动作。层内有互连的前向神经网络结构如图 10-9 所示。

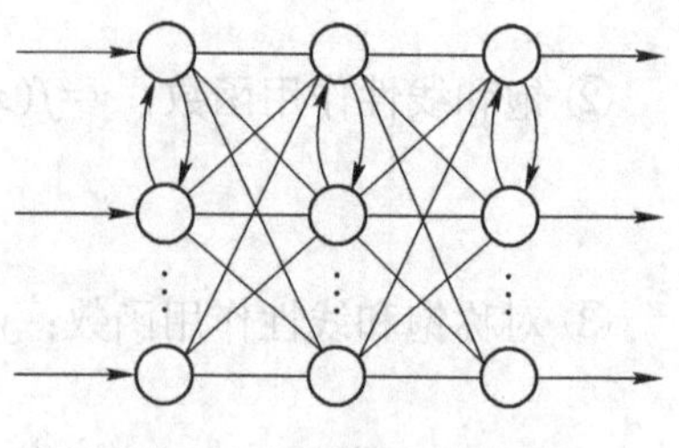

图 10-9 层内有互连的前向神经网络结构

(3) 有反馈的前向神经网络

在层次网络结构中，只在输出层到输入层存在反馈，即每一个输入结点都有可能接受来自外部的输入和来自输出神经元的反馈。这种模式可用来存储某种模式序列，如神经认知机即属于此类，也可以用于动态时间序列过程的神经网络建模，如图 10-10 所示。

2. 神经网络的互连结构

在互连网络模型中，任意两个神经元之间都可能有相互连接的关系。其中，有的神经元之间是双向的，有的是单向的。Hopfield 网络、Boltzman 机网络属于这一类。互连型神经网络结构如图 10-11 所示。

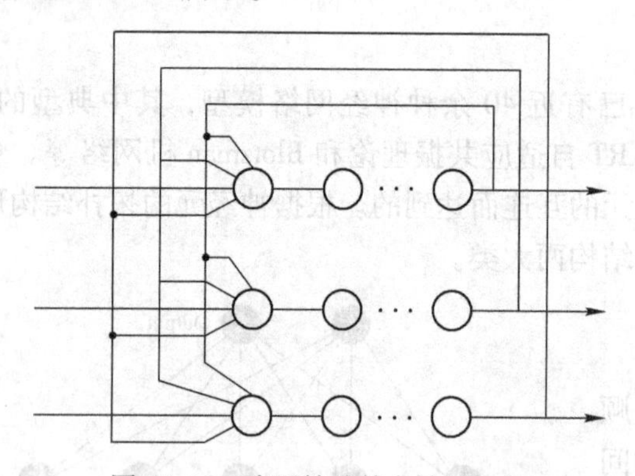

图 10-10 有反馈的前向神经网络

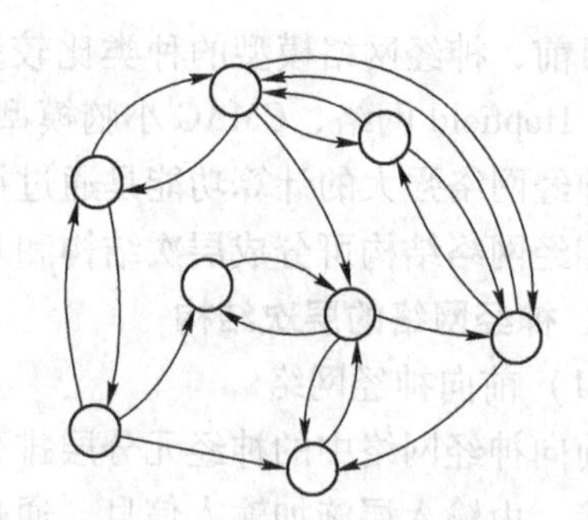

图 10-11 互连型神经网络结构

在无反馈的前向网络中，信号一旦通过某个神经元，过程就结束了。在互连网络中，信号要在神经元之间反复往返传递，神经网络处在一种不断改变状态的动态之中。从某个初始状态开始，经过若干次的变化，才会到达某种平衡状态，根据神经网络的结构和神经元的特性，还有可能进入周期振荡或其他（如混沌等）平衡状态。

10.3 人工神经网络的学习方式和规则

对于神经网络具有首要意义的性质是网络能从环境中学习的能力，并通过学习改善其行为。在学习过程中，神经网络的突触权值和偏置水平随时间依据某一规定的度量不断修改。

10.3.1 人工神经网络的运作过程

神经网络运作过程分为学习和工作两种状态。

1. 神经网络的学习状态

网络的学习主要是指使用学习算法来调整神经元间的连接权，使得网络输出更符合实际。

学习算法分为有导师学习（Supervised Learning）与无导师学习（Unsupervised Learning）两类。

有导师学习算法将一组训练集送入网络，根据网络的实际输出与期望输出间的差别来调整连接权。有导师学习算法的主要步骤如下。

1）从样本集合中取一个样本（Ai,Bi）。

2）计算网络的实际输出 O。

3）求 $D=Bi-O$。

4）根据 D 调整权矩阵 W。

5）对每个样本重复上述过程，直到对整个样本集来说，误差不超过规定范围。

BP 算法就是一种出色的有导师学习算法。

无导师学习抽取样本集合中蕴含的统计特性，并以神经元之间的连接权的形式存于网络中。Hebb 学习律是一种经典的无导师学习算法。

2. 神经网络的工作状态

神经元间的连接权不变，神经网络作为分类器、预测器等使用。

10.3.2 基本的神经网络学习规则

1. 无导师学习算法：Hebb 学习律

Hebb 算法的核心思想是，当两个神经元同时处于激发状态时，两者间的连接权会被加强，否则被减弱。

为了理解 Hebb 算法，有必要简单介绍一下条件反射实验。巴甫洛夫的条件反射实验：每次给狗喂食前都先响铃，时间一长，狗就会将铃声和食物联系起来，以后虽然响铃，但是不给食物，狗也会流口水，如图 10-12 所示。

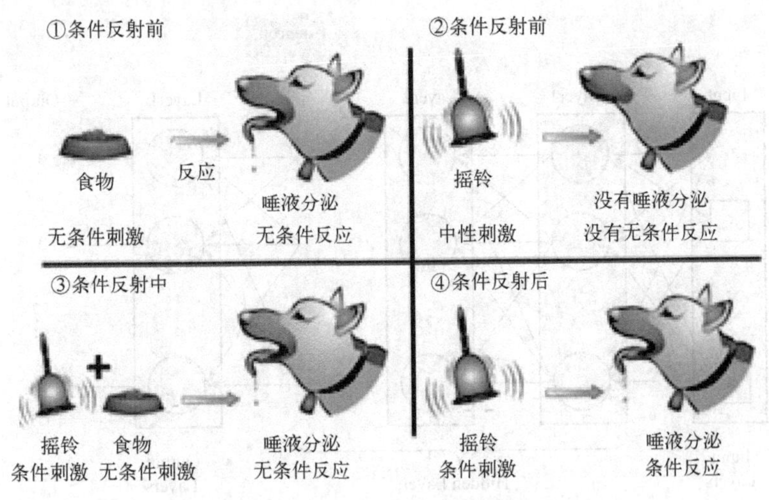

图 10-12 巴甫洛夫的条件反射实验

受该实验的启发，Hebb 的理论认为在同一时间被激发的神经元间的联系会被强化。例如，铃声响时一个神经元被激发，在同一时间食物的出现会激发附近的另一个神经元，那么这两个神经元间的联系就会强化，从而记住这两个事物之间存在着联系。相反，如果两个神经元总是不能同步激发，那么它们间的联系将会越来越弱。

Hebb 学习律可表示为

$$w_{ij}(t+1)=w_{ij}(t)+\alpha y_j(t)y_i(t)$$

式中，w_{ij}表示神经元 j 到神经元 i 的连接权，y_i 与 y_j 为两个神经元的输出，α 是表示学习速度的常数。若 y_i 与 y_j 同时被激活，即 y_i 与 y_j 同时为正，则 w_{ij}将增大。若 y_i 被激活，而 y_j 处于抑制状态，即 y_i 为正 y_j 为负，则 w_{ij}将变小。

2. 有导师学习算法：Delta 学习规则

Delta 学习规则是一种简单的有导师学习算法。该算法根据神经元的实际输出与期望输出差别来调整连接权，其数学表示如下。

$$w_{ij}(t+1)=w_{ij}(t)+\alpha(d_i-y_i)x_j(t)$$

式中，w_{ij}表示神经元 j 到神经元 i 的连接权，d_i 是神经元 i 的期望输出，y_i 是神经元 i 的实际输出，x_j 表示神经元 j 的状态。若神经元 j 处于激活状态，则 x_j 为 1；若处于抑制状态，则 x_j 为 0 或-1（根据激活函数而定）。α 是表示学习速度的常数。假设 x_i 为 1，若 d_i 比 y_i 大，则 w_{ij}将增大；若 d_i 比 y_i 小，则 w_{ij}将变小。

Delta 规则简单讲来就是：若神经元实际输出比期望输出大，则减小所有输入为正的连接的权重，增大所有输入为负的连接的权重。反之，若神经元实际输出比期望输出小，则增大所有输入为正的连接的权重，减小所有输入为负的连接的权重。这个增大或减小的幅度就根据上面的式子来计算。

3. 有导师学习算法：BP 算法

采用 BP 学习算法的前馈型神经网络通常被称为 BP 网络。

BP 网络具有很强的非线性映射能力，一个 3 层 BP 神经网络能够实现对任意非线性函数进行逼近（根据 Kolrnogorov 定理）。一个典型的 3 层 BP 神经网络模型如图 10-13 所示。

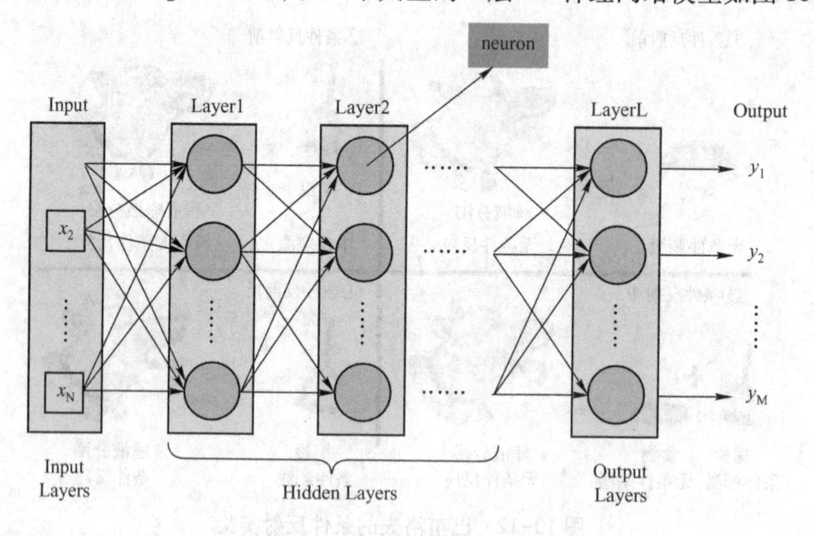

图 10-13　3 层 BP 神经网络模型

4. 有监督学习方式

神经网络根据实际输出与期望输出的偏差，按照一定的准则调整各神经元连接的权系数，如图 10-14 所示。期望输出又称为导师信号，是评价学习的标准，故这种学习方式又称为有导师学习。

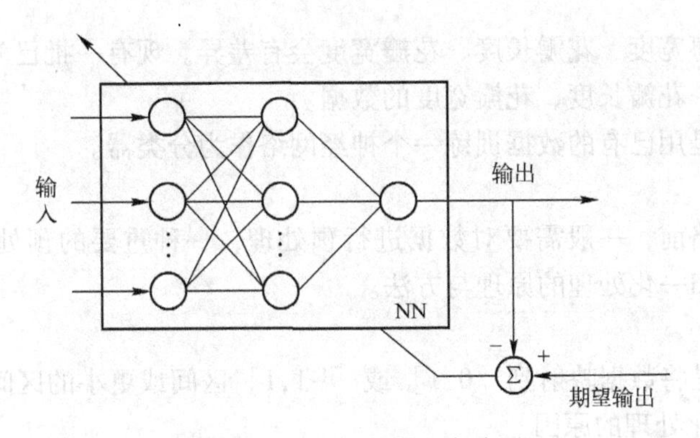

图 10-14　有监督学习方式图

有监督学习方式的特点如下。

1）不能保证得到全局最优解。

2）要求大量训练样本。

3）对样本表示次序变化较为敏感。

5. 无监督学习方式

对于无监督学习方式，将无导师信号提供给网络，神经网络仅仅根据其输入调整连接权系数和阈值，此时，网络的学习评价标准隐含于内部，如图 10-15 所示。这种学习方式主要完成聚类操作。

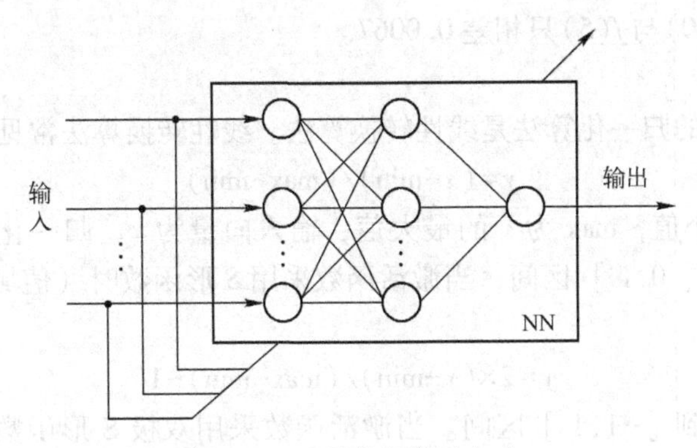

图 10-15　无监督学习方式

10.4　BP 神经网络设计与仿真

1986 年，Rumelhart、Hinton 和 Williams 在《自然》（*Nature*）上发表了题为《反向传播误差的学习描述》（*Learning Representations of Back-Propagation Errors*）的学术论文，提出了多层前馈网络的反向传播学习方法。目前，BP 算法已经成为通用的多层感知器学习法。

10.4.1　BP 神经网络的 MATLAB 实现

本节以 Fisher 的 Iris 数据集作为神经网络程序的测试数据集。Iris 数据集可以在 http：//en. wikipedia. org/wiki/Iris_ flower_ data_ set 找到。这里简要介绍一下 Iris 数据集。

有一批 Iris 花，已知这批 Iris 花可分为 3 个品种，现需要对其进行分类。不同品种的 Iris

花的花萼长度、花萼宽度、花瓣长度、花瓣宽度会有差异。现有一批已知品种的 Iris 花的花萼长度、花萼宽度、花瓣长度、花瓣宽度的数据。

一种解决方法是用已有的数据训练一个神经网络作为分类器。

1. 数据预处理

在训练神经网络前，一般需要对数据进行预处理，一种重要的预处理手段是归一化处理。下面简要介绍归一化处理的原理与方法。

（1）归一化

数据归一化就是将数据映射到［0,1］或［-1,1］区间或更小的区间，如（0.1,0.9）。

（2）进行归一化处理的原因

1）输入数据的单位不一样，有些数据的范围可能特别大，导致的结果是神经网络收敛慢、训练时间长。

2）数据范围大的输入在模式分类中的作用可能会偏大，而数据范围小的输入的作用就可能会偏小。

3）由于神经网络输出层的激活函数的值域是有限制的，因此需要将网络训练的目标数据映射到激活函数的值域。例如，神经网络的输出层采用 S 形激活函数，由于 S 形函数的值域限制在（0,1），也就是说神经网络的输出只能限制在（0,1），因此训练数据的输出就要归一化到［0,1］区间。

4）S 形激活函数在（0,1）区间以外区域很平缓，区分度太小。例如，S 形函数 $f(X)$ 在参数 $a=1$ 时，$f(100)$ 与 $f(5)$ 只相差 0.0067。

（3）归一化算法

一种简单而快速的归一化算法是线性转换算法。线性转换算法常见的形式有以下两种：

$$y=(x-\min)/(\max-\min)$$

式中，min 为 x 的最小值，max 为 x 的最大值，输入向量为 $\boldsymbol{x}$，归一化后的输出向量为 $\boldsymbol{y}$ 。上式将数据归一化到［ 0,1 ］区间，当激活函数采用 S 形函数时（值域为（0,1））时，此公式适用。

$$y=2\times(x-\min)/(\max-\min)-1$$

该公式将数据归一化到［-1,1 ］区间。当激活函数采用双极 S 形函数（值域为（-1,1））时，此公式适用。

（4）MATLAB 数据归一化处理函数

MATLAB 中归一化处理数据可以采用 premnmx、postmnmx、tramnmx 这 3 个函数。

1）premnmx 函数。

语法：[pn,minp,maxp,tn,mint,maxt]=premnmx(p,t)

参数：

pn：***p*** 矩阵按行归一化后的矩阵。

minp，maxp：***p*** 矩阵每一行的最小值与最大值。

tn：***t*** 矩阵按行归一化后的矩阵。

mint，maxt：***t*** 矩阵每一行的最小值与最大值。

作用：将矩阵 ***p***、***t*** 归一化到［-1,1］，主要用于归一化处理训练数据集。

2）tramnmx 函数。

语法：[pn]=tramnmx(p,minp,maxp)

参数：

minp，maxp：premnmx 函数计算矩阵的最小值与最大值。

pn：归一化后的矩阵。

作用：归一化处理待分类的输入数据。

3）postmnmx 函数。

语法：[p,t]=postmnmx(pn,minp,maxp,tn,mint,maxt)

参数：

minp，maxp：premnmx 函数计算的 ***p*** 矩阵每行的最小值与最大值。

mint，maxt：premnmx 函数计算的 ***t*** 矩阵每行的最小值与最大值。

作用：将矩阵 ***p***、***t*** 映射到归一化处理前的范围。postmnmx 函数主要用于将神经网络的输出结果映射回归一化前的数据范围。

2. 使用 MATLAB 实现神经网络

使用 MATLAB 建立前馈神经网络主要会使用到以下 3 个函数。

1）newff 函数：前馈网络创建函数。

2）train 函数：训练一个神经网络。

3）sim 函数：使用网络进行仿真。

下面简要介绍这 3 个函数的用法。

（1）newff 函数

1）newff 函数语法。

newff 函数参数列表有很多的可选参数，具体可以参考 MATLAB 的帮助文档，这里介绍 newff 函数的一种简单形式。

语法：net=newff(A，B，{C}，'trainFun')

参数：

A：一个 $n\times2$ 的矩阵，第 i 行元素为输入信号 x_i 的最小值和最大值。

B：一个 k 维行向量，其元素为网络中各层的结点数。

C：一个 k 维字符串行向量，每一分量为对应层神经元的激活函数。

trainFun：为学习规则采用的训练算法。

2）常用的激活函数。

① 线性函数：

$$f(x)=x$$

该函数的字符串为'purelin'。

② 对数 S 形转移函数：

$$f(x)=\frac{1}{1+e^{-x}}\quad(0<f(x)<1)$$

该函数的字符串为'logsig'。

③ 双曲正切 S 形函数：

$$f(x)=\frac{1}{1+e^{-2n}}-1\quad(-1<f(x)<1)$$

也就是上面所提到的双极 S 形函数。

该函数的字符串为'tansig'。

3）常见的训练函数。

traingd：梯度下降 BP 训练函数。

traingdx：梯度下降自适应学习律训练函数。

4）网络配置参数

一些重要的网络配置参数如下。

net. trainparam. goal：神经网络训练的目标误差。

net. trainparam. show：显示中间结果的周期。

net. trainparam. epochs：最大迭代次数。

net. trainParam. lr：学习率。

（2）train 函数

语法：[net, tr, Y1, E]=train(net, X, Y)

参数：

X：网络实际输入。

Y：网络应有输出。

tr：训练跟踪信息。

Y1：网络实际输出。

E：误差矩阵。

（3）sim 函数

语法：Y=sim(net,X)

参数：

net：网络。

X：输入给网络的 $K×N$ 矩阵，其中，K 为网络输入个数，N 为数据样本数。

Y：输出矩阵 $Q×N$，其中 Q 为网络输出个数。

（4）BP 网络实例

将 Iris 数据集分为 2 组，每组 75 个样本，每组中每种花有 25 个样本。其中一组作为以上程序的训练样本，另外一组作为检验样本。为了方便训练，将 3 类花分别编号为 1，2，3 。

使用这些数据训练一个 4 输入（分别对应 4 个特征）、3 输出（分别对应该样本属于某一品种的可能性大小）的前向网络。

MATLAB 程序如下。

```
%读取训练数据
[f1,f2,f3,f4,class]=textread('trainData. txt ','%f%f%f%f%f ',150);
%特征值归一化
[input,minI,maxI]=premnmx([f1,f2,f3,f4 ]);
%构造输出矩阵
s=length(class);
output=zeros(s,3);
```

```
fori=1:s
    output(i,class(i)  )=1;
end
%创建神经网络
net=newff(minmax(input),[10 3],{ 'logsig''purelin'},'traingdx');
%设置训练参数
net.trainparam.show=50;
net.trainparam.epochs=500;
net.trainparam.goal=0.01;
net.trainParam.lr=0.01;
%开始训练
net=train(net,input,output');
%读取测试数据
[t1 t2 t3 t4 c]=textread('testData.txt','%f%f%f%f%f',150);
%测试数据归一化
testInput=tramnmx([t1,t2,t3,t4]',minI,maxI);
%仿真
Y=sim(net ,testInput)
%统计识别正确率
[s1,s2]=size(Y);
hitNum=0;
fori=1:s2
    [m,Index]=max(Y(:,i));
    if(Index  ==c(i)  )
        hitNum=hitNum+1;
    end
end
sprintf('识别率是 %3.3f%%',100*hitNum/s2)
```

以上程序的识别率稳定在95%左右，训练100次左右达到收敛。

（5）参数设置对神经网络性能的影响

在实验中通过调整隐含层结点数，选择不通过的激活函数，设定不同的学习率。

1）隐含层结点个数。隐含层结点的个数对于识别率的影响并不大，但是结点个数过多会增加运算量，使得训练较慢。

2）激活函数的选择。激活函数无论对于识别率或收敛速度都有显著的影响。在逼近高次曲线时，S形函数的精度比线性函数要高得多，但计算量也要大得多。

3）学习率的选择。学习率影响着网络收敛的速度，以及网络能否收敛。学习率设置偏小，可以保证网络收敛，但是收敛较慢。相反，学习率设置偏大则有可能使网络训练不收敛，影响识别效果。

3. 使用 AForge. NET 实现神经网络

（1） AForge. NET 简介

AForge. NET 是一个用 C#语言实现的面向人工智能、计算机视觉等领域的开源架构。AForge. NET 源代码下的 Neuro 目录包含一个神经网络的类库。

（2） 使用 AForge 建立 BP 神经网络

使用 AForge 建立 BP 神经网络会用到下面的几个类。

1） SigmoidFunction：S 形神经网络。

构造函数：public SigmoidFunction(double alpha)

参数 alpha 决定 S 形函数的陡峭程度。

2） ActivationNetwork：神经网络类。

构造函数：

publicActivationNetwork(IActivationFunction function, int inputsCount, params int[] neuronsCount)

: base(inputsCount, neuronsCount. Length)

public virtual double[] Compute(double[] input)

参数：

inputsCount：输入个数。

neuronsCount：表示各层神经元的个数。

3） BackPropagationLearning：BP 学习算法。

构造函数：

publicBackPropagationLearning(ActivationNetwork network)

参数：

network：要训练的神经网络对象。

BackPropagationLearning 类需要用户设置的属性有以下两个。

learningRate：学习率。

momentum：冲量因子。

下面是用 AForge 构建 BP 网络的代码。

```
//创建一个多层神经网络,采用 S 形激活函数,各层分别有 4、5、3 个神经元
//(其中 4 是输入个数,3 是输出个数,5 是中间层结点个数)
ActivationNetwork network = new ActivationNetwork(
    newSigmoidFunction(2), 4, 5, 3);
//创建训练算法对象
BackPropagationLearning teacher = new
BackPropagationLearning(network);
//设置 BP 算法的学习率与冲量系数
teacher. LearningRate = 0. 1;
teacher. Momentum = 0;
int iteration = 1;
```

```
//迭代训练 500 次
while( iteration < 500)
{
        teacher. RunEpoch( trainInput, trainOutput) ;
        ++iteration;
}

//使用训练出来的神经网络来分类,t 为输入数据向量
network. Compute( t) [0]
```

10.4.2 BP 神经网络算法实例

【例 10-1】采用动量梯度下降算法训练 BP 网络。

训练样本定义如下。

输入矢量为 p=[-1,-2,3,1;-1,1,5,-3]

目标矢量为 t=[-1,-1,1,1]

具体算法请参考以下程序。

```
close all
clear
echo on
clc
% NEWFF——生成一个新的前向神经网络
% TRAIN——对 BP 神经网络进行训练
% SIM——对 BP 神经网络进行仿真
pause
%按任意键开始
clc
%定义训练样本
P=[-1, -2, 3, 1; -1, 1, 5, -3];                % P 为输入矢量
T=[-1, -1, 1, 1];                              % T 为目标矢量
pause;
clc
%创建一个新的前向神经网络
net=newff(minmax(P),[3,1],{'tansig','purelin'},'traingdm')
inputWeights=net.IW{1,1}                       %当前输入层权值和阈值
inputbias=net.b{1}                             %当前网络层权值和阈值
layerWeights=net.LW{2,1}
layerbias=net.b{2}
pause
clc
%设置训练参数
```

```
net.trainParam.show=50;
net.trainParam.lr=0.05;
net.trainParam.mc=0.9;
net.trainParam.epochs=1000;
net.trainParam.goal=1e-3;
pause
clc
%调用 TRAINGDM 算法训练 BP 网络
[net,tr]=train(net,P,T);
pause
clc
A=sim(net,P)                                  %对 BP 网络进行仿真
E=T-A                                         %计算仿真误差
MSE=mse(E)
pause
clc
echo off
```

【例 10-2】 采用提前停止方法提高 BP 网络的推广能力。在本例中将采用训练函数 traingdx 和提前停止相结合的方法来训练 BP 网络，以提高 BP 网络的推广能力。

分析：在利用提前停止方法时，首先应分别定义训练样本、验证样本或测试样本，其中验证样本是必不可少的。本例只定义并使用验证样本，即有

验证样本输入矢量：val.P=[-0.975:.05:0.975]

验证样本目标矢量：val.T=sin(2*pi*val.P)+0.1*randn(size(val.P))

值得注意的是，尽管提前停止方法可以和任何一种 BP 网络训练函数一起使用，但是不适合同训练速度过快的算法联合使用，如 trainlm 函数，所以本例采用训练速度相对较慢的变学习速率算法 traingdx 函数作为训练函数。

本例的 MATLAB 程序如下。

```
close all
clear
echo on
clc
% NEWFF——生成一个新的前向神经网络
% TRAIN——对 BP 神经网络进行训练
% SIM——对 BP 神经网络进行仿真
pause
%按任意键开始
clc
%定义训练样本矢量
% P 为输入矢量
P=[-1:0.05:1];
```

```
randn('seed',78341223);
T=sin(2*pi*P)+0.1*randn(size(P));                      % T 为目标矢量
%绘制训练样本数据点
plot(P,T,'+');
echo off
hold on;
plot(P,sin(2*pi*P),':');                               % 绘制不含噪声的正弦曲线
echo on
clc
pause
clc
%定义验证样本
val.P=[-0.975:0.05:0.975];                             % 验证样本的输入矢量
val.T=sin(2*pi*val.P)+0.1*randn(size(val.P));          % 验证样本的目标矢量
pause
clc
%创建一个新的前向神经网络
net=newff(minmax(P),[5,1],{'tansig','purelin'},'traingdx');
pause
clc
%设置训练参数
net.trainParam.epochs=500;
net=init(net);
pause
clc
%训练 BP 网络
[net,tr]=train(net,P,T,[],[],val);
pause
clc
%对 BP 网络进行仿真
A=sim(net,P);
%计算仿真误差
E=T-A;
MSE=mse(E)
pause
clc
%绘制仿真拟合结果曲线
close all;
plot(P,A,P,T,'+',P,sin(2*pi*P),':');
pause;
clc
echo off
```

下面给出了网络的某次训练结果，可见，当训练至第 136 步时，训练提前停止，此时的网络误差为 0.0102565。

```
[net,tr]=train(net,P,T,[],[],val);
TRAINGDX, Epoch 0/500, MSE 0.504647/0, Gradient 2.1201/1e-006
TRAINGDX, Epoch 25/500, MSE 0.163593/0, Gradient 0.384793/1e-006
TRAINGDX, Epoch 50/500, MSE 0.130259/0, Gradient 0.158209/1e-006
TRAINGDX, Epoch 75/500, MSE 0.086869/0, Gradient 0.0883479/1e-006
TRAINGDX, Epoch 100/500, MSE 0.0492511/0, Gradient 0.0387894/1e-006
TRAINGDX, Epoch 125/500, MSE 0.0110016/0, Gradient 0.017242/1e-006
TRAINGDX, Epoch 136/500, MSE 0.0102565/0, Gradient 0.01203/1e-006
TRAINGDX, Validation stop.
```

10.5 本章小结

本章首先介绍了神经网络的研究现状；然后讲解了人工神经网络的基本功能与特征、神经网络的数学建模；接着介绍了人工神经网络的学习方式和规则；最后介绍了 BP 神经网络的建模设计和仿真实现。

10.6 习题

1）利用 newff 函数建立一个 BP 网络，经过训练后实现对非线性函数正弦函数的拟合。

2）测量设计的 BP 神经网络系统的可靠性。加入网络输入向量的噪声均值为 0，标准差为 0~0.5。在每个噪声级别上，分别利用 100 个不同的噪声信号进行试验，并将噪声信号加到每个字母向量上，然后通过仿真计算网络输出，将输出通过竞争传递函数，保证输出向量 26 个元素中有一个值为 1，其余均为 0。

3）利用 RBF 神经网络实现对非线性函数的逼近。